工业锅炉系列丛书

锅炉水处理原理及应用

主　编　吕　薇　李九如　黄　波　王佐民

主　审　李瑞扬　刘　辉

哈尔滨工业大学出版社

内 容 简 介

　　本书根据国内部分高校能源与动力工程及相关专业所开设的"锅炉水处理"课程的教学大纲,以及若干省市锅炉水处理人员培训考核大纲编写而成。本书侧重于低压锅炉水质处理,适当兼顾中、高压锅炉水处理的问题。全书对水处理的基本理论、锅炉用水的水质标准(当前正执行、使用标准)、锅炉用水的预处理、锅炉结垢及其清洗、离子交换处理、水处理设备的结构、离子交换系统和运行、锅内加药处理及物理处理方法、锅炉腐蚀和防护、水质分析方法及其基本操作等做了比较全面、深入的阐述,力求使读者容易学习和掌握锅炉水处理的基础理论知识,能够进一步了解和掌握锅炉水处理相关技术。

　　本书可作为大专院校能源与动力工程及相关专业"锅炉水处理"课程的教科书,也可作为锅炉水处理人员培训的教材,可供能源利用、热能动力、热力发电、建筑环境与设备工程、化工和机械等相关专业及工程技术人员参考。

图书在版编目(CIP)数据

　　锅炉水处理原理及应用/吕薇等主编. —哈尔滨:
哈尔滨工业大学出版社,2021.8
　　ISBN 7-5603-9441-1

　　Ⅰ.锅…　Ⅱ.①吕…　Ⅲ.锅炉用水-水处理
Ⅳ.①TK223.5

　　中国版本图书馆 CIP 数据核字(2021)第 099625 号

策划编辑		王桂芝
责任编辑		陈雪巍
出版发行		哈尔滨工业大学出版社
社　　址		哈尔滨市南岗区复华四道街 10 号　邮编150006
传　　真		0451-86414749
网　　址		http://hitpress.hit.edu.cn
印　　刷		哈尔滨市颉升高印刷有限公司
开　　本		787 mm×1 092 mm　1/16　印张17　字数403千字
版　　次		2021 年 8 月第 1 版　2021 年 8 月第 1 次印刷
书　　号		ISBN 978-7-5603-9441-1
定　　价		48.00 元

前　言

　　锅炉是产生热能的主要装置,被广泛应用于生产和生活的各个领域。我国有近40万台锅炉在运行,对发展经济、保护生态和提高人民生活水平有着举足轻重的影响。

　　锅炉常用水或水蒸气作为热能转换和输送的热媒,锅炉用水的水质直接影响设备的安全和经济运行。据国家市场监督管理总局特种设备监检部门统计,在锅炉事故中,由于水质不良或水处理不当而造成的事故,占相当大的比例,严重影响安全生产和经济效益,还会导致碳排放和污染物的增加。水质问题引起的腐蚀关乎锅炉运行的安全,蒸汽品质影响用汽设备的工作效果。科学的锅炉水处理可以促进节能减排,减少环境污染。因此,在实际工作中不但要重视锅炉水处理,而且需要进一步普及锅炉水处理的基本知识,提高锅炉水处理从业人员的技术水平。

　　锅炉水处理是研究锅炉用水中的杂质对锅炉的危害,并探讨清除水中杂质,改善水质,防止发生结垢、腐蚀和蒸汽品质污染等危害的一门学科。本书对锅炉用水常识及水质标准、锅炉用水的预处理、锅炉结垢及其清洗、水的离子交换处理、离子交换系统及运行、锅内水处理及物理处理法、锅炉腐蚀及防护,锅炉水质分析及基本操作方法等都做了全面、深入的阐述,力求使读者更易于学习和掌握锅炉水处理的基础理论知识,并对实际工作起一定的指导作用。本书侧重于低压锅炉水质处理,同时兼顾中、高压及超临界直流锅炉水处理的问题。书中采用典型的例题,每章后都附有复习题,便于读者掌握知识点。

　　近年来,随着科技进步,国家相继颁布了一系列锅炉水处理的相关新标准和新法规:《工业锅炉水质》(GB/T 1576—2018),《火力发电机组及蒸汽动力设备水汽质量》(GB/T 12145—2016),《工业用水软化除盐设计规范》(GB/T 50109—2014),《发电厂化学设计规范》(DL/T 5068—2014),《火电厂汽水化学导则》(DL/T 805.1—2011、DL/T 805.2—2016、DL/T 805.3—2013、DL/T 805.4—2016 和 DL/T 805.5—2013)的相关部分,《蒸汽和热水锅炉化学清洗规则》(GB/T 34355—2017)、《发电厂水处理用离子交换树脂验收标准》(DL/T 519—2014)、《锅炉安全技术规程》(TSG 11—2020)、《锅炉节能技术监督管理规程》(TSG G0002—2010)等。本书中的相关内容参照以上标准编写,若有新标准,以最新标准为准。

　　全书共分9章,由吕薇、李九如、黄波、王佐民任主编,李丹参编,具体分工如下:第2、

4、8 章由哈尔滨理工大学吕薇编写;第 1.4 节及第 3、5 章由哈尔滨理工大学李九如编写;第 6 章及第 7.1、7.2 节由哈尔滨理工大学黄波编写;第 7.3 节及第 9 章由哈尔滨理工大学王佐民编写;第 1.1~1.3 节、各章复习题及附录由哈尔滨理工大学李丹编写。本书由哈尔滨工业大学能源科学与工程学院李瑞扬和刘辉主审。上述老师在图书出版过程中付出了辛勤的劳动,在此致以衷心的感谢。

由于编者水平所限,书中疏漏和不足之处在所难免,恳请广大读者批评指正。

编　者

2021 年 1 月

目　　录

第 1 章　绪　　论

锅炉是一种重要的热交换设备,广泛应用于机械、化工以及电力等部门,被喻为企业的"心脏",是生产的动力源泉,水质作为工业锅炉的"血液",在锅炉的安全经济运行中占有非常重要的地位。锅炉的水质监督及水处理是保证锅炉安全、经济、节能和环保运行的重要措施之一。锅炉给水如不处理或处理不当,在受热面上就会结生水垢,不仅使传热效率降低、检修清理困难,严重时甚至会堵塞受热面管道,引起锅炉爆管。水质不好,特别是pH低、含氧量高的水,还会腐蚀锅炉金属,造成管子泄漏,甚至引起锅炉爆炸。此外,水质不好还会引起蒸汽带水,恶化蒸汽品质。因此,加强水质监督、普及锅炉水处理对提高锅炉运行效率、延长锅炉使用年限、节约能源等都具有重要意义。

1.1　锅炉水循环及锅炉用水名称

1.1.1　锅炉水循环

锅炉水循环对锅炉的安全运行有着很重要的意义。由于有连续不断流动的水汽混合物的冷却,锅炉金属受热面方能在高温条件下工作,否则管壁温度会很快升高。当温度超过了管壁金属的耐温极限时,管壁就可能发生鼓包、龟裂,甚至爆炸,出现一系列影响安全的事故。

1. 水循环原理

水循环过程可由图 1.1 所示的简单系统来说明,在上锅筒和下联箱之间连接两根竖立的管子,将水注入至上锅筒的一半,加热左边的立管,右边的立管不加热。经过一段时间后,左立管内的水温开始升高,最后达到沸腾状态,形成汽水混合物,向上流动。右立管内的水则向下流动,通过下联箱流入左立管。只要左立管不停止加热,汽水混合物就会不断地向上流动,所以此管称为上升管;而右管内的水不断地向下流动,称为下降管。这样,上锅筒、下降管、下联箱及上升管便组成了一个循环回路。水在回路内连续不断地循环流动,这个过程称为水循环。形成水循环的原因是左立管内的水加热变成汽水混合物,密度变小,而右立管内的水是冷的,密度较大,这样,两管之间产生了密度差,也就是压力差,水就从右立管向左立管连续不断地流

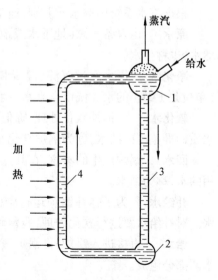

图 1.1　锅炉水循环过程

1—上锅筒;2—下联箱;3—下降管;4—上升管

动。这种依靠水的密度差而发生的循环流动为自然循环,也称为水循环。

2. 水冷壁管的水循环

锅炉的水冷壁管暴露在炉膛中,吸收炉膛中高温火焰的辐射热,管子内有一部分水变成蒸汽,而下降管布置在炉墙外或在炉墙中间,基本上不受热,这样便形成了压差,水就从上锅筒经下降管流入下联箱,再经下联箱流入水冷壁。最后,水冷壁管中的汽水混合物向上流入上锅筒,经上锅筒汽水分离装置后,饱和蒸汽引出上锅筒,水留在上锅筒内的水空间,继续参加循环,锅炉负荷增加,燃烧加强,炉膛温度增高,水冷壁管吸热量增多,产生蒸汽也增加,汽水流动速度就增大,水循环就加快。

流入水冷壁管的水,实际上只有部分水变成蒸汽,而其余的水则继续参加循环。循环回路中的水流量与所产生的蒸汽量之比,称为循环倍率。循环倍率的数值含义为:1 kg的水在循环回路中要循环多少次才能完全变成蒸汽。显然,循环倍率越小,产生的蒸汽越多。但循环倍率不能太小,否则,水冷壁管中汽化剩下的水量太少,不能很好地冷却管壁。一般工业锅炉的循环倍率为15 ~ 20,锅炉压力越高,取值越小。

3. 对流管束的水循环

整个对流管束都吸收烟气的热量,没有单独不吸热的下降管。在这种情况下,对流管束中的水如何流动,哪部分下降,哪部分上升,这就要看这些对流管束相对吸收热量的多少。根据烟气流动方向,在烟道前面的管束,因烟温高,吸收热量多,管束中产生的蒸汽多;在烟道后面的管束,因烟温低,吸收热量少,管束中产生的蒸汽少。这样,高温区管束中的汽水混合物的密度小,水由下锅筒向上流入上锅筒,低温区管束中的水或汽水混合物的密度大,水由上锅筒向下流入下锅筒。结果就形成了低温区管束为下降管,高温区管束为上升管,使水循环流动。

1.1.2 锅炉用水名称

根据汽水系统中的水质差别,通常将锅炉用水分为以下几类。

原水 由自备水源(地下水或地表水)取来的水,称原水,即没有经过任何处理的天然水,也称生水。

净化水 原水经过沉淀、混凝和过滤处理以后的水,称净化水,即降低悬浮物浊度(单位是FUT)的水。城市自来水一般属于净化水。

软化水 经锅外软化处理,降低了钙、镁离子浓度的原水,称为软化水。总硬度达到水质标准范围内的水,称为锅炉软化水。

回水 锅炉产生的蒸汽,在其热能利用后,经过冷却而成的凝结水,然后回收循环使用的水,称为回水。

补给水 为了弥补锅炉运行中由于蒸发、取样、排污等消耗而补给的水,称为补给水。对补给水要进行软化处理,残留硬度应控制在国标允许范围内。

给水 直接进入锅炉,供锅炉蒸发或加热的水,称为给水。给水通常由回水和补给水两部分组成。

循环水 热水锅炉采暖系统来回循环的水,称为循环水。

锅水 正在运行锅炉的锅内(汽水系统中)循环流动的水,称为锅水。

排污水 为了除去因锅水蒸发浓缩的盐分、碱度和沉积物,以保证锅水质量,需从锅水中有意地排放一部分水,称为排污水。

取样水 为对给水质量和锅水质量进行化学监督,用于分析化验的水,称为取样水。

凝结水 锅炉生产的蒸汽在汽轮机中做功后,经冷却冷凝成的水,称为凝结水。这部分水又重新进入热力系统作为锅炉给水的主要部分。

冷却水 蒸汽在汽轮机中做功后是靠水来冷却的,汽轮机的油系统也是靠水来冷却的,这部分水称为冷却水。除上述两部分用水外,其他各种机械的冷却用水量较少,一般不予处理。

1.1.3 锅炉房的汽水系统及设备

锅炉房的任务是将水变成符合生产(或生活)要求的蒸汽(或热水)。因此,每个锅炉房都必定有将给水送入锅炉的一系列设备,称为给水系统。每台蒸汽锅炉都必定有将蒸汽引出锅炉房的管道系统,称为蒸汽系统。所谓汽水系统,就是这两个系统的统称,实际上就是锅炉房内的原料(水)及成品(蒸汽或热水)的输送系统。最简单的给水系统,只有给水箱、给水泵、给水管道及其阀门配件,而用注水器上水的,甚至连给水箱也不设置。完整的给水系统,除应设给水箱和给水泵等设备外,还应设软化水处理设备及系统和蒸汽系统。

1. 给水系统

锅炉房的给水系统常与热网回水方式、水处理或除氧的方式等有关。当回水为压力回水时,锅炉房可只设一个给水箱,如图1.2所示的一级给水系统。回水及软水(补给水)都流至给水箱,然后由给水泵送至锅炉。当回水为自流回水时,锅炉房的回水槽一般要设在地下室,容量较小的锅炉房仍可采用一级给水,但往往对给水泵运行不利。当水温较高时,由于不能保证水泵吸入端要求的正压力,而使水泵内的水发生汽化,以致抽不上水来。

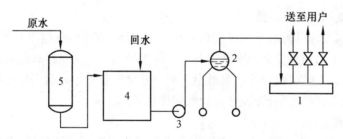

图 1.2 一级给水系统

1— 分汽缸;2— 锅炉;3— 给水泵;4— 给水箱;5— 钠离子交换器

中型以上的锅炉房,为了保证给水泵的良好运行条件,减少地下室的建筑面积,常采用图1.3所示的二级给水系统。回水由回水箱经回水泵从地下室送至地面以上的给水箱,再由给水泵送至锅炉。

有的锅炉虽为压力回水,或回水箱虽设置于地面以上,但为了适应除氧系统(如采用热力除氧或解吸除氧等)的要求,也常采用二级给水系统。

当锅炉房有不同压力回水时,如生产回水为高压,采暖回水为低压,常在高压回水管

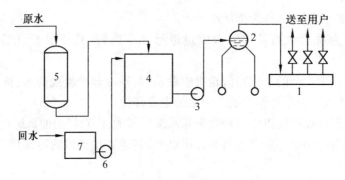

图1.3　二级给水系统

1—分汽缸;2—锅炉;3—给水泵;4—给水箱;
5—钠离子交换器;6—回水泵;7—回水箱

道上设置扩容器(图1.4),使回水压力降低,并产生二次蒸汽。降低压力的水进入回水箱,二次蒸汽还可加以利用。

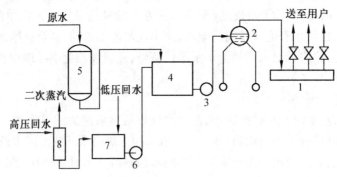

图1.4　有高压及低压回水的二级给水系统

1—分汽缸;2—锅炉;3—给水泵;4—给水箱;5—钠离子交换器;
6—回水泵;7—回水箱;8—扩容器

2. 软化水处理设备及系统

关于软化水处理设备及系统将在6.1、6.2节中详细介绍,在这里只简单介绍工艺流程,如图1.5所示的钠离子交换水处理系统。原水经钠离子交换器软化处理后,由软水管道流至给水箱与回水混合,经给水泵送至锅炉。软化设备采用食盐再生系统,设有食盐溶解槽、盐水过滤器和盐水泵,并装有食盐水搅拌管道。

3. 蒸汽系统

锅炉生产的蒸汽有两种:① 由锅筒内分离出来的蒸汽,由于它是炉水在一定压力下,达到饱和温度时所产生出来的蒸汽,所以称为饱和蒸汽。饱和蒸汽的温度与炉水的温度是相同的,并携带有微量的水分。② 如果锅炉设有过热器,饱和蒸汽在过热器内继续被加热,结果不仅蒸干了水分,而且还进一步提高了温度,使蒸汽的温度超过了该工作压力下的饱和蒸汽温度,所以称为过热蒸汽。

蒸汽系统比较简单,除蒸汽管道及其阀门配件外,主要部件还有分汽缸。分汽缸上接有与主蒸汽管及分送至各用户(或车间)管道连通的短管及阀门,其作用是缓冲及分配蒸汽。蒸汽母管有单母管和双母管两种,一般都用单母管。

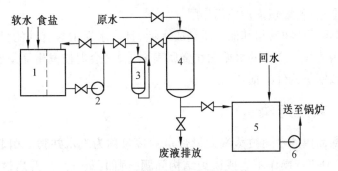

图 1.5　钠离子交换水处理系统

1— 食盐溶解槽;2— 盐水泵;3— 盐水过滤器;
4— 钠离子交换器;5— 给水箱;6— 给水泵

1.2　水质超标对锅炉的危害

水是锅炉的工作介质,一般的锅炉离开了水就无法工作。为确保锅炉设备的安全经济运行,对锅炉用水的水质有一定要求。我国现行的《工业锅炉水质标准》(GB/T 1576—2018)《火力发电机组及蒸汽动力设备水汽质量》(GB/T 12145—2016)规定,设计、制造和改造锅炉时必须遵守标准中的要求,锅炉运行中也必须做好水质管理工作。无数事实表明,若锅炉的水汽质量超出锅炉水汽标准规定值,锅炉就会因结垢、腐蚀和蒸汽污染等而危及锅炉的安全、经济运行。下面简要介绍水质超标对锅炉的几种危害,详细介绍见第8章。

1.2.1　结垢

锅炉内水受热后沸腾、蒸发、浓缩,为水中的杂质进行化学反应提供了有利的条件。当这些杂质在锅水中达到饱和时,便有固体物质析出。所析出的固体物质,如果悬浮在锅水中,就称为水渣;如果沉积在受热面上,则称为水垢。

锅炉是一种热交换设备,水垢的生成会极大地影响锅炉的导热能力。物体的导热能力通常用导热系数来表示,物体的导热系数越大,说明该物体的导热能力越强。而水垢的导热系数比钢铁的导热系数小数十倍到数百倍,故锅炉结垢将使传热性能明显降低,导致燃料浪费、受热面因过热而易损坏、锅炉出力降低、维修费用增大等。

中、高压锅炉,由于采用完善的锅炉水处理措施和可靠的水质管理制度,一般不会发生严重结垢。低压锅炉,由于锅炉水处理措施简陋,水质管理制度不健全,往往发生结垢危害;轻者浪费燃料,出力降低,使锅炉运行经济性下降;重者锅炉设备损坏,甚至发生人身安全事故。

1.2.2　腐蚀

锅炉的省煤器、水冷壁、对流管束及锅筒等构件,在其金属与水接触时,水中杂质会使金属表面遭受电化学作用而破坏。结果,这些金属构件变薄,出现凹坑甚至穿孔,就形成了金属腐蚀。严重的腐蚀会使金属内部结构遭到破坏,金属强度显著降低。因此,腐蚀严重影响锅炉安全运行,缩短锅炉使用年限。

另外,金属腐蚀产物易与其他杂质结成水垢,且当水垢中含有铁的腐蚀产物时,其导热系数降低更为明显。产生的水垢贴在金属表面上,又会促使发生垢下腐蚀。这种恶性循环会迅速导致锅炉构件的损坏。

1.2.3　蒸汽污染

蒸汽锅炉锅筒内的水滴被蒸汽大量带走的现象称为汽水共腾。引起汽水共腾的原因,一方面是锅炉运行操作不当或锅炉结构问题,例如:蒸汽阀门开启过快;锅炉水位过高;用汽量突然增加,锅炉压力骤然降低;锅炉超负荷运行,蒸发率过大等问题。另一方面是锅水中的杂质。当锅水中含有较多的氯化钠、磷酸钠、油脂和硅化物时,或者锅水中的有机物与碱作用发生皂化时,在锅水沸腾蒸发过程中,液面会产生泡沫,泡沫薄膜破裂后分离出很多的水滴,这些含盐量很高的水滴不断被蒸汽带走,从而发生汽水共腾现象。发生汽水共腾时,蒸汽受到更加严重的污染。同样,过热蒸汽也因携带饱和蒸汽中的水滴和盐分溶解在蒸汽中而被污染。

蒸汽污染会造成过热器和蒸汽流动管道积盐,严重时会发生管道堵塞,以至爆管,对电站锅炉还会造成汽轮机叶片积盐,影响出力和效率,严重时会使推力轴承负荷增大,隔板弯曲,造成事故停机。

预防锅炉汽水共腾的方法:加强锅炉操作管理,控制锅水的含盐量,避免悬浮物、油脂及其他有机物进入锅内;采用锅内加药处理时,必须注意控制加药量,尤其是磷酸钠、栲胶及腐殖酸钠一类防垢剂。

此外,当食品、纺织等行业对蒸汽品质有特殊要求时,被污染的蒸汽不能使用,影响正常生产。

1.3　水处理工作的任务

锅炉水处理工作的任务是要通过防垢、防腐和防蒸汽污染来保证锅炉的安全、经济运行。

1.3.1　锅炉用水处理

锅炉用水处理包括锅外化学处理、锅内加药处理和回水处理。

1. 锅外化学处理

锅外化学处理是指进行锅炉补给水预处理及软化、除碱或除盐等处理,使水质达到各种类型锅炉的要求。应根据水源、水质和炉型的特点,因地制宜地选择适当的水处理设备和系统。

2. 锅内加药处理

锅内加药处理是指根据锅水的水质情况,向汽锅内定量投加防垢剂或其他药物,以保证锅水的各项指标符合标准。对于没有设置锅外水处理设备的低压小型锅炉,应注意定期进行锅内加药处理。

3.回水处理

纯净的回水(凝结水)通常可不需任何处理就直接作为给水送往锅炉,但当回水受到污染时,应根据受污染的程度及所含杂质的类型,采取相应的处理措施,如除油、过滤及软化等。

1.3.2　锅炉防腐

锅炉防腐包括运行防腐和停用防腐两种方式。

1.运行防腐

对于设有除氧装置(如热力除氧器)的锅炉,要监督除氧装置的除氧效果;对不设除氧装置的锅炉,需向给水或锅水中投加防腐药剂。

2.停用防腐

锅炉在停用期间,如不采取保护措施或保护措施不当,整个锅炉水汽系统的金属内表面容易受到溶解氧的腐蚀,其腐蚀速度一般比运行期间快得多。实践证明,产生严重腐蚀的锅炉,多数是在停用期间发生而在运行期间又发展造成的。因此,在锅炉停用期间应根据停炉时间的长短,采取相应的防腐保护措施。

1.3.3　汽水监督

锅炉运行时,应根据国家标准,对锅炉的给水、锅水以及蒸汽等进行化学分析,检查汽水品质是否符合要求。进行汽水监督的人员,应及时对水、汽进行化验,并保证化验数据准确。

1.3.4　化学清洗

锅炉的化学清洗包括新炉投运前的煮炉和旧炉的化学除垢。

1.煮炉

新安装的锅炉,由于在锅筒和炉管内积留尘土和油污,影响锅炉的传热和锅水水质,需用一定质量分数的碱剂在加热条件下将其清洗掉。

2.除垢

根据锅炉结垢情况及当地的具体条件,决定是否进行化学除垢。化学除垢时,一般要在有关部门的指导下进行或委托专业清洗单位。

1.3.5　水质管理

水质不良对锅炉的危害往往有一个积累过程,需延迟一定时间才能被发现。为了预防水质超标,应加强锅炉水质的管理工作。

水质管理包括技术管理和经济管理两部分。

(1)技术管理,其工作有:建立岗位责任制,制定严格的规章制度;明确水处理及水质监督人员与司炉人员的职责分工;建立水处理报表及技术档案等。

(2)经济管理,指逐月核算对水处理用药品消耗、制水成本,在保证水质的前提下降低消耗。

1.4　由于水质不良引发锅炉事故的案例及分析

随着我国国民经济的发展,锅炉数量逐年增多,锅炉安全问题显得尤为重要,在锅炉事故中,由于水质不良、水处理方式选择不当或水处理工作失误而造成的事故占相当大的比例。为了使锅炉水处理操作人员、管理人员、科技人员以及检验人员不断提高水质运行水平,以适应社会实际需要,本节选择了近几年在水处理方面具有代表性的锅炉事故、案例,并对其进行分析和处理,供锅炉水处理方面预防和处理事故时借鉴,以保证锅炉安全、经济地运行。

1.4.1　循环流化床锅炉爆管事故及分析

某公司有一台型号为 UG－75/3.82－M41 的循环流化床锅炉,额定蒸发量为 75 t/h,额定压力为 3.82 MPa,过热蒸汽温度为 450 ℃,锅炉给水为二级除盐水,锅水采用磷酸盐处理方式。膜式壁管规格为 $\phi60\ mm \times 5\ mm$,材质为 20 号钢。

1. 事故情况

锅炉投入运行两年,未进行检查及清洗。运行人员发现膜式壁管泄漏,被迫停炉,严重影响了企业生产。经查,爆破口位于炉膛左侧布风板以上 12 mm 处、由前向后数第 8 根膜式壁管子上,爆破冲出的蒸汽将临近的第 7、9 根管子刺穿。第 8 根管自下而上严重过烧,管径由 $\phi60\ mm$ 膨胀至 $\phi65\ mm$(水冷壁管因过热爆破之前,管径总是胀粗的。水冷壁管的爆破,正是管径胀粗超过了极限的结果),管子外壁布满裂纹,破口边缘粗糙不平整、呈鼓包状脆性断口,属于长期超温过热爆管,管壁无明显减薄,管内结有厚约 1.5 mm 的硬质水垢,背火侧也附着一层薄垢。另外,检查发现左、前、后膜式壁上各有一根水冷壁管过烧,锅筒内结垢厚约 1.5 mm,远离集中下降管的锅筒底部两端和集箱内均积有大量垢渣。

2. 事故原因分析

(1)排污管堵塞。

割开下集箱封头检查时发现,设在左侧集箱上的排污管已被垢渣堵塞,左侧集箱和膜式壁中的水无法排出。

(2)汽水质量问题。

4 个月前的化验分析记录显示,当时的汽水质量不合格,凝结水硬度高、锅水磷酸根少、电导率高;运行人员反映,除盐水箱(即补给水)取样合格,锅炉其他给水电导率高,硬度、二氧化硅含量(质量浓度)、pH 有不合格现象,给水水质不稳定。

据证实,发生事故前 5 个月发现凝汽器泄漏,临时采用水泥掺上锯末封堵,未彻底处理泄漏钢管;尿素车间加热器经长时间运行,设备泄漏也非常严重,锅炉蒸汽经加热器后,汽侧混入了大量工艺杂质,导致凝结水受到严重污染。这两路不合格的回水引起锅炉严重结垢。

(3)磷酸三钠质量不合格。

为了防止锅炉内受热面形成水垢,需向炉内添加磷酸盐,使进入锅炉水中的钙、镁等离子形成一种不黏附在锅炉受热面上的水渣,随着锅炉排污一起排除。运行人员反映,有时加磷酸三钠效果明显,分析锅水磷酸根质量浓度合格;有时没有效果,磷酸根分析不出来,而电导率却上升至 1 000 μS/cm 以上,锅水电导率严重超标,失去了投加磷酸盐的意义。

在锅炉停炉、启动过程中,锅炉工况变化大:锅水品质与原运行状况有很大差别,水垢因热胀冷缩也易于脱落,脱落的水垢很容易在膜式壁管子弯管部位堆积,使水循环受到影响,进而加剧水垢生成,水垢越积越多甚至堵塞膜式壁管,最终导致过热爆管事故。

3. 处理意见和建议

(1)全面检查锅炉水汽系统。

对发现有鼓包、裂纹、过热、变形等情况的水冷壁管,应按有关规定处理;检查疏通排污管、水位表管、疏水管等,以保证畅通。过热器曾经爆过管,建议对过热器进行割管检查,必要时进行清洗或换管。

(2)加强水质管理。

彻底检修凝汽器、加热器,防止凝结水被冷却水及其他杂质污染,保证凝结水品质。当回水品质超标时,不经处理不能作为给水进入锅炉。采取给水和凝结水系统的防腐措施,减少给水中的金属腐蚀产物。对凝结水进行除盐处理,确保锅炉给水品质合格。装设锅水磷酸根质量浓度的自动调节设备,利用锅水磷酸根测试仪表的输出信号控制加药泵,以自动、精确地维持锅水中磷酸根质量浓度。

(3)及时化学清洗清除锅炉内水垢。

化学清洗可降低管壁温度,有效避免爆管事故和腐蚀穿孔,延长锅炉使用寿命。因水垢成分比较复杂,汽水系统又可能含有未查明的堵塞管路,故必须找有资质和经验的公司进行锅炉清洗钝化工作。

清洗时,首先用大流量的清水进行正反向冲洗,人工辅助清理,保证所有管路畅通;然后根据小型试验结果,选择合适的清洗剂和缓蚀剂,反复进行,确保除垢率达标;清洗结束后进行钝化处理。整个清洗工作完成后,要认真检查清洗质量,确保合格后方可点炉运行。

(4)加强锅炉用药的管理。

加强锅炉用药的管理,购买合格的高纯度磷酸三钠。

(5)加强锅炉水处理工作管理。

加强对作业人员的管理,强化责任意识,司炉人员与水处理化验人员之间应密切配合,锅内加药、连续排污和定期排污的操作应根据化验结果及时调整,运行人员发现异常情况后要及时上报,及时处理。

1.4.2 蒸汽锅炉腐蚀事故分析

1. 事故情况

某公司 DZL10 - 25 - AII 型蒸汽锅炉,检验时发现有严重的腐蚀现象。锅筒底部距前管板 600 mm,锅炉内炉胆水侧存在多个大小不等的圆形麻点状腐蚀凹坑,形貌基本相同。鼓包表面呈红褐色,用小尖锤轻敲鼓包处,会呈现一腐蚀坑,坑内堆有腐蚀产物,其内有黑色粉末状物。此锅炉烟管侧面还发现大量的腐蚀鼓包,剥去鼓包,烟管上留下腐蚀斑点。但从整个锅炉腐蚀情况来看,高温辐射区腐蚀程度要比烟管和其他部位严重。

通过对此锅炉锅筒腐蚀部位的产物分析,可判断此腐蚀主要是氧腐蚀。从腐蚀部位来看,腐蚀凹坑不仅分布在炉胆母材上,而且还分布在焊缝热影响区上。

通过取样,进行金相检验分析,在距离前管板约 650 mm 处的焊缝热影响区及母材上打磨见金属光泽,用酒精溶液清洗,在金相显微镜上观察及拍摄金相照片,发现母材的显微组织均为正常的铁素体和珠光体,铁素体晶粒度为 8 级,热影响区为魏氏组织。化验分析腐蚀产物可知,主要为 Fe_2O_3,其次为 CaO。

2. 事故原因分析

(1) 水中溶解氧是引起金属发生电化学腐蚀的一个主要因素。可以断定:此台锅炉在整个运行过程中除氧效果不好,从而使给水中的溶解氧进入锅炉内,引起电化学腐蚀。氧气对钢铁的腐蚀速度具有双重影响:一方面,氧气无论对于阴极还是阳极,都是很好的去极化剂,加速了金属的腐蚀速度;另一方面,锅炉水中溶解氧质量浓度增大,由于钢材受溶解氧腐蚀的结果,在其表面形成致密的保护膜,所以会使腐蚀减弱。保护膜形成后,虽然可在钢材表面减少腐蚀核心的数目,但提高了每个已开始腐蚀点的腐蚀速度。由于氧腐蚀具有局部性的特点,我们就看到了一个个麻点状溃疡腐蚀凹坑。

(2) 据了解,该公司输送过氧化物类产品的管道发生泄漏,致使部分过氧化物类产品流入软水池并被带入锅炉中。由于过氧化物类产品受热易分解产生氧气,此锅炉白天运行时间短,压火时间较长,炉膛前部温度较低,析出氧气在锅筒内底部距前管板 600 mm 周围聚集停滞,造成氧腐蚀,使锅炉内产生了大量的氧腐蚀产物,加上炉水 Cl^- 浓度较高,又会引发氧浓差腐蚀。这样如果有氧气存在,腐蚀就会不断深入。当温度升高时,金属的保护膜很容易受到破坏,加速了金属的腐蚀。

(3) 运行记录表明此锅炉停炉频繁,并且在停炉期间,没有采取任何保护措施,设备运行维护和管理不到位。未配备持证水处理作业人员,没有对锅炉水样及时进行化验分析。停用锅炉腐蚀所造成的锅炉表面粗糙、凹坑状态及腐蚀产物会成为运行中腐蚀的促进因素。运行腐蚀中生成的低价氧化铁,在锅炉下次停用时,由于吸收空气中的氧又重新被氧化成高价氧化铁。这样,随着运行和停用交替进行,腐蚀过程反复进行,腐蚀持续加剧。

综上所述,该锅炉由于给水含氧量超标和炉水指标不合格引发了锅筒腐蚀。

1.4.3 水中悬浮物酿成的锅炉事故及分析

1. 事故简况

某针织厂有一台 DZL4 - 13 锅炉,发生了锅炉爆管事故,爆管处位于锅炉左侧从拨火门向后数起第一根,高度在离集箱 100 mm 管子的弯头处,经割管检查,发现在爆管处全部被泥垢阻塞。为了进一步了解情况,对锅炉全部水冷壁管进行通水检查,发现其中 7 根水流不畅通。锅炉其他部位结垢情况:锅筒底部结垢约 2 mm,进水管附近结垢 2 ~ 3 mm,烟管上结垢 1 ~ 3 mm,其他部位结垢约 1 mm。水垢呈深黄色、质坚硬,水垢在盐酸中不溶解。

2. 事故调查

该厂的水源采用水库的水作为锅炉用水,水不做任何净化处理直接通过钠离子交换器经软化合格后进入锅炉,软化后水质情况见表 1.1。

表 1.1　软化后水质情况

总碱度 /(mmol · L^{-1})	总硬度 /(mmol · L^{-1})	氯根质量浓度 /(mg · L^{-1})	pH
0.6	0.6	7	7

锅水水质控制情况见表 1.2。

表 1.2　锅水水质控制情况

总碱度 /(mmol · L^{-1})	总硬度 /(mmol · L^{-1})	氯根质量浓度 /(mg · L^{-1})	pH
5 ~ 9	≤ 0.03	30 ~ 100	11 ~ 12

从以上水质数据分析,水源硬度属于极软水,锅水水质合格。

用同一水源的某厂有 4 台锅炉(蒸发量为 4 t/h),曾经发生锅筒局部鼓包 5 次,其主要原因是大量泥浆及水垢在锅筒底部堆积,某厂的软水、锅水水质情况也基本和某针织厂相同,所结水垢在盐酸中也不溶解,水垢成分见表 1.3。

表 1.3　水垢成分

部　位	$w(SiO_2)$/%	$w(R_2O_3)$/%	$w(Ca^{2+})$/%	$w(Mg^{2+})$/%	$w(SO_4^{2-})$/%
筒体内垢	48.79	29.19	7.17	0.69	1.81
烟管上垢	60.09	25.85	2.40	0.49	3.84
集箱内垢	54.57	25.35	5.92	0.48	2.84

从表 1.3 中数值可知,该种垢属于硅酸盐水垢。

3. 事故原因分析

以上二单位都采用水库水,晴天水质较清,雨天水质较浑浊,由于江南地区雨水天较多,水又不做任何预处理,钠离子交换器变成过滤器,使离子交换树脂受到污染,从而使其交换容量降低,制水量减少,大量悬浮物无法从钠离子交换器过滤掉,进入锅炉后使锅水长期浑浊不清,有时甚至由于浑浊度过高、颜色过深而无法进行化验测定工作,长期如此就造成悬浮物在各部位沉积成泥垢,尤其在炉管的拐弯处,易造成锅炉爆管、鼓包等重大事故。

1.4.4　过热器烧坏事故及分析

某工厂一台新锅炉正式运行 16 d,就发生过热器烧坏事故,16 根管圈堵死,2 根管子烧漏,被迫停炉检修,直接经济损失超过 15 万元。

1. 锅炉简介

锅炉额定蒸发量为 39 t/h,工作压力为 3.82 MPa。过热器分高、低两级,垂直于水平烟道,过热蒸汽温度为 450 ℃,两级过热器中间布置面式减温器,低温过热器管圈 48 根,材料是 ϕ38 mm × 3.5 mm 的 20G 钢管,高温过热器管圈 49 根,材料是 ϕ38 mm × 3.5 mm 的 15CrMo 钢管,炉膛出口烟温为 970 ℃,高温过热器出口烟温为 808 ℃,低温过热器出口烟温为 594 ℃。

低温过热器没有分配集箱,饱和蒸汽入口端直接接在锅筒顶部,锅筒直径为ϕ1 400 mm。

2. 事故检查情况

(1) 过热器检查方法与结果。用添加了质量分数为 0.05% 分散剂和质量分数为 0.05% 渗透剂的常温工业水冲洗 26 h,再提高水温冲洗 17 h(闭路 5 h),待水温升到 80 ℃时,摸管检查发现,高低温过热器共 16 根管圈无热水流动(低温过热器 9 根管不通,高温过热器 7 根管不通)。割管后发现,管内异物有:① 棕褐色碱性结晶物;② 灰白色硬质盐类结晶垢;③ 杂物,如焊渣、氧化铁皮、腐蚀产物、雀毛、麻等。上述物质将管内堵死,坚硬且难于挖出,13# 管被堵死长达 1.5 m。割管后发现过热器管内壁有均匀腐蚀和凿槽腐蚀,最大腐蚀坑为 12 mm × 5 mm × 1.1 m。凿槽腐蚀深约1.5 ~ 2.0 mm,4#、5# 管各有五处穿孔,最大孔为 12 mm × 5.5 mm。

(2) 运行情况调查。查阅有关记录发现:供水品质不合格,除氧器未调试,给水含氧量未分析,化学监督不好,炉水长期高碱度超标准运行,最高碱度达 54.5 mmol/L。另外还发现该炉投运前煮炉时未进行任何化验分析,煮炉后也未放水、冲洗、清污,只是排污换水后,以水清为合格,随即投入运行,因此炉内污物很多,在一次停炉时,从锅炉内清除氧化皮等达 9 kg,在二级省煤器下联箱内也有炭渣、砖片等杂物。

锅炉投运后一直未做表面排污,运行中过热蒸汽瞬时温差达 100 ~ 120 ℃。

3. 事故原因分析

从以上检查结果可以看出,这起事故的原因是:由于锅炉安装后煮炉清洗不合格,使得在制造和安装过程中产生的污染物没有被清除干净,加上投运后,锅炉的给水、锅水品质均不符合标准要求,又加上超负荷、高水位等不合理的运行操作,使得进入过热器的饱和蒸汽大量带水,导致过热器管内的盐垢迅速积聚而造成阻塞,最终使得过热器的工作温度超过允许使用温度而发生金相组织损坏。

腐蚀的原因是:由 NaOH 碱度测定值可以看出,过热器管内壁既有碱腐蚀,又有酸腐蚀。管内壁的均匀腐蚀是碱腐蚀,在高 pH 下,金属表面的 Fe_3O_4 保护膜被溶解。

由垢样的取样位置和测定出的 pH 发现,凿槽腐蚀是酸腐蚀,积盐后由于大量的 Cl^- 和 Mg^{2+} 存在,则生成 $MgCl_2$,$MgCl_2$ 水解发生如下反应:

$$MgCl_2 + 2H_2O \Longrightarrow Mg(OH)_2 + 2HCl$$

所以在管子堵死的两端部位发生 HCl 的酸腐蚀。

1.4.5 发电厂机组锅炉爆管原因分析

某发电厂 1 号 600MW 机组 DG - 2070/17.5 - II4 锅炉为亚临界参数、自然循环、前后墙对冲燃烧方式、一次中间再热、单炉膛平衡通风、固态排渣、紧身封闭、全钢构架的 n 型汽包炉。

机组投产五年后进行供热改造,将低压缸排气进入热网换热器冷却后全部回收至凝结水系统。凝结水精处理仅设计粉末树脂过滤器进行凝结水处理。

1. 事故情况

该机组锅炉运行中发生爆管事故,爆管部位位于水冷壁管 26 m 处,爆口在向火侧,爆口呈撕裂状,有明显鼓包现象。爆口长约 35 cm、宽约 4 cm,在爆口处管壁有不规则减薄,背火侧管壁状态未见异常。

将爆管部位割下后,经剖管检查,爆口附近管段向火侧内壁有明显的类似于疤痕的带状腐蚀,其腐蚀产物表面颜色为红色,未腐蚀部位管壁为红褐色,色差较为明显。

经管样加工并进行酸洗除垢后,腐蚀产物溶解脱落,管内壁接触面呈现黑色凹坑状,部分凹坑已接近穿透管壁。对腐蚀产物(垢样)进行分析可知,其成分以铁盐为主,并未检测到钠盐。爆口临近炉管内壁结垢均匀,未发现垢样脱落现象。

2. 爆管原因分析及排查

通过对爆管前汽水系统水汽指标进行比对(表1.4)可以得出,水冷壁爆管可能原因如下。

表 1.4 爆管前部分水汽指标(平均)

水样	pH	氢电导率 /$(\mu S \cdot cm^{-1})$	Cl^- 质量浓度 /$(\mu g \cdot L^{-1})$	O_2 质量浓度 /$(\mu g \cdot L^{-1})$
除盐水	6.65	0.075	—	—
凝结水	9.09	0.15	—	186
给水	9.25	0.15	—	126
炉水	9.21	—	985.3	—
饱和蒸汽	—	0.14	—	—
热网回水	8.95	—	14	—

(1)机组炉内采用氨水和固体碱化剂水处理工艺。给水、炉水 pH 长期以来维持在低位运行,对于炉内微环境是极为不利的,尤其是当系统内存在管壁损伤或结垢的情况下,很容易导致垢下酸腐蚀的产生,从而加速系统腐蚀,增加爆管概率。

(2)根据《火力发电机组及蒸汽动力设备水汽质量标准》(GB/T 12145—2016),对该类型机组有以下要求:控制给水氯离子质量浓度小于 2 μg/L,控制炉水氯离子质量浓度小于 400 μg/L。但通过化验数据,本案炉水长期以来维持超限水平,通过测定热网回水,热网中氯离子质量浓度较高,而热网回水直接回收于凝结水系统,凝结水精处理仅设置粉末树脂过滤器,并不能有效去除氯离子,氯离子随给水系统进入炉内,在炉内浓缩富集从而对整个炉本体造成腐蚀。氯离子是形成酸性腐蚀的重要离子,在垢下环境,氨质量浓度降低,氯离子的浓缩富集会使得腐蚀进度大大加快。

(3)从表1.4还可以看出凝结水和给水的溶氧均超标。给水氢电导率始终维持在 0.15 μS/cm 左右,达到要求上限,氯离子也超标。可以判定热网存在内漏致使凝结水水质变差,且除氧器除氧效果不佳导致给水溶氧偏高。

3. 预防措施

(1)机组运行年限较长,炉管可能存在老化现象,建议在机组检修时继续加强对原始管、热负荷较低管、与本次爆口热负荷相近管的检查。排除材料老化管材,防止因此而造成爆管。

(2)机组给水、炉水氯离子超标严重且pH较低,加快了炉管腐蚀速率,当氯离子质量浓度偏高时,应当提高加氨量,以减缓垢下酸腐蚀速率,但这不能消除酸腐蚀风险,降低氯离子质量浓度才是根本。可尝试通过加强排污、消除系统漏点等方法,降低给水、炉水氯离子质量浓度,保证氯离子维持在较低水平。根据《火力发电机组及蒸汽动力设备水汽质量标准》(GB/T 12145—2016),增加给水、炉水氯离子定期查定。

(3)提高真空系统的严密性,消除凝结水系统、除氧器、热网系统的漏点和缺陷,提高除氧器除氧效率,降低凝结水、给水溶氧,同时也能降低二氧化碳的泄露量,减缓给水系统的腐蚀,进而减少腐蚀产物进入炉内造成沉积。

(4)为改善机组水质,提高精处理除盐能力,可增设高速混床(或阴阳复床系统)以及再生系统,提高凝结水精处理除盐能力,保证汽水品质。

1.4.6 卧式外燃热水锅炉筒壳环向裂纹原因分析及防止措施

近年某县发生三台四起卧式外燃快装水火管组合式热水锅炉筒壳漏水事故。新锅炉投运 2 ~ 3 年,就在筒壳腹部、火焰集中的区段产生裂纹漏水,裂纹部位不在管板扳边处,也不在焊缝及热影响区,裂纹系环向、多条、平行、穿晶,呈脆性破裂,裂纹部位无鼓包变形,这些特点都是目前我国同类锅炉事故中少见的。

1. 事故情况

某单位投运一年的 KZL 1.4 - 0.7/95 型热水锅炉,两次因筒壳腹部漏水浇灭炉火而被迫停炉。第一次裂纹漏水后,为维持供暖,减少损失,采取了对裂纹补焊的应急措施;第二次裂纹距原裂纹 110 mm,漏水后采取挖补的修理方法,挖补尺寸是 280 mm × 380 mm。

2. 调查检验分析

为查明裂纹产生的根本原因,该台热水锅炉在运行管理方面调查分析如下。

(1)该锅炉系国家定点锅炉厂生产制造,出厂已经劳动部门监检,结构、材质是完全合格的。在该单位连续运行时间未超过 8 个月,负担取暖面积 3 000 m²。

(2)查当月锅检所水质监测报告。炉水 pH 为 9.0,补给水 pH 为 7.5,硬度为 9.3 mmol/L,碱度为 5.6 mmol/L。询问查知:日补给水量约 1 t,取暖期开始后共加碱性防垢剂 15 kg。

(3)司炉工四人两班倒,都是季节性临时工,技术素质不高,运行季节加药不准、不足,排污不定期或不排,停炉季节工人放假,不能及时检修和清除积垢。漏水停炉后,发现锅筒排污导管采用角钢开槽式,纵向沿导管附近有泥状锈垢的堆积物。

3. 裂纹产生的原因

根据对这台热水锅炉运行管理情况的调查及对裂纹区筒壳样品的宏观特征和微观检验综合分析,认为这台水火管组合式热水锅炉筒壳腹部高温区环向裂纹产生的原因是:

(1)热水锅炉加药量不足,补给水硬度较高,司炉工不能定时、定量排污,造成筒壳下积存泥垢和结生水垢。水垢的存在造成钢板传热性能明显下降,壁温显著增高,破坏了内壁金属氧化膜,加速了水垢的结生,为腐蚀提供了条件。

(2)供热能力与采暖热负荷不匹配,"大马拉小车",间歇式运行,加之司炉工的错误操作,使筒壳高温区出现了交变的热应力,因而在腐蚀沟槽和麻坑处产生了初始细微裂纹,越是有裂纹,应力越是容易集中,交变的应力加速了裂纹的形成和裂纹扩展。

由于腐蚀介质的作用会使疲劳强度明显下降,因此随着循环周次的增加,腐蚀疲劳裂纹急剧扩展,以致在不长的时间内就达到了腐蚀疲劳破坏的程度。这就是此台锅炉短期内在筒壳远离焊缝的高温区产生脆性、环向裂纹的主要原因。

4. 防止裂纹产生的对策

(1)加强热水锅炉的水质处理工作,防止水垢结生。

① 水处理工作应严格按照《工业锅炉水质》(GB/T 1576—2018)的有关规定管理。

② 炉水 pH 控制在 10 ~ 12 之间。

③ 水处理方法采用炉内加碱法,系统充水投运前,加药量要计算准确,一次加足,日常运行时,应减少系统漏水,补给水加药量每吨水不少于 500 g。

(2)加强日常运行管理,防止腐蚀。

① 建立健全以岗位责任制为主要内容的规章制度和操作规程,并认真落实。

② 提高司炉工安全技术素质,认真执行排污制度。

③ 停炉后,采用可靠的停炉保养方法,彻底清除锅筒内、除污器内的一切水垢及堆积物。

(3)保证运行工况稳定,减少交变的热应力。

尽量使锅炉出力与热负荷相匹配,努力做到不使锅炉承受急骤的负荷变动。

1.4.7 锅水氯根质量浓度过高引起的管壁腐蚀爆管事故分析

1. 事故情况

某化工厂一台 DZL2 – 10 型锅炉投入运行不到两年时间,右侧前起第三根水冷壁管发生爆管,爆管后,司炉工发现水位急剧下降,随即采取紧急停炉。停炉后,放掉锅水,对锅炉内部进行检查,发现该管爆管后产生一道长 14 mm、宽 1.5 mm 的裂纹,管子外部基本无变形,管子内壁水垢、铁垢厚度为 1.5 mm 左右。对右侧前起第二根及第五根取样分析,管内壁水垢、铁垢厚度为 1.5 mm 左右,且呈泡状,管子向火侧有腐蚀和减薄现象,而背火侧无腐蚀和减薄现象。

2. 原因分析

从上述情况看,管子外部基本无变形,管内水垢不多,所以这次爆管不是因为水垢过厚引起水循环不良和金属过热而发生的爆管。因为管子内有铁垢,且管内向火侧有腐蚀和金属减薄现象,所以说是一种因腐蚀而产生的爆管泄漏。

我们查看了该锅炉近期的水质化验记录,见表 1.5(摘录)。

表 1.5 锅炉水质化验记录(摘录)

化验数据		首年 7 月	次年 1 月	次年 6 月	次年 9 月	三年 3 月
原水	硬度 /(mol·L^{-1})	2.80	5.01	5.74	7.40	16.27
	碱度 /(mol·L^{-1})	4.10	5.21	5.10	5.70	10.70
	Cl$^-$ 质量浓度 /(mg·L^{-1})	358	380	661	875	1736
	pH	7.0	7.0	7.0	7.0	7.0

续表1.5

化验数据		首年7月	次年1月	次年6月	次年9月	三年3月
给水	硬度/(mol·L^{-1})	0.01	1.65	3.65	7.4	15.50
	Cl$^-$质量浓度/(mg·L^{-1})	358	380	661	875	1 736
	pH	7	7	7	7	7
炉水	碱度/(mol·L^{-1})	31.6	14.94	5.21	5.18	4.60
	Cl$^-$质量浓度/(mg·L^{-1})	3 993	4 638	5 219	8 429	44 190
	pH	12	10	8	8	8

从化验记录看,给水的pH一直保持在7以上,这说明给水中无酸性物质,那么腐蚀不是因给水的酸性而产生的;给水的硬度高,只能引起锅炉结垢降低锅水碱度和pH。从记录中还可看出,锅水的氯根质量浓度很高,而碱度和pH却很低,碱度和pH低一般只会引起结垢。而氯根高才是引起这次事故的根源。为什么锅水的氯根会越来越高呢?因为该厂没有去除氯根的设备,原水中的氯根高,导致给水中的氯根也就高,因而锅水中的氯根相应也高。我们发现该厂的原水氯根高是因为该厂废水排污口与给水的水源相距不到50 m。而该厂的废水中含有大量的镁离子和氯离子,含这些离子的废水污染了锅炉用水的水源,从而使原水的硬度、氯根渐渐增高。当这些高质量浓度的氯化镁盐类的水进入锅炉后,在锅内高温时,容易发生水解反应而生成酸。反应式如下:

$$MgCl_2 + 2H_2O \longrightarrow Mg(OH)_2 + 2HCl \tag{1.1}$$

盐酸是一种强酸,它既能破坏金属表面的氧化膜,又能溶解铁,反应式为:

$$Fe_3O_4 + 8HCl \longrightarrow FeCl_2 + 2FeCl_3 + 4H_2O \tag{1.2}$$

$$Fe + 2HCl \longrightarrow FeCl_2 + H_2 \tag{1.3}$$

在锅水pH较低的情况下,式(1.2)和式(1.3)所生成铁的氯化物,又可能与氢氧化镁再次反应生成氯化镁:

$$Mg(OH)_2 + FeCl_2 \longrightarrow MgCl_2 + Fe(OH)_2 \tag{1.4}$$

氯化镁又水解生成盐酸,如此反复循环,使铁不断地遭到酸腐蚀。但锅水的pH较高时,氯化镁生成难溶的氢氧化镁,不易生成盐酸。该厂由于长期锅水处于低碱度、低pH状况下,且氯根质量浓度又非常高,故在锅炉的高温区引起了这次水冷壁管的腐蚀事故。

3. 处理措施及效果

(1)更换损坏的管子。

(2)对废水进行治理和改道,确保污水不污染锅炉用水的水源。对原水每天进行氯离子的化验,严防原水氯离子质量浓度过高。

(3)加强水质管理,严格控制锅水氯根的质量浓度。

由于严格控制给水中氯离子质量浓度,炉水中的氯根质量浓度大大降低了,改造后的5年多时间里,锅炉一直正常运行。

1.4.8 火电厂运行锅炉化学清洗质量事故调查与分析

1. 事故概述

某电厂锅炉为 E – 420 – 13.7 – 560KT 型锅炉,是单汽包、膜式冷壁、自然循环立式水管锅炉。在检修中割管取样检查,发现数根水冷壁管向火侧结垢量在 200 g/m^2 以上。清洗后监视管、汽包出现大面积的生锈和二次锈蚀,未形成任何钝化膜,甚至有镀铜的情况出现。

2. 原因分析

(1) 缓蚀剂选用失当。

由于该锅炉被清洗表面有 Fe_2O_3、Fe_3O_4 等铁的氧化物,故在清洗过程中清洗液内存有大量的 Fe^{3+}。由表1.6可知,清洗过程中 Fe^{3+} 质量浓度一直维持在 224 ~ 448 mg/L 之间。一般清洗工艺中,Fe^{3+} 质量浓度不小于 300 mg/L 时,腐蚀速率会增大 5 ~ 10 倍,主要是因为在盐酸溶液中存在大量铁离子,引起金属表面发生电化学腐蚀。随着腐蚀电流增大,金属表面的自腐蚀电位产生负移,最终导致处于吸附态的缓蚀剂分子离开金属表面进入清洗溶液中,出现类似于未加缓蚀剂的情况,从而大大加快腐蚀速率。试片颜色变为暗灰色斑纹的现象也证明了此种缓蚀剂缓蚀质量没有达到相应的缓蚀效果。

表1.6 清洗过程实时监督数据

时间	酸质量分数 /%		Fe^{3+} 质量浓度 /(mg·L^{-1})		Fe^{2+} 质量浓度 /(mg·L^{-1})	
	清洗箱入口	清洗箱出口	清洗箱入口	清洗箱出口	清洗箱入口	清洗箱出口
20:40	4.02	4.09	448	—		1 008
21:00	3.94	4.02	280	—	1 680	
22:00	3.47	3.36	448	224	2 714	2 912
23:00	3.19	3.19	420	168	3 309	—
24:00	2.99	2.96	280	224	3 248	3 304
00:30	3.18	3.14	240	280	3 472	3 528
01:15	3.07	2.99	224	168	3 276	3 528

(2) 还原剂选用失当。

在清洗过程中,随着垢皮和铁锈的溶解,清洗液中的 Fe^{3+} 不断增加。由于 Fe^{3+} 是一种有效的阴极极化剂,当它在阴极区被还原成 Fe^{2+} 的同时,在阳极区就有相应的金属被腐蚀,清洗液中 Fe^{3+} 质量浓度越高,腐蚀就越严重,从而进一步加速了金属设备的腐蚀。

当清洗液中 Fe^{3+} 质量浓度不小于 300 mg/L 时,会增加抑制还原剂作用的危险,此次加入的还原剂为联氨。联氨在清洗液中对 Fe^{3+} 的还原效果不好,因此较少采用,但是此次酸洗由于清洗公司没有用硫脲,而加入 400 kg 联氨,还原效果不佳。

(3) 加酸排酸时间失当。

化学清洗小型试验确定的酸洗质量分数为 5%。由于清洗公司工艺控制水平低,为防止加酸质量分数超过 5%,每加酸 10 ~ 15 min,停下来测一次酸的质量分数,以至于加酸的时间长达 3.5 h。加酸和清洗时间接近 9 h,清洗结束后排酸时间长达 5.5 h。

（4）除铜工艺剂量失当。

酸洗监视管拆下后，出现了明显的镀铜现象。清洗过程中由于清洗公司考虑成本，加入的硫脲只有 50 kg，相当于 0.07% 的剂量，明显低于《火力发电厂锅炉化学清洗导则》（DL/T 974—2001）对除铜工艺中硫脲含量不小于 0.3% 的要求，除铜工艺没有达到理想的效果。

（5）酸洗后水冲洗。

酸洗结束后的水冲洗采用了先排空锅炉内酸洗废液，再用除盐水冲洗的工艺，在系统出口总铁离子质量浓度为 28 mg/L，pH 为 4.58 时，水冲洗结束。由于接管回路不当，水冲洗总耗时约 7.5 h，再加上清洗排放系统反复排空导致冲洗水中的溶解氧和酸洗后活泼金属表面充分接触，生成大量的二次铁锈。

（6）钝化液总铁离子质量浓度过高。

过低质量分数的过氧化氢不足以使氧化金属表面形成完整的保护膜，有些金属表面会直接裸露在溶液中被腐蚀，进入钝化工艺前测得溶液中总铁离子质量浓度超过 300 mg/L。溶液中大量的 Fe^{2+} 和 Fe^{3+} 会促进过氧化氢分解，影响过氧化氢在系统中的质量分数。Fe^{2+} 和 Fe^{3+} 质量浓度与过氧化氢分解速度呈正比关系，过氧化氢氧化金属表面生成 Fe_3O_4 后，由于过氧化氢不稳定分解生成氧气，Fe_3O_4 被氧化成黄色的 Fe_2O_3。

未形成均匀、致密的氧化膜且产生黄色铁锈的根本原因是漂洗和钝化工艺参数控制不当。进入钝化工序时，如果溶液中总铁离子质量浓度不小于 300 mg/L，则必须排放部分漂洗液使溶液中总铁离子质量浓度小于 300 mg/L，最好排放置换到总铁离子质量浓度小于150 mg/L 后。溶液中 pH 应该严格控制在 9.5 以上，保证过氧化氢质量分数不小于 0.3%。

3. 经验及教训

（1）清洗公司在清洗过程中过度关注成本导致硫脲和还原剂量加入不够，造成了系统清洗镀铜和生锈。

（2）清洗公司基于成本的考虑采用 $\phi159$ mm × 4.5 mm 的清洗母管，导致清洗流速远小于 0.2 m/s 的要求，这是造成清洗不干净主要原因之一。

（3）酸洗后宜采取除盐水连续排酸工艺将酸排出，而清洗公司排酸采取完全放空的方式，导致了金属表面产生大量的二次锈蚀。

（4）在漂洗转入钝化前，要保证溶液中总铁离子质量浓度小于300 mg/L，并且保证溶液中有足够过氧化氢质量分数及合适的 pH 控制，才能保证金属表面形成均匀致密的钝化膜。

1.4.9　SZL 型热水锅炉水冷壁管事故分析

1. 锅炉概况

某宾馆有一台 SZL4.2 - 0.7/95/70 - AⅡ 型热水锅炉，连续两年发生水冷壁管管壁裂纹、弯曲变形。该锅炉投入运行两年后，右侧水冷壁管由前向后数第 8 根管子发生管壁裂纹而渗漏，裂纹处伴有管子轻微胀粗，因在取暖期停炉后将该水冷壁管封堵，锅炉酸洗除垢后继续运行。次年，右侧水冷壁管由前向后数第 12、14 根管子中间位置向火侧有细小裂纹而渗漏，裂纹处伴有管子轻微胀粗，表层有氧化铁皮；同样采取了封堵的处理方法。当年停炉检验时,还发现右侧水冷壁管由前向后数第 16、17 根及左侧水冷壁管由前向后数第 13、14 根向炉膛内弯曲变形,变形量分别为 20 mm、40 mm、25 mm、20 mm。

2. 事故原因

(1) 锅炉用水质量不合格。对部分水冷壁管结垢处割管检查时,水垢基本为碳酸盐水垢,最厚达 10 mm,水垢明显分为几层,说明水垢是几年来结水垢的累积。该锅炉所用钠离子交换器,罐体内表面防腐不彻底,最高出水硬度达 1.0 mmol/L。锅炉长期低温运行,一般出/回水温度为 70 ℃/50 ℃。结垢部位大多在炉膛内受火焰辐射热最强的水冷壁管内,介质在水冷壁管内水流速度较小,水垢逐渐沉积下来,减弱了受热面向介质的传热,当水垢厚度达到一定程度时,就会使水冷壁管管壁温度过高,长时间处于过热状态,引起蠕变,管子胀粗,继而产生裂纹。

(2) 水冷壁管结垢后,管子内径 d 减小,上升管流动阻力增加,破坏了该部分水冷壁管的正常水循环,使其管内水流速度降低,流量减小,导致水冷壁管损坏。

(3) 上锅筒内装置不合理。上锅筒锅内装置如图 1.6 所示,炉膛及对流管束布置如图 1.7 所示,各集箱下降管入口位于锅筒两端。

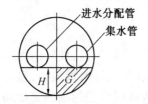

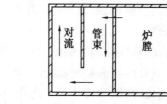

图 1.6   上锅筒锅内装置   图 1.7   炉膛及对流管束布置

锅筒内纵、横向隔板高度 H 只相当于锅筒内径的 1/3,冷热水区没有明显区分,造成下降管入口水温过高,右侧集箱下降管规格为 $\phi108$ mm × 4.5 mm,管径偏小。管径 d 越小,其阻力系数越大。上述因素造成下降管侧总压差降低,不利于锅炉的水循环,造成水冷壁管内水流速度过低,使其管壁过热,致使其弯曲变形或产生裂纹而渗漏。

3. 改进措施

通过原因分析,在停炉检修期间,更换了所有封堵的水冷壁管,对锅炉进行了酸洗除垢,对钠离子交换器罐体内表面进行了彻底的防腐处理,更换了原来的钠离子交换树脂,使其出水质量达到了锅炉水质标准。改进了锅内装置,将纵向隔板的高度增加到与锅筒内径相等,将纵向隔板右侧横向隔板(图1.6中 G 部分)提高到锅筒内径的约2/3高度,目的是降低下降管入口水温,增加下降管内介质的平均密度,提高下降管侧总压差,加强锅内介质的循环动力。考虑到右侧水冷壁管损坏严重,在右侧集箱中间位置增加 1 根 $\phi89$mm × 4.5 mm 的回水管,其闸阀开度可以调节,因右侧集箱两侧各有一根 $\phi108$ mm × 4.5 mm 的下降管,其开度定为 1/3 闸阀全开度,这样就加强了右侧水冷壁管的水循环动力,使锅炉水循环可靠性提高。

通过改造,该锅炉已连续运行两个取暖期,未发现新的管壁裂纹和弯曲变形现象,原来弯曲变形的水冷壁管,变形量未见发展。

1.4.10　热水锅炉因水垢引起爆管的剖析

1. 事故概况

在某采暖期内某市接连发生了十余起热水采暖锅炉爆管漏水事故,其中因水垢严重发生爆管的热水锅炉有 6 台。事故影响了锅炉使用单位的正常采暖,并造成严重的经济损失。修理费在万元以上的爆管事故有以下几起:

(1) 某中专学校 SHL4.2 – 0.7/95/70 热水锅炉投入运行后的第二个采暖期,后拱管受热区就发生爆管漏水,累积运行时间不到半年。现场检查还发现 3 根左水冷壁管、2 根顶棚管有严重脱碳变形现象。经割管检查,发现管内结垢严重,局部堵塞。

(2) 某大学 QXL2.8 – 0.7/95/70 热水锅水垢厚达投入运行后的第六个采暖期,后拱管发生爆管漏水事故,经现场检查,发现管内水垢厚达 8 ~ 10 mm,管外壁腐蚀也较严重,外径51 mm 的管子实测只有 49.5 mm。当场确定为管内水垢和腐蚀造成的事故。

(3) 某医院 QXL240 – 7/95/70 热水锅炉投入运行三年后曾酸洗一次,清洗两年后的采暖期内仍发生了左水冷壁管爆管事故。现场查看,前数第12根爆破、第13根鼓包,另有两根严重变形,经割管检查,发现管内结垢严重。

2. 事故原因分析

出现以上事故的直接原因是锅炉运行管理不善,水质不良,使管内严重结垢、腐蚀。由于管内结垢,造成管内流通截面积减小,阻力增大,使循环水量减少,循环流速降低,甚至发生循环停滞现象,使锅炉传热能力恶化,从而造成锅炉受热面的管壁局部过热变形、鼓包或爆破。

以上锅炉均安装了水处理设备,配备了水质化验人员,为什么还会造成水质不良,受热面严重结垢呢? 根据现场调查和分析,主要有以下几方面的原因:

(1) 水质化验人员的责任心和安全意识不强,造假记录,使水质化验记录失去真实性,如某单位锅炉发生爆管后,检验人员现场查看水质化验记录,各项指标均符合水质标准,但现场取软化水样化验,硬度竟达 5.8 mmol/L 以上。

(2) 水处理设备陈旧,交换树脂中毒或失效,不能及时反洗或更换,使水处理效果变差,甚至接近加生水。

(3) 锅炉运行单位领导不懂水处理有关知识及水质标准,只要求锅炉能供热采暖,不重视水处理工作。

(4) 锅炉运行管理不善,保养、维修不好,循环系统跑、冒、滴、漏严重。系统补水率增大,促使了锅炉受热面的结垢和腐蚀。

3. 改进措施

为了使锅炉无垢或薄垢运行,避免或减少锅炉事故产生,建议采取以下几项措施:

(1) 必须制定并严格执行锅炉水处理岗位责任制和适合本锅炉房水处理设备的操作规程。

(2) 水质化验人员不要随意更换,水处理管理人员相对稳定。

(3) 锅炉使用单位的领导应重视锅炉水处理工作。

(4) 对结构不合理、水处理效果差的设备,应及时改造或更换。

(5) 采用钠离子交换进行水处理的单位,必须对软化水进行化验,并安装合格的过滤装置,防止盐液中的悬浮物进入炉水。若发现水处理效果不好,水质不符合标准,水处理操作人员应及时查明原因,采取纠正措施。

(6) 对热水锅炉采暖系统加强保养和维修,防止跑、冒、滴、漏,保证系统补水率不超过 2%,这是热水锅炉防垢的最好方法之一。

(7) 锅炉进行停炉检修或年检时,水处理管理人员应配合检验人员了解锅炉结垢、腐蚀情况,必要时对垢样及腐蚀产物进行化验分析,以便改进水处理措施或确定是否清洗锅炉。

1.4.11　一起烟火管锅炉爆管原因分析及预防措施

1. 事故概况

某工厂一台型号为 DZL20 - 1.6 - AII 的烟火管锅炉,运行压力是 1.2 MPa,此锅炉在运行过程中发生了两根水冷壁管爆裂的非正常停车事故。裂口位置为前拱和后拱之间的左侧水冷壁管,这两根爆裂的管子一根管子内没有水垢,另一根管子内堆满水垢;裂口为纵向裂口,长 15 ~ 20 mm,裂口处壁厚约 2.03 mm,裂漏管子裂口下部还有一定程度的胀粗。

2. 原因分析

为查明原因做了以下检测:首先对裂口附近(左侧前部)的水冷壁管进行了壁厚测量,发现附近管壁厚均在 2 mm 左右;然后抽查右侧相同位置水冷壁壁厚,管壁厚也均在 2 mm 左右。查阅锅炉出厂资料:锅炉两侧水冷壁管规格为 $\phi57$ mm × 3.5 mm,壁厚减薄 1.5 mm。最后对锅炉后部的水冷壁管、对流管的管壁厚度也进行了抽检。

根据实测可得:水冷壁管前部壁厚大范围减薄,后部及对流管壁厚均在正常范围内;因此怀疑前侧水冷壁管内水垢过厚堆积而堵塞管道,引起管道金属过热,导致管子胀粗、管壁减薄,产生爆管。

了解得知,企业在发生爆管前一个月曾经对锅炉内水垢进行清洗,综合企业进行锅炉清洗的全过程得出如下结论:

(1) 锅炉清洗前未进行垢样分析。锅炉清洗企业虽有相应资质,但没有对锅炉里的结垢垢样进行分析,只是凭经验使用一种清洗剂进行清洗,导致部分水垢没有清洗到位;不对症下药,清洗质量难免大打折扣。

(2) 锅炉未能严格按照标准、规范进行清洗。清洗锅炉没有清洗计划书。本应该在清洗时对每根管子进行疏通,测试该管有没有被水垢堵死,如有堵死情况应先进行机械疏通,而后才能进行清洗。本锅炉有些水冷壁管已被水垢堵塞 3/4 管径,不疏通直接进行酸洗循环过程会产生清洗不到位的情况。

(3) 企业介绍,清洗时没有分时段测定酸的质量分数来确认是否洗净,而是一直循环 12 h 即停止清洗;清洗后也未对锅炉内清洗介质进行中和。这样做产生两个问题:① 无法保证清洗质量;② 会造成一些已经清洗干净的管子产生过清洗现象。

(4) 清洗后垢渣未清除。清洗后大片水垢脱落掉入水冷壁管也是爆管的主要原因之一。

(5) 运行管理不当。由于锅炉长期启停频繁和锅炉结构原因导致前拱和后拱之前的水冷壁管受烟气冲刷磨损比较严重,导致管壁变薄,这也是爆管的原因之一。

1.4.12 水处理方式改变引起锅炉爆管事故分析

1.事故概况

某市两个大酒店型号分别为 DZL4-1.27 和 DZL2-1.0 的锅炉相继发生水冷壁管爆管事故，随即紧急停炉进行检查:DZL4-1.27 锅炉除2根水冷壁管鼓包破裂外，另有15根水冷壁管发生不同程度的鼓包变形和材质过烧变色现象，管内不同程度地被水垢堵塞，这些管子分布于炉膛高温辐射区的两侧;DZL2-1.0 锅炉有2根水冷壁管发生鼓包变形，其中1根破裂，内部均被水垢堵塞，位于炉膛高温辐射区的左侧。检验中发现，这2台锅炉有一个共同之处，即锅筒底部及集箱内均有大量脱落水垢和水渣堆积，发生爆管一侧的集箱局部被水渣堆满。

2.事故原因分析

（1）DZL4-1.27 锅炉的水处理方式:在事故发生数月前因水箱改造，由钠离子交换软化处理改为锅内投加纯碱处理。DZL2-1.0 锅炉的水处理方式:在事故发生半年前，因钠离子软化水处理设备损坏及树脂受污染而失效，改用向给水箱中投加阻垢剂。这2台锅炉原来都是采用钠离子软化处理水质，水中硬度成分 Ca^{2+}、Mg^{2+} 基本被清除，剩下的碱度成分进入锅炉内维持锅水一定碱度和 pH，锅炉运行一直比较正常。后来由于上述原因，改变了水处理方式，使原有水垢结生规律被打破，老垢溶解、松散、脱落，或产生新的水垢，这些水垢为水冷壁管变形鼓包提供了充分的条件。

（2）在停炉内外部检验时发现 DZL4-1.27 锅炉水垢平均厚度为 1 mm 左右，局部达 2 mm，覆盖面达 60% 以上;DZL2-1.0 锅炉水垢平均厚度为 1 mm 左右，覆盖面达 60% 以上。锅炉原结有 1 mm 的水垢，所用的阻垢剂没有具体定量要求，无监控指标，使锅炉经常处于除垢、结垢的过程，日常对给水、锅水水质没有进行正常监测，不能正确指导锅炉排污，生成的水渣和脱落的水垢不能及时排出锅外。

（3）这两个单位日常用汽量大，锅炉每天均满负荷连续运行，日常排污量不能得到可靠保证。

（4）这两个单位通过锅内加药处理来更改水处理方式，日常加药无计量，未能正常对锅炉水质进行监测，更谈不上按照锅水监测情况指导锅炉排污。

（5）《工业锅炉水质》（GB/T 1576—2018）规定，可以采用锅内加药处理的锅炉额定蒸发量不大于 4 t/h、额定出口蒸汽压力不大于 1.0 MPa，DZL4-1.27 锅炉采用锅内加纯碱处理给水水质的水处理方式显然不妥。因为随着锅炉蒸发量的提高，加药后，锅内形成的水渣量相应增多，通过正常的排污一般是不能保证将这些水渣排出，若加大排污，会影响正常的生产秩序并浪费能量。因此，有些未及时排出的水渣在受热面上会转化成二次水垢，会沉积于锅筒底部和集箱内。另外，该炉原来结生的水垢，通过投加纯碱，类似锅炉煮炉，使大量水垢脱落（有些成片状）。

（6）当锅炉蒸发强度低、水循环性能差时，水冷壁管中的片状水垢脱落后有时会卡在管内"搭桥"，这样使脱落水垢和新形成的水垢在此处越积越多，造成堵管。由于水循环受到破坏，在高温辐射下，金属材料得不到冷却，在内压力作用下，水冷壁管变形、鼓包，直至爆管。

1.4.13　一起余热发电锅炉事故分析

水泥旋窑余热发电锅炉是利用窑头、窑尾排放的高温烟气余热,产生低温低压过热蒸汽送入小型汽轮机发电的一种换热装置,因其产生的蒸汽供汽轮机发电,故将其归类为电站锅炉,对其水汽品质要求较工业锅炉高。

1. 事故情况调查

某水泥生产企业窑尾预热器余热发电锅炉,型号为 QC320/330 - 24.5 - 1.5/311,因锅炉漏水紧急停炉。锅炉压力容器检验分院接到通知后,随即组织技术人员赶赴现场调查,发现如下三个问题:

(1) 部分 I 级蒸发器管出现爆管,造成汽水混合物泄漏,导致锅炉非正常停炉。

(2) 割管检查发现部分 I 级蒸发器管及下降管内结垢严重,其中一根蒸发器管(ϕ38 mm × 3 mm)内水垢厚达 14 mm,占据了管子近一半的空间,下降管内水垢厚达 15 mm,炉内严重结垢直接影响了锅炉热效率及安全运行。

(3) 锅筒底部沉积大量泥渣,且有腐蚀现象。泥渣过多不但影响蒸汽质量,促使汽水共腾,而且易转化成水垢,影响锅炉安全运行。

2. 原因分析

对水垢进行定量分析,结果见表 1.7。

表 1.7　水垢定量分析结果(质量分数)表

序号	检测项目	检测值 /%	序号	检测项目	检测值 /%
1	Na_2O	0.17	9	P_2O_5	30.64
2	CaO	42.62	10	SO_3	2.13
3	MgO	10.79	11	K_2O	0.05
4	Fe_2O_3	5.26	12	ZnO	< 0.02
5	CuO	0.03	13	Ni_2O_3	< 0.02
6	Al_2O_3	0.42	14	CrO_3	< 0.02
7	MnO_2	0.32	15	灼烧减量(550 ℃)	0.84
8	SiO_2	3.25	16	灼烧减量(950 ℃)	3.35

从表 1.7 可知,该水垢成分以钙、镁磷酸盐为主,说明锅炉结垢主要是由于水中硬度(钙、镁总和)及磷酸盐过高引起。主要原因有以下三点:

(1) 水质超标。查水质检测记录,发现给水硬度、溶解氧均未做日常监测。查近两年来该锅炉的水质检测报告,发现给水均不合格,硬度、溶解氧严重超标,硬度最高时达 176 μmol/L,溶氧量最高时达 515 μg/L,远远高于标准要求。

(2) 水处理设备运行不正常。检查水处理系统,发现除盐水箱一侧钢板腐蚀穿孔,致隔壁除氧器真空泵水箱中的循环水(生水)漏入给水箱,使给水硬度超标。查水处理设备运行记录,发现反渗透装置、混床运行至失效后未及时进行反洗和再生,使混床出水(补给水)水质超标,从而使给水硬度严重超标;真空除氧器真空度较低,除氧效果差,致使给水溶解氧量长期超标。

(3) 锅炉排污不够。查锅炉运行记录发现,该炉其中一个排污阀损坏无法排污,致使锅炉排污不到位,因此在锅筒底部沉积大量泥渣,排污不够导致锅内加入的磷酸盐与锅水中的硬度物质生成的水渣转化成水垢。

综上所述,给水硬度长期严重超标,加之锅炉排污不够,导致蒸发器和下降管内结垢严重并产生垢下腐蚀;给水溶解氧长期超标,致炉内产生氧腐蚀。在垢下腐蚀和氯腐蚀的共同作用下,导致部分蒸发器管破裂泄漏。

3. 整改措施

(1)重视水质管理。使用单位应重视锅炉水质管理,明确岗位职责,建立健全水处理管理制度并严格执行,配备专职持证水处理作业人员。加强对锅炉管理人员、水处理作业及化验人员专业技术培训,提高人员安全责任意识、专业素质和技术水平,确保水汽分析化验结果准确可靠。

(2)做好水质监测。按照标准规范要求对锅炉的水汽质量定期进行常规化验分析,做全做足化验项目和频次,做好化验记录,确保水汽质量符合标准要求。低压余热发电锅炉的蒸汽质量应执行《火力发电机组及蒸汽动力设备水汽质量》(GB/T 12145—2016)标准,给水和锅水质量可执行《工业锅炉水质》(GB/T 1576—2018)标准,为确保蒸汽质量合格,宜参照《火力发电机组及蒸汽动力设备水汽质量》(GB/T 12145—2016)标准规定。

(3)合理加药、排污。应根据水质化验结果,对锅炉进行科学合理的加药和排污,建议低磷酸盐用药,以减少锅水含盐量,提高蒸汽品质,同时避免排污不及时结生二次水垢;并注意加药方式,固体药剂应先溶解再加入,切勿将固体药剂直接加入锅内。如有排污阀损坏应及时更换,确保每个排污阀都能正常排污,并严格按照要求定期排污。

(4)合理设计除盐水箱。除盐水箱应独立设置,不与其他水箱连在一起。

(5)加强设备运行中的监督和管理。水处理设备运行过程中应根据水质分析化验结果及时进行反洗或再生,确保设备出水水质合格;当给水溶解氧超标时,应及时查找原因,对于真空除氧器应提高真空度,保证系统严密不漏气,对于热力除氧器应调整运行工况,使其在较佳的条件下运行,从而提高除氧效果。保证水处理设备及加药装置正常运行,能够连续向锅炉提供合格的补给水。

1.4.14 注汽锅炉爆管事故原因分析

某油田 3 号注汽站安装有 2 台蒸发量为 21 t/h 的国产燃气注汽锅炉和配套的水处理(过滤 + 软化 + 低位真空除氧)设施。

1. 事故概况

新锅炉投运不到一年,2 台注汽锅炉相继发生炉管压降增大(辐射段及对流段炉管压降均有此现象),并严重堵塞。经紧急停炉,并振动敲击 + 高压水冲洗后,冲出大量碎块状管内沉积物,不久再次发生爆管事故。

爆管位置在辐射段进水管正数第 3 根前侧,爆管裂缝长度约 450 mm、最宽处约 25 mm。旁边耐火隔热层破坏严重。割开爆管部位可以看到炉管内壁腐蚀严重,从炉管壁厚检测情况看,该部位炉管壁厚在 6 ~ 8 mm。炉管壁厚检测结果表明:从对流段到辐射段炉管均有不同程度的壁厚减薄现象,并均已不同程度低于炉管设计壁厚 12 mm 的标准。

2. 事故原因分析

根据观察炉管内部爆管部位和对炉管内沉积物进行化验分析,炉管管内垢物成分见表 1.8,可以判断出:氧腐蚀造成炉管壁厚减薄,腐蚀物沉积堵塞和管壁腐蚀坑沉积的腐蚀物造成炉管局部过热,以及原水中含有的铁离子本身所产生的化合物(原水总铁质量浓度为 0.90 mg/L、锅炉进口软化水总铁质量浓度为 1.46 mg/L)都是爆管的诱因。

具体原因:

(1)注汽站所用原水水质较差,原水水质分析见表 1.9,铁离子质量浓度达 0.90 mg/L,但设计水处理工艺时,并未考虑除铁措施。

表 1.8　炉管管内垢物成分

项目	硫	氧化铝	氧化钙	氯	氧化铬	氧化铁	氧化钾	氧化镁	氧化锰	氧化钠	氧化磷	氧化铷	二氧化硅
质量分数 /%	0.45	0.004	0.12	0.035	0.017	95.10	0.009 3	0.47	0.32	2.18	0.048	0.003 0	1.23

表 1.9　原水水质分析

项目	pH	总铁质量浓度 /(mg·L⁻¹)	钙质量浓度 /(mg·L⁻¹)	镁质量浓度 /(mg·L⁻¹)	全硅质量浓度 (以二氧化硅计) /(mg·L⁻¹)	矿化度 /(mg·L⁻¹)	溶解氧质量浓度 /(mg·L⁻¹)
数值	7.42	0.90	29.8	18.3	10.4	1 940	—

(2)水处理工艺先天不足,软化水不合格,具体见表 1.10 和表 1.11,锅炉进口软化水总铁质量浓度达 1.46 mg/L,说明在水处理过程中管道及设备内部因溶解氧未除而产生腐蚀,造成总铁高于原水。

表 1.10　注汽锅炉进口软化水水质分析

项目	pH	总铁质量浓度 /(mg·L⁻¹)	钙质量浓度 /(mg·L⁻¹)	镁质量浓度 /(mg·L⁻¹)	全硅质量浓度 (以二氧化硅计) /(mg·L⁻¹)	矿化度 /(mg·L⁻¹)	溶解氧质量浓度 /(mg·L⁻¹)
数值	7.84	1.46	0.015	< 0.002	10.6	1 890	8.8

表 1.11　国内外注汽锅炉(进口)水质标准

项目	中国 SY/T 0027—2014	加拿大 经验值	美国 石油学会
溶解氧 /(mg·L⁻¹)	≤ 0.05	0.05	0.10
总硬度 /(mg·L⁻¹)	≤ 0.10	—	1.0
总铁质量浓度 /(mg·L⁻¹)	≤ 0.05	0.1	0.10
二氧化硅质量浓度 /(mg·L⁻¹)	≤ 50	50	150[①]
悬浮物质量浓度 /(mg·L⁻¹)	≤ 2	1 ~ 5.0	1 ~ 5.0

项目	中国 SY/T 0027—2014	加拿大 经验值	美国 石油学会
总碱度/(mg·L⁻¹)	≤ 2 000	2 000	2 000
油和脂质量浓度/(mg·L⁻¹)	≤ 2	1.0	1.0
矿化度/(mg·L⁻¹)	≤ 7 000	—	7 000
pH	7.5 ~ 11	7.5 ~ 9.1	7 ~ 12

注：①美国石油协会标准中，对二氧化硅有如下注释：若水的碱度是硬度的3倍以上，水中不存在其他结垢离子的条件下，二氧化硅质量浓度可放宽到150 mg/L。

（3）投产时除氧器因故没有及时投入运行，但生产上又急需注汽锅炉尽快投产，因此造成锅炉给水溶解氧质量浓度严重超标。

（4）注汽站化验室化验分析手段简单，不能实时化验锅炉给水水质，仅能进行 pH 及矿化度等简单水质指标的化验分析，这种情况下取得的锅炉给水溶解氧指标已经没有实际意义。

（5）运行时发现炉管压降增大，未能及时处理，最后导致炉管严重堵塞，被迫停炉。简单的物理办法处理后，没有及时更换壁厚减薄的炉管，没有采取降压运行措施，继续运行，最终导致爆管事故发生。

1.4.15　一起螺纹烟管短期内穿孔事故原因分析

1. 事故概况

螺纹烟管因其高效强化传热性能而取代光烟管，在锅壳式锅炉和其他换热器上得到了广泛和充分的应用，某单位发生了一起螺纹烟管短期内穿孔以致被全部更换的锅炉事故。

该台 DZW4.2 - 0.7/95/70 - AII 型热水锅炉安装完毕投入冬季采暖。据了解，该炉在第二年采暖季后期便发现前烟箱处有漏水迹象，初以为是管板裂纹渗漏问题，打开前烟箱门检查，发现最上部第一排左起第三根螺纹烟管距管端60 mm处有小孔喷水现象，造成部分烟箱耐火保温层被冲蚀而塌落。作了堵焊处理后，继续投入运行。其后又发现第四根发生了同样的情况，也作了同样的处理。在此采暖季结束后停用期间除对沉积在锅筒和集箱底部的泥渣进行了人工清理外，并未采取其他护理措施。随后某年采暖季中期便出现了大量烟管穿孔喷水问题，穿孔位置主要分布在烟管端部烟气入口范围内。

2. 事故原因分析

（1）烟气磨损。根据资料报道，螺纹管由于管内螺纹凸肋的作用，使管内流体的湍流速度大为增强，从而大大增加了流体的沿程阻力，因此在同等条件下烟气流对螺纹管的磨损程度远大于光烟管。影响螺纹管磨损的因素较多，其中烟气流速是影响管内磨损的最大因素。当流过螺纹管的烟气流速过高时会加重对螺纹管的磨损，高温烟气经螺纹管换热后流速逐渐降低，因此在管端烟气入口烟速高的部位磨损更为严重；螺纹管内磨损主要集中于螺纹的迎气流面，最大磨损部位为螺纹迎气流面的中上部而不是顶部。

（2）锅水腐蚀。该锅炉自安装以来未进行过水处理，补水用的自来水水质完全不符合锅炉的水质标准,又因系统失水严重,补水量也较大;系统回水不经净化除污直接进入锅炉加热;自安装投运后从未进行过水质监测。该锅炉在两个停用期间均发现烟管、锅壳和水管上积存有大面积水垢,在烟管烟气入口高热负荷区域的管板与管束间尤为严重。锅筒和集箱底部均沉积了大量的有腐蚀产物的泥渣,锅壳内各部件出现了不同程度的腐蚀。

对事故后处理中的锅炉进行了现场检查,发现该锅炉结垢普遍严重,在烟管烟气入口高热负荷区域的管板和管束上积结了 5 ~ 8 mm 厚的水垢,水垢的颜色主要为白色,也夹杂着部分砖红色。烟管水侧面结垢严重的部位普遍产生腐蚀凹坑,腐蚀严重的地方已大量穿孔,大小为 $\phi 4 \sim 10$ mm,凹坑内有腐蚀产物;在烟管外表面上存有大小不等的腐蚀鼓包,大小为 $\phi 1 \sim 8$ mm,鼓包表面呈黄褐色,其内有黑色粉末状物,剥去鼓包后在烟管表面形成一溃疡坑。穿孔主要分布在上部四排烟管上,下部四排虽还未发生穿孔现象,但也出现了大量的腐蚀坑。穿孔位置基本都处在距管端200 mm 范围以内,即烟气入口范围内热负荷较大的部位,表明高热负荷的地方腐蚀严重。

结垢主要是由于长时期内锅炉补水硬度不符合要求以及不进行水质监督和回水净化。腐蚀形式主要发生在高热负荷区域结垢严重的部位。烟管表面上既有垢下腐蚀引起的腐蚀坑,也有氧腐蚀引起的腐蚀鼓包,又有两种腐蚀形式共同作用的腐蚀穿孔现象。在发生垢下腐蚀时,若锅炉水中含有氧,扩散入腐蚀区的氧会加大电极电位差,从而加快腐蚀的速度。

综上所述,本起锅炉烟管穿孔主要是由于锅水腐蚀烟管所造成的,其中有垢下腐蚀,也有氧腐蚀,最大的因素是两种腐蚀形成的共同作用,导致了烟管短期内腐蚀穿孔而损坏。

3. 预防措施

锅水水质状况是影响腐蚀的根本因素,对该锅炉事故所出现的问题,提出下列预防措施。

(1)加强水质管理,认真做好锅炉水处理和水质监测工作。

① 严格按照标准的有关规定进行补水软化和循环水质监测。

② 根据水源及具体运行情况对补水采取有效可行的除氧措施。

③ 系统回水在进入锅炉前应进行净化除污,以防系统中的腐蚀产物进入锅内。

(2)加强对锅炉水垢、腐蚀和水质监督,做好定期排污和清洗工作,及时清除锅炉内沉积的水渣、水垢。

(3)尽量减少系统失水,控制补水率在1% 以下。

(4)做好锅炉和系统排污工作。

(5)做好采暖季节前后锅炉及系统管理清洗工作。

(6)根据锅炉停用期时间的长短,做好水垢清除和防腐保养工作。

复　习　题

1. 锅炉给水如果不进行水处理,会引起哪些严重后果?

2. 炉膛温度高达 1 400 ~ 1 600 ℃,为什么不能将炉管烧红? 当锅炉受热面结有水垢时,为什么结垢部分的金属容易鼓包和破裂?

    3. 锅炉结垢会带来哪些危害?

    4. 锅炉腐蚀会引起哪些后果?

    5. 什么是汽水共腾?汽水共腾有哪些危害?如何防止汽水共腾?

    6. 水处理工作的任务是什么?

第2章　锅炉用水常识及水质标准

2.1　锅炉用水常识

2.1.1　天然水的分类

水是锅炉运行中的传热媒介。纯净的水是无色、无味的液体,它在 4 ℃ 时密度最大,1 kg纯水的体积为1 000.027 cm^3,约等于1 L。在标准大气压下,水的冰点是0 ℃,沸点是100 ℃。水的比热容为1 J/(kg·K),是所有固体和液体中最大的。由于水分子是极性分子,在它周围有电力场,使水分子具有吸引其他分子或离子的能力,并具有很强的溶解性,是一种很好的天然溶剂。因此,自然界存在的水,即天然水都不可能是绝对纯净的,都会溶解有各种各样的杂质,对锅炉安全、经济运行造成危害。

天然水按其来源可分为地表水、地下水和大气水三类。

1. 地表水

地表水主要指江、河、湖、海、水库的水。它是降雨、降雪后,雨、雪水在地层表面冲刷、流动、汇聚而成的。其中溶解的矿物质较少,但冲刷、流动会使大量的泥沙、有机物等杂质进入水内,氧气质量浓度较高,再加上工业废水、废气、废渣等污染,使地表水具有硬度小、含盐量低,而悬浮物和氧气质量浓度高、水质不稳定、受季节变化影响大等特点。海水是一种特殊的地表水。由于海平面低,江水、河水流入大海后,带进了大量杂质,随着海水不断蒸发,杂质质量分数越来越高,含盐质量浓度可达30 000 ～ 39 000 mg/L,因此海水不经处理不能直接作为锅炉用水。

2. 地下水

地下水主要指井水、泉水。现在我国民用的纯净水大多取自地下水。地表水在渗入地下的过程中经地层过滤,使泥沙等悬浮物质减少,但水在流经土壤和岩层时,却会溶解大量石灰石、石膏石、白云石中的钙、镁盐类,使地下水具有悬浮物少,浑浊度小,二氧化碳和钙、镁盐类质量浓度高,水质较为稳定的特点。地下水是锅炉用水的主要来源。

3. 大气水

大气水一般指以雨、雪、雹等状态降落的水,是由水蒸气凝结而成的。通常大气水应该是比较纯净的水,但由于水在蒸发、飘移和降落的过程中,溶解来自空气中的氧气、二氧化碳、二氧化硫,并吸附细菌、尘埃等大气污染的物质,故含有一些杂质,甚至成为酸性雨。其来源不固定,又难以收集。因此,不能直接作为锅炉用水。

2.1.2　天然水中的杂质

天然水中所含杂质如果按其颗粒大小可以分为悬浮物、胶体、溶解物三类。

1. 悬浮物

悬浮物属非溶解性杂质,泛指混合在水中的砂粒、黏土微粒和动植物的有机残骸,其粒度约为 10^{-4} mm。当水静置时,有些较重的悬浮物沉降于水底,有些较轻的悬浮物则浮在水面。水中所含悬浮物是造成水浑浊、透明度低的主要原因。该杂质在水中很不稳定,分布也不均匀,是一种比较容易去除的杂质。

悬浮物进入离子交换器内会污染交换剂,降低交换容量,影响软化水质量。悬浮物质进入锅炉后会沉积在锅筒、下联箱底部成为泥垢,影响锅炉的经济性和安全性。

2. 胶体

胶体是指颗粒直径在 $10^{-6} \sim 10^{-4}$ mm 之间的微粒,主要是铁、铝、硅的化合物以及动植物有机体的分解产物。这种杂质微粒的表面积很大,有明显的表面活性,因能吸附许多分子和离子而带电。由于胶体微粒带有同性电荷而互斥,故它们在水中以稳定的微小颗粒状态存在,不能借助自重而下沉除去。这类杂质的颗粒可以透过滤纸,用特殊的显微镜才能观察到。这种杂质需要在水中加入一些具有凝聚作用的化学药品,方能使其形成絮状物沉淀析出。若胶体进入锅炉,会使炉水表面产生大量泡沫,引起汽水共腾,并容易在受热面上形成难以清除的水垢。

3. 溶解物

溶解物是溶解在水中的杂质,主要是矿物质盐类和气体,其粒度小于或等于 1.0×10^{-6} mm,能以稳定状态均匀分布于水中,这类杂质不能用混凝、沉降、过滤等方法去除,只能用化学方法进行监督、检验和分离。矿物质盐类在水中主要以离子状态存在。

(1) 呈离子状态的杂质。天然水中呈离子状态的杂质是由天然水流经地层时,其中的无机盐类被水溶解所形成的。天然水中溶有的常见离子概况见表2.1,其中第 Ⅰ 类是最常见的。

表2.1　天然水中溶有的常见离子概况

类 别	阳 离 子		阴 离 子		质量浓度的数量级
	名 称	符 号	名 称	符 号	
Ⅰ	钠 离 子	Na^+	重碳酸根	HCO_3^-	几毫克／升 ~ 几万毫克／升
	钾 离 子	K^+	氯 离 子	Cl^-	
	钙 离 子	Ca^{2+}	硫酸根	SO_4^{2-}	
	镁 离 子	Mg^{2+}			
Ⅱ	铵 离 子	NH_4^+	氟 离 子	F^-	十分之几毫克／升 ~ 几毫克／升
	铁 离 子	Fe^{2+}	硝酸根	NO_3^-	
	锰 离 子	Mn^{2+}	碳酸根	CO_3^{2-}	
Ⅲ	铜 离 子	Cu^{2+}	硫氢酸根	HS^-	小于 0.1 mg/L
	锌 离 子	Zn^{2+}	硼酸根	BO_2^-	
	镍 离 子	Ni^{2+}	亚硝酸根	NO_2^-	
	钴 离 子	Co^{2+}	溴 离 子	Br^-	
	铝 离 子	Al^{3+}	碘 离 子	I^-	
			磷酸氢根	HPO_4^{2-}	
			磷酸二氢根	$H_2PO_4^-$	

① 钙离子(Ca^{2+})。钙离子来源于地层岩石中的石灰石($CaCO_3$)和石膏($CaSO_4 \cdot$

$2H_2O$)。$CaCO_3$ 在水中的溶解度很小,但是当水中含 CO_2 时,$CaCO_3$ 就较易溶解了,其溶解过程的化学反应式为

$$CaCO_3 + CO_2 + H_2O \longrightarrow Ca(HCO_3)_2$$

② 镁离子(Mg^{2+})。镁离子来源于地层岩石中的白云石($MgCO_3 \cdot CaCO_3$),白云石在水中的溶解情况和石灰石的溶解情况相似,其溶解过程的化学反应式为

$$MgCO_3 + CO_2 + H_2O \longrightarrow Mg(HCO_3)_2$$

在含盐量少的天然水中,Mg^{2+} 的浓度仅为 Ca^{2+} 的 $1/5 \sim 1/2$。在含盐量高的天然水中,Mg^{2+} 的浓度有时接近或超过 Ca^{2+} 的浓度。Ca^{2+}、Mg^{2+} 这两种离子是构成水硬度的主要物质。

③ 重碳酸根离子(HCO_3^-)。重碳酸根离子来源于水中的 CO_2 和碳酸盐重金属反应的产物,是天然水中的最主要成分。HCO_3^- 的质量浓度决定了天然水碱度的大小。

④ 硫酸根离子(SO_4^{2-})。硫酸根来源于水流经地层矿物质中所溶解的石膏石($CaSO_4 \cdot 2H_2O$)和硫酸镁($MgSO_4$)。

⑤ 氯离子(Cl^-)。Cl^- 来源于水流经地层的氯化物,这种阴离子是构成水中含盐量的一种主要成分,它可与金属离子形成 $CaCl_2$、$MgCl_2$ 和 $NaCl$ 等。氯化物溶解度大,因此 Cl^- 是天然水中常见的一种杂质。

⑥ 硅酸氢根离子($HSiO_3^-$)。$HSiO_3^-$ 来源于受自然风化和自然力机械破坏的硅酸盐。水溶液中的硅酸盐可以呈离子状态溶解于水中,也可以是以硅酸或者偏硅酸的胶体状态出现在水中,成为悬浮物。

(2)溶解气体。天然水中溶解的气体有氧(O_2)、二氧化碳(CO_2),有时还有硫化氢(H_2S)和二氧化硫(SO_2)等。

① 氧(O_2)。氧主要来源于大气,部分来自水生植物的光合作用。天然水中的氧的质量浓度一般为 $5 \sim 10$ mg/L,其与水的温度、气压和水中有机物质量浓度有关。地下水与空气接触少,含氧量比地表水低,水距离地面越深,氧质量浓度越少。地表水与空气接触时间长,氧质量浓度高,甚至可达到饱和程度。表 2.2 为在 0.098 MPa 下水与空气接触时,氧在水中的溶解度。

水中溶解的氧是引起金属发生电化学腐蚀的一个主要原因,因为 O_2 是一种去极化剂,含氧量大会造成锅炉严重的氧腐蚀,故氧是一种极为有害的杂质。

表 2.2 在 0.098 MPa 下水与空气接触时,氧在水中的溶解度　　　　　　mg/L

温度 /℃	O_2	温度 /℃	O_2	温度 /℃	O_2	温度 /℃	O_2
0	14.6	8	11.8	16	9.9	40	6.5
1	14.2	9	11.6	17	9.7	45	6.0
2	13.8	10	11.3	18	9.5	50	5.6
3	13.4	11	11.0	19	9.3	60	4.8
4	13.1	12	10.8	20	9.1	70	3.9
5	12.8	13	10.5	25	8.3	80	2.9
6	12.4	14	10.3	30	7.5	90	1.6
7	12.1	15	10.1	35	7.0	100	0

② 二氧化碳（CO_2）。二氧化碳一般来源于雨水、泥土中有机物分解和生物氧化的产物，更主要来源于地层深处进行的地质化学变化。大气中 CO_2 只占气体总体积分数的 0.03% ～ 0.04%，室温下二氧化碳的饱和溶解度仅为 0.5 ～ 1.0 mg/L。地表水溶液中二氧化碳的质量浓度为 20 ～ 30 mg/L，地下水溶液中二氧化碳的质量浓度较高，一般在 100 mg/L 左右，某些矿泉水中每升二氧化碳质量浓度高达几百毫克。天然水中游离二氧化碳的质量浓度大大超过其饱和度，呈过饱和状态，这是由于有机物分解时消耗氧并产生了二氧化碳。水溶液中的二氧化碳，绝大多数是分子状态的，少量的是以碳酸形式存在，总称为游离碳酸。含有二氧化碳较多的水，其 pH 低，呈酸性，会腐蚀金属，同时还会加速溶解氧对金属的腐蚀。它是一种有害杂质。

表 2.3 列出了不同温度下 CO_2、O_2 和 H_2S 分压力为大气压时它们在水中的溶解度。例如，在 20 ℃ 的大气中 $w(CO_2) = 0.03\%$ 时，CO_2 在水中的溶解度为：$1\ 690 \times 0.03/100 = 0.51$ mg/L，其中 1 690 为表 2.3 中查得的数据，0.03/100 为 CO_2 的分压力。

表 2.3　在不同温度下 CO_2、O_2 和 H_2S 分压力为大气压时它们在水中的溶解度

温度 /℃	CO_2 /(mg·L^{-1})	O_2 /(mg·L^{-1})	H_2S /(mg·L^{-1})	温度 /℃	CO_2 /(mg·L^{-1})	O_2 /(mg·L^{-1})	H_2S /(mg·L^{-1})
0	3 350	69.5	7 070	30	1 260	35.9	2 980
5	2 770	60.7	6 000	40	970	30.8	2 360
10	2 310	53.7	5 110	50	760	26.6	1 780
15	1 970	48.0	4 410	60	580	22.8	1 480
20	1 690	43.4	3 850	80	—	13.8	765
25	1 450	39.3	3 380	100	—	0	0

2.1.3　天然水中杂质离子间的关系

天然水中杂质呈离子状态溶于水的主要有钙、镁、钾、钠等阳离子和重碳酸根、硫酸根、氯根等阴离子，它们之间有以下两条基本关系。

1. 正负电荷平衡关系

水是电中性的，水中阳离子所带的正电荷数和阴离子所带的负电荷数总数是相等的。而每种离子所带电量是由它的离子浓度来表示的，故得到全部阳离子的浓度等于全部阴离子的浓度，即

$$\sum 阳离子浓度 = \sum 阴离子浓度$$

2. 阳、阴离子间的组合关系

（1）提出假想化合物的原因。溶在水中的阳离子和阴离子都是以离子状态存在的，但在水处理中往往人为地把它们假定成化合物，其原因为：

① 根据化学反应是按一定量进行的原理来表示水处理反应的过程。

② 根据难溶电解质在水溶液中溶度积常数的大小来控制溶液中有关离子浓度的大小。例如，用产生沉淀来消除水溶液中某些有害杂质时，必须提高有关离子浓度，使离子积大于溶度积常数。

③ 根据假想化合物的组成成分，可以拟定水处理方法，如锅内投药和锅外化学处理

的机理都是根据假想化合物来进行的。

④ 这种假想化合物符合物质变化的客观规律,使水处理得以进行和取得实际效果,所以是成立的。

(2) 离子间的组合规律。阳离子和阴离子之间的组合规律,大致是根据各种化合物溶解度大小次序而定,即离子间优先生成溶解度较小的化合物,这与水中沉淀析出的水垢成分是基本相符的。其组合规律的要点是:

① 阳离子与阴离子的组合顺序为 Mn^{2+}、Fe^{2+}、Al^{3+}、Ca^{2+}、Mg^{2+}、NH^{4+}、Na^+(K^+)。如前所述,一般天然水中主要是 Ca^{2+}、Mg^{2+}、Na^+(K^+)。在这种情况下,Ca^{2+} 先和阴离子组合,组合完成后,才轮到 Mg^{2+} 和剩余的阴离子组合,而 Na^+(K^+)则与最后余下的阴离子组合。

② 阴离子与阳离子组合的顺序为 PO_4^{3-}、HCO_3^-、CO_3^{2-}、OH^-、SO_4^{2-}、NO_3^+、Cl^-。如前所述,一般天然水中主要是 HCO_3^-、SO_4^{2-}、Cl^-。在这种情况下,HCO_3^- 先是与 Ca^{2+}、Mg^{2+}、Na^+(K^+)依顺序组合成 $Ca(HCO_3)_2$、$Mg(HCO_3)_2$、$NaHCO_3$,然后才轮到 SO_4^{2-} 和剩余的阳离子按上述顺序组合成硫酸盐,最后才由 Cl^- 和剩余下的阳离子组合成氯化物。

(3) 天然水中杂质离子的组合情况。因天然水中各种离子所占的比例是不同的,所以假想化合物也不同。根据水源水质情况普查结果表明,水中阳阴离子组合的情况有如下三种:

① 天然水中 $Ca^{2+} + Mg^{2+} > HCO_3^-$,即水的总硬度大于水的总碱度,其假想化合物见表2.4。

表 2.4　总硬度大于总碱度的假想化合物

阳离子	Ca^{2+}	Mg^{2+}		Na^+	
阴离子	HCO_3^-		SO_4^{2-}		Cl^-
假想化合物	$Ca(HCO_3)_2$	$Mg(HCO_3)_2$	$MgSO_4$	$Na2SO_4$	$NaCl$

② 天然水中 $Ca^{2+} + Mg^{2+} = HCO_3^-$,即水的总硬度等于水的总碱度,其假想化合物见表2.5。

表 2.5　总硬度等于总碱度的假想化合物

阳离子	Ca^{2+}	Mg^{2+}	Na^+	
阴离子	HCO_3^-		SO_4^{2-}	Cl^-
假想化合物	$Ca(HCO_3)_2$	$Mg(HCO_3)_2$	Na_2SO_4	$NaCl$

③ 天然水中 $Ca^{2+} + Mg^{2+} < HCO_3^-$,即水的总硬度小于水的总碱度,水中出现了 $NaHCO_3$ 这种假想化合物,其假想化合物见表2.6。

表 2.6　总硬度小于总碱度的假想化合物

阳离子	Ca^{2+}	Mg^{2+}	Na^+		
阴离子	HCO_3^-			SO_4^{2-}	Cl^-
假想化合物	$Ca(HCO_3)_2$	$Mg(HCO_3)_2$	$NaHCO_3$	$Na2SO_4$	$NaCl$

例如,设某深井水水样经水质化验,结果为

$$\rho(Ca^{2+}) = 86.0 \text{ mg/L} \qquad \rho(HCO_3^-) = 329.4 \text{ mg/L}$$
$$\rho(Mg^{2+}) = 18.0 \text{ mg/L} \qquad \rho(SO_4^{2-}) = 19.2 \text{ mg/L}$$
$$\rho(Na^+) = 10.4 \text{ mg/L} \qquad \rho(Cl^-) = 15.98 \text{ mg/L}$$

经计算,每种离子的浓度为

$$c(Ca^{2+}) = 86.0 \div 20 = 4.3 \text{ mmol/L}$$
$$c(Mg^{2+}) = 18.0 \div 12 = 1.5 \text{ mmol/L}$$
$$c(Na^+) = 10.4 \div 23 \approx 0.45 \text{ mmol/L}$$

阳离子的浓度总和为 6.25 mmol/L

$$c(HCO_3^-) = 329.4 \div 61 = 5.4 \text{ mmol/L}$$
$$c(SO_4^{2-}) = 19.2 \div 48 = 0.4 \text{ mmol/L}$$
$$c(Cl^-) = 15.98 \div 35.5 \approx 0.45 \text{ mmol/L}$$

阴离子的浓度总和为 6.25 mmol/L

计算结果表明,该深井水中的阳离子和阴离子浓度数值相等,第一基本关系得到满足,根据阴、阳离子的组合规律,按它们的浓度数值划分,生成假想化合物的量见表2.7。

表2.7 生成假想化合物的量　　　　　　　　　　mmol/L

Ca²⁺(4.3)		Mg²⁺(1.5)	Na⁺(0.45)
HCO₃⁻(5.4)		SO₄²⁻(0.4)	Cl⁻(0.45)
Ca(HCO₃)₂(4.3)	Mg(HCO₃)₂(1.1)	MgSO₄(0.4)	NaCl(0.45)

从表2.7可知,Ca^{2+} 先和 HCO_3^- 组合成 4.3 mmol/L 的 $Ca(HCO_3)_2$,剩余的 HCO_3^- 和 Mg^{2+} 组合成 1.1 mmol/L 的 $Mg(HCO_3)_2$,余下的 Mg^{2+} 和 SO_4^{2-} 组合成 0.4 mmol/L 的 $MgSO_4$。Na^+ 和 Cl^- 组合成 0.45 mmol/L 的 NaCl,整理得出如下结果:

$$c(Ca(HCO_3)_2) = 4.3 \text{ mmol/L}$$
$$c(Mg(HCO_3)_2) = 1.1 \text{ mmol/L}$$
$$c(MgSO_4) = 0.4 \text{ mmol/L}$$
$$c(NaCl) = 0.45 \text{ mmol/L}$$

生成物质的浓度总和为 6.25 mmol/L

根据组合情况和计算结果,得知该深井水的碳酸盐硬度为 5.4 mmol/L,非碳酸盐硬度为 0.4 mmol/L,总硬度为 5.8 mmol/L,属于 $Ca^{2+} + Mg^{2+} > HCO_3^-$,即总硬度大于总碱度,既有暂时硬度(后文简称为暂硬),又有永久硬度(后文简称为永硬)。根据化验结果可知该深井水的含盐量(质量浓度)为478.98 mg/L,根据上述数据可选择适当的水处理工艺流程。

2.2　水质指标的单位

2.2.1　用每升水含杂质毫克数表示的单位

用每升水含某种杂质多少毫克(即 mg/L) 表示的单位是水质指标的基本单位。除少数用滴定法测定杂质质量浓度时,把标准溶液配制成每毫升相当于多少毫克的被测物质外,用比色法测定杂质质量浓度时,常把比色液配制成相当于水样中这种物质的 mg/L 数,都是为了便于测定结果的计算。

2.2.2　用每升水含杂质毫摩尔数表示的单位

物质 B 的物质的量 n_B 是从粒子数 N 角度出发来表示物质多少的物理量,它与系统中单元 B 的数目 N_B 成正比,即

$$n_B \propto N_B$$

或

$$n_B = \frac{1}{N_A} N_B$$

也就是说物质的量 n_B 是以阿伏伽德罗常数 N_A 为计数单位,表示物质的指定的基本单元是多少的一个物理量。

基本单元可以是原子、分子、离子、电子及其他粒子,或是这些粒子的特定组合。

摩尔是物质系统的量的单位,国际符号为"mol",该系统中所包含的基本单元数与 0.012 kg^{12}C 的原子数目相等。使用摩尔时,应同时标明基本单元,否则所说的摩尔就没有其明确的意义。经实验测定阿伏伽德罗常数 N_A 大约为 $6.022\ 045 \times 10^{23}$,当物质系统所含的基本单元数量等于 N_A 时,则该物质系统的量即为 1 mol。例如:

1 mol O$_2$ 表示有 N_A 个氧分子;

1 mol O 表示有 N_A 个氧原子;

1 mol $\left(\frac{1}{2}O_2\right)$ 表示有 N_A 个 $\left(\frac{1}{2}O_2\right)$,亦即有 $N_A/2$ 个氧分子。在锅炉水处理的应用中,感到摩尔这个单位太大,经常采用毫摩尔,符号为 mmol,1 mol = 1 000 mmol。溶液的浓度则常以每升溶液含有多少毫摩尔溶质来表示,即 mmol/L。由于浓度是含有物质的量的导出量,所以用 mmol/L 为水质指标的单位时,必须指明基本单元。

在锅炉水处理中,常用 mmol/L 为硬度和碱度的单位,并规定:硬度的基本单元为 $c\left(\frac{1}{2}Ca^{2+}、\frac{1}{2}Mg^{2+}\right)$;碱度的基本单元为 $c\left(OH^-、HCO_3^-、\frac{1}{2}CO_3^{2-}\right)$。本书中凡以 mmol/L 为单位时,其基本单元一律采用上述规定,而将其基本单元省略。采用上述规定后,过去沿用、现已废除的单位"毫克当量／升",即 me/L(mgN/L) 与 mmol/L 有以下关系: 1 mmol/L = 1 me/L(mgN/L)。因此,以往的标准、计算公式或资料中,凡以 me/L(mgN/L) 为单位的硬度和碱度的量,其数值不变,只要把单位由 me/L(mgN/L) 改为 mmol/L 即可。若以 mmol/L 为单位表示硬度和碱度以外的其他溶液的浓度时,本书仍按规定同时给出其基本单元。

2.2.3 水质指标的其他单位

除上述常用单位外,还有个别水质指标采用特殊的单位来表示。例如:

① 用透明度计测定透明度时,以开始能清楚见到放置在水层底部 5 号铅字时的水层高度(cm)为其度数。

② 浑浊度是将一定粒度的 1 mg 白陶土放入 1 L 水中时产生的浑浊度定为浊度 1 度。

③ 电导是电阻的倒数,而电导率为比电阻的倒数,因而电导率的单位是 $\Omega^{-1} \cdot cm^{-1}$(表示电极表面积与电极间距之比)。

2.3 锅炉用水的水质指标

2.3.1 锅炉用水水质指标

为了评价和衡量水的质量,必须采用一系列水质指标。由于水的用途不一样,对水质的要求也不同,故采用的水质指标也不同。有时即使采用相同的水质指标,但评价和考查的侧重方面也会有所不同。锅炉用水的水质指标可分为两类:一类是反映某种单独物质或离子质量浓度的指标,如溶解氧、氯根等;另一类是反映水中某些共性物质总质量浓度的技术指标,如硬度、碱度等。

1. 悬浮物(MLSS)含量

悬浮物含量是指悬浮于水中经过滤分离出来的不溶性固体混合物的质量浓度,单位用 mg/L 表示。地下水经地层过滤后悬浮物一般较少,直接使用地表水时悬浮物较多。悬浮物不仅危害锅炉安全运行,采用锅外水处理时还会污染交换树脂,堵塞给水管道。

悬浮物可用重量分析法测定,即取 1 L 水样经一定量滤纸过滤后,将滤纸截留物在 110 ℃ 下烘干至恒重,悬浮物含量以 mg/L 表示。由于该方法较复杂,不容易操作,可委托有关单位每年至少测定一次;如果采用的原水是地表水,每季度至少应测定一次。

2. 盐的含量

盐的含量是表示水中溶解性盐类的总质量浓度,是衡量水质的一项重要指标。盐的含量通常有以下三种表示方法:

(1) 含盐量。含盐量是比较精确的表示水中含盐量的方法。此法是通过水质全分析,测定水中全部阴离子和全部阳离子的含量,质量浓度通过计算求得。其单位有两种表示方法:一是摩尔浓度表示法,即将水中全部阳离子(或全部阴离子)按 mmol/L 的数值相加;另一种是质量浓度表示法,即将水中的各种阴、阳离子换算成 mg/L,然后全部相加而得。这种方法既操作复杂,又耗费时间。因此,除特殊要求此项指标外,一般不采用这种测定方法。

(2) 溶解固形物。含盐量比较简便的测定方法是测定水中的溶解固形物(或称蒸发残渣),即取一定体积的过滤水样,蒸干并在 105 ~ 110 ℃ 下干燥至恒重,一般以 mg/L 为单位。由于原水中重碳酸盐在蒸发过程中分解,以及在上述温度下有些物质的水分和结晶水不能除尽,所以这样测得的溶解固形物只能近似地表示水中的含盐量。

水中的溶解固形物应包括溶解盐类和被溶解的有机物。但在加热到 110 ℃ 恒温时，一部分溶解盐类发生分解，其反应式为

$$Ca(HCO_3)_2 \longrightarrow CaCO_3\downarrow + H_2O + CO_2\uparrow$$

因为有机物中有些碳氢化合物挥发，所以我们所指的溶解固形物质量浓度近似地等于含盐量。

通过测定给水的溶解固形物质量浓度可以判断水质情况。溶解固形物质量浓度大，会升高锅水沸点，造成燃料浪费，并引起锅炉汽水共腾。只有严格地将锅水溶解固形物控制在锅炉水质标准所规定的范围内，才能避免蒸汽污染。溶解固形物是锅炉水质标准中的一项重要指标，是确定锅炉排污率的主要依据之一。

(3) 电导率。电导率是表示水导电能力大小的指标(它是电阻率的倒数，可用电导仪测定)，是最简便的测试水中含盐量的方法。因为水中溶解的大部分盐类都是强电解质，它们在水中全部电离成离子，所以可利用离子的导电能力来评定水中含盐量的高低。

电导率的单位为 μS/cm，不同水质的电导率见表 2.8。

对于同一类天然淡水，以温度 25 ℃ 时为准，电导率与含盐量大致成比例关系。其比值约为 1 μS/cm，相当于含盐质量浓度为 0.55 ~ 0.9 mg/L。在其他温度下需加以校正，即温度每变化 1 ℃，盐的质量分数大约变化 2%。温度高于 25 ℃ 时为负值，反之为正值。

表 2.8　不同水质的电导率

水　质　名　称	电导率/(μS·cm⁻¹)	水　质　名　称	电导率/(μS·cm⁻¹)
超高压锅炉和电子工业用水	0.1 ~ 0.3	天然淡水	50 ~ 500
新鲜蒸馏水	0.5 ~ 2	高含盐量水	500 ~ 1 000

【例 2.1】　在 20 ℃ 时，测定某天然水的电导率为 324 μS/cm，试计算这种天然水的近似含盐质量浓度。

解　设电导率为 1 μS/cm 时，含盐质量浓度相当于 0.75 mg/L，则含盐质量浓度为

$$\rho(盐) = 324 \times 0.75 + 324 \times 2\% \times 5 \times 0.75 = 267.3 \text{ mg/L}$$

天然水按含盐质量浓度可分为以下四类

低含盐量水　　　　　　　$\rho(盐) < 200$ mg/L

中等含盐量水　　　　　　$\rho(盐) = 200 \sim 500$ mg/L

较高含盐量水　　　　　　$\rho(盐) = 500 \sim 1\,000$ mg/L

高含盐量水　　　　　　　$\rho(盐) > 1\,000$ mg/L

3. 硬度

硬度表示水中高价金属离子的总浓度。在一般天然水中主要是钙离子和镁离子，其他高价离子较少，故通常将水中钙、镁离子之和称为硬度。硬度是衡量水质的一项重要技术指标，它表示能形成水垢的两种主要盐类，即钙盐和镁盐的总浓度。

(1) 总硬度(H)。总硬度是指水溶液中钙、镁离子和其他重金属离子的浓度。一般水溶液中其他重金属离子较少，因此，锅炉水处理中把钙、镁离子的总浓度称为总硬度，用 H 表示，常用计量单位为 mmol/L。

（2）硬度的分类。硬度的表示方法有以下几种。

① 用阳离子表示。钙硬度是指钙离子的浓度，用 H_{Ca} 来表示。镁硬度是指镁离子的摩尔浓度，用 H_{Mg} 来表示。

$$总硬度(H) = 钙硬(H_{Ca}) + 镁硬(H_{Mg})$$

② 用阴离子表示。碳酸盐硬度是指水中钙、镁的碳酸氢盐及碳酸盐质量浓度之和，用 H_t 来表示。由于天然水中 $CaCO_3$ 和 $MgCO_3$ 浓度极低，通常把钙、镁的重碳酸盐质量浓度叫作碳酸盐硬度。

非碳酸盐硬度是指水中除碳酸盐硬度以外的钙、镁硫酸盐、硅酸盐和氯化物形成的硬度，用 H_{ft} 来表示，如硫酸钙（$CaSO_4$）、硫酸镁（$MgSO_4$）、氯化钙（$CaCl_2$）、氯化镁（$MgCl_2$）等。

③ 用硬度变化的规律表示。暂时硬度（简称暂硬）表示水中重碳酸盐浓度。因为这种盐类在水中一定温度下会分解生成碳酸钙（$CaCO_3\downarrow$）和氢氧化镁[$Mg(OH)_2\downarrow$]沉淀，使硬度消失，所以碳酸盐硬度也叫作暂时硬度，用 $H_{暂}$ 来表示。其反应为

$$Ca(HCO_3)_2 \xrightarrow{\triangle} CaCO_3\downarrow + H_2O + CO_2$$

$$Mg(HCO_3)_2 \xrightarrow{\triangle} Mg(OH)_2\downarrow + CO_2$$

永久硬度，即非碳酸盐硬度在温度变化时不会分解沉淀，它们在水中的存在相对来说比较长久，故把非碳酸盐硬度也叫作永久硬度，用 $H_{永}$ 来表示。

负硬度表示水中碳酸氢钠的浓度，用 $H_{负}$ 来表示。因为负硬度在水溶液中可以消除永久硬度，所以把它称为负硬度。

$$CaCl_2 + 2NaHCO_3 === CaCO_3\downarrow + 2NaCl + CO_2\uparrow + H_2O$$

（3）硬度间的相互关系。硬度之间存在下列关系：

$$H_{总} = H_{Ca} + H_{Mg}$$

$$H_{总} = H_t + H_{ft}$$

$$H_{总} = H_{暂} + H_{永}$$

$$H_t \approx H_{暂}, H_{ft} \approx H_{永}$$

（4）硬度的单位。按照法定计量单位，硬度单位可用 mmol/L 表示。

硬度的非标准单位还有德国度（$1°G$），即每升水中含有的钙、镁离子数量相当于含有 10 mg CaO 时的硬度，叫 $1\ °G$。由于 CaO 的相对分子质量为 56.08，所以

$$1\ °G = [10/(56.08/2)] \approx 0.357\ mmol/L \tag{2.1}$$

$$1\ mmol/L \approx 2.8\ °G \tag{2.2}$$

（5）测定硬度的意义。硬度是评价锅炉水质的一项非常重要的指标，准确地测定其大小和组成，可以帮助合理选择水处理方法，确定水处理成本，控制锅炉少结或不结水垢。通常把硬度分为如下几种：

低硬度水质　　　　$H_{总} < 1.0\ mmol/L$

一般硬度水质　　　$H_{总} = 1.0 \sim 3.5\ mmol/L$

较高硬度水质　　　$H_{总} = 3.5 \sim 6.0\ mmol/L$

高硬度水质　　　　$H_{总} = 6.0 \sim 9.0\ mmol/L$

极高硬水　　　　　$H_{总} > 9.0\ mmol/L$

4. 碱度

(1) 碱度的概念。碱度也是水质的一项重要指标,它表示能与强酸(HCl 或 H_2SO_4) 发生中和作用的所有碱性物质的数量,即水中能够接受氢离子的 OH^-、CO_3^{2-}、HCO_3^- 和其他弱酸根的数量,用 A 来表示,计量单位为 mmol/L。碱度可分为氢氧根碱度、碳酸根碱度和重碳酸根碱度,分别用 A_{OH^-}、$A_{CO_3^{2-}}$、$A_{HCO_3^-}$ 来表示。但是,水中并不能同时存在这三种碱度,因为重碳酸根能和氢氧根发生如下反应:

$$HCO_3^- + OH^- \Longrightarrow CO_3^{2-} + H_2O$$

所以,水中不能同时存在 $A_{HCO_3^-}$ 和 A_{OH^-}。

天然水中一般不含 OH^-,CO_3^{2-} 的含量也很少,故天然水中的碱度主要来源于 HCO_3^-,HCO_3^- 进入锅炉后,会全部分解成 CO_3^{2-},而 CO_3^{2-} 在不同的锅炉压力下按不同的比例水解成 OH^-。因此,锅水的碱度主要由 OH^- 和 CO_3^{2-} 构成,在锅内加磷酸盐处理时,锅水中有 HPO_4^{2-} 和 PO_4^{3-} 碱度等。

(2) 碱度和硬度的关系。当水的总碱度大于总硬度时称为碱性水。碱性水中的碱度除 $Ca(HCO_3)_2$ 和 $Mg(HCO_3)_2$ 以外,还有 $NaHCO_3$ 和 $KHCO_3$,而 $NaHCO_3$ 碱度称为钠盐碱度。当水中有钠盐碱度(即负硬)存在时,就不可能存在永久硬度,因为钠盐碱度能消除永久硬度,反应式为

$$2NaHCO_3 \Longrightarrow Na_2CO_3 + H_2O + CO_2 \uparrow$$

$$CaSO_4 + Na_2CO_3 \Longrightarrow CaCO_3 \downarrow + Na_2SO_4$$

所以,碱度和硬度的相互关系有三种,见表 2.9。

表 2.9　碱度与硬度的相互关系

分 析 结 果	硬　　　度		
	碳酸盐硬度(暂硬)	非碳酸盐硬度(永硬)	负硬度(钠盐碱度)
$A > H$	H	0	$A - H$
$A = H$	A	0	0
$A < H$	A	$H - A$	0

注:A 和 H 分别为总碱度和总硬度(单位为 mmol/L)。

(3) 测定碱度的意义。碱度是锅炉水处理中一项非常重要的指标。只有准确地测定原水碱度,才能确定水中硬度的组成,为合理选择有效的水处理方法提供依据。碱度的测定方法详见本书第 9 章。

为了确保防垢效果,防止锅炉腐蚀和蒸汽污染,必须把锅水碱度控制在相应锅炉水质标准规定的范围内。

5. 相对碱度

相对碱度是为防止锅炉产生苛性脆化腐蚀,而对锅水制定的一项技术指标。它表示锅水中游离 $NaOH$ 与溶解固形物的比值,即

$$相对碱度 = \frac{游离\ NaOH}{溶解固形物} \tag{2.3}$$

胀接或铆接锅炉在有高质量分数的 $NaOH$ 和高度应力集中的情况下,会产生晶间腐蚀,即苛性脆化。发生苛性脆化的部位失去了金属光泽,会使锅炉发生脆性破裂。

6. pH

pH 表示溶液的酸碱度,即表明溶液酸碱性强弱的一项指标。pH 与 H^+ 浓度的关系为

$$pH = \lg \frac{1}{[H^+]} \tag{2.4}$$

式中　$[H^+]$——溶液中 H^+ 的浓度,mol/L。

当 pH = 7 时溶液呈中性,pH < 7 时溶液呈酸性,而 pH > 7 时溶液呈碱性。如天然水 pH = 6.5 ~ 8.5。因酸性水进入锅炉,会使金属产生酸性腐蚀,因此要求给水的 pH ≥ 7。锅水的 pH 要求控制在 10 ~ 12 之间。其原因是:

(1)锅水的 pH 较低时,水中 H^+ 浓度大,会造成 H^+ 的去极化腐蚀,即酸性腐蚀。随着锅水 pH 的增高,H^+ 浓度降低,氧的去极化腐蚀成为影响腐蚀的主要因素。在一定 pH 范围内,锅炉金属表面上形成一层坚固致密的 Fe_3O_4 保护膜,将金属表面与腐蚀介质隔离开来,使腐蚀速度降低。

(2)锅水的 pH ≤ 9.8 时易结 $CaCO_3$ 水垢。这是由于当锅炉内注水后,带正电荷的 Fe^{3+} 溶于水中,使金属表面带负电,吸引带正电的 Ca^{2+}、Mg^{2+},使 $CaCO_3$ 质点沉淀在金属表面形成水垢。当锅水的 pH ≥ 9.8 时,由于有足够量的带负电荷的 OH^- 存在于水中,与金属表面所带的负电荷同性相斥,成为一个屏障,不易使 Ca^{2+}、Mg^{2+} 等结垢物质的正离子接近锅炉金属表面结生水垢,同时,由于大量 OH^- 包围 $CaCO_3$ 质点,使其呈负电性,不让它们互相积聚或沉附在锅筒、管壁上形成水垢,起到分散和稳定 $CaCO_3$ 质点的作用,使其形成松散的水渣,随排污排出炉外。

(3)当锅水 pH 太高时,由于锅水中有过多的 OH^- 存在,会使锅炉金属表面的 Fe_3O_4 保护膜遭到破坏,溶于水中,其反应为

$$Fe_3O_4 + 4NaOH \longrightarrow 2NaFeO_2 + Na_2FeO_2 + 2H_2O$$

这样,使锅炉金属表面裸露在高温水中,非常容易受腐蚀,而且铁与 NaOH 会直接反应:

$$Fe + 2NaOH \longrightarrow Na_2FeO_2 + H_2\uparrow$$

亚铁酸钠在 pH 较高的溶液中,是可溶性的,腐蚀会继续发生,在较高温度条件下,一定浓度的 NaOH 还会加快电化学腐蚀,温度越高,碱性越大,这种腐蚀越强烈,其反应为

$$3Fe + nNaOH + 4H_2O \longrightarrow Fe_3O_4 + 4H_2 + nNaOH$$

(4)pH 太高时说明锅水中有过量的 NaOH 存在,不仅会恶化蒸汽品质,还可能使锅水的相对碱度增高,成为造成苛性脆化的一个条件。

若出口蒸汽压力为 1.0 MPa 的无过热器水管锅炉,锅水的 pH 为 12.35,其 OH^- 碱度就达到 22.4 mmol/L,相对碱度就会超过 0.2。

由于在一定温度下,达到电离平衡时,溶液中 H^+ 浓度和 OH^- 浓度的乘积是个常数:

$$[H^+][OH^-] = K_W$$

所以如果溶液中 H^+ 浓度小,那么 OH^- 浓度就大。

pH 对水中其他杂质的存在形态和各种水质控制过程以及金属的腐蚀程度都有重要影响,是最重要的水质指标之一。

7. 氯化物的质量浓度

氯化物的质量浓度是指表示水中氯离子的质量浓度,用 $\rho(Cl^-)$ 来表示,计量单位为 mg/L。

氯化物是含盐量中阴离子的一个组成部分。水中的氯化物质量浓度越小,水质越好。氯化物质量浓度大,会污染蒸汽、腐蚀锅炉。一般氯化物的溶解度很大,除 Ag^+、Hg^+外,Cl^- 与其他阳离子组成的化合物都是可溶性的,不会析出沉淀。

由于在一定的水质条件下,水中溶解固形物与氯化物质量浓度的比值接近于常数,而氯离子的测定方法比较简单,所以,在锅炉水处理中,常用氯离子质量浓度的变化间接地表示水中溶解固形物的变化,从而间接控制锅水溶解固形物的质量浓度。

水质分析时,常用氯盐比来表示在某一水质中每毫克氯离子所代表的含盐量。

根据不同质量浓度下溶解固形物和氯离子质量浓度的对应关系,作出一条直线。直线的斜率就是所求的比值,如图 2.1 所示。由此图可以查出,任一氯离子质量浓度下,所对应的溶解固形物的数量。

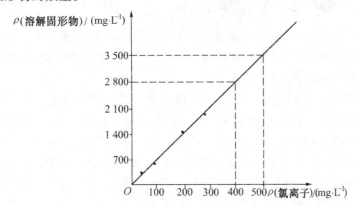

图 2.1　溶解固形物与氯离子质量浓度对应关系曲线

当水源水质变化较大时,需定期校验曲线,以便减少控制误差。

8. 溶解氧的质量浓度

水溶液中含有氧气的质量浓度叫溶解氧。用 $\rho(O_2)$ 来表示,计量单位为 mg/L。

氧在水中的溶解度决定于水温和水表面上的分压力。水温度越高,其溶解度越小。水中的溶解氧能腐蚀锅炉设备及给水管路,而这种腐蚀随锅炉参数的升高而加剧,特别是在锅炉除垢后,腐蚀问题更严重。因此,锅炉给水中的溶解氧应尽可能除去。

热水锅炉循环水处于密闭循环系统内,给水带入的溶解氧不能像蒸汽锅炉一样随蒸汽蒸发掉,故溶解氧对热水锅炉的腐蚀更为严重,采用锅外化学处理时,必须把溶解氧的质量浓度控制在 0.1 mg/L 以下。

9. 亚硫酸根的质量浓度

低压锅炉尤其是热水锅炉多数没有配置除氧设备,为了防止氧腐蚀,一般采用亚硫酸钠化学除氧。为了提高除氧效果,使反应完全,药剂的实际加入量要求多于理论计算量,以维持炉水中一定的亚硫酸根离子质量浓度。但加入量过多时,将造成锅水中溶解固形物增加,易恶化蒸汽品质。因此,对锅水中 SO_3^{2-} 的质量浓度应按《水质标准》(GB/T 1576—2018)中规定进行控制。亚硫酸根的质量浓度单位为 mg/L。

10. 磷酸根的质量浓度

天然水中一般不含磷酸根,但对于发电锅炉和工作压力大于 1.57 MPa 的锅炉,通常在锅炉内进行加磷酸盐处理(即校正处理),以防止给水中残余硬度在锅内结垢,使之形成松软的碱式磷酸钙水渣随锅炉排污除去,并可消除一部分游离的苛性钠,保证锅水的 pH 在一定范围内。但是锅水中 PO_4^{3-} 的质量浓度不能太高,过高时会生成 $Mg_3(PO_4)_2$ 水垢,导致锅水溶解固形物增加。因此,PO_4^{3-}(mg/L) 的质量浓度就成为炉水的一项控制指标。

11. 含油量

天然水一般不含油,但蒸汽的凝结水或回水在其使用过程中受到污染后可能会带入油类物质。当含油量(质量浓度)大的给水进入锅炉后,会引起汽水共腾并会污染蒸汽品质,还会在传热面上生成难以清除的含油水垢而影响传热。所以,规定了含油量控制指标。含油量的单位用 mg/L,一般不作为运行中的控制项目,只作为定期检测项目。

2.3.2　锅炉用水的化学监督

为了有效地防止锅炉结垢、腐蚀、积盐,必须使锅炉给水、炉水达到相应规定的要求。要根据水质变化规律,消除可导致锅炉发生不利后果的因素,用化学分析的方法进行检测和控制,进行锅炉用水的化学监督。

锅炉用水是否达到了规定的要求,必须通过化学监督才能确认。对于水质变化不大的原水,应根据具体情况,每季度至少化验一次总硬度、总碱度、pH、钙硬度、溶解固形物和氯离子质量浓度。有条件时,最好做水质全分析。对于补给水,每 2 h 至少化验一次软水残余硬度、碱度、pH、氯离子等含量。软化器接近失效前,应增加化验次数。对于锅水每小时应进行一次化学分析,化验的项目至少应包括锅水碱度、氯离子质量浓度和 pH。采用化学除氧或磷酸盐校正处理的锅炉,还应化验 SO_3^{2-}、PO_4^{3-} 的质量浓度。锅水的溶解固形物、相对碱度可以定期校验和计算。

2.4　锅炉水汽质量标准

为了防止锅炉及其热力系统结垢、腐蚀和发生蒸汽污染,确保锅炉及其他热力设备能长期安全、经济运行,锅炉水、汽的质量都应达到一定的标准。我国在制定各种水、汽质量标准时,不仅考虑了锅炉的结构、蒸发量、工作压力、蒸汽温度、水处理技术水平和多年来的运行经验,而且还参考了国外现行的各项水、汽质量标准。对已经制定的标准应认真执行,并且随着生产技术的发展,不断地加以修改完善。

2.4.1　工业锅炉水质标准

1. 工业锅炉水质

我国现行的《工业锅炉水质》(GB/T 1576—2018)是 2018 年 5 月 14 日由国家市场监督管理总局与中国国家标准化管理委员会发布,2018 年 12 月 1 日开始实施的国家标准,它按照 GB/T 1.1—2009 给出的规则起草。从执行情况看,这个水质标准基本符合我国的水处理技术水平,对确保锅炉安全、经济运行起到了积极的指导作用。

本标准规定了工业锅炉运行时给水、锅水、蒸汽回水以及补给水的水质要求。

本标准适用于额定出口蒸汽压力小于 3.8 MPa,且以水为介质的固定式蒸汽锅炉、汽水两用锅炉和热水锅炉。本标准不适用于铝材制造的锅炉。

(1) 采用锅外水处理的自然循环蒸汽锅炉和汽水两用锅炉水质,其水质应符合表 2.10 中规定。

表 2.10 采用锅外水处理的自然循环蒸汽锅炉和汽水两用锅炉水质

水样	额定蒸汽压力/MPa	过热器	p≤1.0 软化水	p≤1.0 除盐水	1.0<p≤1.6 软化水	1.0<p≤1.6 除盐水	1.6<p≤2.5 软化水	1.6<p≤2.5 除盐水	2.5<p≤3.8 软化水	2.5<p≤3.8 除盐水
给水	浊度/FTU		≤5.0	≤5.0	≤5.0	≤5.0	≤5.0	≤5.0	≤5.0	≤5.0
	硬度/(mmol·L⁻¹)		≤0.03	≤0.03	≤0.03	≤0.03	≤0.03	≤0.03	≤5×10⁻³	≤5×10⁻³
	pH(25℃)		7.0~10.5	8.5~10.5	7.0~10.5	8.5~10.5	7.0~10.5	8.5~10.5	7.5~10.5	8.5~10.5
	电导率(25℃)/(μS·cm⁻¹)		—	—	≤5.5×10²	≤1.1×10²	≤5.0×10²	≤1.0×10²	≤3.5×10²	≤80.0
	溶解氧质量浓度[①]/(mg·L⁻¹)		≤0.10	≤0.10	≤0.10	≤0.10	≤0.050	≤0.050	≤0.050	≤0.050
	油质量浓度/(mg·L⁻¹)		≤2.0	≤2.0	≤2.0	≤2.0	≤2.0	≤2.0	≤2.0	≤2.0
	铁质量浓度/(mg·L⁻¹)		≤0.30	≤0.30	≤0.30	≤0.30	≤0.10	≤0.10	≤0.10	≤0.10
锅水	全碱度[②]/(mmol·L⁻¹)	无过热器	4.0~26.0	≤26.0	4.0~24.0	≤24.0	4.0~16.0	≤16.0	≤12.0	≤12.0
		有过热器	—	—	≤14.0	≤14.0	≤14.0	≤14.0	≤12.0	≤12.0
	酚酞碱度/(mmol·L⁻¹)	无过热器	2.0~18.0	≤18.0	2.0~16.0	≤16.0	2.0~12.0	≤12.0	≤10.0	≤10.0
		有过热器	—	—	≤10.0	≤10.0	≤10.0	≤10.0	≤10.0	≤10.0
	pH(25℃)		10.0~12.0	10.0~12.0	10.0~12.0	10.0~12.0	10.0~12.0	10.0~12.0	9.0~12.0	9.0~11.0
	电导率(25℃)/(μS·cm⁻¹)	无过热器	≤6.4×10³	≤6.4×10³	≤5.6×10³	≤5.6×10³	≤4.8×10³	≤4.8×10³	≤4.0×10³	≤4.0×10³
		有过热器	—	—	≤4.8×10³	≤4.8×10³	≤4.0×10³	≤4.0×10³	≤3.2×10³	≤3.2×10³
	溶解固形物质量浓度/(mg·L⁻¹)	无过热器	≤4.0×10³	≤4.0×10³	≤3.5×10³	≤3.5×10³	3.0×10³	3.0×10³	≤2.5×10³	≤2.5×10³
		有过热器	—	—	≤3.0×10³	≤3.0×10³	2.5×10³	2.5×10³	≤2.0×10³	≤2.0×10³
	磷酸根质量浓度/(mg·L⁻¹)		—	—	10~30	10~30	10~30	10~30	5~20	5~20
	亚硫酸根质量浓度/(mg·L⁻¹)		—	—	10~30	10~30	10~30	10~30	5~10	5~10
	相对碱度		<0.2	<0.2	<0.2	<0.2	<0.2	<0.2	<0.2	<0.2

注:对于额定蒸发量小于或等于 4 t/h,且额定蒸汽压力小于或等于 1.0 MPa 的锅炉,电导率和溶解固形物指标可执行表 2.11。额定蒸汽压力小于或等于 2.5 MPa 的蒸汽锅炉,补给水采用除盐处理且给水电导率小于 10 μS/cm 的,可控制锅水 pH(25℃)下限不低于 9.0,磷酸根质量浓度下限不低于 5 mg/L。

① 对于供汽轮机用汽的锅炉给水溶解氧质量浓度应不大于 0.050 mg/L。

② 对蒸汽质量要求不高,并且无过热器的锅炉,锅水全碱度上限值可适当放宽,但放宽后锅水的 pH(25℃)不应超过上限。

（2）额定蒸发量小于或等于 4 t/h,并且额定蒸汽压力小于或等于 1.0 MPa 的自然循环蒸汽锅炉和汽水两用锅炉可以采用单纯锅内加药、部分软化或天然碱度法等水处理方式,但应保证受热面平均结垢速率不大于 0.5 mm/a,其给水和锅水水质应符合表 2.11 的规定。

表 2.11　采用锅内水处理的自然循环蒸汽锅炉和汽水两用锅炉水质

水样	项目	标准值
给水	浊度 /FTU	≤ 20.0
	硬度 /(mmol · L^{-1})	≤ 4
	pH(25 ℃)	≤ 7.0 ~ 10.5
	油质量浓度 /(mg · L^{-1})	≤ 2.0
	铁质量浓度 /(mg · L^{-1})	≤ 0.30
锅水	全碱度 /(mmol · L^{-1})	8.0 ~ 26.0
	酚酞碱度 /(mmol · L^{-1})	6.0 ~ 18.0
	pH(25 ℃)	10.0 ~ 12.0
	电导率(25 ℃)/(μS · cm^{-1})	≤ 8.0 × 10^3
	溶解固形物质量浓度 /(mg · L^{-1})	≤ 5.0 × 10^3
	磷酸根质量浓度 /(mg · L^{-1})	10 ~ 50

（3）热水锅炉补给水和锅水水质应符合表 2.12 的规定。

对于有锅筒(壳),且额定功率小于或等于 4.2 MW 承压热水锅炉和常压热水锅炉,可采用单纯锅内加药、部分软化或天然碱度法等水处理,但应保证受热面平均结垢速率不大于 0.5 mm/a。

额定功率大于或等于 7.0 MW 的承压热水锅炉应除氧;额定功率小于 7.0 MW 的承压热水锅炉,如果发现氧腐蚀,需采用除氧、提高 pH 或加缓蚀剂等防腐措施。

采用加药处理的锅炉,加药后的水质不得影响生产和生活。

表 2.12　热水锅炉补给水和锅水水质规定

水样		额定功率 /MW	
		≤ 4.2	不限
		锅内水处理	锅外水处理
补给水	硬度 /(mmol · L^{-1})	≤ 6^①	≤ 0.6
	pH(25 ℃)	7.0 ~ 11.0	
	浊度 /FTU	≤ 20.0	≤ 5.0
	铁质量浓度 /(mg · L^{-1})	≤ 0.30	
	溶解氧质量浓度 /(mg · L^{-1})	≤ 0.10	

续表2.12

水样		额定功率/MW	
		≤ 4.2	不限
		锅内水处理	锅外水处理
锅水	pH(25 ℃)	9.0 ~ 12.0	
	磷酸根质量浓度 /(mg·L^{-1})	10 ~ 50	5 ~ 50
	铁质量浓度 /(mg·L^{-1})	≤ 0.50	
	油质量浓度 /(mg·L^{-1})	≤ 2.0	
	酚酞碱度 /(mmol·L^{-1})	≥ 2.0	
	溶解氧质量浓度 /(mg·L^{-1})	≤ 0.50	

注:① 使用与结垢物质作用后不生成固体不溶物的阻垢剂,补给水硬度可放宽至小于或等于8.0 mmol/L。

(4) 直流(贯流)锅炉给水应采用锅外化学水处理,其水质按表2.10中额定蒸汽压力为 1.6 MPa $< p \leqslant$ 2.5 MPa 的标准执行。

(5) 余热锅炉及电热锅炉的水质指标应符合同类型、同参数锅炉的水质标准规定。

2.4.2　中、高压锅炉的水、汽标准

我国现行的《火力发电机组及蒸汽动力设备水汽质量》(GB/T 12145—2016) 是 2016 年 2 月由中华人民共和国国家质量监督检验检疫总局与中国国家标准化管理委员会首次发布,2016 年 9 月实施的国家标准。本标准规定了火力发电机组及蒸汽动力设备在正常运行和停(备) 用机组启动时的水汽质量。本标准适用于锅炉主蒸汽压力不低于 3.8 MPa(表压) 的火力发电机组及蒸汽动力设备。

1. 蒸汽质量标准

自然循环、强迫循环汽包炉或直流炉的饱和蒸汽与过热蒸汽质量,金属氧化物、蒸汽中铁和铜的质量比,应符合表 2.13 所示的蒸汽质量标准。

表 2.13　蒸汽质量标准

过热蒸汽压力 /MPa	钠质量比 /(μg·kg^{-1})		氢电导率(25 ℃) /(μS·cm^{-1})		二氧化硅质量比 /(μg·kg^{-1})		铁质量比 /(μg·kg^{-1})		铜质量比 /(μg·kg^{-1})	
	标准值	期望值	标准值	期望值	标准值	期望值	标准值	期望值	标准值	期望值
3.8 ~ 5.8	≤ 15	—	≤ 0.30	—	≤ 20	—	≤ 20	—	≤ 5	—
5.9 ~ 15.6	≤ 5	≤ 2	≤ 0.15①	—	≤ 15	≤ 10	≤ 15	≤ 10	≤ 3	≤ 2
15.7 ~ 18.3	≤ 3	≤ 2	≤ 0.15①	≤ 0.10①	≤ 15	≤ 10	≤ 10	≤ 5	≤ 3	≤ 2
> 18.3	≤ 2	≤ 1	≤ 0.10	≤ 0.08	≤ 10	≤ 5	≤ 5	≤ 3	≤ 2	≤ 1

注:① 表面式凝汽器、没有凝结水精除盐装置的机组,蒸汽的脱气氢电导率标准值不大于 0.15 μS/cm,期望值不大于 0.10 μS/cm;没有凝结水精除盐装置的直接空冷机组,蒸汽的氢电导率标准值不大于 0.3 μS/cm,期望值不大于 0.15 μS/cm。

2. 锅炉给水质量标准

（1）给水中的硬度、溶解氧、铁、铜、钠和二氧化硅的质量浓度和电导率（氢离子交换后），这些指标应符合表2.14中的规定。液态排渣炉和原设计为燃油的锅炉，其给水的硬度和铁、铜的质量浓度，应符合其压力高一级锅炉的规定。

表 2.14　锅炉给水质量标准

控制项目	标准值和期望值	过热蒸汽压力/MPa					
		汽包炉				直流炉	
		3.8 ~ 5.8	5.9 ~ 12.6	12.7 ~ 15.6	> 15.6	5.9 ~ 18.3	> 18.3
氢电导率(25 ℃)/($\mu S \cdot cm^{-1}$)	标准值	—	≤ 0.30	≤ 0.30	≤ 0.15[①]	≤ 0.15	≤ 0.10
	期望值	—	—	—	≤ 0.10	≤ 0.10	≤ 0.08
硬度/($\mu mol \cdot L^{-1}$)	标准值	≤ 2.0	—	—	—	—	—
溶解氧[②] $\mu g/L$　AVT(R)	标准值	≤ 15	≤ 7	≤ 7	≤ 7	≤ 7	≤ 7
AVT(O)	标准值	≤ 15	≤ 10	≤ 10	≤ 10	≤ 10	≤ 10
铁质量浓度/($\mu g \cdot L^{-1}$)	标准值	≤ 50	≤ 30	≤ 20	≤ 15	≤ 10	≤ 5
	期望值	—	—	—	≤ 10	≤ 5	≤ 3
铜质量浓度/($\mu g \cdot L^{-1}$)	标准值	≤ 10	≤ 5	≤ 5	≤ 3	≤ 3	≤ 2
	期望值	—	—	—	≤ 2	≤ 2	≤ 1
钠质量浓度/($\mu g \cdot L^{-1}$)	标准值	—	—	—	—	≤ 3	≤ 2
	期望值	—	—	—	—	≤ 2	≤ 1
二氧化硅质量浓度/($\mu g \cdot L^{-1}$)	标准值	应保证蒸汽二氧化硅符合表2.13的规定			≤ 20	≤ 15	≤ 10
	期望值				≤ 10	≤ 10	≤ 5
氯离子质量浓度/($\mu g \cdot L^{-1}$)	标准值	—	—	—	≤ 2	≤ 1	≤ 1
TOCi[③]/($\mu g \cdot L^{-1}$)	标准值	—	≤ 500	≤ 500	≤ 500	≤ 200	≤ 200

注：①没有凝结水精处理除盐装置的水冷机组，给水氢电导率应不大于0.3 $\mu S/cm$。②加氧处理溶解氧指标按表2.16控制。③ TOCi 为总有机碳。

（2）当给水采用全挥发处理时，给水的调节指标应符合表2.15所示的规定。

表 2.15　全挥发处理给水的调节指标规定

炉型	锅炉过热蒸汽压力 /MPa	pH(25 ℃)	联氨 /(μg·L⁻¹)	
			AVT(R)	AVT(O)
汽包炉	3.8 ~ 5.8	8.8 ~ 9.3	—	—
	5.9 ~ 15.6	8.8 ~ 9.3(有铜给水系统)	≤ 30	—
	> 15.6	或 9.2 ~ 9.6①		
直流炉	> 5.9	（无铜给水系统）		—

注:①凝汽器管为铜管和其他换热器管为钢管的机组,给水 pH 宜为 9.1 ~ 9.4,并控制凝结水铜质量浓度小于 2 μg/L。无凝结水精除盐装置、无铜给水系统的直接空冷机组,给水 pH 应大于 9.4。

（3）直流炉加氧处理给水 pH、氢电导率和溶解氧质量浓度应符合表 2.16 中的规定。

表 2.16　直流炉加氧处理给水 pH、氢电导率和溶解氧的质量浓度规定

pH(25 ℃)	氢电导率(25 ℃)/(μS·cm⁻¹)		溶解氧质量浓度 /(μg·L⁻¹)
	标准值	期望值	标准值
8.5 ~ 9.3	≤ 0.15	≤ 0.10	10 ~ 150①

注:①氧含量接近下限时,pH 应大于 9.0。采用中性加氧处理的机组,给水的 pH 宜为 7.0 ~ 8.0(无铜给水系统),溶解氧质量浓度宜为 50 ~ 250 μg/L。

3. 汽轮机凝结水质量标准

（1）凝结水的硬度、钠和溶解氧质量浓度和电导率应符合表 2.17 中所示的规定。

表 2.17　凝结水泵出口水质规定

锅炉过热蒸汽压力 /MPa	硬度 /(μmol·L⁻¹)	钠质量浓度 /(μg·L⁻¹)	溶解氧① 质量浓度 /(μg·L⁻¹)	氢电导率(25 ℃)/(μS·cm⁻¹)	
				标准值	期望值
3.8 ~ 5.8	≤ 2.0	—	≤ 50	—	
5.9 ~ 12.6	≈ 0	—	≤ 50	≤ 0.30	—
12.7 ~ 15.6	≈ 0	—	≤ 40	≤ 0.30	≤ 0.20
15.7 ~ 18.3	≈ 0	≤ 5②	≤ 30	≤ 0.30	≤ 0.15
> 18.3	≈ 0	≤ 5	≤ 20	≤ 0.20	≤ 0.15

注:①直接空冷机组凝结水溶解氧质量浓度标准值小于 100 μg/L,期望值小于 30 μg/L,配有混合式凝汽器的间接空冷机组凝结水溶解氧质量浓度宜小于 200 μg/L。②凝结水有精除盐装置时,凝结水泵出口的钠质量浓度可放宽至 10 μg/L。

（2）经精除盐装置后的凝结水质量应符合表 2.18 的规定。

表 2.18　经精除盐装置后的凝结水质量规定

锅炉过热蒸汽压力/MPa	氢电导率(25 ℃)/(μS·cm⁻¹)		钠质量浓度/(μg·L⁻¹)		氯离子质量浓度/(μg·L⁻¹)		铁质量浓度/(μg·L⁻¹)		二氧化硅质量浓度/(μg·L⁻¹)	
	标准值	期望值	标准值	期望值	标准值	期望值	标准值	期望值	标准值	期望值
≤ 18.3	≤ 0.15	≤ 0.10	≤ 3	≤ 2	≤ 2	≤ 1	≤ 5	≤ 3	≤ 15	≤ 10
> 18.3	≤ 0.10	≤ 0.08	≤ 2	≤ 1	≤ 1	—	≤ 5	≤ 3	≤ 10	≤ 5

4. 锅炉锅水质量标准

（1）汽包炉锅水的电导率、氢电导率、二氧化硅和氯离子质量浓度,根据水汽品质专门试验确定,也可按表 2.19 控制。

表 2.19　汽包炉炉水的电导率、氢电导率、二氧化硅和氯离子限定值

锅炉汽包压力/MPa	处理方式	二氧化硅质量浓度/(mg·L⁻¹)	氯离子质量浓度/(mg·L⁻¹)	电导率(25 ℃)/(μS·cm⁻¹)	氢电导率(25 ℃)/(μS·cm⁻¹)
3.8 ~ 5.8	炉水固体碱化剂处理	—	—	—	—
5.9 ~ 10.0		≤ 2.0①		< 50	
10.1 ~ 12.6		≤ 2.0①		< 30	
12.7 ~ 15.6		≤ 0.45①	≤ 1.5	< 20	
> 15.6	炉水固体碱化剂处理	≤ 0.10	≤ 0.4	< 15	< 5②
	炉水全挥发处理	≤ 0.08	≤ 0.03	—	< 1.0

注:① 汽包内有清洗装置时,其控制指标可适当放宽。炉水二氧化硅质量浓度指标应保证蒸汽二氧化硅质量浓度符合标准。② 仅适用于炉水氢氧化钠处理。

（2）汽包炉用磷酸盐处理时、pH 协调控制时,其锅水的 Na^+ 与 PO_4^{3-} 摩尔比值应维持在 2.3 ~ 2.8。若锅水的 Na^+ 与 PO_4^{3-} 摩尔比值低于 2.3 或高于 2.8 时,可加中和剂进行调节。

5. 补给水质量标准

（1）补给水质量。补给水以不影响给水质量为标准。一般按表 2.20 所示的规定。

表 2.20　锅炉补给水质量规定

锅炉过热蒸汽压力/MPa	二氧化硅质量分数/(μg·L⁻¹)	除盐水箱进水电导率(25 ℃)/(μS·cm⁻¹)		除盐水箱出口电导率(25 ℃)/(μS·cm⁻¹)	TOCi质量分数①/(μg·L⁻¹)
		标准值	期望值		
5.9 ~ 12.6	—	≤ 0.20	—		—
12.7 ~ 18.3	≤ 20	≤ 0.20	≤ 0.10	≤ 0.40	≤ 400
> 18.3	≤ 10	≤ 0.15	≤ 0.10		≤ 200

注:① 必要时监测。对于供热机组,应满足给水的 TOCi 合格。

（2）疏水和生产回水质量标准。疏水和生产回水质量以不影响给水质量为前提,一般按表 2.21 中所示规定控制。

表 2.21　疏水和生产回水质量规定

名称	硬度/（μmol·L⁻¹）		铁质量浓度 /（μg·L⁻¹）	TOCi 质量浓度 /（μg·L⁻¹）
	标准值	期望值		
疏水	≤ 2.5	≈ 0	≤ 100	—
生产回水	≤ 5.0	≤ 2.5	≤ 100	≤ 400

（3）停备用机组启动时的水、汽质量标准。锅炉启动后,并汽或汽轮机冲转前的蒸汽质量一般可参照表 2.22 所示的规定,且在 8 h 内应达到正常标准。

表 2.22　并汽或汽轮机冲转前的蒸汽质量规定

炉型	锅炉过热蒸汽压力 /MPa	氢电导率 (25 ℃) /（μS·cm⁻¹）	二氧化硅 质量比 /（μg·kg⁻¹）	铁 质量比 /（μg·kg⁻¹）	铜 质量比 /（μg·kg⁻¹）	钠 质量比 /（μg·kg⁻¹）
汽包炉	3.8 ~ 5.8	≤ 3.00	≤ 80	—	—	≤ 50
	> 5.8	≤ 1.00	≤ 60	≤ 50	≤ 15	≤ 20
直流炉	—	≤ 0.50	≤ 30	≤ 50	≤ 15	≤ 20

（4）锅炉启动时,给水质量应符合表 2.23 所示的规定,且在 8 h 内应达到正常标准。

表 2.23　锅炉启动时给水质量规定

炉型	锅炉过热蒸汽压力 /MPa	硬度 /（μmol·L⁻¹）	氢电导率(25 ℃) /（μS·cm⁻¹）	铁质量浓度 /（μg·L⁻¹）	二氧化硅 质量浓度 /（μg·L⁻¹）
汽包炉	3.8 ~ 5.8	≤ 10.0	—	≤ 150	—
	5.9 ~ 12.6	≤ 5.0	—	≤ 100	—
	> 12.6	≤ 5.0	≤ 1.00	≤ 75	≤ 80
直流炉	—	≈ 0	≤ 0.50	≤ 50	≤ 30

（5）机组启动时,凝结水回收应符合表 2.24 的规定。

表 2.24　机组启动时凝结水回收规定

凝结水 处理形式	外观	硬度 /（μmol·L⁻¹）	钠质量浓度 /（μg·L⁻¹）	铁质量浓度 /（μg·L⁻¹）	二氧化硅 质量浓度 /（μg·L⁻¹）	铜质量浓度 /（μg·L⁻¹）
过滤	无色透明	≤ 5.0	≤ 30	≤ 500	≤ 80	≤ 30
精除盐	无色透明	≤ 5.0	≤ 80	≤ 1 000	≤ 200	≤ 30
过滤 + 精除盐	无色透明	≤ 5.0	≤ 80	≤ 1 000	≤ 200	≤ 30

复 习 题

1. 天然水按来源是如何分类的？

2. 天然水中主要有哪些杂质？它们对锅炉会造成什么危害？

3. 锅炉水处理的目的是什么？

4. 什么是硬度？什么是暂时硬度、永久硬度、碳酸盐硬度、非碳酸盐硬度？它们之间的关系是什么？

5. 什么是碱度？碱度有几种存在方式？

6. 碱度和硬度有什么关系？

7. 为什么要控制锅水碱度？

8. 为什么要把锅水的 pH 控制在 10 ~ 12 的范围内？

9. 什么是相对碱度？

10. 什么是溶解固形物？测定溶解固形物的意义是什么？

11. 为什么要测定氯化物？

12. 水中的溶解氧有何危害？

13. 什么是锅炉用水的化学监督？对蒸汽锅炉用水的化学监督项目有哪些要求？

第3章 锅炉用水的预处理

含有一定的泥沙、悬浮物和胶体物质的天然水,不能直接用于锅炉给水,否则会对锅炉运行造成严重危害。若直接进入离子交换器,同样将会影响其正常运行。其危害主要有:污染树脂,并且这种污染较难复原;水中微小杂质会使交换剂网状微孔堵塞,使交换剂交换能力降低,同时也会造成再生剂的用量增大;增加了交换器的运行阻力和动力消耗,造成交换器出力下降。

为了保证锅炉和交换器的正常运行,就必须在锅炉补给水进入离子交换器之前,先将水中影响离子交换过程的杂质除掉,这种水处理工艺通常称为锅炉用水的预处理。本章针对锅炉用水的不同水源,对锅炉用水预处理的原理、设备和工艺流程做简单介绍。

3.1 地表水预处理

地表水预处理的目的主要是去除水中的悬浮物和胶体物质,通常采用混凝、沉淀(澄清)和过滤工艺进行水的预处理。

3.1.1 混凝

若取一杯浑浊的河水,让其静止沉淀,首先会发现一些粗大的泥沙颗粒迅速沉到杯底,水则逐渐变清,杯底下沉物将逐渐增多。但在一定时间后,水就不容易进一步澄清,甚至放置很久以后,也达不到自来水那样的透明程度,总是带一点浑,有时还带有色度和臭味。这种现象称为浑水的稳定性。所谓稳定性是指水中的微小胶体颗粒保持分散状态,即长期悬浮在水中不下沉的现象。胶体颗粒的稳定性主要在于胶体颗粒的特性。

水中的悬浮物和胶体杂质,它们的粒径不同,沉降速度也相差较大。表 3.1 列出了在水温度为 10 ℃、颗粒密度为 2.65 g/cm³ 时,不同粒径的悬浮颗粒在静水中沉降 1 m 所需时间。

表 3.1 不同粒径的悬浮颗粒在静水中沉降 1 m 所需时间

颗粒直径/mm	颗粒种类	时 间	颗粒直径/mm	颗粒种类	时 间
1.0	粗砂	10 s	0.001	细菌	5 d
0.1	细砂	2 min	0.000 1	黏土	2 a
0.01	泥沙	2 h	0.000 01	胶粒	210 a

从表 3.1 可以看出,悬浮在水中的杂质沉降速度随着颗粒的粒径变化并非呈线性关系,较大颗粒悬浮物在重力下易沉淀,而较小颗粒的悬浮物及胶体杂质能在水中长期保持分散状态,这也是胶体颗粒稳定性的体现。

1. 胶体颗粒的性质

水中胶体状态的微小颗粒,其粒径一般为 $10^{-6} \sim 10^{-4}$ mm。由于颗粒太小,又受到分子运动的冲击,做无规则的高速运动,即所谓"布朗运动",使这些微小颗粒能均匀地扩散在水中,长期不下沉。

由于胶体颗粒带有电荷,并且同类胶体颗粒带有相同的电荷。如水中黏土颗粒带有负电荷,称为负电胶体。由于同性电荷相斥,就导致胶粒间产生静电斥力,阻止胶体微粒相互接近和长大,使之处于分散状态,长久悬浮在水中不能下沉。

胶体颗粒的水化作用 —— 由于胶体颗粒带有电荷,水分子具有极性,所以水分子便定向地吸引到胶体颗粒周围,形成一层水化膜。水化膜同样能阻止微粒间相互接触。所以水化作用也是胶体稳定性的原因之一。但水化膜是伴随着胶体带电而产生的,一旦胶体 ζ 电位消除或减弱,水化膜作用亦会消除或减弱。

水中反离子的影响 —— 由于胶体微粒表面带有电荷,所以从水中吸引带异电荷的反离子,使水中产生浓度梯度;这些反离子同时又向外扩散,趋向浓度较低的水。靠近胶核的反离子,由于吸附牢固形成吸附层。胶核和吸附层组成胶粒,故胶粒是带电颗粒。在胶粒周围还有若干反离子包围着胶粒,这一层反离子称为扩散层,所以整个胶团是电中性的。当胶粒做热运动时,吸附层和扩散层之间存在一滑动表面,滑动表面处的电位称为 ζ 电位,它是决定胶体颗粒稳定性的一个重要指标。ζ 电位越高,胶体颗粒间电斥力就越大,就越难聚结成大颗粒,胶体颗粒就越稳定。一般天然水的胶体微粒 ζ 电位为 $20 \sim 40$ mV。

2. 混凝机理

消除和减弱胶体颗粒的稳定性的作用称为胶体脱稳。混凝是通过向水中投加某种药剂(混凝剂)使水中胶体微粒结成较大颗粒的过程。

混凝机理主要包括以下内容:

(1)反离子的压缩作用。向水中投加某种电解质,由于电解质电离出大量的反离子或电解质水解形成带有相反电荷的聚合体,对水中胶体的扩散层产生压缩作用。金属离子或水解聚合物所带电荷越高,这种压缩作用就越强烈,致使一部分反离子压缩到胶体的吸附层中去,结果胶体扩散层变薄,ζ 电位降低,甚至趋近于零,微粒间的静电斥力随之减弱或消除。此时,当胶体颗粒相互接触时就很容易通过吸附作用聚结成大颗粒。这种过程通常称为"凝聚"。

(2)吸附架桥作用机理。向水中投加一定量的高分子物质或高价金属盐类(能水解生成高聚物)。这种物质一般呈线性结构,并在溶液中伸展为链状。胶体微粒容易吸附在高分子链节部位,通过高分子物质把水中悬浮微粒联结在一起,这种作用称为吸附架桥作用,该作用破坏了胶体的稳定性,逐渐形成絮状沉淀物,通称絮体,俗称"矾花"。该过程通常称为絮凝,如图 3.1 所示。

(3)沉淀物的网捕作用。当水中的悬浮物和胶体杂质质量浓度很低时,即所谓低浊度水,投加的混凝剂与悬浮小微粒接触机会小,难以通过反离子压缩和混凝剂的吸附架桥作用使胶体达到脱稳的目的。所以需要投加大量的混凝剂,以其自身相互混凝形成絮状沉淀物,在沉降过程中将悬浮于水中的少量胶体微粒吸附并携带下沉,此过程称为沉淀物的网捕作用,如图 3.2 所示。

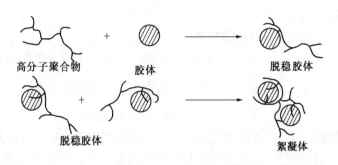

图 3.1　絮凝

3.影响混凝效果的因素

影响混凝效果的因素较多,这里简要介绍几项主要影响因素。

(1)水温的影响。水温对混凝效果有较大的影响。水温低时,混凝剂形成絮凝体非常缓慢,而且结构松散、颗粒较小。无机盐类混凝剂水解是吸热反应,水温低时,混凝剂水解困难;再者,水温低时,水黏度较大,水中杂质微粒布朗运动强度减弱,彼此碰撞机会减少,不利于胶体脱稳和凝聚,而水的黏度增大,则水流阻力增大,影响絮凝体的成长。

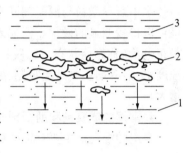

图 3.2　絮状沉淀物的网捕作用
1—原水中悬浮物微粒;2—絮状沉淀物;3—残留悬浮微粒

为提高低温水的混凝效果,常用的方法是增加混凝剂的投加量和投加高分子助凝剂,但这样会使操作麻烦、制水成本提高,并且效果仍不理想。

(2)水的pH和碱度的影响。pH对混凝过程的影响是一个复杂的过程,对不同水质、不同的混凝剂,很难确定一个固定的关系。最适合的 pH 应通过小型试验来确定。一般认为:用铝盐作混凝剂时,pH 应控制在 5.5 ~ 7 的范围内,用硫酸亚铁单独作混凝剂时,pH 最好控制在 8 ~ 10 范围内。

当原水中碱度不足时,混凝剂水解后产生酸性将影响混凝效果,此时应向水中加碱,以提高水中碱度,其加碱量的浓度可按下式估算:

$$c(CaO) = c(\alpha) - c(\chi) + c(\delta) \tag{3.1}$$

式中　$c(CaO)$——纯石灰(CaO)投加量的浓度,mmol/L;

　　　$c(\alpha)$——混凝剂的投加量的浓度,mmol/L;

　　　$c(\chi)$——原水碱度的浓度,mmol/L;

　　　$c(\delta)$——剩余碱度的浓度,一般取 0.5 ~ 1.0 mmol/L。

【例3.1】　某地面水源的总碱度为 0.4 mmol/L,市售精制硫酸铝($w(Al_2O_3) \approx$ 16%)投量按 28 mg/L 计,试估算石灰($w(CaO) = 50\%$)投量是多少(mg/L)?

解　在 28 mg/L 的硫酸铝中含纯 Al_2O_3 的质量浓度为

$$28 \times 16\% = 4.48 \text{ mg/L}$$

Al_2O_3 的相对分子质量为(102/6)= 17,把 Al_2O_3 换算成浓度,则投药量相当于

$$(4.48/17) = 0.26 \text{ mmol/L}$$

剩余碱度取 0.74 mmol/L。

由公式(3.1)计算纯 CaO 的浓度为

$$c(CaO) = c(\alpha) - c(\chi) + c(\delta) = 0.26 - 0.4 + 0.74 = 0.6 \text{ mmol/L}$$

$\frac{1}{2}[CaO]$ 的相对分子质量为$(56/2) = 28$,则市售石灰投加量为

$$0.6 \times 28 \div 50\% = 33.6 \text{ mg/L}$$

(3)水的浊度影响。原水浊度对混凝效果和混凝剂的投加量都有较大影响。当原水浊度低时,由于悬浮物很少,依靠投加少量混凝剂与悬浮微粒之间相互接触,是难以达到混凝目的的。所以,必须投加大量的混凝剂使之形成絮凝体沉淀物,对悬浮微粒进行网捕作用,但混凝效果仍不理想。中等浊度的水,要注意控制混凝剂的投加量,若投放量适当,可使水中悬浮微粒与混凝剂同时参与混凝过程,发生吸附架桥作用,这样用较少的混凝剂就可取得较明显的效果。但如果投加过量时,会适得其反,使胶体由原来带负电荷转变为带正电荷(称超荷状态),已脱稳的胶体又重新获得稳定,混凝效果急剧变坏。而对于高浊度水,混凝剂主要是起吸附架桥作用,随着水中悬浮物增加,混凝剂的投加量也相应增大。

4. 常用的混凝剂和助凝剂

常用的混凝剂主要有铝盐和铁盐两大类。

(1)铝盐类。铝盐类主要有硫酸铝[$Al_2(SO_4) \cdot 18H_2O$]、明矾[$Al_2(SO_4)_3 \cdot K_2SO_4 \cdot 24H_2O$]、偏铝酸钠($NaAlO_2$)及聚合氯化铝(简称 PAC)。硫酸铝产品有精制和粗制两种。精制硫酸铝为白色结晶体,密度约 1.62,$w(Al_2O_3) \geq 15\%$,$w(不溶杂质) \leq 0.3\%$,价格较高。粗制硫酸铝中 $w(Al_2O_3) \geq 14\%$,$w(不溶杂质) \leq 24\%$,价格较低,但质量不稳定,增加了药液配制和废渣排除方面的操作麻烦。明矾为无色或白色结晶体,密度为 1.76,$w(Al_2O_3) \approx 10.6\%$,属于天然矿物。明矾起混凝作用的仍是硫酸铝成分,混凝特性与硫酸铝一样,偏铝酸钠的水溶液呈碱性,因此,它适应于原水碱度不足的情况,常与硫酸铝共同使用。

(2)铁盐类。铁盐类常用作混凝剂的铁盐有硫酸亚铁($FeSO_4 \cdot 7H_2O$)、三氯化铁($FeCl_3 \cdot 6H_2O$)及硫酸铁[$Fe_2(SO_4)_3$]。用铁盐进行混凝处理具有以下特点:

① 受水温变化影响小。

② 所生成的凝絮的密度比氢氧化铝大。

③ 当 pH > 6 时,铁会和腐殖酸生成不易沉淀的有色化合物,故铁盐不适用于含腐殖酸的水质处理。

硫酸亚铁是半透明绿色结晶体,俗称"绿矾",溶解度较大,据研究离解出的 Fe^{2+} 只能生成简单的单核配合物,故不具有二价铁盐良好的混凝作用。同时残留于水中的 Fe^{2+} 会使处理后的水带色,且当 Fe^{2+} 与水中有机物质作用后,将生成颜色更深的溶解物,所以使用硫酸亚铁时,应将二价铁氧化成三价铁或配合助凝剂使用。

三氯化铁通常是具有金属光泽的褐色结晶体,一般杂质较少,极易溶解,形成絮凝体较密实,易沉淀,当处理低温、低浊度的水时效果较铝盐好。但三氯化铁腐蚀性较强,且容易吸水潮解,不易保管。

(3)助凝剂。助凝剂本身不起混凝作用,而是充当凝絮的骨架,协助混凝剂加速混凝

过程,改善混凝条件,故称助凝剂,常用的助凝剂有活性二氧化硅、活性炭、氯气、水玻璃及各种黏土、石灰等。

助凝剂的种类较多,表 3.2 列出了几种常用助凝剂的名称及其作用。

5. 混凝过程中的水力条件

混凝是通过混凝剂与分散在水中的微粒相互接触来实现的。这种接触单纯靠分子扩散或微粒的布朗运动,不仅需要较长时间,而且混凝效果很差,这就必须改变水流状态、促使颗粒迅速接触及形成的絮凝体迅速长大。因此,混凝过程中的水力条件是影响混凝效果的重要因素。根据混凝过程中水力条件的不同,可将混凝过程分为混合和凝絮两个阶段。

混合阶段是在剧烈搅动的水流中使混凝剂迅速均匀地扩散,为混凝剂的水解、缩聚以及胶体脱稳创造有利条件。同时,絮凝体开始形成,这些过程是在瞬间发生的,甚至在几十秒内即可形成,最长不超过 2 min。

表 3.2　常用助凝剂的名称及其作用

助凝作用	名称	分子式	使用情况
pH 调整剂	石灰 纯碱	CaO $NaHCO_3$	原水碱度不足时,需辅加石灰或纯碱进行调整
氧 化 剂	氯 漂白粉	Cl_2 $CaOCl_2$	① 破坏原水中有机物,提高混凝效果; ② 用 $FeSO_4$ 作混凝剂时,将 Fe^{2+} 氧化成 Fe^{3+},促进混凝作用
絮凝体 加固剂	水玻璃 (泡花碱)	$Na_2O \cdot xSiO_2 \cdot yH_2O$	① 加固絮凝体的强度,增大其密度; ② 适用于 Al(Ⅲ)Fe(Ⅲ) 同时使用,可缩短混凝沉淀时间,节省混凝剂用量; ③ 原水浊度低或水温较低(14 ℃ 以下) 的情况下使用效果显著; ④ 水玻璃在投加前必须用硫酸活化,其加注点必须在混凝剂加注点之前
高分子 吸附剂	聚丙烯 酰胺	$\left\{\begin{array}{c} —CH_2—CH— \\ \hspace{1em} CONH_2 \end{array}\right\}$, 又名三号絮凝剂,简写成 P·A·M	① 处理高浊度水(含砂量为 10～15 kg/m³) 时效果显著,既可保证水质,又可减少混凝剂用量; ② 与常用混凝剂配合使用时,应视原水浊度按一定顺序先后投加,以发挥两种药剂的最大效果; ③ 水解体的效果比未水解好

在絮凝阶段,经过与药剂充分混合的原水,开始在较大的絮凝流速下,使水中的胶体颗粒继续发生碰撞吸附,又在较小的絮凝流速下,使脱稳的胶体形成具有良好沉淀性能的絮凝体。随之絮凝流速逐渐减慢,絮凝体也逐渐长大,沉降速度便逐渐加快。絮凝阶段的时间一般不超过 30 min。絮凝阶段水流速度不能太快,否则,容易使已形成的絮凝体被打碎,造成胶体再稳,混凝效果变坏。为了达到水流速度由快变慢的目的,絮凝设备通常设计成不等距的隔板絮凝池,隔板间距由窄变宽,或设计成锥体涡流式絮凝池,使过水断面由小变大,达到絮凝阶段水流速度由快变慢的水力要求。

3.1.2 沉淀和澄清

经混凝处理后的水,水中微小颗粒被聚集成较大絮粒,这些絮粒在重力的作用下,从水中分离出来的过程称为沉淀。进行沉淀分离的设备称为沉淀池。

在沉淀过程中,新形成的沉淀泥渣具有较大的表面积和吸附活性,称为活性泥渣。活性泥渣对水中尚未脱稳的胶体或微小悬浮物仍有良好的吸附作用,产生所谓的"二次混凝",这种作用称为接触混凝。利用活性泥渣与混凝处理后的水进一步接触,使未结成较大颗粒的悬浮杂质与活性泥渣发生接触混凝,从而加快了沉淀物与水分离的速度,该过程称为澄清,这种设备称为澄清池。沉淀和澄清其实是同一现象的两种说法。

1. 沉淀分类

沉淀分类的根据不同,所得到的沉淀名称和工艺也就不同。

(1) 根据沉淀颗粒性质分类,可分为以下三种沉淀。

① 自然沉淀,即不加促凝药剂的沉淀。其特点是,颗粒在沉淀过程中不改变其大小、形状和密度,完全靠自重进行沉淀。对于泥沙量较高的河水水源,为节省投药费用,在混凝处理以前往往用自然沉淀方式先使大量泥沙颗粒沉淀。

② 混凝沉淀,即投加促凝药剂的沉淀。在沉淀过程中,颗粒由于相互接触温凝而改变其形状和密度,这种过程称为混凝沉淀。当原水的固体颗粒较小,特别是含有较多的胶体颗粒时,必须先经混凝处理,使之形成较大的絮凝体再行沉淀,这种工艺属于混凝沉淀。

③ 化学沉淀。在某些特种水处理中,投加化学药剂,使水中的溶解杂质结晶为沉淀物,称为化学沉淀。

(2) 根据沉淀颗粒质量浓度分类,可分为以下两种沉淀。

① 自由沉淀。自由沉淀是指颗粒在下沉过程中不受其他颗粒和容器壁影响和干扰,仅受到颗粒本身在水中的质量和水的阻力作用。这种沉淀称为自由沉淀。

② 拥剂沉淀。沉淀颗粒在沉淀过程中受到其他颗粒和容器壁的影响和干扰,在清水与浑水之间形成明显的交界面,并逐渐向下移动,这种沉淀过程称为拥剂沉淀。浓缩即属此例。

(3) 根据沉淀过程中水流的方向分类,可分为以下三种沉淀。

① 颗粒在水平水流中下沉,如图 3.3 所示。颗粒 P 为水平水流所挟带,一方面以水平分速"前进",一方面又靠着重力以垂直分速"下沉",颗粒的运动轨迹为合速度,所指方向的一条倾斜线段,最后颗粒沉到池底,平流式沉淀池即为此例。

② 颗粒在上升水流中下沉。在上升水流中,颗粒沉速取决于水流上升速度与颗粒在静水中沉速的合速度,如图 3.4 所示。

当颗粒在静水中的下沉速度 μ 大于上升流速 v 时,颗粒能够持续下沉。立式沉淀池就是采用这种原理。水流挟带的微絮凝体通过悬浮层时便从水中分离出去。

③ 颗粒在倾斜水流中下沉,如图 3.5 所示。颗粒在倾斜水流中下沉时,颗粒的运动方向为倾斜水流流速与垂直沉速的合速度方向,颗粒碰到底板即被去除。斜板、斜管沉淀池就是依此原理。

当颗粒在静水中的下沉速度 μ 大于上升流速 v 时,颗粒能够持续下沉。立式沉淀池就采用该原理。当水流上升流速 v 与颗粒在静水中下沉速度 μ 相等时,颗粒处于悬浮状态,一群比较密集的颗粒群均处于悬浮状态,便形成悬浮层。悬浮层提供了接触絮凝介质的作用,水流中携带的絮凝体通过悬浮层时便从水中分离出去。

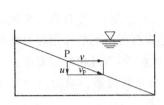
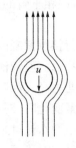
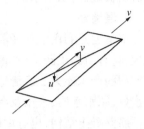

图 3.3　颗粒在水平水流中　　图 3.4　颗粒在上升水流中　　图 3.5　颗粒在倾斜水流中
　　　　　下沉　　　　　　　　　　　下沉　　　　　　　　　　　下沉

2.沉淀池

沉淀池类型较多,现介绍两种常用的沉淀池,即平流沉淀池和斜管(板)沉淀池。

(1)平流沉淀池。平流沉淀池构造简单,如图 3.6 所示。它既可用于自然沉淀,也可用于混凝沉淀。该设备管理方便、适应性强,可用于大型水处理厂,对于水量较小的工业锅炉水处理也适用。

平流沉淀池的长宽比应不小于 4∶1,长深比应不小于 10∶1,沉淀池数或沉淀池内分格数一般不小于 2 个,池深为 2.5 ~ 3.5 m,高为 0.3 ~ 5 m。有混凝处理的沉淀池,池内

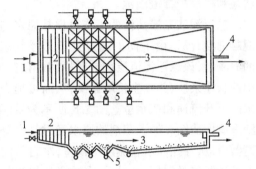

图 3.6　平流沉淀池构造
1— 投加混凝剂的原水;2— 隔板絮凝;
3— 沉淀池;4— 出水管;5— 排泥渣管

水流的水平流速通常为 5 ~ 20 mm/s。无混凝处理的沉淀池,池内水流的水平流速通常不超过 3 mm/s。水在沉淀池内的停留时间应根据原水水质和沉淀后水质要求,通过试验来确定,一般采用 1.0 ~ 2.0 h。当处理低温、低浊度水或高浊度水时,沉淀时间应适当增长。混凝沉淀时,出水悬浮物质量浓度一般不超过 20 mg/L。

(2)斜管(板)沉淀池。这种沉淀池是在基于浅池平流沉淀池的基础上发展起来的。斜管(板)沉淀池就是在沉降区域设置许多密集的斜管或斜板,水中悬浮杂质的沉降过程在斜(板)管内进行,使单位容积内增大了沉淀区面积,使沉淀效率提高,如图 3.7 所示。

斜管断面一般采用蜂窝六角形、矩形

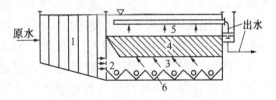

图 3.7　斜管(板)沉淀池构造
1— 絮凝区;2— 穿孔花墙;3— 布水区;
4— 斜管(板);5— 清水区;6— 排泥区

或正方形。材料可用酚醛树脂浸泡的牛皮纸制成蜂窝管,或用聚乙烯塑料片热压成形,近年来也有用玻璃钢材料加工而成。斜管(板)长度一般为 800 ~ 1 000 mm,水平倾角常采用 60 ℃。斜管(板)上部的清水区高度一般在 0.8 ~ 1.0 m,下部布水区高度为 1.2 m 左右。根据水流和滑泥方向,斜管(板)沉淀池运行过程分为同向流和异向流两种形式。同

向流就是指水流方向和泥的下滑方向相同,都是从上而下进行;异向流则是指水流方向从下而上,而泥则是从上而下,这种运行方式有利于颗粒的接触絮凝。另外,还有平(或横)向流斜板沉淀池,即水流与泥渣下沉方向相垂直的运行方式。

3. 澄清池

澄清池是利用活性泥渣与原水进行接触絮凝的。它将混合、絮凝、沉淀合在一个池内完成,具有节约用药量、占地面积小等特点。澄清池可充分地发挥混凝剂的作用和提高单位容积的产水能力。澄清池具有生产能力高、沉淀效果好等优点,但管理相对较复杂。当制水量、原水水质、水温及混凝剂等因素变化时,对净化效果影响较显著。澄清池一般采用钢筋混凝土结构,也有用砖石砌筑,小型水池可采用钢板材料。

澄清池按泥渣的工作状态可分为悬浮泥渣型(也称泥渣过滤型)和循环泥渣型(泥渣徊流型)两种形式。悬浮泥渣型有悬浮澄清池和脉冲澄清池。循环泥渣型有水力循环澄清池和机械搅拌澄清池。

悬浮泥渣型澄清池的工作过程是原水与混凝剂混合后,由下向上通过处于悬浮状态的泥渣层,该悬浮泥渣层如同栅栏,截留进水中的悬浮杂质,并发生接触絮凝,从而可提高水的上升流速和产水量。图 3.8 所示为悬浮澄清池构造图。加了药剂的原水经过气水分离器后,从穿孔配水管流入澄清室,水自下向上通过泥渣悬浮层,水中杂质微粒被泥渣悬浮层截留,清水从穿孔集水槽流出。泥渣悬浮层中不断增加的泥渣,在泥、渣自行扩散或强制出水管的作用下,由排泥窗口进入泥渣浓缩室,经浓缩后定期排除。悬浮泥渣层的

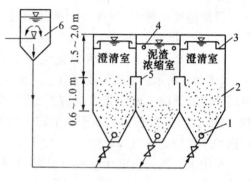

图 3.8　悬浮澄清池构造图
1— 穿孔配水管;2— 泥渣悬浮层;3— 穿孔集水槽;
4— 强制出水管;5— 排泥窗口;6— 气水分离器

质量浓度与净水效果关系很大,一般应控制在 2 500 ~ 5 000 mg/L 之间,清水区的上升流速控制在 1.0 mm/s 左右。

图 3.9 所示为水力循环澄清池,它是利用进水能量 2 ~ 7 m 水位差造成流速为 6 ~ 9 m/s 的高速射流,使喉管及喇叭管口周围形成负压,将原水的 2 ~ 4 倍的活性泥渣吸入,该泥渣与原水在喉管内剧烈混合,达到悬浮颗粒与活性泥渣接触絮凝的目的。从喉管出来的水进入第一絮凝池,该池为锥形,水流的速度逐渐减慢,有利于絮凝体不断长大,水流到澄清池顶部折回第二絮凝池,在此完成接触絮凝过程,然后进入分离室,使水和泥渣分离。水在分离区的上升流速采用 1.0 mm/s,如果加设斜板(斜管)可提高至 2.0 ~ 2.5 mm/s。清水向上经环形集水槽引出,泥渣少部分进入泥渣浓缩室,大部分被吸入

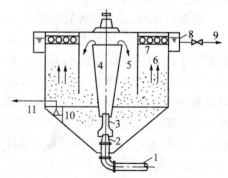

图 3.9　水力循环澄清池
1— 进水管;2— 喷嘴;3— 喉管及喇叭管;4,5— 第一、二絮凝池;6— 分离室;7— 环形集水槽;8— 出水槽;9— 出水管;10— 污泥浓缩室;11— 排泥管

喉管重新循环。

水力循环澄清池进水悬浮物质量浓度通常小于 2 000 mg/L,短时间质量浓度允许达到 5 000 mg/L。一般设计回流量采用进水流量的 2 ~ 4 倍。为了适应原水水质的变化和调节回流水量与进水量之比,需通过池顶的升降阀来调节喉管与喷嘴的距离。

3.1.3　过滤

原水经混凝沉淀处理后,大部分悬浮杂质已被去掉,但水中仍残留少量细小的悬浮颗粒,剩余浊度还满足不了进离子交换器的水质,为去除这部分剩余杂质,需要进行过滤处理。

1. 过滤过程

(1) 过滤。过滤一般是指以石英砂等粒状滤料层截留和吸附水中的悬浮杂质,从而使水进一步获得澄清的工艺过程。过滤介质称为滤料,起过滤作用的设备称为过滤器或滤池。

过滤中,当滤料层中截留的杂质较多时,滤层孔隙被堵塞,水流的阻力增大,滤速减慢,出水量减少,于是过滤被迫停止。为恢复过滤能力,需对滤料进行反冲洗,即用清水自上而下冲洗滤料。反冲洗时,一般冲洗强度控制在 12 ~ 16 L/(s·m^2),滤料膨胀率控制在 40% ~ 50%。反洗后,滤池连续运行的时间称为过滤周期。

(2) 滤料。滤池常用的滤料有石英砂和无烟煤,此外还有为去除水中某种杂质的专用滤料,如为去除地下水中的铁,采用锰砂作滤料;为去除水中的臭味和游离性余氯等采用活性炭作滤料。石英砂的粒径一般为 0.5 ~ 1.2 mm,无烟煤的粒径一般为 0.8 ~ 2.0 mm。滤料的不均匀程度用不均匀系数 K_{80} 表示。K_{80} 是指在一定粒径范围的滤料,按质量计,能通过 80% 滤料的筛孔孔径 d_{80} 与能通过 10% 滤料的筛孔孔径 d_{10} 之比,即

$$K_{80} = \frac{d_{80}}{d_{10}} \tag{3.2}$$

K_{80} 系数越大,表示滤料粗细颗粒尺寸相差越大。滤料粒径越不均匀,对过滤和冲洗都不利。

(3) 滤层。滤层由滤料堆积而成。滤层的厚度一般采用 700 mm,若采用双层滤料,一般上层为无烟煤,其厚度为 400 mm,下层为石英砂,其厚度为 300 mm。在滤料层下部设有承托层。

滤料层的孔隙率对过滤有较大影响,孔隙率是指滤料层中孔隙体积与滤层总体积的比值,孔隙率与滤料的粒径和不均匀系数有关。粒径越小或不均匀系数越大,孔隙率就越小。滤料层的孔隙率太高时,过滤器截污能力变差;孔隙率太小时,滤层水流阻力增大。在应用中,石英砂滤料的孔隙率约 0.4,无烟煤滤料的孔隙率约 0.5。滤料层在过滤过程中并不是简单的拦截水中悬浮杂质的过程,其滤料也具有表面活性作用,悬浮杂质在水力作用下靠近滤料表面时,就发生接触絮凝。由于滤池中的滤料比澄清池中的悬浮泥渣层排列得更紧密,水在滤层孔隙中曲折流动时,悬浮杂质与滤料具有更多的接触机会,所以除浊作用更彻底,一般滤后水的浊度都在 3 度以下。

2. 过滤设备

过滤设备类型很多,这里仅介绍目前较普遍应用在预处理方面的压力式机械过滤器

和重力式无阀滤池。

(1)压力式机械过滤器。机械过滤器的过滤水是经泵的升压后通过滤层,所以又称压力式过滤器。以井水或自来水为水源的预处理系统,多采用压力式机械过滤器。机械过滤器分为小型和大型两类。

小型机械过滤器一般为钢制容器,工作压力为 0.6 MPa,直径为 ϕ300 ~ 1 000 mm,处理水量为 1 ~ 8 m³/h,反冲洗只用压力水,滤料可根据原水水质,采用单层、双层或多层。

大型机械过滤器分为单流式及双流式(即双向过滤)两种,单流式机械过滤器是工业锅炉水处理中常用的一种过滤设备,其构造如图 3.10 所示。

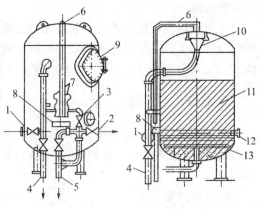

图 3.10 单流式机械过滤器构造图
1—进水管;2—出水管;3—反洗水管;4—反冲洗排水管;5—正洗排水管;6—排空气管;7—进出水压力表;8—水槽;9—人孔;10—进水漏斗;11—滤层;12—压缩空气管;13—排水装置

单流式机械过滤器由钢板制成,由于工作时承受一定压力,两端装有封头。过滤时,有一定压力的水经上部漏斗形的配水装置均匀地分配到过滤器内,并以一定的滤速通过滤层,最后经排水装置流出。排水装置的作用是:在过滤时,汇集清水,并阻止滤料被水带出;反冲洗时,使冲洗水沿过滤器截面均匀分配。

在过滤中,由于滤层中截留的悬浮杂质不断增多,孔隙率不断减小,水流阻力会逐渐增大,出水量也会随之降低,当过滤器出入口处的压力差达到 0.05 MPa 时,即停止运行,开始反冲洗。先将过滤器内的水放到滤层上缘为止,送入压缩空气,其强度为 18 ~ 25 L/(s·m²),吹洗 3 ~ 5 min 后,在继续供气的同时送入反冲洗水,其反冲洗水强度应使滤层膨胀10% ~ 15%,2 ~ 3 min 后,停止送入空气,继续用水反冲洗 1 ~ 1.5 min,此时膨胀率应为25%。单层滤料单流式机械过滤器易改成双层滤料过滤器,只要将原滤层减少300 ~ 500 mm,补装适当的无烟煤(如原料是无烟煤就补石英砂)即可。

单流式机械过滤器出水的悬浮物的质量浓度通常在 5 mg/L 以下;进水悬浮物选用双层滤料时,其质量浓度要求在 100 mg/L 以下,选用单层滤料时,其质量浓度要求在 5 ~ 20 mg/L,滤速为 10 m/h 左右。双流式机械过滤器构造如图 3.11 所示。

双流式机械过滤器进水:一路由滤料层上部进入,另一路由滤料层下部进入,过滤后的出水都由中部的排水系统引出。滤料中部以上为 0.6 ~ 0.7 m 厚,下层为 1.5 ~ 1.7 m 厚,它所用滤料的有效直径、不均匀系数比单流式大。运行开始时,上部和下部的进水各

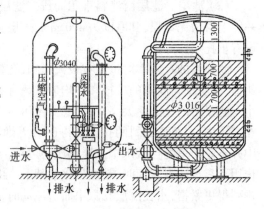

图 3.11 双流式机械过滤器构造(单位:mm)

占50%,随后由于上层阻力加大,其通过水量逐渐减少,过滤速度控制在10 ~ 12 m/h。清

洗时,先用压缩空气吹洗 5 ~ 10 min,然后用清水从中间引入,从上部排出。然后,停止压缩空气,中部和下部同时进水,由上部排出进行反冲洗,反冲洗强度控制在 16 ~ 18 L/(s·m²),反冲洗时间为 10 ~ 15 min。

机械过滤器占地面积小,过滤速度快,常与离子交换软化器串联使用,将其应用在工业锅炉水处理上是非常方便的。

(2) 重力式无阀滤池。无阀滤池有压力式和重力式两种。图 3.12 所示为重力式无阀滤池,它是因没有阀门而得名的。

过滤时,从澄清池来的水通过进水堰,流入进水槽,再通过进水管到达滤层顶部,水流经挡板均匀分配到滤料层,然后自上而下过滤,滤后水通过垫层和排水系统,流入底部空间,经连通管上升到冲洗水箱。当冲洗水箱水位高出喇叭口后,则清水通过出水管引至清水池。该池在过滤中,滤料层中杂质不断增加,水头损失不断增大,因而虹吸上升管中水位便不断升高。当水位升高到虹吸辅助管管口时,即达到终水头损失 1.5 ~ 2.0 m 时,水便从虹吸辅助管中下落,急速水流经抽气

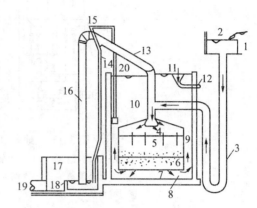

图 3.12　重力式无阀滤池

1—进水堰;2—进水槽;3—进水管;4—挡板;5—滤料;6—垫料;7—滤板;8—集水区;9—连通管;10—清水箱;11—喇叭口;12—出水管;13—虹吸上升管;14—辅助虹吸管;15—抽气管;16—虹吸下降管;17—排水井;18—水封堰;19—排水管;20—虹吸破坏管

管不断将虹吸下降管中的空气抽走,从而使虹吸管的真空度逐渐增大,虹吸上升管中的水位则很快到达顶端而开始溢流带气,从而很快形成虹吸。当虹吸管形成虹吸后,滤料层上部水流压力急骤下降,冲洗水箱中的水流经连通管进入底部空间,并自下而上通过排水系统、承托层和滤料层,对滤料层进行冲洗,冲洗后的水通过虹吸管排入排水井,越过排水堰流入下水道。随着冲洗的进行,冲洗水箱水位不断下降,直到露出虹吸破坏管的管口时,空气经虹吸破坏管进入,从而破坏真空,虹吸停止,则冲洗完成,水的过滤过程又重新进行。

3.1.4　地表水预处理系统及设备

1. 混凝、澄清、过滤系统

地表水预处理系统的选择应根据进水水质采用的软化装置所要求进水水质指标以及后处理装置情况,同时结合产水量大小等实际情况,通过技术经济比较来选定。

图 3.13 所示为地表水预处理系统之一,它适用于补给水量大的锅炉。其工艺流程为:混凝剂投入溶解箱内,注入原水,通过水力搅拌来加速药剂溶解。将混凝剂配制成质量分数为 5% 左右的溶液,用加药泵送至水力循环澄清池中。溶解箱和加药泵各设置两台,一台运行,另一台备用。澄清池出水进入无阀滤池,过滤后的清水流入清水箱,由清水泵送至离子交换软化器。

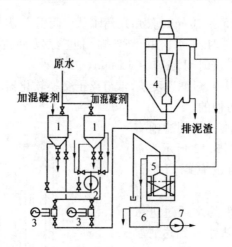

图 3.13　地表水预处理系统

1— 溶解箱;2— 水力搅拌泵;3— 加药泵;4— 水
力循环澄清池;5— 无阀滤池;6— 清水箱;7—
清水泵

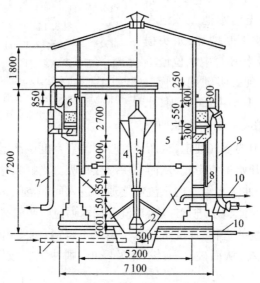

图 3.14　循环泥渣澄清、重力式过滤系统(单位:mm)

1— 进水管;2— 喷嘴;3— 第一絮凝室;4— 第二絮凝室;5— 分离室;6—
环形滤池;7— 出水管;8— 取样管;9— 排水管;10— 排泥管

2. 循环泥渣澄清、重力式过滤净水池

　　循环泥渣澄清、重力式过滤净水池由水力循环澄清池和过滤池两部分组成,如图3.14
所示。其工艺流程为:混凝剂加至进水管中,澄清水由环形穿孔出水槽出来后,直接流入
滤池顶部,滤池省去了进水阀门。整个环形滤池分为两组,过滤水由半圆形滤池底部集水
区流往清水池。反冲洗时,清水自下而上将滤料清洗,冲洗水溢入排水槽排往下水道。

　　滤池内滤层厚度为500 mm,滤层底部支承层厚度为200 mm,滤速为6.6 m/h。这种
综合净水池要求原水浊度一般不大于300 mg/L,出水平均浊度为10 mg/L。它将混凝、澄
清、过滤等几道工艺综合在一个构筑物内做到一次净化,具有流程简单、管理方便、充分利

用池体结构、占地面积少等优点,适用于工业锅炉及铁路部门小型给水工程。实践证明,这种设备效果良好。

3.2　地下水预处理

地下水的特点是悬浮物质量浓度较低,但二价铁离子的质量浓度普遍较高。这种水质对于除浊处理比较简单,而除铁处理又非常麻烦。本节对无铁地下水和含铁地下水的预处理分别展开介绍。

3.2.1　无铁地下水的预处理

地下水含铁是一种普遍现象,但含铁量相差较大,当水中铁的质量浓度小于0.3 mg/L 时,就认为是无铁地下水。这种水的预处理方法主要取决于水中的悬浮物质量浓度。原水悬浮物质量浓度小于 20 mg/L 时,无需经混凝和沉淀处理,可直接进行过滤;原水悬浮物质量浓度为 20 ~ 100 mg/L 时,需经混凝处理,但因生成泥渣较少,可不必设置澄清或沉淀设备,而直接进行混凝过滤,这种工艺过程称为直流混凝;如果原水悬浮物质量浓度在150 mg/L 左右时,就需采用双层滤料过滤设备进行直流混凝。

直流混凝是在过滤设备之前投加混凝剂,原水和混凝剂经充分混合后直接进入过滤设备,在过滤设备的水空间,水的流速明显减慢,在没有接触滤料之前可初步完成反应阶段,经过滤层的接触混凝作用就能较彻底地去除悬浮物。为了使混凝剂与原水充分混合,通常采用泵前加药或管内加药的方法。

1. 泵前加药直流混凝

泵前加药是将配制好的混凝剂溶液定量地加入水泵吸水管中或水泵吸水井内,通过叶轮的转动达到混合,泵前加药系统如图 3.15 所示。

在浮子式定量加药箱中,药液是依靠浮子下面的管口距水面的高度所形成的压力而流动。这个高度是不随箱中液面的变动而改变,虽然浮子可以随着液面的高低而上下浮动,但浮子所处的液面与药液出口管的相对位置却始终不变。与浮子进药管连接是橡胶软管,它只是输送药液的通道。为防止这种连接产生虹吸作用而影响定量加药,所以在浮子与管的接合部位开一小孔,使其与大气相通来防止真空的形成。当需要改变加药量时,可更换进药管的口径。

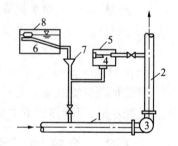

图 3.15　泵前加药系统
1— 水泵吸入管;2— 水泵压出管;3— 水泵;4— 水封箱;5— 浮球阀;6— 浮子式定量加药箱;7— 加药漏斗;8— 浮子

图 3.15 所示水封箱中的液面是依靠浮球阀的作用保持恒定不变,浮球随着水位的变化而浮起或降落,带动阀门关闭或开启,使液面维持一定高度。调节水封箱的出水始终保持充满加药管,防止空气随药液进入泵内。

这种加药方式设备简单、混合充分、效果好、没有另外能量消耗,但水泵不宜离过滤设备太远,混合时间一般不要超过 60 s。加药时应注意药剂的性质,避免腐蚀水泵叶轮和管道。

2. 管道加药直流混凝

管道加药装置多种多样,图3.16所示为水力喷射管道加药装置,混凝剂在溶药箱内配制成一定质量分数的溶液,由水力喷射泵进行输送。水力喷射泵利用高压力水通过喷嘴和喉管之间的真空抽吸作用将药液吸入,同时随水的余压注入原水管中。喷射泵的效率较低,但设备简单,使用方便,溶液箱的高度不受限制。

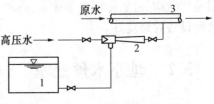

图 3.16　水力喷射管道加药装置
1— 溶药箱;2— 水力喷射泵;3— 原水管

为了保证混凝剂在进入过滤设备之前能充分地与水混合,并完成水解和缩聚反应,加药地点应设在过滤设备前相当于进水管管径50倍左右的距离。例如,过滤设备进水管管径为$\phi100\ mm$,则加药点应设置远离过滤设备5 m以上的地方。

直流混凝通常采用硫酸铝作混凝剂。用这种方法进行混凝处理时,混凝剂的加药量可以比用澄清池时加药量少,因为它只是用来消除水中悬浮杂质的稳定性,较少的加药量有利于滤料的接触混凝,并且所形成的沉积物有良好的透水性。

混凝剂的投加量一般是通过试验的最佳效果来确定。直流混凝的效果可由过滤设备入口和出口水中悬浮物或浊度降低程度来判断,但此法较为麻烦。由于混凝过滤过程能同时去除水中部分有机物,所以也可用耗氧量变化来判断,其关系式为

$$K = \frac{\rho(O)_{原} - \rho(O)_{清}}{\rho(O)_{原} - \rho(O)_{软}} \tag{3.3}$$

式中　K—— 直流混凝效率系数;

$\rho(O)_{原}$—— 原水耗氧量,mg/L;

$\rho(O)_{清}$—— 过滤设备出水耗氧量,mg/L;

$\rho(O)_{软}$—— 软化器出水耗氧量,mg/L。

当$\rho(O)_{清} = \rho(O)_{软}$、$K = 1$时,说明混凝效率最好。

管道加药直流混凝工艺具有设备简单、管理方便、消耗能量小等优点。但当管道中水的流速减小时,可能在管道中反应,形成沉淀。

3.1.2　含铁地下水的预处理

水中含铁在生活上和工业上有较大的危害,对工业锅炉及其水质处理的危害也不能忽视。因二价铁离子易污染离子交换树脂,使树脂铁中毒而降低交换能力;当用水作锅炉补给水时,容易在锅炉受热面上结成铁垢,这样就会影响传热效果,还会使垢下炉管发生腐蚀。

含铁地下水在我国分布甚广,通常水中Fe^{2+}的浓度都在1 mmol/L以下。地下水中的HCO_3^-浓度大多在1 mmol/L以上,所以,根据假想化合物的组合关系,地下水通常只含有$Fe(HCO_3)_2$化合物。

由于地下水的溶解氧很低,而游离二氧化碳较高,所以Fe^{2+}比较稳定。通常采用以下几种方法,将Fe^{2+}从水中除掉。

1. 曝气除铁法

Fe^{2+}具有较强的还原性,它易被氧化剂(如氧气、氯气、高锰酸钾等)氧化成Fe^{3+},

Fe^{3+} 在水中易发生水解反应,生成难溶化合物 $Fe(OH)_3$ 沉淀,从而达到除铁。用空气中的氧气对地下水中 Fe^{2+} 进行氧化处理是最经济的方法。此法是将含铁地下水提汲到地表面后,使其充分与空气接触,空气中的氧气便迅速溶于水中,这个过程称为地下水曝气。水中的 Fe^{2+} 与溶解的氧气发生如下反应:

$$4Fe^{2+} + O_2 + 10H_2O =\!=\!= 4Fe(OH)_3\downarrow + 8H^+$$

$Fe(OH)_3$ 在形成过程中可与水中的悬浮杂质发生吸附架桥使其脱稳,即同时起到混凝作用。所以,含铁地下水的曝气过程是除铁和混凝同时发生的,曝气后的水经过滤处理,即可将铁和悬浮物去除。

含铁地下水经曝气氧化后生成相当量的 H^+,会引起水的 pH 降低。水的碱度大或 pH 高对氧化除铁是十分有利的。通常只有在水的 pH > 7 的条件下,这种反应才能顺利进行。

地下水曝气的目的不仅是让水中溶解氧气,同时也是散除水中的二氧化碳。

自然氧化除铁所需反应时间一般不超过 2 h,若反应时间过长,处理系统会显得过于庞大而不经济,这时应采取加速氧化反应的措施。

当原水经曝气后,仍然为 pH < 7 时,就需要采用石灰碱化法将水的 pH 调整至 7 以上。地下水曝气装置较多,较为简单的装置有莲蓬头曝气和跌水曝气。

(1) 莲蓬头曝气。这种曝气装置是使水通过莲蓬头上的许多小孔向下喷洒,把水分散成细小的水流,其下落过程中实现曝气,莲蓬头式曝气除铁装置如图 3.17 所示。莲蓬头的直径为 150 ~ 300 mm,莲蓬头上的孔眼直径为 3 ~ 6 mm,莲蓬头距水面高度视水中含铁量而定,原水含铁量越大,其高度越高。如原水中 $\rho(Fe^{2+})$ < 5 mg/L 时,莲蓬头距水面高度为 1.5 m;$\rho(Fe^{2+})$ > 10 mg/L 时,莲蓬头距水面高度为 2.5 m。该装置通常直接设置于重力式过滤池的上面,调整莲蓬头淋洒水量不要小于 2 m/s。图 3.18 所示为莲蓬头出水量与溶解氧浓度的关系。

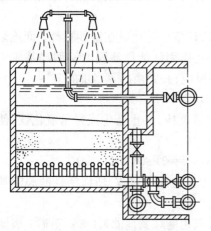
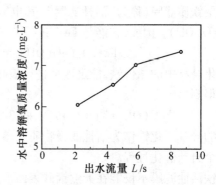

图 3.17　莲蓬头式曝气除铁装置　　图 3.18　莲蓬头出水量与溶解氧质量浓度的关系

莲蓬头曝气装置适用于含铁质量浓度不大于 10 mg/L 的地下水。曝气效果能使水中溶解氧达到饱和度的 60% 左右,二氧化碳散除率可达到 50% 左右。

该装置的特点是:结构简单、操作方便,在曝气过程中起到既溶解氧气又能散除二氧化碳的效果;但喷淋的水易飘散在大气中,造成环境的污染。另外,莲蓬头上的孔眼常因杂质沉积而堵塞。

（2）跌水曝气。跌水曝气装置如图3.19所示，将提升到地面的地下水，经溢流堰或者水管自高处自由下落，使水流变薄、变细。水下落过程中，不仅可与空气充分接触，还能夹带一定量的空气进入下部水池中，使已经流入水池中的水得以再次曝气。当跌水高度为 0.5 ~ 1.0 m 时，曝气后水中溶解氧质量浓度可达 2 ~ 4 mg/L，能满足含铁质量浓度在 5 ~

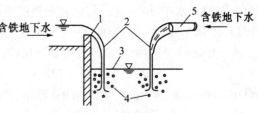

图 3.19　跌水曝气装置
1—溢流堰；2—下落水舌；3—受水池水面；
4—气泡；5—进水管

10 mg/L 之间的地下水除铁的要求。跌水曝气的溶氧效果较好，但散除水中二氧化碳的效果很低，故只宜用于向含铁地下水溶解氧气。

跌水曝气方法简单，运行安全，便于和重力式除铁滤池组合使用。

2. 锰砂过滤除铁法

（1）锰砂除铁原理。天然锰砂的主要成分是二氧化锰（MnO_2），它是二价铁氧化成三价铁良好的催化剂。只要含铁地下水的 pH > 5.5 时，与锰砂接触，即可将 Fe^{2+} 氧化成 Fe^{3+}。其反应为

$$4MnO_2 + 3O_2 =\!=\!= 2Mn_2O_7$$

$$Mn_2O_7 + 6Fe_2 + + 3H_2O =\!=\!= 2MnO_2 + 6Fe^{3+} + 6OH^-$$

生成的 Fe^{3+} 立即水解成絮状氢氧化铁沉淀，其反应式为

$$Fe^{3+} + 3OH^- =\!=\!= Fe(OH)_3\downarrow$$

$Fe(OH)_3$ 沉淀物经锰砂滤层后被去除。所以锰砂滤层起催化和过滤双重作用。由以上两式可见，在 Fe^{2+} 氧化为 Fe^{3+} 的过程中，水中必须保持足够的溶解氧，所以在用天然锰砂除铁时，仍需将原水充分曝气。

锰砂过滤除铁，除了依靠自身的催化作用以外，还依靠过滤时在锰砂滤料表面逐渐形成的一层铁质滤膜，称为"活性滤膜"，其也能起催化作用。活性滤膜由 γ 型羟基氧化铁（$\gamma - FeO(OH)$）构成，它能与 Fe^{2+} 进行离子交换反应，并置换出等当量的 H^+：

$$Fe^{2+} + FeO(OH) =\!=\!= FeO(OFe)^+ + H^+$$

结合到化合物中的二价铁，能迅速地进行氧化和水解反应，又重新生成羟基氧化铁，使催化物质得到再生：

$$FeO(OFe)^+ + (1/4)O_2 + (3/2)H_2O =\!=\!= 2FeO(OH) + H^+$$

新生成的羟基氧化铁作为活性滤膜物质又参与新的催化除铁过程，所以活性滤膜除铁过程是一个自动催化过程。

除铁活性滤膜不仅能在天然锰砂表面形成，并且也能在其他滤料（如石英砂）表面形成，但形成的过程十分缓慢，一般没有生产使用价值。如果能提高水中的含铁质量浓度，则能大大加速活性滤膜的形成，从而得到一种人工制作的接触催化除铁滤料——人造锈砂。例如，向水中投加硫酸亚铁，使水中二价铁质量浓度达到 100 ~ 200 mg/L，并调整水的 pH 为 6 ~ 7，将此含铁水曝气后立即经石英砂滤层过滤；滤后水抽回池前循环使用，如此对石英砂滤层连续处理 60 ~ 70 h，便制成具有接触催化除铁能力的人造锈砂。人造锈

砂的除铁原理与天然锰砂表面活性滤膜的除铁原理相同。

天然锰砂或人造锈砂有强烈的催化作用,能使水中二价铁在较低的 pH 条件下,顺利进行氧化反应,所以锰砂除铁一般不要求提高水的 pH,曝气的主要目的是向水中溶解氧气,而不是散除水中的二氧化碳。

天然锰砂的产地有辽宁省锦西瓦房子、湖南湘潭和江西东坪等地。

锰砂除铁可用无阀滤池装填天然锰砂或人造锈砂,并提高进水区的跌水高度,即可成为良好的除铁设备。

(2) 锰砂除铁系统。由于锰砂除铁只要求向水中溶解氧气,而不必考虑散除二氧化碳问题,所以对用水量较小的工业锅炉的水处理宜采用压力式除铁系统。这种系统是在压力式锰砂过滤器之前加设水气混合装置,进行曝气充氧。常用的压力式除铁系统有气水混合器曝气除铁系统,如图 3.20 所示。

压力式锰砂过滤器和单流式机械过滤器相似。过滤器的滤料粒径、滤层厚度及滤速根据原水含铁质量浓度选取,具体参照表 3.3,反冲洗强度可参照表 3.4。

气水混合器的结构如图 3.21 所示。它可用铸铁或钢板制作,其容积按气水混合时间为 10 ~ 15 s 进行计算。根据实验,这只能获得约 40% 的溶氧饱和度。如果将气水混合时间增长至 20 ~ 30 s,就能使溶氧饱和度增至 70% 左右,这样可大大减少所需空气的流量。喷嘴口径 a 一般取进水管径 D 的一半,即 $a = 1/2D$,故喷嘴流速是管内流速的 4 倍。在喷嘴出口处设置弧形挡板,水能形成强烈的扰动,使空气被破碎成小的气泡。

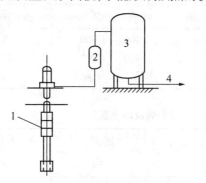　　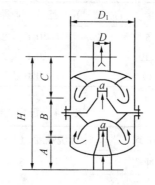

图 3.20　气水混合器曝气除铁系统　　图 3.21　气水混合器的结构

1— 水泵;2— 气水混合器;
3— 锰砂过滤器;4— 清水

水与空气相继通过两个喷嘴,以提高曝气效果。外壳直径 D 依据水在混合器内流动的速度(0.05 ~ 0.06 m/s)进行计算。混合器其他部分常用数据为:$H = (4 ~ 5)D$;$A = C = (1.5 ~ 2)D$;$B = (2 ~ 3)D$;$D_1 = 3D$。图 3.22 为加气阀曝气除铁系统,加气阀的构造如图 3.23 所示。进入加气阀的压力水经喷嘴以很高的速度喷出,由于势能转变为动能,使射流的压力降至大气压以下,从而在吸入室中形成真空,于是空气经进气口流入吸入室,并在高速射流的紊动携带作用下随水进入喉管。空气与水在喉管中进行激烈的掺杂,使空气被破碎成极小的气泡,以气水乳浊液的形式进入扩散管。然后经水管进入压力式锰砂过滤器。加气阀各部分常用数据为:① 喷嘴流速,当水压在 0.05 MPa 以下时,采用 7 ~ 9 m/s;水压在 0.1 ~ 0.2 MPa 时,采用 15 ~ 20 m/s。② 喷嘴截面积与喉管截面积之比,一般为 $0.5 \sim 0.8$;③喷嘴与喉管之间的距离 L_2,一般 $L_2 \leqslant d_1$;④喉管长度为 $L_3 \leqslant (2 \sim 3)d_2$;⑤扩散管长度为 $L_4 \geqslant L_3$。这种加气阀装置具有工作稳定、管理方便、溶氧效率高等优点,但空气对水泵的气蚀现象及影响效率等问题有待解决。

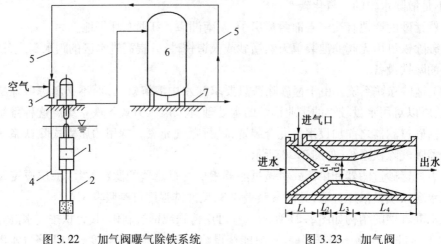

图 3.22　加气阀曝气除铁系统　　　　　　图 3.23　加气阀

1— 水泵;2— 吸水管;3— 加气阀;4— 空气混合器;

5— 除铁水;6— 锰砂过滤;7— 清水

表 3.3　压力式锰砂过滤器的滤料粒径、滤层厚度及滤速

原水含铁质量浓度 $\rho/(\mathrm{mg \cdot L^{-1}})$	滤料粒径/mm	滤层厚度/mm	滤速/$(\mathrm{m \cdot h^{-1}})$
< 5	0.6 ~ 2.0	900 ~ 1 000	15 ~ 30
5 ~ 10	0.6 ~ 2.0	900 ~ 1 200	12 ~ 15
> 10	0.6 ~ 2.0	1 000 ~ 1 500	10 ~ 12

表 3.4　压力式锰砂过滤器的反冲洗强度

冲洗方式	冲洗强度/$(\mathrm{L \cdot (s \cdot m^2)^{-1}})$	膨胀率/%	冲洗时间/min
单用水冲洗	18 ~ 24	30	10 ~ 15
水和压缩空气交替冲洗	水:14 ~ l6 空气:16 ~ 20	30	总冲洗时间 20
水反洗和表面冲洗分别进行	反洗:16 ~ 18 表洗:4	35	总冲洗时间 10 ~ 15

3.3　自来水预处理

3.3.1　自来水的水质特点

自来水是经过净化等一系列处理后的水,水中悬浮杂质和胶体杂质的质量浓度都很小,一般在 3 mg/L 以下,这种水无须再进行除浊处理。因水厂为了消灭水中的细菌等微

生物,防止疾病传播而进行加氯消毒,故自来水与天然水不同之点就是含有游离性氯(常以次氯酸 HClO 形式存在)。向自来水中投加的氯量一般由需氯量和余氯量两部分组成。需氯量是指用于杀死细菌和氧化有机物等所消耗的部分氯量,余氯量是为了抑制水中残存细菌的再度繁殖,避免水质二次污染的氯量,一般要求自来水管网中尚需维持少量剩余氯。通常规定,管网末端余氯量不能低于 0.05 mg/L,出厂水余氯控制在 0.5 ~ 1.0 mg/L。如锅炉的给水中余氯量较大,而进入离子交换器,则会破坏离子交换树脂的结构,使其强度变差,颗粒容易破碎。因此,用自来水作为锅炉的补给水源时,如果水中活性氯较多,在离子交换软化之前,需将水中的游离性余氯去除;特别是在距自来水厂较近时,更应十分注意。

3.3.2　除氯方法

通常采用的除氯方法有化学还原法和活性炭脱氯法。

1. 化学还原法

化学还原法是向含有余氯的水中投加一定的还原剂,使之发生脱氯反应。通常还原剂有二氧化硫和亚硫酸钠。

(1)二氧化硫的脱氯反应。

$$SO_2 + HOCl + H_2O \longrightarrow 3H^+ + Cl^- + SO_4^{2-}$$

此反应非常迅速,脱氯效果较好,但反应结果由弱酸转变成强酸,会使水的 pH 有所降低。

(2)亚硫酸钠的脱氯反应。

$$Na_2SO_3 + HOCl \longrightarrow Na_2SO_4 + HCl$$

亚硫酸钠具有较强的还原性,不仅能与次氯酸迅速反应,而且还能与水中的溶解氧发生反应:

$$2Na_2SO_3 + O_2 \longrightarrow 2Na_2SO_4$$

因此,用亚硫酸钠处理自来水会起到脱氯和除氧的双重效果。

亚硫酸钠的加药量可按下式计算:

$$\rho(Na_2SO_3) = 63\alpha\left[\frac{\rho(O)}{8} + \frac{\rho(Cl_2)}{71}\right] \tag{3.4}$$

式中　$\rho(Na_2SO_3)$ —— 需投加纯亚硫酸钠质量浓度,mg/L;

　　　α —— 投药系数,可选取 2 ~ 3;

　　　$\rho(O)$ —— 水中溶解氧的质量浓度,mg/L;

　　　$\rho(Cl_2)$ —— 水中余氯的质量浓度,mg/L;

　　　63、8、71 —— Na_2SO_3、O、Cl_2 的基本单元的相对分子质量。

亚硫酸钠的投加可采用图 3.24 所示的排挤式孔板加药装置,用转子流量计控制加药量,该方法设备简单、操作方便,可同时达到脱氯和除氧的目的。

2. 活性炭脱氯法

活性炭是用木炭、煤、果核及果壳等为原料,经高温炭化和活化而制成的一种吸附剂,其微孔结构发达,吸附性能优良,用途广泛。活性炭对许多物质都有一定的吸附能力,同时也能去除水中的臭味、色度及有机物等,且活性炭表面还能起到接触催化的作用。活性炭脱氯法并非是单纯的吸附过程,同时在其表面发生了一系列的化学反应。当含有活性氯的水通过活性炭滤层时,由于活性炭的催化作用使游离氯变成氯离子。如果单纯以脱氯为目的,则活性炭使用寿命是很长的。例如,用19.6 m² 的粒状活性炭滤料处理含余氯量为 4 mg/L 的自来水,可连续制取 264.95 × 10⁴ m³ 的余氯质量浓度小于0.01 mg/L 的水。在相同条件下,处理含氯质量浓度为2 mg/L 水时,其寿命可延长至 6 a 左右。如果在原水中还有有机物和悬浮物共存时,在这些物质的作用下,活性炭的脱氯能力渐渐下降。另外,游离性氯分解时所生成氧,可对活性炭表面起氧化作用,从而促使其性能下降。

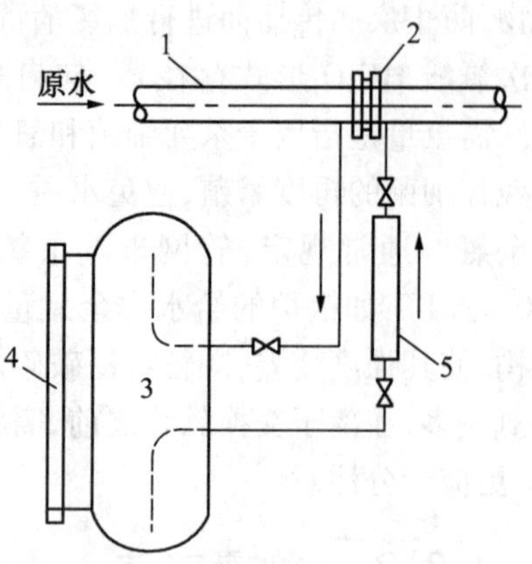

图 3.24　排挤式孔板加药装置
1— 原水管;2— 孔板;3— 排剂式加药罐;
4— 液面计;5— 转子流量计

$$Cl_2 + H_2O + C \longrightarrow 2H^+ + 2Cl^- + O + C$$
$$C + O \longrightarrow CO$$
$$CO + O \longrightarrow CO_2$$

活性炭的脱氯反应非常迅速,因此填充炭塔可用于快速处理水质。出口处的游离氯质量浓度、填充炭层高度和空塔线速度的关系可用下式表示:

$$\lg\left(\frac{\rho_0}{\rho}\right) = K_0\left(\frac{L}{\mu}\right) \tag{3.5}$$

式中　　ρ_0、ρ—— 炭塔入口处、出口处的游离余氯质量浓度,mg/L;

　　　　K_0—— 常数;

　　　　L—— 填充炭层高度,cm;

　　　　μ—— 空塔线速度,cm/s。

活性炭吸附过滤装置通常采用单流式机械过滤器,过滤器的入口可直接与自来水管连接,当自来水的压力不足时,可装设水箱用泵输送,过滤器和离子交换器串联运行。

过滤器内活性炭层高一般为 1.0 ~ 1.5 m,如果脱氯和除浊同时进行时,一般采用 6 ~ 12 m/s 的滤速,单纯用于脱氯可采用40 ~ 50 m/s 的滤速,当活性炭过滤器截留悬浮物较多使水流阻力增大或出水水质恶化时,应进行反冲洗,反冲洗方法与普通滤池相同。

活性炭的炭粒小、温度升高、pH 降低,都会使反应速度加快。活性炭脱氯简单、经济、有效,其应用较普遍。

3.4　高硬度与高碱度水预处理

原水硬度过高时,如果直接进入离子交换器进行软化,单级钠离子难以达到软化要求,且经济效益明显下降。而碱度过高的水,也不能直接作为锅炉的补给水。对于高硬度或高碱度的水在送入锅炉或进行离子交换软化之前,宜采用化学方法进行预处理,通常有以下几种方法。

3.4.1　石灰预处理法

1.石灰处理的化学反应

生石灰(CaO)是由石灰石经过燃烧制取。通过加水消化后制成熟石灰 $Ca(OH)_2$,其反应为

$$CaO + H_2O \longrightarrow Ca(OH)_2$$

将 $Ca(OH)_2$ 配制成一定浓度石灰乳溶液投加在水中,进行如下化学反应:

$$Ca(OH)_2 + CO_2 \longrightarrow CaCO_3 \downarrow + H_2O$$
$$Ca(OH)_2 + Ca(HCO_3)_2 \longrightarrow 2CaCO_3 \downarrow + 2H_2O$$
$$Ca(OH)_2 + Mg(HCO_3)_2 \longrightarrow CaCO_3 \downarrow + MgCO_3 + 2H_2O$$
$$Ca(OH)_2 + MgCO_3 \longrightarrow CaCO_3 \downarrow + Mg(OH)_2 \downarrow + H_2O$$

熟石灰最容易与水中 CO_2 起化学反应,其次与碳酸盐硬度起化学反应,后者是石灰软化的主要反应。由于上式中先反应生成的 $MgCO_3$ 溶解度较高,还需要再与 $Ca(OH)_2$ 进一步反应,生成溶解度很小的 $Mg(OH)_2$ 后才会沉淀出来。去除 1 mmol/L 的 $Mg(HCO_3)_2$,要消耗 2 mmol/L 的 $Ca(OH)_2$。因此,上面一系列反应可以合并写成下面反应式:

$$Mg(HCO_3)_2 + 2Ca(OH)_2 \longrightarrow CaCO_3 \downarrow + Mg(OH)_2 \downarrow + 2H_2O$$

这些反应实际上也就是碳酸平衡向生成 CO_2 的方向转移,其反应式为

$$2HCO_3 \longrightarrow CO_2 + CO_3^{2-} + H_2O$$
$$CO_3^{2-} + Ca^{2+} \longrightarrow CaCO_3 \downarrow$$

从上式可以看出,促使 HCO_3^- 和 CO_3^{2-} 相互转化的重要因素是游离 CO_2。当石灰与水中游离 CO_2 起反应时,有利于反应向右进行,易使水中 Ca^{2+} 生成 $CaCO_3$ 沉淀析出。

$Ca(OH)_2$ 虽然可以与水中非碳酸盐的镁硬度起反应生成氢氧化镁沉淀,但同时又产生了等物质量的非碳酸盐钙硬度。

$$MgSO_4 + Ca(OH)_2 \longrightarrow Mg(OH)_2 \downarrow + CaSO_4$$
$$MgCl_2 + Ca(OH)_2 \longrightarrow Mg(OH)_2 \downarrow + CaCl_2$$

所以单纯石灰软化是不能降低水中的非碳酸盐硬度的,不过,通过石灰处理,在软化的同时还可以去除水中部分铁和硅的化合物,其反应式为

$$4Fe(HCO_3)_2 + 8Ca(OH)_2 + O_2 \longrightarrow 4Fe(OH)_3 \downarrow + 8CaCO_3 \downarrow + 6H_2O$$
$$HSiO_3 + Ca(OH)_2 \longrightarrow CaSiO_3 \downarrow + 2H_2O$$

当水中总碱度大于总硬度时,水中存在钠盐碱度,石灰软化不能去除钠盐碱度,仅是把 $NaHCO_3$ 等物质量转化为 $NaOH$,即碱度不变,其反应为

$$NaHCO_3 + Ca(OH)_2 \longrightarrow CaCO_3 \downarrow + NaOH + H_2O$$

2.石灰处理加药量计算

根据上述化学反应的关系,可得出石灰的消耗量。

1 mmol/L 的 CO_2 消耗 1 mmol/L 的 CaO,1 mmol/L 的 $Ca(HCO_3)_2$ 消耗 1 mmol/L 的 CaO,1 mmol/L 的 $Mg(HCO_3)_2$ 消耗 2 mmol/L 的 CaO,因此可用下式估算石灰的质量浓度:

$$\rho(CaO) = (28/w_1)\{c(CO_2) + c(Ca(HCO_3)_2) + 2c(Mg(HCO_3)_2) + \alpha\} \quad (3.6)$$

式中　　$\rho(CaO)$——需投加工业石灰的质量浓度,mg/L;

　　　　a——石灰过剩量,一般为 0.2 ~ 0.4 mmol/L;

　　　　w_1——工业石灰的质量分数,%;

　　　　28——$\frac{1}{2}CaO$ 相对分子质量;

　　　　$c(CO_2)$、$c(Ca(HCO_3)_2)$、$c(Mg(HCO_3)_2)$——各物质在水中的浓度,mmol/L。

【例3.2】　水质分析结果为

$$\rho(Ca^{2+}) = 120 \text{ mg/L}$$
$$\rho(Mg^{2+}) = 15.6 \text{ mg/L}$$
$$\rho(HCO_3^-) = 396.5 \text{ mg/L}$$
$$\rho(CO_2) = 22 \text{ mg/L}$$

采用石灰处理时,计算石灰的投加量(工业石灰,$w(CaO) = 70\%$)。

解　计算各成分的浓度:

$$c(Ca^{2+}) = (120/20) = 6 \text{ mmol/L}$$
$$c(Mg^{2+}) = (15.6/12) = 1.3 \text{ mmol/L}$$
$$c(HCO_3^-) = (396.5/61) = 6.5 \text{ mmol/L}$$
$$c(CO_2) = (22/44) = 0.5 \text{ mmol/L}$$

假设碳酸化合物的浓度:

$$c(Ca(HCO_3)_2) = 6 \text{ mmol/L}$$
$$c(Mg(HCO_3)_2) = 0.5 \text{ mmol/L}$$

石灰过剩量 α 取 0.3 mmol/L,将有关数据代入式(3.6),计算石灰投加的质量浓度:

$$\rho(CaO) = (28/0.7)(0.5 + 6 + 2 \times 0.5 + 0.3) = 312 \text{ mg/L}$$

3. 石灰处理后的水质变化

经石灰处理后,水中碳酸盐硬度大部分被去除,非碳酸盐硬度得不到去除,残留碳酸盐硬度可减少到 0.4 ~ 0.8 mmol/L,水中残留的总硬度可由下式计算:

$$H_{残} = H_{非} + H_{残碳} + b \quad (3.7)$$

式中　　$H_{残}$——石灰处理后水中残留的总硬度,mmol/L;

　　　　$H_{非}$——原水中非碳酸盐硬度,mmol/L;

　　　　$H_{残碳}$——石灰处理后,残留碳酸盐硬度,mmol/L;

　　　　b——混凝剂中 $FeSO_4$ 投加量的浓度,mmol/L。

投加混凝剂 $FeSO_4$ 后,还需要按一定比例的量加石灰石进行碱化,其反应为

$$4FeSO_4 + 4Ca(OH)_2 + O_2 \longrightarrow Fe(OH)_3\downarrow + 4CaSO_4 \quad (3.8)$$

由式(3.8)的反应可看出,反应结果使水中等当量增加了钙的非碳酸盐硬度。若不投加混凝剂时,此项应略去。

经石灰处理后,水中和碳酸盐硬度相应的碱度也得到去除。残留碱度可降到 0.8 ~ 1.2 mmol/L,但水中的钠盐碱度得不到去除,只能等当量由 $NaHCO_3$ 转化为 $NaOH$。

经石灰处理后,水中有机物去除率为 25% 左右;硅化物质量浓度降低 30% ~ 35%,铁的残留量小于 0.1 mg/L。所以相应减少了原水中溶解固形物。

4. 石灰预处理系统

（1）澄清池石灰处理系统。用石灰预处理需要的处理构筑物,和用混凝剂去除悬浮物的构筑物类似。石灰也和混凝剂一样,需要经过一个配制和投加过程,水里加了石灰后,也需经过混合、反应、沉淀和过滤的过程。但石灰预处理构筑物有以下几个特点。

石灰的溶解配制比混凝剂困难,一般石灰用量比混凝剂要大得多,并容易产生堵塞管道、排渣困难等一系列问题,软化产生的沉淀物较小,比悬浮物沉得慢,因此,往往需要同时投加一定量的絮凝剂以形成较大颗粒,设备采用澄清池较好,当用其他设备时,停留时间相对较长。

石灰比较便宜又易得到,所以当水中碳酸盐硬度较高时,可用石灰除去碳酸盐硬度,降低软化水的成本。尤其是当原水是地面水,需要同时除去浊度时,采用石灰软化不必增加沉淀设备,更方便,图 3.25 给出了两个石灰预处理系统。图 3.25(a) 所示是一个软水量为 15 m^3/h 的预处理系统,采用澄清池。图 3.25(b) 所示是一个软水量为 120 m^3/h 的预处理系统,采用平流式沉淀池。这个系统在过滤出水中加磷酸三钠 Na_3PO_4 和硫酸 H_2SO_4 的原因是为了稳定出水的水质,防止在钠离子交换剂上产生 $CaCO_3$ 和 $Mg(OH)_2$ 等沉淀物,降低交换剂的能力。

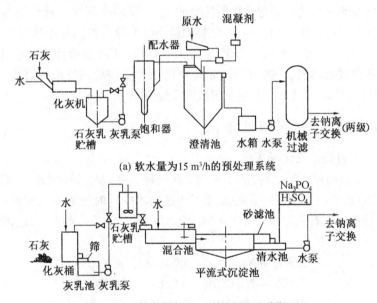

(a) 软水量为 15 m^3/h 的预处理系统

(b) 软水量为 120 m^3/h 的预处理系统

图 3.25　石灰预处理系统

投加石灰溶液有两种方式:一种是图 3.25(b) 所采用的石灰乳,$w(CaO) = 10\%$ ~ 25%,这种投加方式适用于石灰用量较大的情况;另一种方式是图 3.25(a) 所采用的石灰饱和器,下部装石灰乳,让一部分原水通过石灰乳,由石灰饱和器上部流出,即得到石灰饱和溶液。水在饱和器里面停留时间约为 5 ~ 6 h,饱和液质量浓度可按 $Ca(OH)_2$ 的溶解度估计,在 0 ℃ 时含有 $\rho(Ca(OH)_2) = 1\ 770$ mg/L。

用后一种方法投加石灰比较准确,但由于饱和器停留时间太长,只适用于石灰用量小的情形。

沉淀设备可以采用平流式沉淀池或澄清池,采用平流式沉淀池时,沉淀时间需加长到 4～6 h。在澄清池的停留时间随澄清池的类型有所不同,对加速澄清池仍可按 1.5 h 考虑。

（2）涡流反应器石灰处理系统。用涡流反应器也可进行脱硬处理,如图 3.26 所示。此设备主要用在钙硬度较大及镁硬度不超过总硬度的 20% 和悬浮物不大的情况,可设计成压力式或敞开重力式。原水和石灰乳都从锥底沿切线方向进入反应器,因水的喷射速度较高,产生强烈的涡流旋转上升,与注入的石灰乳充分混合并迅速发生反应,生成碳酸钙沉淀。先形成的沉淀为结晶核心,后生成的碳酸钙与结晶核心接触逐渐长大成球形颗粒从水中分离出来。由于沉淀物形成致密的结晶体,防止高度分散的泥渣产生,从而加快了沉淀物的分离速度。这种设备体积小,出水能力较高,但它不能将镁硬度分离出来。

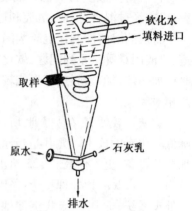

图 3.26　涡流反应器

涡流反应器的最大优点是把软化所需的混合、反应和沉淀三种作用包括在一个设备中,而停留时间只需 10～15 min,它是容积最小的一种设备。另外沉渣都呈颗粒状,排渣水量小,沉渣容易脱水。但是由于产生的 $Mg(OH)_2$ 不能被吸附在砂粒上,会使水变浑。为避免这种现象出现,一般加石灰量应略低于和重碳酸钙反应的需要量,且当水中 Mg^{2+} 浓度超过 0.8 mmol/L 时,不宜采用涡流反应器。

3.4.2　石灰 - 苏打处理法

1.石灰 - 苏打处理法化学反应

当原水硬度高而碱度较低时,除了采用石灰处理去除碳酸盐硬度外,通常还可用苏打（Na_2CO_3）去除非碳酸盐硬度。这种处理方法是向水中同时投加石灰和苏打,所以称为石灰 - 苏打处理法。石灰与水中 CO_2 和碳酸盐硬度的化学反应如前所述,苏打与非碳酸盐硬度发生如下化学反应:

$$CaSO_4 + Na_2CO_3 \longrightarrow CaCO_3 \downarrow + Na_2SO_4 \qquad (3.9)$$

$$CaCl_2 + Na_2CO_3 \longrightarrow CaCO_3 \downarrow + 2NaCl \qquad (3.10)$$

$$MgSO_4 + Na_2CO_3 \longrightarrow MgCO_3 + Na_2SO_4 \qquad (3.11)$$

$$MgCl_2 + Na_2CO_3 \longrightarrow MgCO_3 + 2NaCl \qquad (3.12)$$

式（3.11）、式（3.12）反应生成的 $MgCO_3$ 进一步与石灰反应生成 $Mg(OH)_2$ 沉淀。

$$MgCO_3 + Ca(OH)_2 \longrightarrow Mg(OH)_2 \downarrow + CaCO_3 \downarrow \qquad (3.13)$$

该方法适用于硬度大于碱度的原水,软化水的剩余硬度可降低到 0.3～0.4 mmol/L。

2.石灰 - 苏打处理的加药量计算

石灰质量浓度的估算:

$$\rho(CaO) = (28/w_1)\{c(CO_2) + A_0 + H_{Mg} + \alpha\} \text{ mg/L} \qquad (3.14)$$

苏打用量估算:

$$\rho(Na_2CO_3) = (53/w_2)(H_{非} + \beta) \text{ mg/L} \qquad (3.15)$$

式中　　A_0—— 原水总碱度,mmol/L;

　　　　H_{Mg}—— 原水镁硬度,mmol/L;

　　　　$\rho(Na_2CO_3)$—— 苏打投加的质量浓度,mg/L;

　　　　$H_{非}$—— 原水非碳酸盐硬度,mmol/L;

　　　　β—— 苏打过剩量(一般取 1.0 ~ 1.4 mmol/L);

　　　　53—— $\frac{1}{2}Na_2CO_3$ 的相对分子质量;

　　　　w_2—— 工业苏打的质量分数,%。

【例 3.3】　原水分析结果为

$$c(Ca^{2+}) = 3.0 \text{ mmol/L} \qquad c(HCO_3^-) = 4.0 \text{ mmol/L}$$
$$c(Mg^{2+}) = 2.3 \text{ mmol/L} \qquad c(SO_4^{2-}) = 1.2 \text{ mmol/L}$$
$$c(Na^+) = 2.3 \text{ mmol/L} \qquad c(Cl^-) = 2.5 \text{ mmol/L}$$
$$c(CO_2) = 0.4 \text{ mmol/L}$$

计算石灰和苏打的投加量? 其中 $w(CaO) = 90\%$,$w(Na_2CO_3) = 98\%$。

解　(1) 石灰投加的质量浓度:

$$\rho(CaO) = (28/0.9) \times (0.4 + 4.0 + 2.3 + 0.3) \approx 217.8 \text{ mg/L}$$

(2) 苏打投加的质量浓度:

$$H_{非} = H_{总} - A_{总} = 3.0 + 2.3 - 4.0 = 1.3 \text{ mmol/L}$$
$$\rho(Na_2CO_3) = (53/0.98) \times (1.3 + 1.2) \approx 135.2 \text{ mg/L}$$

3. 石灰 - 苏打处理后的酸化

在石灰或石灰纯碱处理过程中,为了较彻底地除掉镁硬度,需多投加石灰,因此致使水中的 Ca^{2+} 和 OH^- 浓度明显地增加。这会影响到水的软化效果,并且导致 OH^- 碱度的增加,在这种情况下可采用下列两种方法进行再处理。

(1) 采用部分原水混合法。这种方法是将 60% ~ 90% 的原水通过石灰或石灰 - 苏打处理,而将另一部分原水(10% ~ 40%)与软化处理后的水进行混合,也可达到中和过量碱度及降低硬度的目的。

(2) 通过二氧化碳进行酸化的反应如下:

$$CO_2 + 2OH^- \longrightarrow CO_3^{2-} + H_2O$$
$$CO_3^{2-} + Ca^{2+} \longrightarrow CaCO_3 \downarrow$$

在用 CO_2 酸化时,应保持水的 pH 不能低于 10,否则大量的 CO_3^{2-} 会转化为 HCO_3^-,其反应式为

$$CO_3^{2-} + H_2O \longrightarrow HCO_3^- + OH^-$$

因此过量 Ca^{2+} 不能沉淀下来。

4. 石灰 - 苏打处理系统

图 3.27 为石灰 - 苏打处理系统。该系统适用于处理水量较大的锅炉。碳酸钠用电动吊桶运至溶解箱内,通过水力搅拌进行溶解,一般配制成质量分数为 5% ~ 10% 的溶液;溶液泵既起着水力搅拌溶解的作用,又起着输送溶液的作用。用溶液泵将药液输送到加药罐内,然后通过水力排挤法注入水管中。

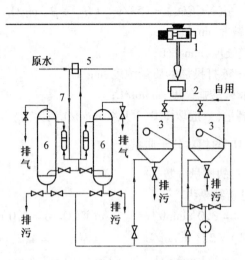

图 3.27　石灰－苏打处理系统

1—电动吊车；2—料斗；3—水力搅拌溶药箱；

4—药液泵；5—孔板；6—加药罐

3.4.3　石灰－石膏处理法

1.石灰－石膏处理法的水质条件

石灰－石膏（$CaSO_4$）处理法适用于原水中硬度大于碱度的情况，当原水中碱度大于硬度时，单纯石灰软化，只能降低与碳酸盐硬度相应的那一部分碱度，而其余的钠盐碱度是不能除去的。如果同时投加石膏（$CaSO_4$，也可用 $CaCl_2$），则在软化的同时，不降低水的钠盐碱度。其反应式为

$$4NaHCO_3 + 2CaSO_4 + Ca(OH)_2 \rightleftharpoons 2CaCO_3 \downarrow + 2Na_2SO_4 + 2H_2O$$

2.石灰－石膏处理法加药质量浓度的计算

$$\rho(CaO) = (28/w_1)(A_总 - 1 + H_{Mg} + CO_2 + \alpha) \text{ mg/L} \tag{3.16}$$

$$\rho(CaSO_4) = (68.06/w_3)(A_总 - H_总 - 1) \text{ mg/L} \tag{3.17}$$

式中　　w_3——$CaSO_4$ 的质量分数，%；

　　68.06——$\frac{1}{2}CaSO_4$ 相对分子质量；

　　1——保留的钠盐碱度；

　　$A_总$、$H_总$——水的总碱度与总硬度，mmol/L。

3.4.4　NaOH 处理法

1.NaOH 处理法反应机理

用 NaOH 可以代替石灰－苏打处理，其化学反应为

$$Ca(HCO_3)_2 + 2NaOH \longrightarrow CaCO_3 \downarrow + Na_2CO_3 + 2H_2O$$

$$Mg(HCO_3)_2 + 4NaOH \longrightarrow Mg(OH)_2 \downarrow + 2Na_2CO_3 + 2H_2O$$

$$MgSO_4 + 2NaOH \longrightarrow Mg(OH)_2 \downarrow + 2Na_2SO_4$$

$$MgCl_2 + 2NaOH \longrightarrow Mg(OH)_2 \downarrow + 2NaCl$$

$$CO_2 + 2NaOH \longrightarrow Na_2CO_3 + H_2O$$
$$CaCl_2 + Na_2CO_3 \longrightarrow CaCO_3 \downarrow + 2NaCl$$
$$CaSO_4 + Na_2CO_3 \longrightarrow CaCO_3 \downarrow + Na_2SO_4$$

2. NaOH 处理加药质量浓度的计算

$$\rho(NaOH) = (40/w_4)(H_{\text{碳}} + H_{Mg} + CO_2 + A_c) \tag{3.18}$$

式中　　40——NaOH 的相对分子质量；

w_4——NaOH 的质量分数，%；

A_c——NaOH 的过剩量(一般取 0.2 ~ 0.4 mmol/L)。

3.5　锅炉用水预处理中的反渗透技术

目前,能源紧张、原材料价格大幅度上涨和水资源匮乏等问题日益突出,反渗透脱盐技术以其能耗低、无污染、适应性强、便于操作和维护工作量低等特点,在锅炉用水预处理方面占据愈来愈重要的地位。反渗透水处理是先进的水处理脱盐技术,是高含盐水采用的预脱盐手段之一。反渗透装置可作为预脱盐装置,它的使用极大地延长了离子交换设备的再生周期,减少酸碱的排放量,系统几乎无污水排放,有利于环境保护,提高了水处理的运行水平。

3.5.1　反渗透技术概述

反渗透技术是 20 世纪发展起来的一项膜分离技术,是一种以压力差为推动力,从溶液中分离出溶剂的膜分离操作,是依靠反渗透膜在压力下使溶液中的溶剂与溶质进行分离的过程,与渗透方向相反,故称反渗透。简单来说,反渗透是用足够的压力使溶液中的溶剂(一般常指水)通过反渗透膜(一种半透膜)而分离出来。反渗透膜是用高分子材料经过特殊工艺而制成的半透膜,它只允许水分子透过,而不允许溶质通过。反渗透半透膜上有众多的孔,这些孔的大小与水分子的大小相当,由于细菌、病毒、大部分有机污染物和水合离子均比水分子大得多,因此不能透过反渗透半透膜从而与透过反渗透膜的水相分离。

反渗透膜是反渗透技术的核心技术,膜的性能好坏主要是由成膜的工艺和制造材料决定的,不同的膜所要求的性能不同,除了高截留率和高通量,还需要抗氧化性、耐热、耐污染和耐酸碱等性能。反渗透膜按进水压力可分为超低压膜、低压膜和高压膜;按制膜的方法分为相转化膜和复合膜;按形状分为中空纤维膜、管式膜和平板膜。

在水中众多杂质中,溶解性盐类是最难清除的,因此,经常根据除盐率的高低来确定反渗透的净水效果。反渗透除盐率的高低主要决定于反渗透半透膜的选择性。目前,较高选择性的反渗透膜元件除盐率可以高达 98.5% 以上。

反渗透技术对高参数锅炉补给水处理,更具有常规的离子交换方式难以比拟的优异特色:

(1)脱除水中 SiO_2 效果好,除去率可达 99.5%,有效地避免了高参数发电机组随压力升高对二氧化硅选择性携带所引起的硅垢,避免了天然水中硅对离子交换树脂所带来的再生困难、运行周期短的影响。

（2）脱除水中有机物等胶体物质,除去率可达95%,避免了由于有机物分解所形成的有机酸对汽轮机尾部的酸性腐蚀。

（3）反渗透水处理系统可连续产水,无运行中停止再生等操作,其产品水无忽高忽低的波动,对发电机组的稳定运行、保证电厂的安全经济运行有着不可估量的作用。

3.5.2　反渗透的技术性能

1.脱盐率

脱盐率是指通过反渗透膜从系统进水中去除可溶性杂质的百分比。

膜的脱盐率表示膜限制溶解性离子穿过膜的能力。膜元件的脱盐率在其制造成形时就已确定,取决于膜元件表面超薄脱盐层的致密度;脱盐层越致密,脱盐率越高,同时产水量越低。

2.产水量

产水量是指单位面积的反渗透膜在恒定压力下单位时间内透过的水量。

3.回收率

回收率指膜系统中给水转化成产水或透过液的百分比。膜系统的回收率在设计时就已经确定,是基于预设的进水水质而定的。回收率通常在70%~80%之间。如果进水总溶解固体(TDS)质量浓度高,则采用较低回收率;否则,采用较高回收率。

4.浓差极化

错流膜分离(进水与较高浓度的浓水的流动方向和膜平面平行的操作方式称为错流过滤膜分离)过程中,靠近膜表面会形成一个流速非常低的边界层,边界层中溶质质量分数比主流体溶质质量分数高,这种溶质质量分数在膜表面增加的现象叫作浓差极化。边界层会存在质量分数梯度,边界层的存在降低了膜分离的传质推动力,渗透物的通量也降低。浓差极化的危害主要是增加了透过液质量分数、降低产水量和分离效率。

5.反渗透水处理系统性能的影响因素

（1）压力的影响。

反渗透进水压力直接影响反渗透膜的膜通量和脱盐率,膜通量的增加与反渗透进水压力呈直线关系,脱盐率与进水压力呈线性关系,但压力达到一定值后,脱盐率不再增加。

（2）温度影响。

脱盐率随温度的升高而降低,而透水量则几乎呈线性增大,主要是因为温度升高,水分子的黏度下降,扩散能力增强,因而产水通量升高;随着温度的提高,盐分透过反渗透膜的速度也会加快,因而脱盐率会降低。

（3）含盐量的影响。

水中盐质量分数是影响膜渗透压的重要指标,随着进水含盐量的增加,渗透压也增大,因渗透压的增加抵消了部分进水推动力,因而通量变低,同时脱盐率也变低。

（4）回收率的影响。

回收率即淡水流量占进水流量的百分比,反渗透系统回收率的提高,会使膜元件进水沿水流方向的含盐量更高,从而导致膜渗透压增大,这将抵消反渗透进水压力的推动作用,从而降低产水通量,膜元件进水含盐量的增大,使淡水中的含盐量随之增加,从而降低了脱盐率。

（5）pH 的影响。

不同种类的膜元件适用的 pH 范围差别较大，目前工业水处理适用的膜材料适用的 pH 范围较宽，膜通量和脱盐率较稳定。

3.5.3　反渗透装置

反渗透装置主要由高压泵、多介质过滤器、阻垢剂加药装置、保安过滤器、反渗透设备等组成。使用高压泵对原水加压，在反渗透膜的作用下，原水中的无机离子、细菌、有机物及胶体等杂志得以去除，以获得达到水质要求的锅炉用水。

以地下水为例，反渗透系统流程通常为：井水 — 生水加热器 — 原水箱 — 生水泵 — 多介质过滤器 — 阻垢剂加药装置 — 保安过滤器 — 高压泵 — 反渗透设备 — 脱盐水箱 — 离子交换设备 — 锅炉补给水。

（1）多介质过滤器。

多介质过滤器，即采用两种以上的介质作为滤层的介质过滤器，作用是去除水中的泥沙、悬浮物、胶体等杂质和藻类等生物，降低对反渗透膜元件的机械损伤及污染。

（2）阻垢剂加药装置。

阻垢剂加药装置的作用是经过预处理后的原水进入反渗透系统之前，加入高效率的专用阻垢剂，以防止反渗透浓水侧产生结垢。

（3）保安过滤器。

为保证反渗透装置入口水符合要求，需设置微孔精致过滤器，起保安过滤作用，称之为保安过滤器，它设置在高压泵前。5 μm 保安过滤器的作用是截留来自多介质过滤器产水中大于 5 μm 的颗粒进入反渗透系统。这种颗粒经高压泵加速后可能击穿反渗透膜组件，造成大量漏盐的情况，同时可能划伤高压泵的叶轮。过滤器中的滤元为可更换卡式滤棒，当过滤器进出口压差大于设定值时应当更换。

（4）高压泵。

高压泵以保安过滤器出水为进水，进一步提高压力以克服渗透压和运行阻力，使装置达到额定的流量。高压泵出口设有一台电动慢开门，以防止高压泵启动时瞬时过高压力对膜造成损害。为了保证高压泵的安全运行，高压泵进口配置高低压保护开关，与高压泵连锁，当进水压力过低（小于 0.1 MPa）或过高（大于 1.8 MPa）时保护开关动作，高压泵自动停止运行，防止高压泵缺水空转或憋压运行。

反渗透装置的清洗：

在正常运行条件下，反渗透膜可能被无机物垢、胶体、微生物和金属氧化物等污染，这些物质沉积在膜表面上会引起反渗透装置处理能力下降或脱盐率下降，因此，为了恢复良好的透水和脱盐性能，需要对膜进行化学清洗，清洗原则应遵循以下几点：

（1）标准渗透水流量下降 10% ～ 15%。

（2）标准系统压差增加 10% ～ 15%。

（3）脱盐率下降 1% ～ 2% 或产水含盐量明显增加。

（4）证实有污染和结垢发生。

目前，我国大多数电厂没有采用反渗透这一技术的主要原因是受价格的制约，但实际上,以反渗透加离子交换除盐制取除盐水与离子交换除盐制取除盐水所需的费用相比,只要运行维护得当,经济上还是划算的。

复 习 题

1. 锅炉给水为什么要进行预处理?
2. 天然水中胶体杂质稳定的原因是什么?
3. 什么是 ξ 电位?它对胶体稳定性有何影响?
4. 简述混凝作用过程。
5. 影响混凝效果的主要因素有哪些?
6. 什么叫沉淀?沉淀有哪些类型?
7. 为什么要进行过滤?预处理中一般采用哪些过滤设备?
8. 简述过滤原理。常用滤料颗粒粒径是多大?
9. 自来水为什么要进行预处理?预处理采用何种方法?试说明反应机理。
10. 用化学反应方程式说明石灰和石灰 – 苏打处理的原理,以及处理后水质的特点。
11. 石灰 – 苏打和石灰 – 石膏处理法各适用于什么样的原水水质?

第4章　锅炉结垢及其清洗

4.1　锅炉结垢

4.1.1　水垢和水渣的概念

含有杂质的锅炉给水进入锅炉后,在受热蒸发和锅水不断蒸浓等条件下,经过种种物理、化学过程,会以各种不同形态的沉淀物析出,从这些沉淀物的形态及对锅炉的影响,可把它们分为水垢和水渣两大类。

(1) 水垢。水垢是指牢固地附着在受热面上的沉淀物,其结晶体坚硬而致密。

(2) 水渣。水渣是指锅水中不是附着在受热面上,而是悬浮在锅水深处或沉积在最低位置,呈疏松絮状或细小晶粒状的物质。

密度较小的水渣,随着汽水混合物进入锅筒内,大部分悬浮在汽、水分界面上,可通过锅炉表面排污将它们排出锅外;密度较大的水渣,逐渐沉积在锅筒和下联箱底部水流缓慢处,可通过定期排污排出锅外。

根据水渣性质不同,水渣分为黏结性差的水渣和黏结性强的水渣。前者有碱式磷酸钙$[Ca_{10}(OH)_2(PO_4)_6]$和蛇纹石($3MgO \cdot 2SiO_2 \cdot 2H_2O$)等;后者有磷酸镁$[Mg_3(PO_4)_2]$和氢氧化镁$[Mg(OH)_2]$等。黏结性强的水渣,其流动性也往往较差,它们容易黏附在锅炉热负荷较高的受热面上或水循环缓慢的地方,经高温烘焙后,会发生沉淀物形态的转变,转变为水垢,称之为二次水垢。

因此,在锅炉运行中,应当设法使锅水中生成的沉淀物成为黏附性差、流动好的水渣,以便通过排污将它们及时排出锅外。

4.1.2　锅内沉淀物形成原因

水垢和水渣主要是由钙和镁的某些盐类组成的,它们生成的原因是这些物质在锅水中的质量浓度超过了相应物质的溶解度,经过了一系列物理化学过程从锅水中析出。

这些物质在锅水中的质量浓度为什么会超过其溶解度并析出沉淀物?其原因有以下几方面。

1. 蒸发浓缩

锅水受热激烈沸腾,产生大量水蒸气,使锅水不断浓缩。水蒸气本身携带的杂质极少,因此给水中原含有的少量有害杂质,外加锅内腐蚀增加的杂质,就以几十倍的质量浓度留在锅水中。由于锅内各处受热面蒸发强度有差别,使某些局部锅水浓缩程度会更高。这样,钙、镁阳离子与某些阴离子结合,往往可超过相应沉淀物的溶度积,析出沉淀物。

2. 高温沉淀

一般物质的溶解度随温度的升高而增大,这类物质具有正温度系数,而有少数物质的溶解度却随温度的升高而减小,它们具有负温度系数。例如硫酸钙(图4.1),它极容易在受热强度较大的部位析出。

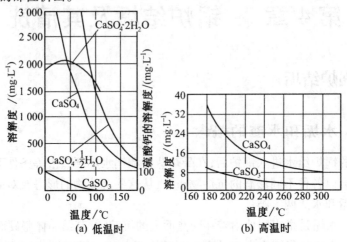

图 4.1　硫酸钙在水中的溶解度与温度的关系

3. 高温分解

钙和镁的碳酸氢盐在锅水蒸发过程中发生热分解反应生成沉淀物:

$$Ca(HCO_3)_2 \xrightarrow{\triangle} CaCO_3 \downarrow + H_2O + CO_2 \uparrow$$

$$Mg(HCO_3)_2 \xrightarrow{\triangle} MgCO_3 + H_2O + CO_2 \uparrow$$

碳酸镁在水中有一定的溶解度,它能进一步水解,生成溶解度更小的氢氧化镁沉淀:

$$MgCO_3 + H_2O \Longrightarrow Mg(OH)_2 \downarrow + CO_2 \uparrow$$

4. 表面结晶

锅水中的难溶物质,其相应离子的浓度时常超过其溶度积,处在过饱和溶液状态,没有沉淀产生,然而,一旦锅水中或与锅水接触的金属表面有某种诱因,如有结晶核心形成、发生某种物理化学作用或局部金属表面条件有差异,就会有大量沉淀物析出。锅炉受热面的金属表面比较粗糙,其粗糙程度是不同的,锅水中难溶化合物的离子或微小的悬浮物容易聚积在较粗糙的表面处;金属局部受热不均匀,会使各处金属表面的电位不同,温度高的区域,其金属表面电位较低,成为阳极,由于静电作用促使锅水中带负电的胶体向该处聚积;金属表面腐蚀产物的瘤状物,往往成为处于过饱和溶液状态的锅水的固态结晶核心。因此,锅炉受热面金属表面状态的差异有利于沉淀物析出。当金属表面一旦有附着物生成,这些先期沉积的附着物将起结晶核心作用,破坏了锅水中某些杂质的过饱和状态,使它们在这些区域很快析出,其沉积速度要比其他部位快得多。所以锅炉结垢后如不及时清除,其厚度会在短时间内迅速增加。

4.1.3　水垢的种类及组成

受水质和结垢时条件的影响,水垢的成分及结构有很大的差异。水垢的成分很复杂,通常它是多种化合物的混合体。水垢一般按其主要化学成分或特征分类。

1. 碳酸盐水垢

碳酸盐水垢的主要成分为钙、镁的碳酸盐,以碳酸钙为主,其质量分数在 50% 以上。这种水垢通常附着在锅炉温度较低的部位即水未沸腾处,如省煤器、热交换器、给水管路、水冷壁及下联箱等。运行时,若锅水碱性很强且处于剧烈沸腾状态,则碳酸钙常以水渣形态析出。这种水垢具有多孔性,较松软,较易清除。

2. 硫酸盐水垢

硫酸盐水垢通常是指硫酸钙的质量分数为 50% 以上的水垢。这种水垢坚硬、致密,常沉积在锅炉受热强度较大的、温度较高的部位,如锅炉管束。

3. 硅酸盐水垢

硅酸盐水垢通常是指 SiO_2 的质量分数为 50% 以上的水垢。这种水垢多为灰色或白色,非常坚硬,导热系数小,难以清除。它通常结在锅炉受热最强的部位,如水冷壁、沸腾炉埋管等面上沉积。其主要成分是以硅灰石($CaSiO_3$)、硬硅钙石($5CaO \cdot 5SiO_2 \cdot H_2O$,也称沸石)为主,也含有少量的镁橄榄石($2MgO \cdot SiO_2$);另一种较软的硅酸盐水垢是由水渣生成的二次水垢,其主要成分是蛇纹石($3MgO \cdot 2SiO \cdot 2H_2O$)。硅酸盐水垢在热盐酸中也很难溶解,微溶后剩下的碎片如砂粒状,能溶于氢氟酸中。

4. 混合水垢

混合水垢通常是指上述各种水垢的混合物,很难说出哪一种成分是主要的,其性质随成分不同而差异很大,这种水垢导热系数较大,可当作碳酸盐水垢处理。

5. 含油水垢

当水中含油量较大而水的硬度又较小时,易生成黑色疏松的含油水垢,其中含油质量分数可达 5%。这种水垢有坚硬的,也有松软的,水垢表面不光滑,常沉积在锅内温度最高的部位上,不易清除,对锅炉危害很大。

6. 氧化铁垢

氧化铁垢通常是指铁氧化物质量分数大于 70% 的水垢,这种水垢是由于锅炉腐蚀使给水或锅水含铁量过高而形成的。这种水垢呈棕红色或棕褐色,是金属的腐蚀产物,其主要成分为 Fe_3O_4 和 Fe_2O_3 ,可溶于稀盐酸中。

7. 铜垢

当热力系统中铜合金的部件遭受腐蚀时,铜的腐蚀产物便随给水进入锅炉内部,而形成铜垢。这种水垢金属铜的质量分数较高,可占 20% 甚至 30% 以上,而且在垢层中分布不均匀,表层可达 70% ~ 90%,近管壁处只有 10% ~ 25%。

铜垢发生在热强度最高的部位,并在此进行以下电化学反应:

$$Fe \longrightarrow Fe^{2+} + 2e^-$$
$$Cu^{2+} + 2e^- \longrightarrow Cu$$

开始析出的铜呈多孔的小丘状,然后许多小丘连成一片成为多孔状的沉淀层。炉水充满这些小孔后,很快被蒸发,而炉水中的各种盐类都留在小孔中,故铜垢有较好的导电性。

8. 磷酸盐垢

当锅炉水进行磷酸盐处理而锅炉水中的 PO_4^{3-} 及铁质量浓度过高时,有可能发生以下化学反应:

$$Na_3PO_4 + Fe(OH)_2 \longrightarrow NaFePO_4 + 2NaOH$$

这种水垢的主要成分是磷酸亚铁钠（$NaFePO_4$）和磷酸亚铁[$Fe_3(PO_4)_2$]，一般为白色，容易清除。如果炉水中 PO_4^{3-} 质量浓度较高，要防止生成磷酸盐铁垢，炉水应保持较高的 pH。

这种水垢一般都发生在有分段蒸发的盐段炉管内。水垢成分的简单定性鉴别方法见表 4.1。

表 4.1　水垢成分的简单定性鉴别方法

类　　别	颜　色	鉴　别　方　法
碳酸盐水垢	白色	加盐酸可溶解,且能生成大量气泡,溶液中未溶残量极少
硫酸盐水垢	黄白色	加盐酸后缓慢溶解,再加入氯化钡溶液后,生成大量的白色硫酸钡沉淀
硅酸盐水垢	灰白色	在热盐酸中,可缓慢溶解,溶液中残留有砂粒样或透明状物质,用 Na_2CO_3 可在 800 ℃ 下熔融
含油水垢	黑色	加入乙醚后,乙醚呈浅黄色
氧化铁垢	灰黑色或砖红色	在冷盐酸中难溶,加硝酸后迅速溶解。此溶液呈黄色,加硫氰酸铵后溶液变红,或加亚铁氰化钾 $K_4Fe(CN)_6$ 溶液变蓝

水垢的组成和结晶形状与锅炉水水质、循环状态及受热面温度等因素有关,上百种水垢中已查明的仅 50 种,常见的几种水垢的组成及性质见表 4.2。

表 4.2　常见的几种水垢的组成及性质

类　　别	组　　成	分　子　式	性　　质
碳酸盐水垢	霞石 方解石 水镁石	$\lambda - CaCO_3$ $\beta - CaCO_3$ $Mg(OH)_2$	白色,方解石坚硬,霞石次之 水镁石松软
硫酸盐水垢	硬石膏	$CaSO_4$	白色或黄白色,坚硬、致密
硅酸盐水垢	单硅钙石 硬硅钙石 硅灰石 纤维蛇纹石 钠辉石	$2Ca \cdot 2SiO_2 \cdot 3H_2O$ $5CaO \cdot 5SiO_2 \cdot H_2O$ $\beta - SiCO_3$ $H_4(Hg \cdot Fe)_3 \cdot SiO_9$ $Na_2O \cdot Fe_2O_3 \cdot 4SiO_2$	—
氧化铁垢	磁铁垢 赤铁垢	Fe_3O_4 Fe_2O_3	灰黑色,疏松 砖红色,较紧密

4.1.4　易溶盐类的暂时消失现象

易溶盐类的暂时消失现象是指锅炉负荷增高时,锅水中某些易溶盐类从锅水中析出,沉积在金属管壁上,使它们在锅水中的质量浓度降低。而当锅炉负荷降低时,这些盐类又重新被溶解下来,使它们在锅炉水中的质量浓度升高。这种现象就称为易溶盐类的暂时消失现象,也称易溶盐类的"隐藏"现象。

　　这种现象不仅与锅炉的负荷和运行工况有关,而且与锅水中易溶盐类的溶解特性有关。

　　锅炉水中的易溶盐类通常有:$NaOH$、$NaCl$、Na_2SO_4、Na_2SiO_3 和 Na_3PO_4,这几种钠的化合物在水中的溶解度与温度的关系如图4.2所示。从图4.2中的曲线可以看出,$NaOH$ 和 $NaCl$ 两种盐类在水中的溶解度随水温升高而增大,而且饱和溶液的沸点比纯水的沸点大得多,所以这两种易溶盐类不会发生暂时消失现象。

　　但 Na_2SO_4、Na_2SiO_3 和 Na_3PO_4 几种易溶盐类在水中的溶解度,先是随温度升高而增大,当温度升高到 200 ℃ 以上时,溶解度又明显下降,而且这几种钠盐的饱和溶液的沸点都比较低,所以当锅炉管壁有局部过热现象存在时,这些盐类的水溶液就很快被蒸干,以固态附着物的形态在管壁上析出,引起暂时消失现象。

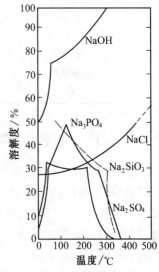

图 4.2　几种钠化合物在水中的溶解度与温度的关系

　　当锅炉负荷增大时,如果控制不好,就会在水冷壁上升管中产生汽水分层、自由水面、膜状沸腾等不正常工况,这些工况都会使靠近管壁处的水溶液很快被蒸干,而水溶液中的盐类在管壁上析出。当锅炉负荷降低或停炉时,这些非正常工况就会消失,管壁上附着的这些盐类又重新被水溶解和冲刷下来。这样就出现锅水中某些易溶盐类质量浓度忽高忽低的现象。

　　易溶盐类的暂时消失现象不仅能导致传热不良和引起沉积物下金属腐蚀,而且这些易溶盐类还能与硅化合物、金属腐蚀产物反应生成难溶的水垢。所以,应尽量防止产生易溶盐类的暂时消失现象。

4.2　水垢的危害

　　汽锅内水受热后沸腾、蒸发、浓缩,为水中的杂质进行化学反应提供了有利的条件。当这些杂质在锅水中达到饱和时,便有固体物质析出。所析出的固体物质,如果悬浮在锅水中,就称为水渣;如果沉积在受热面上,则称为水垢。

　　锅炉是一种热交换设备,水垢的生成会极大地影响锅炉导热能力。物体的导热能力通常用导热系数来表示,物体的导热系数值越大,说明该物体的导热能力越强。从表4.3中可以明显地看出,水垢的导热系数比钢铁的导热系数小数十倍到数百倍。锅炉结垢将产生以下几种后果。

表 4.3　钢铁与各类水垢的导热系数比较

钢 铁 及 水 垢 成 分	导热系数 /[W · (m² · K)⁻¹]	与 钢 铁 比 较
钢铁	47 ~ 52	—
硫酸盐	0.58 ~ 2.33	约 1/80 ~ 1/20
碳酸盐	0.47 ~ 0.7	约 1/100 ~ 1/80
硅酸盐	0.27 ~ 0.47	约 1/200 ~ 1/100
油脂膜	0.12	约 1/400
煤灰	0.06 ~ 0.12	约 1/800 ~ 1/400

4.2.1　浪费能源

锅炉结有水垢时,使受热面的传热性能变差,燃料燃烧所放出的热量不能迅速地传递到炉水中,大量的热量被烟气带走,造成排烟温度升高、排烟热损失增加、锅炉的热效率降低。在这种情况下,为保持锅炉的额定参数,就必须更多地投加燃料,提高炉膛和烟气温度,因此,造成能源的浪费。如果结有 1 mm 厚的水垢,则浪费燃料约 10%。对于不同种类的水垢或不同参数的锅炉,所浪费燃料的数量也不相同。

目前我国工业锅炉数万台,燃料的消耗量几乎占我国煤炭总产量的 1/3。如果部分锅炉结有不同程度的水垢,所浪费能源的总量也是十分惊人的。这些中小型锅炉的运行效率一般都较低,能源浪费很大。效率低的重要原因之一,就是在锅炉的受热面上经常沉积着导热系数很低的水垢,导致锅炉传热效率下降,使耗煤量增加。大部分锅炉结垢厚度为 1 ~ 2 mm,有的达到 10 mm。如果按照蒸汽蒸发量低于 4 t 的中小型锅炉 19 万台年耗煤 1.6 亿 t,水垢平均 1.5 mm,每 1 mm 厚的水垢增加能耗 4.5% 计算,那么全国中小型锅炉由于结垢造成的多余消耗至少有 1 600 万 t 煤炭。由于结垢严重,还会造成锅炉破坏事故。

燃料消耗增加与受热面上水垢厚度的关系,如图 4.3 所示。从图中得知,随着水垢厚度的增加,燃料浪费增多,即能源浪费加大。因不同种类的水垢,其导热系数不同,故导热系数越小的水垢,能源浪费越严重。

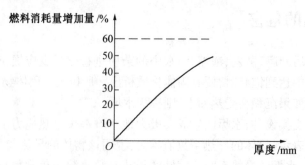

图 4.3　燃料消耗增加与受热面上水垢厚度的关系

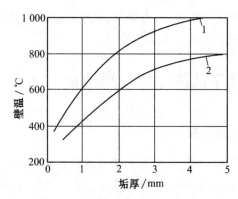

图 4.4　壁温与水垢厚度的关系

1— 硅酸盐水垢;2— 碳酸盐水垢

4.2.2　受热面损坏

如果锅炉结垢,则传热性变差,燃料燃烧的热量不能迅速地传递给炉水,致使炉膛和烟气的温度进一步升高。故受热面两侧的温差增大,炉管的温度升高。

当受热面金属的温度超过正常工作条件的温度时,称为金属过热。水垢的种类和厚度不同,受热面金属升温也不同,壁温与水垢厚度的关系如图 4.4 所示。例如,1 MPa 的锅炉在无垢运行时,管壁的温度为 280 ℃;当结有 1 mm 硅酸盐水垢时,管壁的温度可高达 680 ℃,此时,钢板强度从 4 MPa 降至 1 MPa,在锅炉压力作用下,炉管发生鼓包,甚至爆破。而金属温度升高会使金属伸长,1 m 长的炉管每升高 100 ℃,则伸长 1.2 mm,对于没有伸缩余量的受热面,就会引起炉管的龟裂。此外,炉管结垢后增加了管内水循环的阻力,破坏了正常的锅炉水循环,也容易造成炉管过热。

4.2.3　锅炉出力降低

锅炉结垢后传热性变差,要达到锅炉的额定蒸发量或额定产热量,就需要多消耗燃料。随着结垢厚度的增加,而炉膛容积和炉排面积是一定的,燃料消耗量受到限制,因此,锅炉的出力就会降低。

锅炉因结垢而降低出力,使生产无法进行的事故,在各地都有发生。特别北方地区,在冬季因结垢原因不能保证供汽或供热,造成生产设备和采暖设备冻裂现象时有发生。

4.2.4　除垢费用增加,锅炉寿命降低

结垢会使锅炉管壁变薄,造成锅炉炉管的使用寿命缩短。特别是由于垢层的导热性能差,结垢会使炉管的温度升高,管在高温下强度变差,如果压力高,可能出现爆炸事故,危及生命安全。

锅炉受热面上结垢,必须彻底清除,而除垢通常采用化学药剂,这样不仅消耗了大量的化学药品,造成经济上的浪费,而且还污染了环境。另外,锅炉如果结垢经常酸洗,则容易使锅炉受到腐蚀,降低锅炉的使用寿命。

对于中、高压锅炉,由于采用完善的锅炉水处理措施和可靠的水质管理制度,一般不会发生严重结垢。而对于低压锅炉,却由于锅炉水处理措施简陋,水质管理制度不健全,

往往发生结垢危害;轻者浪费燃料,出力降低,使锅炉运行经济性下降;重者锅炉设备损坏,发生设备损坏事故,甚至发生人身安全事故。

4.3 水垢的化学清洗原理与缓蚀剂

4.3.1 酸洗除垢法

锅炉要维持较高的传热效率,做到合理消耗燃料和长期在安全状态下工作,就必须定期除掉附在换热面上的各种沉积物,而化学清洗技术是清除沉积物的科学、有效和经济的方法。

化学清洗技术是利用化学的或电化学的机理,用酸将金属管壁上的沉积物转变成可溶性的盐类溶解在清洗介质中,然后随着清洗液的排放而除去。对于沉积物已被清除掉的金属表面,还可用钝化溶液进行钝化处理,使其生成一层具有保护性能的膜。化学清洗技术既能够除掉附在热交换面上的沉积物,保证锅炉具有较高的传热效率,又能够在一定程度上保护金属,延长锅炉使用寿命。然而,在化学清洗过程中,酸不仅能溶解沉积物,而且还能溶解基底金属,使金属管壁受到腐蚀破坏。为此,在酸洗液中必须加入缓蚀剂,它是减缓基底金属的腐蚀速度和发生氢脆的有效措施。

1. 国内外酸洗除垢概况

随着高新技术的不断发展,化学清洗已从单一的酸洗或碱洗,逐步地转变为以清洗主剂为主、添加缓蚀剂和各种清洗助剂的组合型清洗模式。

在进行锅炉化学清洗时,清洗介质会直接影响到清洗的效果。酸洗主要包括无机酸洗和有机酸洗。无机酸包括盐酸、硫酸、硝酸、磷酸和氢氟酸等,其溶垢能力很强,清洗效率高,但同时对金属的腐蚀性也强,尤其是对特种设备化学清洗时受到极大限制,此外,无机酸废液排放污染环境,限制了它的使用。锅炉除垢中常用的有机酸主要有柠檬酸、甲酸、氨基磺酸、羟基乙酸、EDTA(乙二胺四乙酸)和葡萄糖酸等,是利用物质的络合作用溶垢,溶垢速率虽小,但对金属材料的腐蚀强度小,低毒、无味、污染小,属于比较安全的清洗剂。

(1)无机酸清洗现状。

盐酸除垢是锅炉除垢方法中使用最广泛的一种方法,优点是在较低的温度下就能进行快速反应,垢与盐酸反应生成的产物为氯化物,能够溶解在水中,盐酸的穿透力强,容易溶解坚硬的氧化物和剥离锅炉钢材表面的水垢。该剥离作用主要体现在以下两个方面:一是盐酸和一部分氧化物(尤其是和 FeO)相互接触作用时,破坏了氧化物和金属的连接,使氧化物从金属上剥离下来;二是夹杂在氧化物中部和氧化物下部的钢铁会和盐酸反应生成氢气,使得氧化物从金属上剥离下来。显然这种除垢方法对锅炉的腐蚀很强,但由于盐酸与水垢和铁氧化物等发生反应,反应后生成可溶物,盐酸清洗具有清洗效率高、洗后表面状态良好、金属材料的氢脆敏感性小等优点,常常被用于清洗压力较低的锅炉。但盐酸对钢铁有较强的腐蚀作用,且对硅垢和硫酸盐垢的溶解能力差。

针对盐酸清洗对锅炉腐蚀性强的缺点,清洗过程需添加缓蚀剂进行保护。传统的盐酸酸洗缓蚀剂包括无机物和有机物,例如硫脲缓蚀剂、六亚甲基四胺等,现在逐渐发展到人工合成的有机缓蚀剂;但是大部分都存在毒性大且成本较高等问题。

（2）有机酸清洗现状。

① 柠檬酸清洗。

为了解决盐酸对锅炉腐蚀性强的问题,逐渐开始使用腐蚀性较弱的有机酸,例如柠檬酸、醋酸和苹果酸等也是常采用的锅炉清洗酸。柠檬酸是锅炉酸洗过程中使用最早、使用频率最高的一种有机酸。柠檬酸清除氧化铁、氧化铜等污垢时除了依靠其酸性外,还有络合作用。柠檬酸清洗液能络合氧化铁等污垢,生成可溶于水的络合物,以达到除垢的目的。

由于柠檬酸具有络合性,与其他有机酸相比,柠檬酸清洗具有除锈能力强、对金属的腐蚀程度小、洗后废液易于处理、环境污染小及低毒等特点,适用于各种热力设备的化学清洗。但柠檬酸只能溶解氧化铁垢和氧化铜垢,对硅、钙、镁垢的溶解能力差,一般清洗后块状的垢较大,不便于清理。

柠檬酸清洗具有安全、方便、腐蚀性弱等优点,但在进行热力设备化学清洗过程中,存在易产生柠檬酸亚铁沉淀的问题,主要原因是:清洗液中的高质量浓度 Fe^{2+} 与未电离的柠檬酸生成柠檬酸亚铁,超过了其溶度积常数。相应的预防措施是:在清洗前,根据实际清洗系统的条件,通过小型模拟试验以确定极限 Fe^{2+} 的质量浓度;再就是添加专业的防沉淀剂。

② 乙二胺四乙酸（EDTA）清洗。

乙二胺四乙酸（EDTA）是一种新型化学清洗药剂,与柠檬酸类似的是,EDTA 是一个六元络合剂。EDTA 除垢的原理是其络和基元 Y^4 和金属离子反应,在一定条件下生成稳定性强且易溶于水的络合物,它对设备的腐蚀比柠檬酸更小。但 EDTA 为固体粉末,在水中的溶解度很小,一般 25 ℃时在水中的溶解度仅为 0.5 g/L,这使得 EDTA 的使用受限。在实际清洗过程中,通常会选用一定质量浓度的 EDTA 钠盐或铵盐作为清洗液的主要成分。

EDTA 对氧化铁和氧化铜垢以及钙、镁垢有较强的溶解能力。EDTA 除垢的最大特点是可以在碱性条件下除垢,碱性条件下金属离子与它络合后可以消除一种膜层,这样除垢和钝化在清洗的介质同时完成,废液 EDTA 也可以回收利用。与盐酸和柠檬酸相比,EDTA 价格相对较高,特别是 EDTA 的分子量比较大,相对用量高,成本就更高,通常只在高压蒸汽锅炉或不能使用盐酸清洗的特殊场合才使用。

近几年来,随着锅炉容量的提高,压力从高压、超高压、亚临界升高到超临界,锅炉等热力系统的使用材质性能也在提高,难溶垢的成分及质量均在增加,这些均增加了锅炉化学清洗除垢的难度,且对提高锅炉化学清洗效果不利。传统的清洗剂已远远不能满足 锅炉化学清洗的要求。虽然 EDTA 是一种安全环保的化学清洗剂,受到了国内外的广泛关注,但 EDTA 在除垢时的选择性强,清洗速率也小、清洗时间长。

（3）新型清洗剂。

随着环保意识的增强,对锅炉的热能利用率和安全等要求不断提高,对锅炉运行参数和容量也提出更高要求,对受热面的清洁度和锅炉内水质的要求也越来越严格,现有锅炉除垢清洗剂的腐蚀和污染等问题也备受关注。为此,很多科研单位对锅炉的化学清洗展开了大量的研究工作,特别是针对酸性清洗剂易造成设备腐蚀严重、碱洗只能除掉碳酸盐类等少量水垢、物理清洗不适用于复杂结构的设备等问题开展了较多的研究,采用螯合剂、散剂、缓蚀剂为主要组分的环保型中性清洗剂走入市场,该清洗剂清洗效果好、操作简便、不会对环境造成污染、化学性质稳定、环保,最大的特点就是清洗钝化可一次性完成,在很大程度上简化了化学清洗工艺过程。

结合无机酸除垢效率高和有机酸腐蚀速率小的优点,还可将两种酸进行科学合理的配比,在保证高效率除垢的前提下,又显著地降低了酸洗液对热力设备的腐蚀速率,该清洗剂安全、环保、清洗钝化一次性完成、清洗工艺过程简单,大大降低了化学清洗成本。

2. 酸洗除垢的基本原理

锅炉热交换管(水、汽侧)的沉积物一般有两种类型的物质:一种是金属的不溶性盐类,如碳酸钙($CaCO_3$)等;另一种是金属的氧化物,如四氧化三铁(Fe_3O_4)和三氧化二铁(Fe_2O_3)等。前者称之为水垢,后者称之为铁锈,酸洗除垢就是要清除上述两种沉积物。当前广泛采用的缓蚀盐酸除垢法,其酸液是由盐酸添加缓蚀剂而成的。这种缓蚀盐酸既能消除锅炉中的水垢(如为硅酸盐水垢,尚需添如氢氟酸或醋酸),又极少腐蚀锅炉。酸洗除垢的基本原理简介如下。

(1)溶解作用。盐酸能与水垢中的钙、镁碳酸盐和氢氧化物起作用,生成易溶于水的氯化物,以致使水垢溶解,其化学反应为

$$CaCO_3 + 2HCl \xlongequal{} CaCl_2 + H_2O + CO_2 \uparrow$$

$$MgCO_3 \cdot Mg(OH)_2 + 4HCl \xlongequal{} 2MgCl_2 + 3H_2O + CO_2 \uparrow$$

这类典型的化学溶解反应,它能以较快的速度进行,而且对清洗工艺条件(如温度、流速等)的要求也不十分苛刻。只要保证充分的酸量和反应时间,这种类型沉淀物是比较容易被彻底地清除掉的。

(2)剥离作用。盐酸能溶解金属表面的氧化物,从而破坏金属与水垢之间的结合,使附着在金属氧化物上面的水垢剥离脱落下来。其作用为

$$FeO + 2HCl \xlongequal{} FeCl_2 + H_2O$$

$$Fe_2O_3 + 6HCl \xlongequal{} 2FeCl_3 + 3H_2O$$

$$Fe_3O_4 + 8HCl \xlongequal{} 2FeCl_3 + FeCl_2 + 4H_2O$$

上述化学反应的速度随着氧化物结晶形态的不同而有显著的差别,它们的溶解速度远远不能满足化学清洗所需要的最起码的速度。但是,电化学作用能够沿着氧化物的表面渗入其底部,并使氧化物从底部离开金属,经过一段时间以后,整个氧化皮的基础都被挖掉,氧化皮也就整块剥落下来了,这就是剥离作用。

(3)疏松作用。当水垢中的碳酸盐、氢氧化物和铁的氧化物等溶于盐酸中时,尽管水垢中的其他成分如硅酸盐、硫酸盐等与盐酸很难起作用,但也能使之疏松而脱落,特别是夹杂碳酸盐水垢较多的情况下,由于溶解作用而产生大量的二氧化碳,起着搅拌作用,从而加速了水垢的疏松脱落。

(4)硅、铜垢的溶解原理。对于含有硅、铜等特殊成分的垢、锈层的化学清洗,从原理上讲与前述是一样的。然而,对每一种特殊成分的垢所采取的具体途径则是各不相同的。对于含硅的垢,碱洗是重要的步骤,它不仅可以溶解部分二氧化硅,还可以为酸洗除硅创造有利条件,酸洗采用氢氟酸,使 SiO_2 转变成可溶性的四氟化硅(SiF_4),而溶解在清洗液中,其反应方程式为

$$SiO_2 + 4HF \longrightarrow SiF_4 + 2H_2O$$

对铜垢,则需采用络合的途径将铜垢转变成铜的络合离子而溶解在清洗液中。铜的络合剂一般选用氨或硫脲。铜和氨可以形成紫蓝色的铜氨络离子$[Cu(NH_3)]$,铜和硫脲形成的化合物使 Cu^{2+} 既溶解在酸洗液中,又失去了在铁上还原的能力。这些特殊清洗剂的用量必须按它们与铜之间反应的当量关系进行计算。进行这些特殊反应的时候,必须注意反应所需的具体条件,并在通过小型试验取得经验后,方可在工艺中实际应用。

3. 酸洗缓蚀剂的应用

(1) 酸洗缓蚀剂的作用。"缓蚀剂"即减缓金属腐蚀的添加剂。"酸洗缓蚀剂"则是应用于酸洗工艺条件下的缓蚀剂。酸洗缓蚀剂的作用就是防止或减缓酸洗过程中金属的腐蚀,保证锅炉在酸洗除垢的同时,不遭受酸液的腐蚀破坏。可以说,只有在添加高效酸洗缓蚀剂的条件下,锅炉才允许进行化学清洗,对于一个有实用价值的酸洗缓蚀剂来说,实际使用的剂量应该是很小的,一般为酸洗液质量分数为 0.2% ~ 0.5%,而对金属腐蚀减缓的程度则应该是非常有效的,其质量分数一般必须大于 90%,以便最大限度地减轻酸对锅炉的腐蚀与氢脆。

(2) 酸洗缓蚀剂的缓蚀原理。对于酸洗缓蚀剂的缓蚀原理,迄今还没有一致的见解,一般认为缓蚀剂的缓蚀作用主要有以下几方面。

① 吸附作用。酸液中的缓蚀剂都是很分散的颗粒,当金属铁开始溶解带负电荷时,就吸引了很细的缓蚀剂颗粒,并在铁的表面上形成有隔离作用的吸附层,从而使金属和酸的作用减缓下来。

② 极化作用。缓蚀剂在酸液中能覆盖金属表面的阴极区域,这样使阴极过程减缓,促使阳极过程也同样减缓下来,从而抑制了腐蚀过程。

③ 保护膜作用。酸洗缓蚀剂能在金属表面上生成一层保护膜,使金属和酸液之间形成了隔离层,这样就大大减缓了腐蚀过程。

(3) 酸洗缓蚀剂的性能指标。

① 缓蚀效率。在比较各种酸洗缓蚀剂的效果时,主要以它对金属溶解速度的减缓程度来判断,也就是以缓蚀剂的缓蚀效率来衡量其效果,其表示方法为

$$缓蚀效率 = \frac{B_0 - B}{B_0} \times 100\% \tag{4.1}$$

式中　　B_0—— 钢铁在不加缓蚀剂的酸液中的腐蚀速度,$g/(m^2 \cdot h)$;

B—— 钢铁在加入缓蚀剂后的酸液中的腐蚀速度,$g/(m^2 \cdot h)$。

② 断面收缩率。酸洗缓蚀剂的另一个重要性能是抑制金属由于渗氢所引起的机械性能衰退,即所谓抑制金属氢脆的能力。测定和验证氢脆有多种方法,其中以直接比较酸洗前后钢铁机械性能变化的方法较为实际。因为随着钢铁中含氢量的增加,以断面收缩率的降低最为显著,延伸率次之,而其他指标变化就小得多。断面收缩率是试验钢材的截面积在拉断后收缩的百分率。断面收缩率越大,钢材的韧性越好,其表示方法为

$$断面收缩率 = \frac{F_0 - F}{F_0} \times 100\% \tag{4.2}$$

式中　　F_0—— 钢样未拉断前的截面积,mm^2;

F—— 钢样拉断后的截面积,mm^2。

4. 常用酸洗缓蚀剂

在整个化学清洗过程中,选择与应用酸洗缓蚀剂是其中一个很重要的环节。它不仅直接影响到化学清洗的效果,更重要的是还会影响到锅炉的安全和寿命,以及酸洗的成本。因此,必须给予十分的重视。

(1)正确选择酸洗缓蚀剂。酸洗缓蚀剂的品种很多,使用时,必须根据清洗锅炉的实际条件(如锅炉的结构、材料的成分、垢的组成及性质等)和初步确定的工艺条件(酸的种类及质量分数、清洗温度、可能达到的最高流速以及要求达到的清洗水准等),选定可满足或基本满足要求的缓蚀剂。

缓蚀剂的很多性能都有一定的适用范围和条件,不是一成不变的。例如,缓蚀剂的缓蚀效率是在某一固定实验条件下,根据添加和不添加缓蚀剂时的腐蚀速率的相对比值求出。因此,一提到"缓蚀效率",就一定要注意在什么体系(材料的牌号和成分、酸的种类和质量分数)和什么条件(温度、流速、缓蚀剂质量浓度)下得到的。商品酸洗缓蚀剂的说明书往往只给出一些缓蚀效率,而没有同时给出对应"缓蚀效率"的条件,这就要求酸洗工作者查清它们的实验条件,并把它们的适用范围同初步确定的工艺条件逐一对照,只有这样,才能保证缓蚀剂的实际效果。

小孔腐蚀和氢脆的发生更要引起酸洗工作人员的注意。确定某一缓蚀剂对某一钢材是否有小孔腐蚀现象发生,一定要在添加足量 Fe^{3+} 的条件下进行试验。在无 Fe^{3+} 的酸溶液中观察不到小孔,并不等于在实际酸洗条件下不发生小孔腐蚀,因此,对于商品缓蚀剂说明书所介绍的情况必须结合实际情况进行审定。必要时,酸洗工作人员要进行一些小型试验,以确定选用的缓蚀剂的各项性能是否满足自己的要求。

在选用缓蚀剂时,除了缓蚀效率、局部腐蚀的指标外,还要综合考虑其他一些性能。例如,在人口密集的市区进行锅炉清洗,就必须选用没有特殊臭味、毒性尽可能低的缓蚀剂,以减少在酸洗过程中及酸洗后带来的污染。

(2)正确使用酸洗缓蚀剂。当工艺条件和缓蚀剂确定之后,还有一个正确使用酸洗缓蚀剂的问题,否则即使是性能适宜的缓蚀剂,如果得不到正确的使用,同样收不到良好的效果。

正确使用酸洗缓蚀剂,主要表现在对酸洗条件的控制上,说得确切一点,就是根据工艺参数选定合适的酸洗缓蚀剂后,实际酸洗时就应该反过来根据酸洗缓蚀剂的性能限定酸洗工艺参数可能的变动范围。例如,当确定酸洗是在 $w(HCl)=5\%$、$50\ ℃$ 的条件下进行,所选用的缓蚀剂在 $40\sim 60\ ℃$、$w(HCl)=4\%\sim 7\%$ 中对碳钢管的缓蚀效率为 $98\%\sim 99\%$。那么,要保证确实收到如此高的缓蚀效率,就必须保证在整个酸洗操作过程中,酸的质量分数不得超过 7%,温度不得超过 $60\ ℃$。在正常的酸洗期间做到这一点并不十分困难,但是在进酸、配酸过程以及预加热等这些操作中要严格做到这一点就不十分容易了,必须在工艺操作中采取一些必要的措施,还必须注意这里所讲的"不得超过",不仅仅是指观测点测量到的和取样点分析得到的数据,而是指包括任何一个局部的整个酸洗系统在任何一瞬间都不超过规定的参数。

正确使用酸洗侵蚀剂的另一个重要的问题是缓蚀剂质量浓度。缓蚀剂的任何性能都只有在缓蚀剂达到某一质量浓度以后方表现出来。因此,要保证缓蚀效果,不仅要看多少吨酸液加了多少千克缓蚀剂,更重要的是要看缓蚀剂的分配是否均匀,一定要避免缓蚀剂质量浓度分布不均匀现象的发生。而缓蚀剂质量浓度往往是无法用化学方法测定的,其质量浓度的控制主要从加入方式上加以保证。酸洗缓蚀剂的添加方式应根据选用缓蚀剂性能的不同而异,可以预先加入到水中,也可以预先加入到浓酸中或在加酸的同时加入缓蚀剂,无论哪一种方式,必须使缓蚀剂的加入速度同进入锅炉的酸液成一定的比例,这样,当整个锅炉充满酸液的同时,缓蚀剂也正好按规定量均匀地分配在整个酸洗系统中,酸洗缓蚀剂的加入可以用人工从酸箱口加入,也可用计量泵用酸管并行注入酸洗系统中。有条件的地方,采用后一种方式为好,这样既保证添加缓蚀剂的质量,又省工、安全。

(3)常用酸洗缓蚀剂介绍。目前已知的酸洗缓蚀剂(简称缓蚀剂)有近千种,其中大部分是含有氮及硫的有机化合物。我国生产的酸洗缓蚀剂的种类繁多,但就其组成而言,大致可分成下面几种:醛–胺缩聚物类,硫脲及其衍生物类,吡啶、喹啉及其衍生物类和一些化工下脚料(主要是含硫、氮化合物的混合物)。这些缓蚀剂各自都有一定的特点,在实际酸洗中起一定的作用,但都存在一些缺陷。

①醛–胺缩聚物类。这类缓蚀剂是以甲醛和苯胺作为原料,在酸性介质中聚合而成,由于反应条件不同,可以得到不同聚合度的大分子醛–胺聚合物。在我国这类产品因聚合条件不同而有几个不同的牌号,其中比较有影响的牌号是"ПБ–5"和"北京02"。该类型缓蚀剂的主要优点是合成工艺简单,水溶性较好。但是,它们有两个致命的缺点:一是所用的原料为甲醛和苯胺,这两种物质都是有毒物质。甲醛对人体视神经有强烈的刺激作用,苯胺则被公认为是致癌物质。"ПБ–5"和"北京–02"缓蚀剂的聚合条件不可能保证反应进行得完全,缓蚀剂中游离苯胺的量一直是人们十分关注的问题。特别是"北京–02",往往是在现场配制,用量配比和反应条件都不可能严格,它在合成和使用过程中对操作工人的安全以及排放后对环境都是极其有害的。另一个缺点是,由于聚合度的不同,对它的物理性能(主要是水溶性)和缓蚀效率都有显著的影响。而聚合度不仅随聚合条件的变化而变化,而且还随缓蚀剂存放时间的不同而变化,因此,性能不易稳定。

②硫脲及其衍生物类。这类缓蚀剂使用较多的硫脲和二邻甲苯硫脲。比较有影响的牌号是"天津若丁",它是以二邻甲苯硫脲为主要组分的缓蚀剂,缓蚀性能比硫脲好,但水溶性很差,使用很不方便,硫脲比二邻甲苯硫脲具有更好的水溶性,而且还具有一定的络合铜离子的能力。但是,这类缓蚀剂的缓蚀性能不十分理想,在较高温度下还会分解。

③吡啶及其衍生物类。这类缓蚀剂的原料都是从煤焦油或油母页岩炼制过程中所得到的副产品中分离出来的,主要成分是吡啶和喹啉的衍生物混合物,成分很复杂。其中有代表性的牌号是"抚顺若丁"。这类缓蚀剂具有较好的缓蚀性能和酸溶解性能,是一种高效缓蚀剂。但吡啶和喹啉的奇特臭味使它的应用范围受到一定限制。

④化工废料加工成的缓蚀剂。这类缓蚀剂都是化工或医药工业中的下脚料经过适当的处理而制成,其成分较复杂,多是含硫、氮的高分子化合物。其中比较有影响的产品是 HS–415 和 IMC–4。这些缓蚀剂一般都具有比较高的缓蚀效率,但由于是下脚料,大都又未经过严格的分馏,有用组分和无用组分都在其中,所以有的用量较高,有的水溶性和酸溶性不太好,还有一定的臭味。利用下脚料为原料研制和生产酸洗缓蚀剂,既消除了其他工业中的废物排放,又为缓蚀剂开辟了价格便宜的原料来源。但是由于成分过于复杂、物理性能不好等原因,很难在化工下脚料中得到性能比较优良的缓蚀剂。

⑤IMC－5缓蚀剂。IMC－5缓蚀剂是橘红色液体,随原料纯度不同,颜色深浅也不同,无特殊味道。在水和酸溶液中溶解时,开始有淡黄色悬浮物出现,经搅拌后,淡黄色悬浮物消失,溶液呈无色透明状。使用IMC－5缓蚀剂时,最好在搅拌条件下逐渐加入到酸洗液中,以减少质量浓度不均匀的现象发生。

IMC－5是缓蚀效率非常高的缓蚀剂,当添加缓蚀剂质量分数为酸液的0.01%时,缓蚀效率达到90%以上;添加缓蚀剂质量分数为0.2%时,缓蚀效率为98%以上。这时,碳钢的腐蚀速率在1 g/(m² · h)左右,这对中小型锅炉,就是对大型发电锅炉也是安全可靠的。试验证明,IMC－5应用于质量分数为12%以下的盐酸溶液中是完全可行的。同时在质量分数6%的盐酸溶液中,IMC－5的质量分数为0.2% ~ 8.5%、温度为40 ~ 80 ℃时,仍具有较高的缓蚀效率(质量分数为97% ~ 99%)。试验表明,提高缓蚀剂质量浓度,对70 ~ 80 ℃时的腐蚀具有更强的抑制能力。

IMC－5在氢氟酸溶液中还具有较高的缓蚀效率。在质量分数为2%的氢氟酸溶液中,50 ℃时,添加的质量分数为0.05%的IMC－5就可以使20#碳钢的腐蚀速率抑制到0.7 g/(m² · h),缓蚀效率达到98%。IMC－5属低毒类物质,同时无奇特臭味,实际使用剂量又很低,使用IMC－5进行化学清洗不会对环境造成污染。

我国国产酸洗缓蚀剂见表4.4。

表4.4　常用国产酸洗缓蚀剂

缓蚀剂名称	主要组分或结构	适用酸种	适用金属
天津若丁(旧)(又名五四牌)	二邻甲苯硫脲、食盐、糊精、皂角粉	盐酸、硫酸	黑色金属
天津若丁(新)(又名工读－P型)	和旧若丁基本相同,只是用表面活性剂平平加代替了皂角粉	盐酸、硫酸、磷酸、氢氟酸、柠檬酸	黑色金属黄铜
工读－3号	乌洛托品与苯胺的缩合物	盐酸	黑色金属
沈1－D	甲醛和苯胺的缩合物	盐酸	黑色金属
02	页氮、硫脲、平平加、食盐	盐酸	黑色金属
粗吡啶	粗吡啶	盐酸、氢氟酸	黑色金属
页氮	页氮	盐酸、氢氟酸	黑色金属
1901	四甲基吡啶鉴残	盐酸、氢氟酸	黑色金属
乌洛托平	六次甲基四胺	盐酸、硫酸	黑色金属
页氮 + K1	页氮、K1	> 100 ℃、盐酸	黑色金属
粗吡啶 + K1	粗吡啶、K1	硫酸	黑色金属
Πσ－5 + 马洛托品	混合应用	盐酸、硫酸	黑色金属
α或β萘胺	α或β萘胺	硫酸	黑色金属
胺与杂环化合物	α或β萘奎啉二苄胺	硫酸	黑色金属
胺与杂环化合物	萘二胺－(1.3)二苯胺	硫酸	黑色金属

续表4.4

缓蚀剂名称	主要组分或结构	适用酸种	适用金属
1143	二丁基硫脲溶于质量分数为25%的含氮碱性液	硫酸	黑色金属
抚顺页氮	质量分数30%粗吡啶、邻二甲基硫脲、平平加	盐酸	黑色金属
蓝－5	乌洛托品、苯胺、硫氰化钾	硝酸	钢铁、不锈钢、铜、铝
SH－415	工业盐酸、氯苯，MAA树脂为原料	盐酸	碳钢
SH－501	十二烷基二甲基苯基氯化铵，苯基三甲基氯化铵为原料	柠檬酸	碳钢
氢氟酸酸洗	2－巯基苯并噻唑，OP等	氢氟酸	碳钢、合金钢
仿Rodine31A	二乙基硫脲，特辛基苯聚氧乙烯醚烷基吡啶硫酸盐	柠檬酸	碳钢、合金钢
仿1bit30A	1∶3－二正丁基硫脲，咪唑季铵盐等	柠檬酸	碳钢、合金钢

使用哪种缓蚀剂要按照使用说明书上要求的用量在锅炉外加入酸洗溶液中，绝不允许先在酸液进入锅炉后再加缓蚀剂。

5. 锅炉酸洗除垢过程

（1）锅炉酸洗条件。锅炉酸洗时，必须具备下列条件。

① 经试验判明是缓蚀剂盐酸能够清除的水垢。

② 锅炉铆、焊缝和胀口严密，各部位无严重腐蚀和泄漏。

③ 锅炉受热面水垢覆盖率达到80%以上，并且无过热器的蒸汽锅炉和热水锅炉水垢的平均厚度超过 1 mm，有过热器的蒸汽锅炉水垢的平均厚度超过 0.5 mm。

④ 两年之内没有进行过酸洗。

（2）酸洗前的准备。锅炉酸洗前应做好下列准备工作：

① 彻底冲洗锅内的泥垢，防止浪费酸液和降低酸洗效果。

② 打开锅炉的人孔和手孔，检查锅炉的结垢面积和垢层厚度，当水垢的平均厚度在 0.5 mm 以上，传热面的水垢覆盖面积大于80%时，才能进行酸洗。

③ 检查炉管的腐蚀情况，从炉膛内观察炉管有否过烧现象及局部渗漏炉水现象，以防发生管壁洗漏事故。

④ 取出垢样，进行成分分析，根据水垢成分，采取相应的酸洗措施。若属碳酸盐为主的水垢或氧化铁水垢，则可直接用缓蚀剂盐酸进行清洗；若属硫酸盐为主的水垢，则需先用高质量浓度的 Na_2CO_3 和 Na_3PO_4 进行碱煮置换，然后再用盐酸进行清洗；若属硅酸盐为主的水垢，碱煮置换后，在缓蚀剂盐酸中加质量分数为1%的氢氟酸或质量分数为0.5%的氟化物进行清洗。需要强调的是，氢氟酸有强烈的腐蚀性，必须由指定的专业酸单位采取特殊防护措施才能操作。

⑤ 将取出的具有代表性的垢样，放入配制好的酸洗液中进行溶垢试验，以便确定酸洗时间、质量分数和温度等条件。

⑥ 了解和掌握购进酸的质量分数及缓蚀剂的牌号和性能。

⑦ 卸下锅炉的安全阀、压力表及铜质部件,以免酸洗时造成损坏或加剧金属的腐蚀。安全阀卸下后,出口不要堵死,以便酸洗过程中产生的二氧化碳气体能通畅地排出锅外。

⑧ 根据锅炉的水容积和水垢厚度,计算酸洗液的质量分数以及盐酸和缓蚀剂的用量。

⑨ 备好耐腐蚀的配酸槽、耐酸泵和输酸管道,在有条件时其容积最好能满足锅炉一次酸洗的用酸量;无此条件时,可用小容积的酸箱,分 2 ~ 4 次配制,逐次注入炉内。但不允许每次注酸的相隔时间过长,最好在 30 ~ 40 min 内将酸注满锅炉,以避免先进酸的部位出现过洗和后进酸的部位清洗不完全等酸洗不均匀的现象发生。

⑩ 配备耐酸工作服、胶手套、护目镜和口罩等必要的保护用品及手电筒或低压照明灯。制定酸洗作业安全规程。要求参加酸洗的工作人员,熟悉工艺过程、方法及要点,遵守安全规程,穿戴必要的防护用品。酸洗过程中,禁止在接近锅炉开口处吸烟或用明火照明。酸洗后,锅炉必须经碱液中和,用清水冲洗干净后,工作人员才能进入锅炉检查和作业。酸液溅到皮肤上时,应立即用大量清水或质量分数为 2% 的碳酸氢钠溶液进行冲洗。

(3) 酸洗工艺要求。

① 温度。随着温度的升高,将提高除垢效果,同时会增加酸液对钢板的腐蚀速度,酸洗温度对钢板腐蚀速度的影响见表 4.5。

从表 4.5 可看出,酸洗温度超过 70 ℃ 时,腐蚀速度比常温下的腐蚀速度大 10 倍。为了尽量减少锅炉腐蚀,在酸洗锅炉时任何情况下不应超过 60 ℃。酸液加热可采用电加热器将酸箱内的酸液加热到规定温度,也可采用在投酸前将锅水加热到 70 ℃ 以后再将炉火彻底熄灭,待锅水温度降至 60 ℃ 时,严密封闭炉门及尾部烟道出口,防止热量散失的炉内加热法。但绝对不得用炉膛明火直接加热酸液。

表 4.5 酸洗温度对钢板腐蚀速度的影响

温度 /℃	20	30	40	50	60	70	80
腐蚀速度 /$[g \cdot (m^2 \cdot h)^{-1}]$	0.32	0.42	0.60	0.90	1.76	3.05	5.67
腐蚀速度的比较倍数	1.0	1.3	1.9	2.8	5.3	9.5	17.7

② 质量分数。酸洗溶液质量分数增大可加快酸洗速度,也会加快对锅炉的腐蚀,且还会造成酸液浪费。所以,酸液质量分数应根据水垢的厚度来确定,一般为 4% ~ 8%,最高不应超过 10%。如酸洗后期,化学反应还远未结束,但锅炉内酸液质量分数已降得很低,可往锅炉内再补充新的酸液。

③ 时间。实验表明,锅炉钢板经过 20 次反复酸洗后,横向试样塑性指标会明显降低,断面收缩率降低得更多,而且压延面两侧会有针孔腐蚀。以上现象说明长时间反复酸洗会对锅炉造成损坏,所以应尽量控制酸洗时间,锅炉每次酸洗时间(从注酸到排酸)一般不超过 12 h,酸洗的时间应由化验结果来决定。

④Fe^{2+} 质量浓度。缓蚀剂不能阻止 Fe^{2+} 的电化学腐蚀过程($Fe + 2Fe^{3+} \longrightarrow 3Fe^{2+}$),酸洗溶液中如果 Fe^{2+} 质量浓度过高,会加深针孔腐蚀,增加渗氢量,使钢材塑性指标显著降低。所以,要严格控制酸洗溶液中的 Fe^{2+} 质量浓度,在酸洗过程中每隔 30 min 测定一

次 Fe^{2+} 质量浓度,当 Fe^{2+} 质量浓度达到 500 mg/L 时,应在酸洗溶液中加入适量的亚硫酸钠、氯化亚锡或次亚磷酸等强还原剂。

(4)酸洗系统。酸洗前应根据锅炉结构、锅炉房现有条件、清洗方式等具体情况依下列原则设计酸洗系统。

① "碱煮" 和浸泡不需要循环系统。

② 强制循环的热水锅炉必须采用循环清洗。

③ 各炉型循环清洗系统如图 4.5 ~ 4.7 所示。清洗液可从锅炉上部或下部进入。

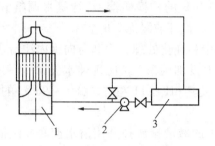

图 4.5　立式锅炉酸洗系统图
1— 锅筒;2— 酸泵;3— 酸液箱

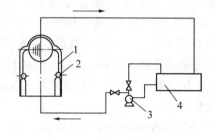

图 4.6　卧式整装锅炉酸洗系统图
1— 水冷壁;2— 集箱;3— 酸泵;4— 酸液箱

清洗循环系统由配酸箱、清洗泵、输酸管道和锅炉的清洗回路组成,并应符合下列要求:

a.清洗泵入口或清洗液箱出口应装滤网。滤网孔径应小于 5 mm,且有足够的面积。

b.清洗液的进管、回管应有足够的截面积,保证清洗液的流量。

c.清洗液箱应有足够的容积,保证清洗通畅,并能顺利地排出沉渣。

d.锅炉下降管应设节流装置。

e.清洗泵应耐腐蚀,泵的出力应能保证清洗所需的清洗液的流速和扬程。

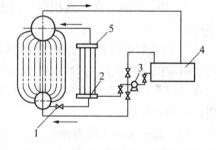

图 4.7　双锅筒纵置式锅炉酸洗系统图
（两个回路）
1— 阀门;2— 下集箱;3— 酸泵;
4— 酸液箱;5— 上集箱

f.清洗系统内的阀门应灵活、严密、耐蚀。含有铜部件的阀门、计量仪表应在酸洗前拆除、封堵或更换成涂有防腐涂料的管道。与锅炉清洗无关的管道应予堵塞。

g.锅炉顶部及封闭式清洗液箱顶部应设排气管。

h.清洗系统中应有采样点。

i.省煤器的清洗应与锅炉分开进行。

j.需要时也可装设喷射注酸装置和蒸汽加热装置。

k.清洗系统应严密不漏。系统安装完毕后应清理系统内的砂石、焊渣和其他杂物。

(5)酸洗工艺过程。

① 进酸。将符合规定温度和质量分数的盐酸注入锅炉内,全部进酸时间尽量不超过30 min。为提高除垢效果,应将进酸管口放在水垢比较厚的位置。如无配酸设备时,可先将锅炉上好水,然后将盐酸加入到规定的质量分数。

② 浸泡或循环。进酸后即开始浸泡或循环。循环可以提高除垢效果,但是对钢材的

腐蚀速度要比静态浸泡法为高,因此流速一般应控制在 0.05 ~ 0.5 m/s 范围内,最高不大于 1 m/s。在浸泡或循环过程中,应每隔 30 min 在取样点取酸液化验一次质量分数,两次化验之间的酸度差小于 0.2% 时,即可结束浸泡或循环酸洗。

③ 回酸。酸洗结束后,应立即回酸,回酸的时间最多不要超过 30 min,以防金属面暴露在大气中造成腐蚀。回酸的后期应用清水迅速将废酸液顶出,并用大量清水冲洗,使排出液的 pH 在 4 ~ 4.5 范围内。排出的废酸液应经石灰或纯碱中和处理,达到排放标准后再往下水道中排放。

④ 漂洗。一般采用质量分数为 0.1% ~ 0.3% 的柠檬酸溶液,加氨水调整 pH 至 3.5 ~ 4 后进行漂洗。溶液温度维持在 75 ~ 90 ℃ 循环或浸泡 2 h 左右。

⑤ 中和钝化。回酸和漂洗后必须立即进行中和钝化处理。中和时向锅内注清水,水面要超过酸洗液面 100 mm 以上,同时向锅炉内投加磷酸三钠(每吨水投加 1 ~ 2 kg Na_3PO_4)和氢氧化钠(每吨水投加 1 kg NaOH),使其 pH 在 11 左右,在 80 ~ 90 ℃ 的温度下钝化 8 h 左右。

⑥ 冲洗检查。中和钝化结束后,应将锅炉内的碱液排放掉并用清水彻底冲洗锅炉,以清除残余水垢和泥渣,直到排水清晰为止。这时就可进入锅炉检查除垢效果,有无腐蚀等情况,并将结果详细记录,放入锅炉安全技术档案中。如果发现酸洗中脱落的水垢碎片沉积在锅筒、下联箱底部或积留在管子中,一定要及时全部清除,以防止造成堵管或鼓包事故。

⑦ 酸洗后的处理。锅炉酸洗除垢后,应立即投加软水剂或使用软化水点火运行,运行中锅水碱度要保持在 14 ~ 20 mmol/L,并加强排污工作,直至炉水的颜色及浑浊度达到正常时,再恢复正常碱度和排污量。酸洗后不能立即投用的锅炉,应做好停炉保养工作,以防止锅炉腐蚀。

(6)低压锅炉化学清洗规则。为了确保锅炉酸洗质量,防止因清洗不当导致事故发生,2017 年国家颁发了《蒸汽和热水锅炉化学清洗规则》(GB/T 34355—2017)。对锅炉化学清洗条件、化学清洗系统、清洗剂和缓蚀剂的选择、清洗工艺及化学监督等都作了规定,要求专业酸洗单位必须获得劳动部门锅炉压力容器安全监察机构的资格认可,发给酸洗合格证,才准承担锅炉化学清洗任务。使用单位自行酸洗的必须制订酸洗工艺方案,经当地劳动部门批准后方可自行酸洗锅炉。锅炉化学清洗工作必须接受劳动部门锅炉压力容器安全监察机构的检查和监督。

4.3.2 碱煮除垢法

1. 碱洗除垢原理

碱洗除垢也称为碱煮除垢。它是将某些碱性药剂加入锅水中,在一定温度和压力下进行煮炉。这种方法对水垢的疏松作用是主要的,对水垢的溶解作用是次要的。所以,一般碱洗除垢后,往往要辅以机械除垢。

碱洗除垢适用于结有较多的硫酸盐水垢和硅酸盐水垢锅炉的清洗,除垢率可达 80% 左右。

碱洗除垢所用的药剂有氢氧化钠和磷酸三钠。氢氧化钠溶液对锅炉附着的油污、油垢及硅酸盐垢有一定的溶解作用,其反应式为

$$SiO_2 + 2NaOH \longrightarrow Na_2SiO_3 + H_2O$$

硅酸钠(Na_2SiO_3)又称水玻璃,它易溶于水。

因 $Ca_3(PO_4)_2$ 的溶度积非常小,所以磷酸三钠溶液能够使坚硬、致密的硫酸钙和碳酸钙水垢软化成为松软的磷酸钙沉淀,其反应式为

$$3CaSO_4 + 2Na_3PO_4 \longrightarrow Ca_3(PO_4)_2\downarrow + 3Na_2SO_4$$
$$3CaCO_3 + 2Na_3PO_4 \longrightarrow Ca_3(PO_4)_2\downarrow + 3Na_2CO_3$$

2. 碱洗药剂用量

根据锅炉结垢厚度的不同,碱洗时药剂用量见表4.6。

表 4.6　碱洗时药剂用量

水垢厚度/mm	加药量/($kg \cdot t^{-1}$)		
	磷酸三钠(含结晶水)	氢氧化钠	橡椀栲胶
1 ~ 2	2 ~ 3	1 ~ 2	5 ~ 7
3 ~ 4	3 ~ 4	2 ~ 3	7 ~ 9
> 5	4 ~ 5	3 ~ 4	10

3. 碱洗工艺过程

(1) 配制碱液。根据计算,称取需用的氢氧化钠和磷酸三钠适量,放入水箱或水池中,搅拌溶解,然后启动给水泵将碱液送入锅内。

(2) 煮锅。煮锅一般有常压煮锅和带压煮锅两种方法。

① 常压煮锅。将锅炉点火升温,待锅水沸腾后,宜用小火保持锅水沸腾状态。煮锅时间一般在 24 ~ 40 h。煮锅结束后,当锅水温度降至 70 ℃ 左右时,才可放水。

② 带压煮锅。锅炉点火,缓慢升压,一般用24 h把压力升至工作压力的50%,然后保温、保压维持24 ~ 48 h,结垢严重时煮锅时间可以长达4 ~ 5 d,要昼夜连续进行。碱洗期间不要排汽和用汽,以免影响效果。煮锅过程中,水位应经常保持在水位表上限,当发现水位低时,应及时补水。

碱洗监督可用分析锅水中磷酸根质量浓度的变化来判断碱洗的终点。当锅水中磷酸根质量浓度基本稳定时,碱洗即可结束。

碱洗结束后停炉清洗,将锅水放尽,打开人孔、手孔和检查孔,用压力水冲清掉泥渣,对于残存的水垢,要立即进行机械清除,否则泥渣会重新硬化而难以清除。

碱洗除垢方法简单、操作方便、副作用小,但除垢时间长,药剂消耗较多,对水垢清除不彻底,且必须在煮炉后再进行机械清除和酸洗,所以,一般用作酸洗除垢的预处理。对于铆、胀接锅炉,为了防止苛性脆化,尽可能不采用碱洗除垢。

4.3.3　橡椀栲胶除垢

栲胶又名血料,是以栎树上包围着果实的壳(即橡椀)为原料而制成的黄褐色粉末物质。它的主要成分是单宁(质量分数为62% ~ 71%),溶于水形成弱酸性胶体溶液(pH = 3.8 ~ 4.2)。栲胶溶液具有很强的渗透能力,它能渗透到垢层内部,而使水垢疏松、龟裂以至脱落,因此,用栲胶煮炉可以清除锅内积垢。

栲胶除垢主要适用于碳酸盐水垢。对以硫酸盐为主的水垢,必须配用较多的纯碱或

磷酸三钠(约为栲胶量的 2/5 或 2/7)。

栲胶除垢宜在较高温度下进行,锅水循环越好除垢效果越明显。对于压力 $p <$ 1.0 MPa 的锅炉,可采用运行除垢。当水温超过 200 ℃ 时,栲胶中的某些成分会分解,影响除垢效果。对于压力 $p >$ 1.0 MPa 的锅炉,宜采用降压运行除垢。

煮锅完毕必须停炉,及时放掉泥污并冲洗干净,然后打开炉体,检查并清除垢块,如发现效果不佳时,可进行第二次煮锅。

栲胶有一定的除垢作用。但由于栲胶 pH 低,为防止腐蚀锅炉,通常将橡椀栲胶与碱性药剂混合使用,其用量见表4.6。

1. 除垢机理

(1) 疏松作用。由于栲胶中的主要成分单宁在碱性介质中,易水解成没食子酸,它对结垢的金属离子产生络合作用,对碳酸盐水垢产生溶解作用,因此,使水垢疏松而容易脱落下来。

(2) 剥离作用。栲胶中的单宁具有较强的渗透性,可以穿过垢层渗透到水垢和锅炉基体金属之间,在金属表面形成单宁酸铁保护膜,它破坏了水垢与金属之间结合强度,容易使水垢剥离下来。

(3) 改变晶型结构作用。栲胶与硫酸盐水垢作用,使硫酸盐水垢结晶由坚硬致密的针状或棒状结构变为较松软的团状结构。

2. 除垢方法

(1) 栲胶用量。按锅炉的水容积,每吨水加栲胶5 ~ 10 kg,或根据结垢的厚度来确定栲胶的用量。

(2) 调整 pH。用纯碱、烧碱或磷酸三钠调节栲胶除垢液的 pH > 7,碱剂用量可参考碱洗液的药剂用量。碱剂的加入不仅有利于栲胶的除垢效果,同时也有利于增加水垢表面的润湿性和油污及硫酸盐垢的去除。

(3) 除垢方法。对于工作压力 $p <$ 1 MPa 水容积较大的锅炉,可边运行边除垢。对于工作压力 $p >$ 1 MPa 的锅炉,为防止单宁的分解,采用降压除垢。除垢时压力应控制在 0.5 ~ 0.8 MPa,维持 3 ~ 7 d。

3. 注意事项

(1) 除垢前。除垢前应先将锅水放尽,清理汽包和联箱内的沉渣,检查炉体及管道腐蚀和损坏情况,如有腐蚀严重、裂缝、穿孔时,应修补更换,以免造成泄漏和发生事故。

(2) 分析与测量水垢。分析水垢的性质和测量水垢的厚度,以便确定加药量、煮锅时间及排污方式。

(3) 药剂处理。栲胶和碱混合均匀,用少量60 ~ 80 ℃ 的热水调成糊状,待泡沫消失后加水稀释,并充分搅拌,等药溶解后用纱布滤去杂质再用。

(4) 煮炉除垢期间。在煮炉除垢期间,补给水必须加栲胶和碱剂,以保持锅内一定的质量浓度。栲胶加入量一般为 100 ~ 200 g/m^3,碱剂加入量是根据锅水 pH 来确定。

(5) 排污。除垢期间,排污是影响效果的重要因素,所以排污量要掌握适当。对于火管锅炉宜少排或不排,对于结垢较多,水容量较小的水管锅炉,为防止脱落的水垢堵塞水管,一般是在煮锅48 h后进行排污,然后每隔8 h排污一次。

(6) 煮炉结束。煮炉结束后,应立即停炉,放掉锅水,打开人孔、手孔,清除脱落下来的垢块。

橡椀栲胶除垢具有操作简单、经济安全、对锅炉无损伤等优点,但除垢时间过长,且除垢效果比碱洗除垢和酸洗除垢差。

复　习　题

1.什么叫水垢? 水垢形成的原因是什么?
2.怎样鉴别碳酸盐水垢、硫酸盐水垢、硅酸盐水垢和氧化铁为主的水垢?
3.怎样防止结生水垢?
4.酸洗除垢的原理是什么? 锅炉酸洗的条件是什么?
5.什么是缓蚀剂? 其作用原理是什么? 什么是缓蚀效率?
6.碱法除垢有何优缺点?

第 5 章　　水的离子交换处理

通过水的预处理可除去水中的悬浮物质和部分胶体物质。为除去水中的离子状态杂质,通常采用离子交换的处理方法,它既可除硬度,又可除碱和盐。所以,离子交换处理能达到锅炉给水的离子状态杂质含量的限值要求。

离子交换水处理是一种去除水中可溶性杂质离子的方法,即采用离子交换剂,使交换剂中的可交换离子和水中同电性离子产生符合等量规则的可逆性交换,交换剂的结构并不发生实质性(化学的)变化而水质获得改善的水处理方式。上述交换过程中,水被软化、除碱和除盐,与溶液中的离子进行等当量交换反应的物质称为离子交换剂。离子交换过程是依靠离子交换剂本身所具有的某种离子和水中同电性的离子相互交换而完成的,如交换反应:

$$2NaR \quad + \quad Ca^{2+} \Longrightarrow CaR_2 \quad + \quad 2Na^+ \tag{5.1}$$
$$\text{Na 型离子交换剂} \qquad\qquad \text{Ca 型离子交换剂}$$

式中,R 不是化学符号,只用于表示离子交换剂母体。反应后 Na 型离子交换剂因吸附水中的 Ca^{2+} 而转变为 Ca 型离子交换剂,原含 Ca^{2+} 的水因其 Ca^{2+} 同 Na 型离子交换剂上的 Na^+ 发生交换而得到软化。Na 型离子交换剂失去交换能力后可用工业食盐溶液再生。

离子交换水处理具有高效、简便、交换剂可再生、去除水中离子状态杂质比较彻底、适应性广等特点。根据待处理水中所含离子的特点采用不同的离子交换水处理方式,可以得到满足各类型锅炉对给水离子态杂质的水质要求。生水经过混凝、沉淀和过滤处理后,虽然表面看上去水已清澈、透明,悬浮杂质极少,但水的硬度或碱度有时不能达到锅炉给水水质的要求,所以,锅炉补给水在进行预处理后常要用离子交换法来进一步除去以离子状态存在于水中的杂质,以确保锅炉安全、经济、稳定运行。

离子交换设备运行方式分为静态和动态,静态是指离子交换剂与静止不动的水接触(有时还需搅拌)进行离子交换,然后将它们彼此分离,所以只能间歇使用,在工业上一般不使用,只宜于在实验室中研究离子交换剂的性能时采用;动态方式是指水在流动状态下进行的离子交换,是工业上常采用的方式。动态交换方式又分为固定床和连续床等。

5.1　离子交换的基本知识

5.1.1　离子交换概述

1. 发展史

在古代人们采用沙砾净水,沙漠地带的人类部族早就知道用树木使苦水变甜,开始了不自觉地运用自然界的离子交换。

1850 年左右,英国人汤姆森(Thompson)和韦(Way)发现了离子交换反应,并系统地报告了土壤中钙、镁离子和水中钾、铵离子的交换现象,该发现得到当时科学界的重视。

20 世纪初,英国人哈姆斯(Harms)和吕普勒(Leipner)报道了硅酸铝盐离子交换剂的合成。甘斯(Gans)首先把天然的和合成的硅酸铝盐离子交换剂应用于工业软水和糖的净化。以后,为克服硅质离子交换剂的缺点,又发现了磺化煤阳离子交换剂。

1933 年英国人亚当斯(Adams)和霍姆斯(Holms)首先人工制造酚醛类型的阳、阴离子交换树脂。后来,德、英、美、苏、日等国都开始进行离子交换树脂的工业规模生产。

1945 年美国人迪阿莱里坞(D'Alelio)发明了聚苯乙烯型强酸性阳离子交换树脂和聚丙烯酸型弱酸性阳离子交换树脂的制备方法。后来,聚苯乙烯阴离子交换树脂、氧化还原树脂、螯合型树脂以及大孔型树脂又相继出现,使离子交换技术得到日益广泛的应用。

水质处理是离子交换剂运用最多的领域,离子交换技术的发展与水处理技术的发展紧密相关。中华人民共和国成立初期,我国低压锅炉主要采用沸石软化水来满足锅炉对水质的要求,后来,改用磺化煤代替沸石。随着高压和超高压锅炉的应用,相应对补给水的水质要求更高,促使锅炉水处理技术进一步得到发展,促进了离子交换树脂的合成及其应用技术的发展。现在,离子交换水处理已成为锅炉水处理中关键的工艺,离子交换树脂在锅炉水处理中已得到广泛应用。

2. 离子交换剂的分类

离子交换剂种类很多,分类方法也很不统一。一般根据离子交换剂上所带的交换功能基团(活性基团)的特性进行分类。凡带酸性功能基团,能与阳离子进行交换的,叫阳离子交换剂;凡带碱性功能基团,能与阴离子进行交换的物质,叫阴离子交换剂。按功能基团上酸或碱的强弱程度,粗略地划分为强、弱(酸性或碱性)离子交换剂。

此外,离子交换剂还有天然和人造、有机和无机、大孔和凝胶等之分。离子交换剂分类的大致情况如图5.1所示。

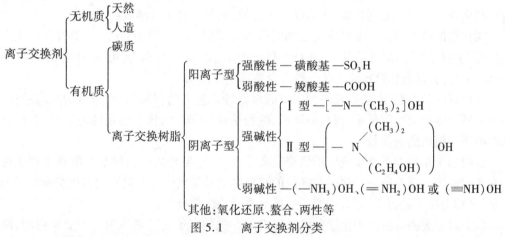

图 5.1　离子交换剂分类

最早使用的离子交换剂是无机质的天然海绿砂和天然沸石,天然沸石是阳离子交换剂,色浅,具有玻璃光泽,是含有水的钠、钙以及钡、钾等硅铝酸的盐类。后来出现了合成的人造沸石。这几种离子交换剂由于颗粒核心结构致密,只有颗粒表层交换,故交换能力很弱,而且机械强度和化学稳定性较差,在锅炉水处理中已不再使用。目前应用的(离子交换剂)是有机质的磺化煤和合成离子交换树脂。

3. 离子交换剂的结构

离子交换剂是一种含有离子交换基团的不溶性的高分子化合物,通过在不溶性高分子母体上引入若干可离解基团(活性基团)而制成,具有立体网状交联结构。它不溶于酸性或碱性溶液中(磺化煤不耐碱),却具有酸或碱的性质。离子交换剂的结构包括两部分:一部分是具有网状结构的高分子骨架,起支撑整个化合物的作用;另一部分是能离解的活性基团。活性基团能牢固地与高分子骨架结合,不能自由移动,称为惰性物质。活性基团上带有能离解的离子,可以自由移动,并与周围的外来同电性离子互相交换,称为可交换离子,如图5.2所示。

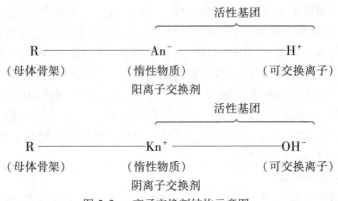

图 5.2　离子交换剂结构示意图

根据可交换离子的极性不同,离子交换剂分为两类:阳离子交换剂和阴离子交换剂。阳离子交换剂中可交换离子为阳离子,阴离子交换剂中可交换离子为阴离子,而离子交换仅仅是离子交换剂中的可交换离子与水中电解质的同性电荷离子之间的交换反应。

(1) 磺化煤。磺化煤是用粉碎的烟煤,经过发烟硫酸(浓硫酸与质量分数为18% ~ 20% 的 SO_3 的混合物)磺化处理后,再经过洗涤、干燥、筛分等工序而制成的。磺化煤是直接利用煤质本身的空间结构,作为高分子骨架,它是黑色无光泽颗粒。

磺化煤的活性基团主要是磺化处理时引入的磺酸基($-SO_3H$)。此外尚有一些煤质本身原有的基团(如羧羟基 $-COOH$ 和 $-OH$)以及因硫酸氧化作用生成的羧基($-COOH$),所以磺化煤实质上是一种混合型离子交换剂。

磺化煤的价格较便宜,现在小型锅炉的水处理工艺中仍有采用,用于水的脱碱软化,但由于磺化煤有交换容量小、机械强度低、性脆易碎、不耐磨、化学稳定性差等缺点,已逐渐被离子交换树脂所代替。

交换容量是指离子交换剂能提供交换离子的量,它反映离子交换剂与溶液中离子进行交换的能力。通常所说的离子交换剂的交换容量是指离子交换剂所能提供交换离子的总量,又称为总交换容量,它只和离子交换剂本身的性质有关。

(2) 离子交换树脂。用化学合成法制成的有机质离子交换剂称为离子交换树脂,简称树脂(Resin)。离子交换树脂化学表达式一般用字母"R"代表除活性基团之外的部分,例如钠型树脂表示为 $R-SO_3Na$ 。

离子交换树脂是一种高分子化合物,是由许多低分子化合物(单体)经聚合或缩合过程彼此头尾结合串联而成。根据其单体的种类,离子交换树脂可分为苯乙烯系、丙烯酸系和酚醛系等。

① 苯乙烯系离子交换树脂。苯乙烯系是现在我国用得最广泛的一种,是用苯乙烯和二乙烯苯(Divinylbenzene,DVB)进行共聚制成的高分子化合物,其反应为

从上述反应可见,二乙烯苯可将苯乙烯长链交联起来,使其机械强度增大,所以二乙烯苯又称为架桥物质。离子交换树脂上所标的交联度,就是指聚合时所用架桥物质二乙烯苯的质量占苯乙烯和二乙烯苯总质量的百分率。

树脂交联度是离子交换树脂的重要结构参数。它与树脂的交换容量、选择性、溶胀性、微孔尺寸、含水量、稳定性等密切相关。

在水质处理中,为降低交换剂层的流动阻力、便于树脂运输及减少磨损,常在合成离子交换剂时直接制成小球状。这种小球是将单体放在水溶液中,使其在悬浮状态下聚合而成。由苯乙烯和二乙烯苯制得的是高分子化合物聚苯乙烯,还没有可交换离子的基团,是半成品,称为白球。再将这些白球作进一步处理,即可得阴、阳离子交换树脂。

a. 苯乙烯系磺酸型阳离子交换树脂。它是由白球经浓硫酸处理而引入活性基团磺酸基($-SO_3H$)制得,它是直径为 $0.3 \sim 1.2$ mm 的棕黄色或咖啡色实心小球。磺化反应为

如果磺化程度足够,则每个苯乙烯的苯环上均有一个磺酸基。

b. 苯乙烯系阴离子交换树脂。它是将聚苯乙烯氯甲基化(以无水氯化铝或氧化锌为催化剂,用氯甲基醚处理),然后经胺化而得。其反应为

如果用叔胺[①]($R\equiv N$)处理反应产物,即得季铵型($R\equiv NCI$)强碱性阴离子交换树脂,即

[①]叔胺是 NH_4^+(或 NH_3)中 3 个 H 被烃基所替代而生成的化合物。仲胺和伯胺分别为在 NH_4^+(或 NH_3)中有 2 个和 1 个 H 被替代。季铵则是 NH_4^+ 中 4 个 H 全被替代。

$$\cdots\left[\text{CH}-\text{CH}_2\right]\cdots \atop {\text{CH}_2\text{Cl}}_n + R\equiv N \atop \text{叔胺} \longrightarrow \cdots\left[\text{CH}-\text{CH}_2\right]\cdots \atop {\text{CH}_2R\equiv NCl}_n$$

苯乙烯系季铵型阴树脂

如用仲胺(R≡NH)或伯胺(R—NH₂)处理,则生成的是弱碱性阴离子交换树脂。强碱性阴离子交换树脂有 Ⅰ 型和 Ⅱ 型之分。Ⅰ型是用三甲胺[(CH₃)₃N]胺化而得,Ⅱ 型则是用二甲基乙醇基胺[(CH₃)₂NC₂H₄OH]胺化而得。Ⅰ 型的碱性比 Ⅱ 型强,所以它去除 SiO_2 的能力也较强。

②丙烯酸系离子交换树脂。它是用丙烯酸(CH₂ ═ CH—COOH)或甲基丙烯酸(CH₂ ═ C—COOH)和二乙烯苯共聚而成。在此聚合物中,羧基(—COOH)就是活性基团,故这种离子交换树脂属于弱酸性阳离子交换树脂。其结构为

③大孔型离子交换树脂。普通聚合法制成的离子交换树脂其骨架是带有微孔的高分子凝胶体,故称凝胶型树脂。这种树脂的缺点是抗氧化性和机械强度较差,特别是阴离子交换树脂易受有机物污染。这些树脂在浸入水溶液时,溶胀体积变大,膨胀时机械强度降低,另外,如在运行中,树脂进行离子交换和再生,由一种形态转变为另一种形态时,因树脂膨胀率不同就会反复地膨胀和收缩,最终导致颗粒破裂。同时,这种树脂由于孔径小,不能吸附或者只能部分吸附溶液里具有较高分子质量的有机物(如腐殖酸),而且,这些被吸附的有机物在树脂再生时不能被置换出来,因此易受污染。

在20世纪50年代末制成了大孔型(MR 型)树脂。大孔型树脂和凝胶型树脂都是带有活性基团和网状结构的高分子化合物,它们的化学性质基本上是相同的,只是由于结构中孔眼大小的不同而使它们的物理性质有差别。凝胶型树脂在水溶液中的孔眼不是其原有的,而是发生在溶胀过程中,即当树脂浸入水中时,其可动离子和水发生水化过程,使树脂显示出孔眼,从而颗粒本身也胀大,大孔型树脂无论在干的或湿的状态下,用电子显微镜观察,都可看到孔眼。实际上,大孔型树脂由许多小块凝胶结合而成,小凝胶在结合中构成了许多较大的孔隙,这些较大的孔隙为树脂浸水时的膨胀提供了空间,故大孔型树脂在水溶液中不显示膨胀,凝胶型树脂和大孔型树脂的结构比较如图5.3所示。

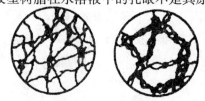

(a)凝胶型树脂　　(b)大孔型树脂

图 5.3　凝胶型树脂和大孔型树脂的结构比较

大孔型树脂的孔隙直径为$(200 \sim 1\,000) \times 10^{-8}$ cm,而普通凝胶型树脂的孔网直径平均为$(20 \sim 40) \times 10^{-8}$ cm。由于无机化合物离子的直径仅$(3 \sim 7) \times 10^{-8}$ cm,用普通凝胶型树脂是完全可以除去的。但被污染的水源中常含有分子较大的杂质,如蛋白质的分子有长达$(50 \sim 200) \times 10^{-8}$ cm,胶态硅化合物有的粒径大于500×10^{-8} cm,这就必须用大孔型树脂才能除去。

由于大孔型树脂中的孔大,不仅使离子交换反应的速度加快,而且能抗有机物的污染(因被截留的有机物容易在再生时通过这些孔道除去)。

大孔型树脂虽然有很多优点,但在价格上却比普通凝胶型树脂贵,设备投资和运行费用也大,因此,在水处理工艺中只有在某种特殊需要时才选用。

此外,根据某种用途尚有超凝胶型树脂、均孔型树脂等。

另外,含有锆氧、铬氧和钛氧等的磷酸盐或钨酸盐构成的无机阳离子交换剂,具有耐高温、耐辐照和交换容量高的特点,被应用于核工业中。

4. 离子交换树脂的命名

中华人民共和国国家质量监督检验检疫总局颁布的《离子交换树脂命名系统和基本规范》(GB/T 1631—2008 以下简称《规范》),对离子交换树脂的命名做了如下规定。

(1)命名和规格。命名形式上参考 ISO 对产品命名的原则。离子交换树脂的命名和规格按照下列标准模式,见表 5.1。命名由国家标准号、基本名称和单项组组成。

表 5.1   离子交换树脂的命名和规格标准模式

命名							
标 识 字 组							
国家标准号	基本名称	单项组					
		字符组 1	字符组 2	字符组 3	字符组 4	字符组 5	字符组 6

(2)基本名称。基本名称为离子交换树脂。凡分类属于酸性的,应在基本名称前加"阳"字;凡分类属于碱性的,在基本名称前加"阴"字。

(3)单项组。

为了命名明确,单项组又分为包含下列信息的 6 个字符组。

①字符组 1:离子交换树脂的形态分凝胶型和大孔型两种。凡具有物理孔结构的称大孔型树脂,在全名称前加"D"以示区别。

②字符组 2:以数字代表产品的官能团的分类。离子交换树脂按其官能团的性质分为强酸、弱酸、强碱、弱碱、螯合、两性、氧化还原树脂七类,官能团的分类和代号见表 5.2。

③字符组 3:以数字代表产品的骨架的分类。骨架的分类和代号见表 5.3。

④字符组 4:顺序号,用以区别基团、交联剂等的差别。交联度用"×"号连接阿拉伯数字表示。如遇到二次聚合或交联度不清楚时,可采用近似值或不予表示。

⑤字符组 5:不同床型应用的树脂代号,见表 5.4。

⑥字符组 6:特殊用途树脂代号,见表 5.5。

表5.2　离子交换树脂官能团的分类

代号	分类名称	官能团和代号
0	强酸	磺酸基($—SO_3H$)
1	弱酸	羧酸基($—COOH$)、磷酸基($—PO_3H_2$)等
2	强碱	季铵基$\left(—N^+(CH_3)_3 \quad —N^+\begin{matrix}(CH_3)_2\\ \\CH_2CH_2OH\end{matrix}\right)$等
3	弱碱	伯、仲、叔胺基($—NH_2$、$—NHR$、$—NR_2$)等
4	螯合	胺羧酸$\left(—CH_2—N\begin{matrix}CH_2COOH\\ \\CH_2COOH\end{matrix} \quad CH_2—CH_2—N\begin{matrix}CH_3\\ \\C_6H_8(OH)_6\end{matrix}\right)$等
5	两性	强碱－弱酸($—N^+(CH_3)_3—COOH$)　弱碱－弱酸($—NH_2$、$—COOH$)
6	氧化还原	硫醇基($—CH_2SH$)、对苯二酚基($HO—\bigcirc—OH$)等

表5.3　产品的骨架分类和代号

代　号	骨架名称
0	苯乙烯系
1	丙乙酸系
2	酚醛系
3	环氧系
4	乙烯吡啶系
5	脲醛系
6	氯乙烯系

表5.4　不同床型应用的树脂代号

用　途	代　号
软化床	R
双层床	SC
浮动床	FC
混合床	MB
凝结水混合床	MBP
凝结水单床	P
三层床混床	TR

表5.5　特殊用途树脂代号

特殊用途树脂	代　号
核级树脂	－ NR
电子级树脂	－ ER
食品级树脂	－ FR

【命名示例1】(图5.4)　大孔型苯乙烯系强酸性阳离子混床用核级离子交换树脂，交联度为7%。命名:D001 × 7 MB － NR。

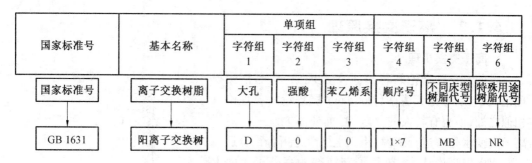

图 5.4　树脂名称表示方法

【命名示例2】　强酸性苯乙烯系阳离子交换树脂,交联度为7%。命名:001 × 7。

【命名示例3】　大孔型弱酸性丙酸系阳离子交换树脂。命名:D111。

按照《标准》编排的产品型号,离子交换剂产品新旧型号对照见表 5.6。

表 5.6　离子交换剂产品新旧型号对照

全　名　称	型　号	曾用型号名称(括号内为颗粒直径,未注单位者均为 mm)
强酸性苯乙烯系阳离子交换树脂	001 × 7	732(0.3 ~ 1.2);强酸1号(0.3 ~ 1.2);010(0.3 ~ 1.2);732 - 2(0.6 ~ 0.8);粉末树脂(0.1 ~ 0.07);强酸2号(10 ~ 36目);强酸3号(50 ~ 100目);强酸4号(100 ~ 200目)
	001 × 8	粉末树脂(100 ~ 200目)
	001 × 11	大密度树脂
	001 × 2	735
	001 × 4	734
	001 × 13	1 × 127
弱酸性丙乙酸系阳离子交换树脂	111	110
	112 × 1	724
	112 × 4	101
弱酸性酚醛系阳离子交换树脂	122	122
强碱性季胺 Ⅰ 型阴离子交换树脂	201 × 7	717(0.3 ~ 1.2);粉末树脂(0.1 ~ 0.07);强碱201(0.3 ~ 1.2)、214(0.3 ~ 1.2);707(0.3 ~ 1.2);717 - 2(0.6 ~ 0.8) 强碱2号(10 ~ 36目);强碱4号(100 ~ 200目);大颗粒离子交换树脂
	201 × 2	714
	201 × 4	711
	201 × 8	粉末树脂
弱碱性苯乙烯系阴离子交换树脂	301	301
	303 × 2	704
弱碱性环氧系阴离子交换树脂	331	330;701
螯合性胺羧基离子交换树脂	401	亚氨基二乙酸树脂

常用国产离子交换树脂的型号与技术参数见附表1。

5.1.2　离子交换原理

1.离子交换机理

目前有三种理论解释离子交换现象,即晶格交换
理论、双电层理论和唐南(Donnan)膜理论。各理论有
相似之处,但也有较大的分歧,目前还不能统一。对于
离子交换水处理过程来说,用双电层理论解释最合适。

双电层理论认为,在离子交换剂的高分子表面上
存在着与胶体表面相似的双电层如图 5.5 所示。结合
在高分子表面上的离子不能自由移动,称为固定离子
层或吸附层;其外部离子能在一定范围内自由移动,称
为可动离子层或扩散层。与内层离子极性相同的离子
称为同离子,极性相反的离子称为反离子。

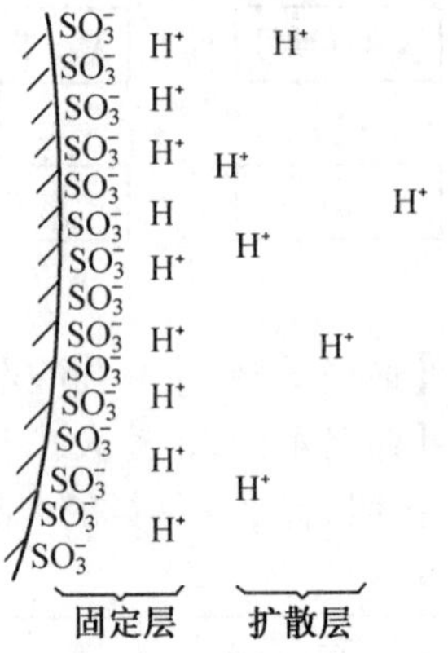

固定离子层中的同离子依靠化学键结合,在高分
子的骨架上,其层中的反离子是依靠异性电荷的吸引

图 5.5　离子交换剂的双电层结构

力被固定。在可动离子层中的反离子,由于受到异性电荷的引力较小,热运动比较显著,
所以这些反离子从高分子表面向溶液中逐渐扩散,在溶液中能自由移动并与溶液中被交
换离子互换位置,即进行离子交换。

离子交换剂遇到含电解质的水溶液时,双电层结构能够较好解释交换作用和压缩
作用。

离子交换作用主要发生在扩散层中的反离子和溶液中被交换离子之间。这是因为离
子层中离得越远的反离子,其能量越大,活动能力就越强,也就越易和被交换离子交换。
但是,这种交换不完全限制在可动离子层,溶液中的被交换离子交换至可动离子层后,因
动平衡关系,还会再与固定层中的反离子互换位置,进行交换。当溶液中盐类质量分数增
大时,会发生压缩作用,使可动离子层的活动范围变小,从而使可动离子层中部分反离子
变成固定层的反离子。这就可以解释当再生溶液的质量分数太大时,为什么不仅不能提
高再生效果,有时反而使效果降低。

2.离子交换速度及其影响因素

在采用离子交换的水处理中,一般总希望离子交换在较高的流速下运行,所以反应的
时间是有限的,因此,研究离子交换速度及其影响因素有重要的实际意义。

离子交换速度是指水溶液中离子浓度改变的速度,不是单指离子交换化学反应本身
的速度。

离子交换速度的大小主要受树脂颗粒特性和外界运行条件的影响,但由于影响离子
交换速度的因素较多,情况较复杂,至今还没有完全弄清楚。下面简要地阐述影响离子
交换速度的一些因素。

(1)树脂的交换基团。由于离子间的化学反应速度很快,所以树脂的交换基团一般
不会影响交换速度。例如,磺酸型阳树脂不论其呈 H、Na 或其他形态,对各种阳离子的交
换速度却有很大差别,见表 5.7,这是由于交换基团不同,膨胀率变化较大所致。

(2)树脂的交联度。树脂的交联度大,其网孔就小,则其颗粒内扩散就慢。所以对交

联度大的树脂,交换速度一般偏向受内扩散控制。尤其是水中有比较大的离子存在时,交联度对交换速度的影响就更显著。

表 5.7　交换基团形态与交换速度的关系

反　　应	达 90% 平衡所需时间	湿视密度/$(g \cdot L^{-1})$
$RSO_3H + KOH$	2 min	0.435
$RSO_3Na + CaCl_2$	2 min	0.500
$RCOOH + KOH$	7 d	0.400
$RCOONa + CaCl_2$	2 min	0.300

（3）树脂颗粒的大小。树脂颗粒越小,交换速度越快。但颗粒太小,会增加树脂层的阻力,所以树脂颗粒也不宜太小。

（4）水中离子的浓度。由于扩散过程是依靠离子浓度梯度而进行的,所以水中离子浓度是影响扩散速度的重要因素。当水中离子浓度较大(在 0.1 mol/L 以上)时,膜扩散(溶液中被交换的离子扩散到达树脂颗粒表面的过程称为膜扩散或外扩散)速度较快,整个交换速度偏向受内扩散(溶液中被交换的离子扩散透过树脂表面的半透膜进入树脂颗粒内部的网状结构中,此过程称为颗粒扩散或内扩散)控制,这相当于水处理工艺中树脂再生时的情况;若水中离子浓度较小(在 0.003 mol/L 以下)时,膜扩散速度就变得很慢,整个交换速度就偏向受膜扩散控制,这相当于阳离子交换树脂进行水软化时的情况。当然水中离子浓度变化时,树脂因膨胀和收缩也会影响内扩散速度。

（5）水的温度。在一定范围内,提高水温能加快离子交换速度。所以离子交换器运行时,将水温提高到 30 ~ 50 ℃ 可得到较好的交换效果。

（6）水的流速。树脂颗粒表面的水膜厚度随着流速的增加而减小,所以水流速度增加可以加快膜扩散,但不影响内扩散,水速适当增加,可加快离子交换反应。

（7）离子的本质。离子水合半径越大或所带电荷越多,内扩散速度就越慢。试验证明:阳离子每增加一个电荷,其内扩散速度约减慢到原来的 1/10。

影响离子交换速度的因素对阴、阳离子交换树脂来说基本相同,只是各因素的影响程度不同而已。

对于大孔型树脂,其内扩散的速度比普通树脂快得多。

5.1.3　离子交换剂的性能

离子交换剂的性能主要取决于它的结构及其所带的交换基团,由于其自身的结构、成分和制造工艺的不同,造成离子交换剂的物理性质和化学性质的不同,即使是同一工厂同一产品,各批产品的性能也往往有所不同。因此,为了表明离子交换剂的性能,常用一系列技术指标加以说明。

1. 离子交换树脂的性能

（1）离子交换树脂的物理性质。

①外观。离子交换树脂的外观表现在以下几个方面。

a. 颜色。离子交换树脂是一种呈透明或半透明的物质,颜色有黄、白、赤褐色、黑色等,如苯乙烯系呈黄色,丙烯酸系呈橙黄色等。树脂的颜色与其性能关系不大,一般交联剂多的、原料中杂质多的,制出的树脂颜色稍深;树脂失效或被铁质及有机物污染后,颜色也会变深。

b. 形状。离子交换树脂一般呈球形。树脂呈球状的百分率,通常用圆球率表示。树脂的圆球率越高越好,一般应达 90% 以上。球形有很多优点,如制造容易,聚合时可直接成型(利用不同的搅拌速度,即可得到不同粒度的树脂),树脂填充状态和流动性好,易用水力装卸;水流分布均匀,而且水通过树脂层的压力损失较小;单位体积内的装载量最大;耐磨性能也较其他形状好。

c. 粒度。粒度是指树脂在水中充分膨胀后的颗粒直径。树脂颗粒大,交换速度慢;颗粒小,水流通过树脂层的压力损失大;颗粒大小不均匀时,水流分布也不均,导致反洗流速控制困难,过大会冲走小颗粒,过小又不能松动大颗粒。

② 密度。树脂的密度可分为干、湿两种,在水处理中都是用湿密度。

a. 干真密度。干真密度是指在干燥状态下树脂本身的密度。

$$干真密度 = \frac{干树脂质量}{树脂的真体积} \tag{5.2}$$

树脂的真体积是指树脂颗粒内实体部分所占的体积,颗粒内孔眼和颗粒间孔隙的容积均不应计入。树脂干真密度的值一般为 1.6 左右,在实用上对凝胶型树脂意义不大。

b. 湿真密度。湿真密度指树脂在水中经充分膨胀后颗粒的密度。

$$湿真密度 = \frac{湿树脂质量}{湿树脂的真体积} \tag{5.3}$$

湿树脂质量包括颗粒微观孔隙中的溶胀水质量;湿树脂颗粒体积也包括颗粒微观孔隙及其所含溶胀水的体积,但不包括树脂颗粒之间的孔隙体积。树脂的湿真密度一般为 1.04 ~ 1.30 g/mL,它在实用上有重要意义,阳树脂一般比阴树脂的湿真密度大。

c. 湿视密度。湿视密度指树脂在水中充分膨胀后的堆积密度。

$$湿视密度 = \frac{湿树脂质量}{湿树脂的堆积体积} \tag{5.4}$$

湿树脂堆积体积包括树脂颗粒之间的孔隙体积。树脂的湿视密度一般为 0.6 ~ 0.85 g/mL,在设计交换器时,常用它来计算树脂的用量。

树脂的密度主要取决于树脂的交联度及其种类。对于含同一类交换基团的树脂,交联度高的,其密度就大;对于交联度相同的树脂,阳树脂的密度一般比阴树脂的大。

③ 含水率。树脂的含水率是指在水中充分膨胀的湿树脂所含水分的百分数,即

$$含水率 = \frac{溶胀水重}{干树脂重 + 溶胀水重} \times 100\% \tag{5.5}$$

树脂的含水率主要取决于树脂的交联度、交换基团的类型和数量等。树脂的交联度低,则树脂的孔隙率大,其含水率就高;当交联度为 1% ~ 2% 时,含水率达 80% 以上;而一般树脂的交联度为 7% 时,含水率只有 50% 左右。

④ 溶胀率。干树脂浸入水中体积变大的现象称为树脂的溶胀性。这是由于活性基团在水中发生电离过程和电离出来的离子发生水合作用,使树脂骨架中的碳链结构松弛而造成的。树脂的溶胀程度常用溶胀率表示,溶胀率等于溶于水后体积变大的量与膨胀前体积的百分比。

树脂溶胀率的大小与下列因素有关。

a. 交联度。交联度越小,溶胀率越大。

b. 活性基团。活性基团越易电离,溶胀率越大,如强酸性阳树脂的溶胀率大于弱酸性阳树脂的溶胀率。

c. 溶液浓度。溶液中电解质浓度越大,由于渗透压加大,双电层被压缩,树脂溶胀率就越小。

d. 交换容量。交换容量代表树脂交换能力的大小,通常用单位质量或单位体积的树脂所交换离子的摩尔数表示,mol/L。交换容量是离子交换树脂最重要的性能指标。交换容量高的树脂,其溶胀率大。交换容量高,即水合水多,其溶胀率就大。

e. 可交换离子的水合度。可交换离子的水合度或相应的水合离子半径越大,树脂溶胀率就越大。对于强酸性和强碱性离子交换树脂,溶胀率大小的次序为:

$$H^+ > Na^+ > NH_4^+ > K^+ > Ag^+$$
$$OH^- > HCO_3^- \approx CO_3^{2-} > SO_4^{2-} > Cl^-$$

一般,强酸性阳离子交换树脂由 Na 型变成 H 型,强碱性阴离子交换树脂由 Cl 型变成 OH 型,其体积均可增加约 5%。

由于离子交换树脂具有这样的性能,因而在其交换和再生的过程中会发生胀缩现象,多次的胀缩就容易促使颗粒碎裂。

⑤ 机械强度。树脂颗粒在运行过程中,因受到冲击、碰撞、摩擦等机械作用和胀缩的影响,会产生碎裂现象。因此,树脂颗粒应具有一定的机械强度,以保证每年树脂的耗损量不超过 3% ~ 7%。

树脂颗粒的机械强度主要决定于交联度,交联度大,机械强度就高。一般的大孔型树脂的机械强度不如凝胶型的,但其使用寿命比凝胶型的还长,其主要原因是大孔型树脂在交换和再生过程中体积变化不大。

⑥ 耐热性。耐热性是指树脂在热的水溶液中的稳定性。各种树脂所能承受的温度都有一定的最高限度,耐热温度过高或过低,对树脂的强度及交换容量都有很大的影响。一般,阳离子交换树脂 Na 型在 120 ℃ 以下、H 型在 100 ℃ 以下,阴离子交换树脂强碱性的在 60 ℃ 以下、弱碱性的在 80 ℃ 以下使用都是安全的。

通常,阳离子交换树脂的耐热性比阴离子交换树脂好,盐型的又比 H(或 OH)型的好,而盐型中又以 Na 型为最好。

⑦ 溶解性。离子交换树脂基本上是一种不溶于水的高分子化合物,但在产品中经常带有少量相对分子质量较小、聚合度较低的低聚物,所以在使用初期,这些物质会逐渐溶解。

离子交换树脂在使用中,有时会转变成胶体,渐渐溶入水中,即所谓胶溶。树脂的交联度越小,胶溶现象也就越容易发生。离子交换器刚投入运行时,有时发生出水带色现象,这就是胶溶的缘故。

⑧ 导电性。干燥的离子交换树脂不导电,但堆集在一起的湿树脂导电,所以它的导电是属于离子型的。

(2) 离子交换树脂的化学性质。

① 酸、碱性。离子交换树脂是一种具有不溶性固体的多价酸或碱。它具有一般酸或碱的反应性能,在水中可以离解出 H^+ 或 OH^-。离子交换树脂酸碱性的强弱,主要取决于树脂所带交换基团的性质,其中,阳离子交换树脂酸性强弱的顺序是:

$$— SO_3H \quad > \quad — PO_3H_2 \quad > \quad — COOH \quad > \quad — OH$$
$$\text{磺酸基} \qquad \text{磷酸基} \qquad\quad \text{羧酸基} \qquad \text{酚基}$$

阴离子交换树脂碱性强弱的顺序是：

$$R\equiv NOH \quad \text{季铵} > \begin{cases} R—NH_3OH \text{ 伯胺} \\ R\equiv NH_2OH \text{ 仲胺} \\ R\equiv NHOH \text{ 叔胺} \end{cases}$$

强酸或强碱性树脂的活性基团电离能力强,在水中离解度大,其交换容量基本上不受 pH 的影响;而弱酸或弱碱性树脂在水中离解度小,交换反应受 pH 的影响大,在水的 pH 高时不电离或仅部分电离,只是在酸性溶液中才会有较高的交换能力。各种类型树脂有效 pH 范围见表 5.8。

表 5.8　各种类型树脂有效 pH 范围

树脂类型	强酸性阴离子交换树脂	弱酸性阳离子交换树脂	强碱性阴离子交换树脂	弱碱性阴离子交换树脂
有效 pH 范围	1 ~ 14	5 ~ 14	1 ~ 12	0 ~ 7

离子交换树脂的中和与水解的性能和通常的电解质一样,当水解产物有弱酸或弱碱时,水解度就较大,其反应为

$$RCOONa + H_2O \longrightarrow RCOOH + NaOH \tag{5.6}$$
$$RNH_3Cl + H_2O \longrightarrow RNH_3OH + HCl \tag{5.7}$$

所以,具有弱酸性基团或弱碱性基团的离子交换树脂,易于水解。

② 可逆性。离子交换反应是可逆的,如果有硬度的水通过 H 型离子交换树脂时,交换反应为

$$2HR + Ca^{2+} \longrightarrow CaR_2 + 2H^+ \tag{5.8}$$

这一反应进行到树脂失效为止。为了恢复离子交换树脂的交换能力,就可以利用离子交换反应的可逆性,用硫酸或盐酸溶液通过此失效的树脂,发生如下反应：

$$CaR_2 + 2H^+ \longrightarrow 2HR + Ca^{2+} \tag{5.9}$$

这两种反应,实质上就是下式可逆反应化学平衡的移动,当水中 Ca^{2+} 和 H 型离子交换树脂多时,反应正向进行,反之,则逆向进行,即

$$2HR + Ca^{2+} \rightleftharpoons CaR_2 + 2H^+ \tag{5.10}$$

因为离子交换反应具有可逆性,所以离子交换树脂才能反复使用。

③ 选择性。离子交换树脂的选择性是表示离子交换树脂对各种离子的吸着能力的大小。有些离子易被树脂吸着,但吸着后再把它置换下来比较困难;而另一些离子很难被吸着,但被置换下来比较容易,这种性能称为离子交换树脂的选择性。离子交换树脂对水中不同离子的选择性与树脂的交联度、交换基团、可交换离子的性质、水中离子的浓度和水的温度等因素有关。一般优先交换价数高的离子,在同价离子中优先交换原子序数大的离子,树脂尺寸大的离子(如络离子、有机离子)选择性较高。树脂在常温、低浓度水溶液中对常见离子的选择性次序如下：

强酸性阳离子交换树脂

$$Fe^{3+} > Al^{3+} > Ca^{2+} > Mg^{2+} > K^+ > Na^+ > H^+ > Li^+$$

弱酸性阳离子交换树脂

$$H^+ > Fe^{3+} > Al^{3+} > Ca^{2+} > Mg^{2+} > K^+ > Na^+ > Li^+$$

强碱性阴离子交换树脂

$$SO_4^{2-} > NO_3^- > Cl^- > OH^- > F^- > HCO_3^- > HSiO_3^-$$

弱碱性阴离子交换树脂

$$OH^- > SO_4^{2-} > NO_3^- > Cl^- > HCO_3^-$$

树脂的选择性会影响到它的交换和再生过程,故在实际应用中是一个很重要的问题。

④ 稳定性。离子交换树脂有较强的化学稳定性,但在有些情况下树脂结构也有被破坏的可能。例如,在碱性溶液中遇有铁离子时,阳离子交换树脂很容易发生"中毒"现象,树脂交换能力显著降低,颜色变深、变暗,甚至破碎。水中的氯气也能使树脂"中毒",因此采用自来水作为水源时要更加注意。中毒后的树脂先是颜色变浅、发亮,出水量减少,以后树脂很快破碎。阴离子交换树脂的抗氧化能力较差,常容易被有机物污染或"中毒"。

⑤ 交联度。在离子交换树脂合成时,苯乙烯本身只会形成链状结构,只有在加入二乙烯苯产生"架桥"交联作用后,高分子产物才成立体网状结构,故称二乙烯苯为交联剂,交联剂加入的质量百分数,称为交联度。

树脂的交联度直接影响着树脂的结构和性能,是树脂的一项重要的技术指标。树脂的交联度越低,交换容量、膨胀率、含水率等就越大,而强度降低;相反,交联度越大,强度提高,而交换容量等降低。

⑥ 交换容量。离子交换树脂的交换容量是表示其可交换离子量的多少,也就是它的交换能力。它是离子交换树脂的一个重要技术指标,常用的有全交换容量和工作交换容量两种。

a. 全交换容量(E)。全交换容量又称总交换容量,是指树脂全部交换基团都起作用至完全失效时的交换能力,其数值由树脂制造厂经测定给出。商品树脂上所标的交换容量就是全交换容量。

b. 工作交换容量(E_g)。工作交换容量是指树脂在工作状态下达到一定失效程度时所表现的交换能力。其数值随树脂工作条件的不同而变化,一般只有全交换容量的60% ~70%。影响树脂工作交换容量的因素较多,如树脂的类型、离子交换方式、进水中离子的种类和浓度、交换终点的控制指标、树脂层的高度、交换速度、再生条件和程度等。

离子交换树脂交换容量的计量单位有质量单位与容量单位两种。质量单位是指单位质量干树脂的交换容量,其单位是 mmol/g(干树脂) 或 mol/t(干树脂)。容量单位是指单位体积湿树脂的交换容量,其单位是 mmol/mL(湿树脂) 或 mol/m³(湿树脂)。在应用中采用容量单位居多。

质量单位与容量单位有如下换算关系:

$$E_v = E_w \times (1 - 含水率) \times 湿视密度 \tag{5.11}$$

式中　　E_v——单位体积湿树脂的交换容量,mmol/mL(湿树脂);

　　　　E_w——单位质量干树脂的交换容量,mmol/g(干树脂)。

【例 5.1】　001 × 7 强酸性阳树脂的全交换容量为 4.2 mmol/g(干树脂),含水率为

45% ~ 55%,湿视密度为 0.75 ~ 0.85 g/mL,试计算其容量单位全交换容量。

解 取含水率 50%,湿视密度 0.8 g/mL,按公式(5.11) 得

$$E_v = 4.2 \times (1 - 50\%) \times 0.8 = 1.7 \ (mmol/mL)$$

即该树脂的全交换容量为 1.7 mmol/mL。

由于离子交换树脂的形态不同,其质量和体积也不相同,所以在表示交换容量时,为了统一起见,阳树脂一般以 H 型为准,阴树脂一般以 Cl 型为准,必要时,应标明树脂所呈形态。

2. 磺化煤的性能

磺化煤的性能取决于磺化煤所带的交换基团及其结构,其主要物理和化学性能见表 5.9。磺化煤是一种混合型离子交换剂,其分子式可表示为

$$R - \begin{matrix} SO_3H \\ COOH \\ OH \end{matrix}$$

如加以简化,则以 RH 表示。

在水的 pH 较高、各种活性基团均起交换作用时,磺化煤具有最大的交换容量,但 pH 过高,容易使磺化煤变质损坏。

磺化煤颗粒结构疏松,交换反应既可以在表面进行,也可以同时在内部进行。磺化煤的各种使用性能都比强酸性阳树脂差一些(表 5.9),逐渐被有机合成离子交换树脂代替。

表 5.9 强酸性阳树脂与磺化煤使用性能比较

交换剂性能	强酸阳树脂	磺化煤
全交换容量 /(mol·m⁻³)	1 800	500
工作交换容量 /(mol·m⁻³)	1 000 左右	300 左右
交换流速 /(m·h⁻¹)	40 ~ 60	15 ~ 30
需要的设备容积比(以强酸阳树脂设备为基准)	1	3 以上
耐热温度 /℃	100	40
适用的 pH 范围	1 ~ 14	≤ 8.5
再生剂的消耗量	低	高
机械强度	高	低
年损耗率 /%	3 ~ 7	10 ~ 15
稳定性	耐各种试剂	耐酸较好,耐碱较差,不耐氧化剂
产品质量	均匀一致	质量不稳定
压头损失	低	高
软水情况	可以软化高硬度水,出水纯度高	只能软件硬度不太大的水,出水水值差
出厂价格比	4 ~ 5	1

5.1.4　离子交换树脂的保管、使用和污染后的处理

树脂虽然有较强的化学稳定性,但如保管使用不当,仍会中毒或破损,导致其强度下降、工作交换容量显著降低。因此,保管和使用树脂时应采取妥善措施。

1. 树脂的保管

(1) 树脂用湿法保存。如保管中树脂已脱水,不要立即放入水中浸泡,应先放入浓食盐液中浸泡,并逐步加水稀释,使树脂缓慢膨胀。浸泡树脂的水则要经常更换,以免细菌繁殖、污染树脂。

(2) 树脂的保管温度。树脂的保管温度以 5 ~ 40 ℃ 为佳,温度过低(0 ℃ 以下),树脂中的水分结冰,树脂会因体积膨胀而碎裂;温度过高(40 ℃),细菌易繁殖,使树脂污染,另外,也容易使树脂结块,影响交换容量和使用寿命。在 0 ℃ 以下保管树脂,应将树脂浸泡在食盐 NaCl 溶液中,质量分数可视环境温度,NaCl 质量分数和冰点的关系参照表 5.10。

表 5.10　NaCl 质量分数和冰点的关系

$w(NaCl)/\%$	10	15	20	23.5
密　度	1.074 2	1.112 7	1.152 5	1.179 7
冰冻点 /℃	− 7.0	− 10.8	− 10.3	− 21.2

(3) 树脂保管要防破损和污染。树脂保管要避免重物挤压和接触铁、油污、强氧化剂、有机物等,以免树脂破损和污染。

(4) 用过树脂的处理。对已用过的树脂,若长期不用,应将其转为出厂时的盐基型,并用水清洗后封存。

2. 树脂的使用

(1) 新树脂要先进行预处理。新树脂在使用之前要先进行预处理,以洗去树脂表面一些杂质等,并使之转型成需要的形式。

(2) 防止树脂性能的降低。要尽量避免可能给树脂带来的机械的、物理的或化学的侵蚀,要防止树脂交变地干与湿、冷和热以及酸碱和有机物等的吸附和解吸等原因所致的树脂强度降低和破损。

(3) 减少污染。要尽量避免或减少对树脂的污染。

总之,要采取必要的措施来保持树脂的稳定性和强度,延长树脂的使用时间。

3. 树脂污染后的处理

(1) 树脂层的灭菌。树脂表面由于胶体杂质的吸附所导致的微生物(细菌) 污染,可采用灭菌剂或氯化法处理等灭菌方法。一般用质量分数为 1% 的甲醛溶液浸泡 2 ~ 4 h,然后用水冲洗至无甲醛臭味为止。

(2) 有机物的消除。树脂被有机物污染后,可采用压缩空气冲刷,使树脂颗粒相互"擦洗"再用水反洗,即可除掉有机物。被有机物污染的阴树脂还可用质量分数为 7% ~ 10% 的热盐液(约 40 ℃) 在设备中循环 12 h,然后再用水冲洗;也可用质量分数为 10% 的 NaCl 和质量分数为 6% 的 NaOH 混合液进行处理。

（3）铁、铝及其氧化物的去除。水中的铁、铝离子与树脂结合得较牢固，易使树脂的再生不良，且再生洗下来的铁、铝又易水解成氢氧化物而沉积在树脂颗粒表面，从而使树脂交换容量下降，甚至使树脂中毒。可用质量分数为 10% ~ 15% HCl 溶液进行处理去除它们，再用相应的再生剂使之转型为需要的形式。

（4）沉淀物的去除。当阳离子交换树脂用硫酸或硫酸盐再生时，或食盐溶液中硫酸根浓度高时，往往在树脂中会结生硫酸钙白色沉淀物。可用质量分数为 5% 的 HCl 溶液去处理树脂，除去此沉淀物。

5.2　阳离子交换软化法

锅炉水处理的主要内容是水的软化，除去水中的钙、镁硬度盐，防止锅炉结垢。软化水的方法很多，目前常用的是阳离子交换软化法。

5.2.1　基本原理

原水与阳离子交换剂接触时，水中的 Ca^{2+}、Mg^{2+} 等阳离子被交换剂所吸附，而交换剂中的可交换离子（Na^+、H^+ 或 NH_4^+）则转入水中，从而去除了水中 Ca^{2+}、Mg^{2+}，使水得到了软化。

阳离子交换剂可看成是由不溶于水的交换剂母体和可离解分出的可交换离子两部分组成。如果把以阳离子交换剂母体为主的复杂阴离子团用 R^- 表示，可交换离子用相应的离子符号（Na^+、H^+ 或 NH_4^+）表示，则上述阳离子交换软化过程可用下式（5.12）、式（5.13）表示。

$$Ca^{2+} + 2NaR \rightleftharpoons CaR_2 + 2Na^+ \tag{5.12}$$

$$Mg^{2+} + 2NaR \rightleftharpoons MgR_2 + 2Na^+ \tag{5.13}$$

在交换软化反应中，交换剂和水的可交换离子（Na^+ 和 Ca^{2+}、Mg^{2+}）之间进行了等当量而可逆的反应。

5.2.2　钠离子交换软化法

钠离子交换剂用 NaR 表示。钠离子交换软化反应为

$$Ca(HCO_3)_2 + 2NaR \rightleftharpoons CaR_2 + 2NaHCO_3$$
$$Mg(HCO_3)_2 + 2NaR \rightleftharpoons MgR_2 + 2NaHCO_3$$
$$CaSO_4 + 2NaR \rightleftharpoons CaR_2 + Na_2SO_4$$
$$MgSO_4 + 2NaR \rightleftharpoons MgR_2 + Na_2SO_4$$
$$CaCl_2 + 2NaR \rightleftharpoons CaR_2 + 2NaCl$$
$$MgCl_2 + 2NaR \rightleftharpoons MgR_2 + 2NaCl$$

由上述反应可见，钠离子交换软化既可除暂时硬度，又可除永久硬度，处理后水的残余硬度可降到 0.01 ~ 0.03 mmol/L，甚至更低。但它不能除碱，因为构成天然水碱度主要部分（或全部）的 $Ca(HCO_3)_2$ 和 $Mg(HCO_3)_2$ 等当量地变为 $NaHCO_3$，后者仍构成碱度。另外，处理后水的含盐量增加，因为钙、镁盐等当量地转变成钠盐，而钠的当量值（23）比钙和镁的当量值（20.04 和 12.16）高，所以用毫克每升表示的水的含盐量将有所提高。

随着交换软化过程的进行,交换剂中的 Na^+ 逐渐被 Ca^{2+}、Mg^{2+} 所代替,软水的残余硬度将逐渐增大。当残余硬度达到某一值后,水质已不符合锅炉给水标准要求,则认为交换剂失效,应立即停止软化,对交换剂进行再生(还原),以恢复其软化能力。常用的再生剂是食盐($NaCl$)。由于 Ca^{2+}、Mg^{2+} 比 Na^+ 所带的电荷多,处于选择性置换顺序的前边,所以必须使用质量分数较高的食盐溶液。再生反应为

$$CaR_2 + 2NaCl =\!=\!= 2NaR + CaCl_2$$
$$MgR_2 + 2NaCl =\!=\!= 2NaR + MgCl_2$$

再生生成物 $CaCl_2$ 和 $MgCl_2$ 溶于水,可随再生废液一起排掉。再生后,交换剂重新吸附 Na^+,变成 NaR,又恢复离子交换的能力,可继续用来对水进行软化。

恢复交换剂 1 mol 的交换能力所消耗的再生剂克数叫作再生剂的耗量,如用食盐再生,则叫作盐耗。因离子交换的量是按一定的比例进行的,所以理论上每除掉 1 mol 硬度需消耗 1 mol 食盐,即 58.5 g 食盐(理论比盐耗)。在实际应用中,再生剂的用量总要超过理论值。

钠离子交换软化法的主要缺点是不能除碱。对于使用暂时硬度高的碱性水的锅炉,采用此法往往会造成炉水碱度过高,增加锅炉排污水量和热量损失。

5.2.3　部分钠离子交换软化法

部分钠离子交换软化,即让原水只有一部分流经钠离子交换器进行软化,而另一部分原水则不经软化直接流入水箱(通有蒸汽加热)。经钠离子软化的这部分软水,其中的暂时硬度转变为 $NaHCO_3$,后者在水箱中受热分解,形成 Na_2CO_3 和 $NaOH$;再利用 Na_2CO_3 和 $NaOH$ 去与未经软化的原水中的硬度反应,生成 $CaCO_3$ 沉淀,定期从水箱底部排掉,同时消失了一部分碱度,其反应为

$$2NaHCO_3 \xrightarrow{\triangle} Na_2CO_3 + CO_2 \uparrow + H_2O$$
$$CaCl_2 + Na_2CO_3 =\!=\!= CaCO_3 \downarrow + 2NaCl$$
$$CaSO_4 + Na_2CO_3 =\!=\!= CaCO_3 \downarrow + Na_2SO_4$$
$$Na_2CO_3 + H_2O \xrightarrow{\triangle} 2NaOH + CO_2 \uparrow$$
$$Ca(HCO_3)_2 + 2NaOH =\!=\!= CaCO_3 \downarrow + Na_2CO_3 + 2H_2O$$

采用这种方法必须控制好需经软化的原水的比例,保证混合后的水具有适当的残余碱度和硬度。需经钠离子软化的原水占总水量的比例可按下式计算:

$$x = \frac{H - A + A_l \dfrac{P}{100}}{H - \Delta H} \tag{5.14}$$

式中　　x——需经软化的原水量的百分数;

H、A——原水总硬度和总碱度,mmol/L;

A_l——锅水总碱度,mmol/L;

ΔH——软水残余硬度,mmol/L;

ρ——锅炉排污率,%。

部分钠离子交换软化具有以下特点:可以除碱;可用较小的钠离子交换器;软化不彻底,混合后水的残硬较高;水箱中有碳酸钙沉积,需清理。因此,它只适用于低压工业锅

炉,原水总硬度不太高时的软化、除碱。

5.2.4　氢离子交换和氢－钠离子交换软化法

1.氢离子交换反应及特点

阳离子交换剂如果不用 $NaCl$,而是用酸(HCl 或 H_2SO_4)去还原,则可得到氢离子交换剂 HR,反应为

$$CaR_2 + 2HCl \Longrightarrow 2HR + CaCl_2$$
$$MgR_2 + 2HCl \Longrightarrow 2HR + MgCl_2$$

原水流经氢离子交换剂层时,同样可以得到软化,其交换软化反应为

$$Ca(HCO_3)_2 + 2HR \Longrightarrow CaR_2 + 2H_2O + 2CO_2 \uparrow$$
$$Mg(HCO_3)_2 + 2HR \Longrightarrow MgR_2 + 2H_2O + 2CO_2 \uparrow$$
$$CaCO_3 + 2HR \Longrightarrow CaR_2 + H_2O + CO_2 \uparrow$$
$$CaSO_4 + 2HR \Longrightarrow CaR_2 + H_2SO_4$$
$$MgSO_4 + 2HR \Longrightarrow MgR_2 + H_2SO_4$$
$$CaCl_2 + 2HR \Longrightarrow CaR_2 + 2HCl$$
$$MgCl_2 + 2HR \Longrightarrow MgR_2 + 2HCl$$

氢离子交换剂还能与钠盐进行交换反应:

$$NaHCO_3 + HR \Longrightarrow NaR + H_2O + CO_2 \uparrow$$
$$Na_2SO_4 + 2HR \Longrightarrow 2NaR + H_2SO_4$$
$$NaCl + HR \Longrightarrow NaR + HCl$$
$$Na_2SiO_3 + 2HR \Longrightarrow 2NaR + H_2SiO_3$$

经氢离子交换处理后的水有如下特点:

(1)去除了暂时硬度和永久硬度,而且可以除碱和降盐。这是因为重碳酸盐和碳酸盐在交换过程中形成了水和游离二氧化碳,后者可通过脱气塔而从水中排除,从而消除了碱度,并可起到部分除盐的作用。

(2)出水呈酸性。在去除非碳酸盐(永硬和 Na_2SO_4 等)时生成了一定量的酸(硫酸、盐酸和硅酸),故出水呈酸性,产生的酸量[①]决定于原水中相应的阴离子(Cl^-、SO_4^{2-} 等)浓度。

氢离子交换时的终点控制分两种情况:一是以钠离子出现作为终点,相当于置换了水中的全部阳离子;二是以硬度的出现为终点,这时只置换了水中的钙、镁离子,而原已吸附了钠离子的交换剂(NaR)又去置换水中的钙、镁离子,并从水中排出钠盐。但是,无论以哪种情况作为氢离子交换的终点,其出水残余硬度都可降低到 0.01 ~ 0.03 mmol/L,甚至完全消除。

因经氢离子交换后的水呈酸性和再生时用酸作为再生剂,故氢离子交换器及其管道必须采取防腐措施,且处理后的水不能直接送入锅炉。通常,它必须与其他离子交换法联合使用。

2.氢－钠离子交换软化法

氢－钠离子交换软化法是将氢离子交换后的酸性水与钠离子交换后的碱性水相混

---

①以硬度出现作为氢离子交换的终点时,产生的酸量则与原水中非碳酸盐硬度的量相当。

合,使之发生中和反应:

$$H_2SO_4 + 2NaHCO_3 \Longrightarrow Na_2SO_4 + 2H_2O + 2CO_2 \uparrow$$

$$HCl + NaHCO_3 \Longrightarrow NaCl + H_2O + CO_2 \uparrow$$

反应后所产生的 CO_2 在除 CO_2 器中除掉,这样既降低了碱度,又消除了硬度,且使水的含盐质量浓度有所降低。氢 - 钠离子交换软化分为并联、串联、综合等三种方式。而按再生时用酸质量浓度的多少,又可分为足量酸再生和不足量酸再生。

(1) 并联法。并联法的系统如图 5.6 所示。原水一部分(X_{Na}) 流经钠离子交换器,其余部分($1 - X_{Na}$) 则流经氢离子交换器,然后两部分原水汇合后进入除 CO_2 器,排出 CO_2 器的软水存入水箱,并由水泵送出。

并联法的氢离子交换器是采用足量酸生的,因此经氢离子交换后的软水是酸性的。为避免混合后的水出现酸性,并维持有一定的残余碱度(一般为 0.35 mmol/L),运行中必须根据原水水质适当调整流经两种交换器的水量比例。

流经钠离子交换器的水量占原总量的比例可按下述方式估算。

① 当氢离子交换器运行到出水中出现硬度为终点时:

$$X_{Na} = (H_{ft} + \Delta A)/H$$

式中　H_{ft}—— 原水非碳酸盐硬度(永久硬度),mmol/L;

　　　H—— 原水总硬度,mmol/L;

　　　ΔA—— 混合水中和后的残余碱度,mmol/L。

② 当氢离子交换器运行到出现 Na^+ 为终点时:

$$X_{Na} = (S_c + \Delta A)/(S_c + A)$$

式中　S_c—— 原水中 SO_4^{2-}、Cl^-、NO_3^- 的总浓度,mmol/L;

　　　A—— 原水总碱度,mmol/L。

(2) 串联法。串联法的系统如图 5.7 所示。原水中的一部分($1 - X_{Na}$) 流经氢离子交换器,另一部分原水则不经软化而与氢离子交换器的出水(酸性水) 相混合。此时,经氢离子交换产生的酸和原水中的碱相互中和,中和后产生的 CO_2 在除 CO_2 器中除去,之后剩下的水经水箱由水泵打入钠离子交换器。

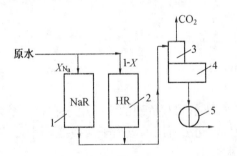

图 5.6　并联氢 - 钠离子交换软化
1— 钠离子交换器;2— 氢离子交换器;
3— 除 CO_2 器;4— 水箱;5— 水泵

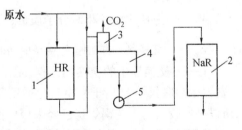

图 5.7　串联氢 - 钠离子交换软化
1— 氢离子交换器;2— 钠离子交换器;
3— 除 CO_2 器;4— 水箱;5— 水泵

除 CO_2 器必须设在钠离子交换器之前,否则 CO_2 形成碳酸后再流经钠离子交换器会产生 $NaHCO_3$,软水碱度重新增加,其反应为

$$H_2CO_3 + NaR \Longrightarrow HR + NaHCO_3$$

串联氢－钠离子交换的再生方式有两种:足量酸再生和不足量酸再生(贫再生)。图5.4是足量酸再生系统,而不足量酸再生系统与其不同之处是:原水不再分成二路,而是全部流经氢离子交换器;氢离子交换器失效后,不像通常那样用过量的酸再生,而是用理论量的酸进行再生。

贫再生的氢离子交换器,由于其再生时酸量不足,故不能使交换剂充分再生:只有上层交换剂转变成 H 型,而下层交换剂仍为 Ca 型、Mg 型或 Na 型,通常称之为缓冲层。当原水流经上层交换剂时,其中的钙、镁离子被氢离子所置换,其反应为

$$CaSO_4 + 2HR \Longrightarrow CaR_2 + H_2SO_4$$
$$CaCl_2 + 2HR \Longrightarrow CaR_2 + 2HCl$$
$$Ca(HCO_3)_2 + 2HR \Longrightarrow CaR_2 + 2H_2O + 2CO_2\uparrow$$

水流经下层一缓冲层时,水中的强酸又会把 CaR_2 和 MgR_2 还原成 HR,并重新形成永硬,其反应为

$$CaR_2 + H_2SO_4 \Longrightarrow 2HR + CaSO_4$$
$$CaR_2 + 2HCl \Longrightarrow 2HR + CaCl_2$$

而水在下流时,其中的 CO_2 会有一部分形成 H_2CO_3。后者是弱酸,不能与 CaR_2 和 MgR_2 发生置换反应,但它电离生成的 HCO_3^- 与 Na^+ 发生反应,其反应如下:

$$HCO_3^- + Na^+ \Longrightarrow NaHCO_3$$

因此,出水呈碱性,但其碱度比原水要低。

综上所述,贫再生氢离子交换器的工作特点是:

① 只去除了原水中的暂时硬度,而永硬基本未变,故软化不彻底,必须与钠离子交换器串联使用。

② 保留了氢离子交换的除碱作用,但出水无酸,呈碱性,因而防腐问题较易解决。

③ 再生用酸量少,运行费用较低。

贫再生氢离子交换器再生时用的纯硫酸(质量分数为 100%)酸量可按下式计算

$$G = 49E_gV/1\ 000 \tag{5.15}$$

式中　　G——纯硫酸耗量,kg;

　　49——$\frac{1}{2}H_2SO_4$ 的相对分子质量;

　　E_g——交换剂①的工作交换容量,mmol/L;

　　V——交换器中的交换剂体积,m^3。

贫再生串联氢－钠离子交换软化适用于永硬小或有负硬的水。由于它有一系列优点,所以一些较大的工业锅炉房已经采用。但是,此法所用的氢离子交换器尺寸大(因全部原水都流经它),初投资较多,故小型锅炉房少用。

①不能用强酸阳性树脂,需用磺化煤或弱酸性阳树脂。

（3）综合法。综合法离子交换（综合氢－钠离子交换）示意图 如图 5.8 所示。它只用一台离子交换器。此交换器中的交换剂上 面为氢型，用的是弱酸阳树脂，下面为钠型，用强酸阳树脂，靠二者 的密度差（弱酸阳树脂的密度小）实现分层。交换剂先用硫酸溶液 再生，然后进行中间正洗（即用清水冲掉还原产物），接着再用食盐 溶液再生。食盐溶液流至上层交换剂时，H^+ 并不会被 Na^+ 所置换， 因为上层为弱酸阳树脂，其选择性置换顺序为 $H^+ > \cdots > Na^+$。弱 酸性阳离子交换树脂的交换基团是羧基 —COOH，它不能吸附中性 盐 $CaCl_2$、$CaSO_4$ 等，但能与 $Ca(HCO_3)_2$、$Mg(HCO_3)_2$ 充分作用，其 反应为

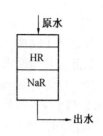

图 5.8　综合氢－钠 离子交换示 意图

$$Ca(HCO_3)_2 + 2H^+ \text{—RCOO}^- \Longrightarrow Ca^{2+}(\text{—RCOO}^-)_2 + 2H_2O + 2CO_2 \uparrow$$

$$Mg(HCO_3)_2 + 2H^+ \text{—RCOO}^- \Longrightarrow Mg^{2+}(\text{—RCOO}^-)_2 + 2H_2O + 2CO_2 \uparrow$$

因此，经弱酸阳树脂处理后的水中不会产生强酸。

综合法氢－钠离子交换软化时，原水流经上层弱酸阳树脂时除去了暂时硬度和脱 碱，再流经下层强酸阳树脂时除去了永久硬度。经综合氢一钠交换处理后的软水，其残余 碱度可控制在 0.5 ~ 1 mmol/L。

上述三种方法的比较见表 5.11。

表 5.11　氢－钠离子交换方法比较

方　　法	并　　联	串　　联	综　　合
设备系统	—	最复杂	最简单
耐酸设备	需要最多	—	需要最少
残余碱度/(mmol·L^{-1})	≤ 0.35	0.35 ~ 0.7	0.5 ~ 1
运行操作	要控制好水流分配比，否则可能出酸性水	不会出酸性水，运行可靠	要进行树脂分层操作和控制好上、下层高度比，不会出酸性水

5.2.5　铵离子交换和铵－钠离子交换软化法

铵离子交换与氢离子交换的软化原理基本相同，但是不用酸再生，而用铵盐再生，并 得到铵离子交换剂 NH_4R。铵离子交换反应为

$$Ca(HCO_3)_2 + 2NH_4R \Longrightarrow CaR_2 + 2NH_4HCO_3$$

$$Mg(HCO_3)_2 + 2NH_4R \Longrightarrow MgR_2 + 2NH_4HCO_3$$

$$CaSO_4 + 2NH_4R \Longrightarrow CaR_2 + (NH_4)_2SO_4$$

$$MgSO_4 + 2NH_4R \Longrightarrow MgR_2 + (NH_4)_2SO_4$$

$$CaCl_2 + 2NH_4R \Longrightarrow CaR_2 + 2NH_4Cl$$

$$MgCl_2 + 2NH_4R \Longrightarrow MgR_2 + 2NH_4Cl$$

经铵离子交换处理后的水，其暂硬转变成重碳酸氢铵 NH_4HCO_3，后者在炉内会受热 分解：

$$NH_4HCO_3 \stackrel{\triangle}{=\!=\!=} NH_3 \uparrow + CO_2 \uparrow + H_2O$$

故铵离子交换与氢离子交换一样,在去除暂硬的同时,也除掉了碱度,并具有除盐作用。其除盐量与原水中的暂硬在当量上相等。

从上述交换反应还可看出,经铵离子处理后的软水中没有游离酸,并且其交换剂不用酸再生,故铵离子交换器及其管道无须防腐。但是,铵离子交换"隐藏"着酸性,因为在它去除永硬反应中生成的硫酸铵$(NH_4)_2SO_4$和氯化铵NH_4Cl在炉内受热后还会分解出酸,其反应为

$$(NH_4)_2SO_4 \stackrel{\triangle}{=\!=\!=} 2NH_3 \uparrow + H_2SO_4$$

$$NH_4Cl \stackrel{\triangle}{=\!=\!=} NH_3 \uparrow + HCl$$

所以与氢离子交换一样,铵离子交换在去除永硬时也会生成等当量的酸;只不过水的酸性要在进入锅炉受热后才显现出来。因此,铵离子交换处理也不能单独采用,也需要和其他交换方法联合使用。

铵离子交换剂失效后一般用NH_4Cl或$(NH_4)_2SO_4$再生,其反应为

$$CaR_2 + 2NH_4Cl =\!=\!= 2NH_4R + CaCl_2$$

$$MgR_2 + 2NH_4Cl =\!=\!= 2NH_4R + MgCl_2$$

实际中,常用铵 – 钠离子交换软化法,令铵离子交换后在锅内生成的酸与钠离子交换后在锅内生成的碱($NaHCO_3 \stackrel{\triangle}{=\!=\!=} Na_2CO_3 + H_2O + CO_2 \uparrow$)相中和进行如下反应:

$$2HCl + Na_2CO_3 =\!=\!= 2NaCl + H_2O + CO_2 \uparrow$$

$$H_2SO_4 + Na_2CO_3 =\!=\!= Na_2SO_4 + H_2O + CO_2 \uparrow$$

综上所述,铵 – 钠离子交换软化与氢 – 钠离子交换软化的原理和效果基本相同,但不同之处是:铵 – 钠离子交换的除碱、除盐效果,只是在软水受热后才呈现,而氢 – 钠离子交换则在氢离子交换后立即呈现;铵离子交换要受热后才呈现酸性,同时不用酸再生,故铵 – 钠交换系统的设备不需采取防腐措施,系统中也不需要设置除CO_2器;铵 – 钠离子交换处理的水受热后产生氨气NH_3和二氧化碳CO_2,它们会腐蚀金属(特别是氨在蒸汽中有氧存在时,对铜件会腐蚀)[①]。

铵 – 钠离子交换软化方法有并联法和综合法两种。通常不用串联法,因为NH_4^+和Na^+的选择性置换顺序很相近,串联时铵离子交换后的水流经钠离子交换剂时,一部分铵盐又会被置换为钠盐,而使水的碱度重新升高。

并联铵 – 钠离子交换的水量分配计算与氢 – 钠离子交换的基本相同,但综合铵 – 钠离子交换软化时,其交换剂(NH_4R和NaR)混合在一起,是不分层的,且用的都是强酸性阳树脂或磺化煤。再生时,使用按比例配制好的食盐 – 氯化铵混合液。

5.3　离子交换除碱和除盐

5.3.1　阴离子交换

阴离子交换的原理与阳离子交换相同,都是交换剂与被处理水中的相应离子间所进

---

① 在此种情况下,经铵 – 钠离子处理的软水在进入锅炉前,最好经热力除气器进行除气。

行的等当量的可逆交换反应,且在交换过程中交换剂本身的结构并无实质性的变化。阴离子交换剂的交换基团,视再生剂是盐(NaCl)还是碱(NaOH),可以是氯型的或羧基(氢氧)型的。相应的阴离子交换剂则用 RCl(氯型)和 ROH(羧基型或氢氧型)表示,这里 R 代表以交换剂母体为主的复杂的阳离子基团。由于沸石和磺化煤等交换剂不耐碱,所以必须用树脂作为阴离子交换剂。

一般阴离子交换并不单独使用,而是与阳离子交换并用,如氯 - 钠离子交换(软化和除碱)、氢 - 氢氧离子交换(化学除盐)等。

5.3.2　氯 - 钠离子交换

前面所介绍的氢 - 钠或铵 - 钠阳离子交换,不仅能软化,而且能除碱,并有局部除盐作用,但由于设备系统复杂、初投资大、操作较复杂,或由于担心氨对蒸汽的污染或对铜制件的腐蚀等原因,一般中小型锅炉房很少采用。氯型强碱性阴离子交换树脂的除碱反应为

$$2RCl + HCO_3^- \Longrightarrow 2RHCO_3 + 2Cl^-$$

由上式可见,氯离子交换除碱过程中不产生 CO_2,无须除气,其除碱效果较好,可使水的残余碱度降到 0.5 mmol/L 以下。常用串联氯 - 钠离子交换法:原水先流经氯离子交换器,将水中各种酸根阴离子置换成 Cl^-,其反应为

$$2RCl + CaCO_3 \Longrightarrow R_2HCO_3 + CaCl_2$$
$$2RCl + MgSO_4 \Longrightarrow R_2SO_4 + MgCl_2$$
$$2RCl + Ca(HCO_3)_2 \Longrightarrow 2RHCO_3 + CaCl_2$$
$$2RCl + Mg(HCO_3)_2 \Longrightarrow 2RHCO_3 + MgCl_2$$

此水再流经钠离子交换器时,其中的 $CaCl_2$、$MgCl_2$ 又都被置换成 NaCl,并得到软化。

当钠离子交换器的出水残余硬度超出允许值时,两交换器同时失效,并均用食盐溶液进行再生。氯离子交换剂的再生反应为

$$RHCO_3 + NaCl \Longrightarrow RCl + NaHCO_3$$
$$R_2SO_4 + 2NaCl \Longrightarrow 2RCl + Na_2SO_4$$

氯离子交换剂也可利用还原钠离子交换剂的废盐液进行再生,但在氯离子交换剂层中容易出现 $CaSO_4$、$CaCO_3$ 的沉积,而降低其工作交换容量。

也有令原水先流经钠离子交换器,后流经氯离子交换器的氯 - 钠离子交换系统。这种系统可避免有 $CaCO_3$ 或 $Mg(OH)_2$ 沉积于氯离子交换剂中。该系统使用软水配制的食盐溶液作为再生剂,因此它具有更高的工作交换容量。氯 - 钠离子交换也可在同一个交换器中进行。交换器上部为强碱性氯型阴树脂,下部为强酸性钠型阳树脂,成为不混合的两层。分层处装有中间排液管,再生废液的一部分从此管排出,其余部分从交换器底部排出。这就是综合氯 - 钠离子交换。

氯 - 钠离子交换适用于碱度高而 Cl^- 浓度较低的水的软化和除碱。其特点是:只能软化除碱,不能除盐;出水的 Cl^- 浓度增多;再生不用酸,也无须除气,故系统简单,操作方便;阴树脂的交换容量较低,价格也较贵。

5.3.3　阴、阳离子交换除盐(化学除盐)

用离子交换使水中的阴、阳离子减少到一定程度的方法,叫作离子交换除盐或化学除

盐。它使用游离酸、碱型(H 型和 OH 型)的阳、阴离子交换剂,而不能用盐型(如 Na 型和 Cl 型等)交换剂。

含盐水先流经氢离子交换器,H 型树脂吸附水中各种阳离子并生成无机酸(反应式见氢离子交换);然后再流经装有 OH 型树脂的阴离子交换器,其反应为

$$2ROH + H_2SO_4 = R_2SO_4 + 2H_2O$$
$$ROH + HCl = RCl + H_2O$$
$$ROH + HNO_3 = RNO_3 + H_2O$$
$$2ROH + H_2CO_3 = R_2CO_3 + 2H_2O$$
$$ROH + H_2SiO_3 = RHSiO_3 + H_2O$$

含盐水经此阳、阴离子交换处理后,水中各种离子几乎除尽,从而得到近乎中性的纯水。

阳、阴树脂失效后,要进行再生。阳离子树脂一般用 HCl(或 H_2SO_4)再生(反应见前)。阴离子树脂则用 NaOH 再生,其反应为

$$R_2SO_4 + 2NaOH = 2ROH + Na_2SO_4$$
$$RCl + NaOH = ROH + NaCl$$
$$RNO_3 + NaOH = ROH + NaNO_3$$
$$R_2CO_3 + 2NaOH = 2ROH + Na_2CO_3$$

这种将阳、阴离子交换器串联使用的系统称为复床系统,它又分为一级(单级)和二级两种。二级系统可以深度除盐。随着锅炉参数的提高和直流锅炉的出现,二级复床系统有时也不能满足对给水品质的要求,为此可采用混床除盐系统。

将阳、阴离子交换剂按比例混合装在一个交换器中使用时称为混床,它相当于无数级的化学除盐系统。混床中阴、阳树脂的体积比通常为 2:1,借两种树脂的湿真密度差,使其在反洗时自然分成两层(阴树脂在上层),但阴、阳两种树脂是不能完全分开的。而"三层式"混床可以做到这一点,它在阴、阳两树脂层中间增加一高度为150~200 mm的惰性树脂层,后者的粒度和密度是精心选配的,反洗后,其树脂层规则地分成了三层:上层为阴树脂,中层为惰性树脂,下层为阳树脂,从而将阴、阳离子分开。将复床和混床串联使用时称为复混系统,其出水质量高且稳定,应用广泛。

几种典型的除盐系统列于表 5.12 中。

表 5.12　几种典型的除盐系统

系统流程	出水水质			适用条件		特点
	ρ(溶解固形物) /(mg·L^{-1})	ρ(SiO$_2$) /(mg·L^{-1})	电导率 /(μS·cm^{-1})	进水水质	用途	
强酸→强碱	2~3	0.02~0.1	10~15	碱度较小,含盐量和含硅量不高	高、中、低压锅炉	系统简单
强酸→除CO$_2$ →强碱	2~3	0.02~0.1	10~15	碱度不太大,含盐量和含硅不高	高、中、低压锅炉	系统简单

续表5.12

系 统 流 程	出 水 水 质			适 用 条 件		特点
	ρ(溶解固形物)/(mg·L^{-1})	ρ(SiO$_2$)/(mg·L^{-1})	电导率/(μS·cm^{-1})	进水水质	用途	
强酸 → 弱碱 → 除 CO$_2$ → 强碱	2 ~ 3	0.02 ~ 0.1	10 ~ 15	SO$_4^{2-}$、Cl$^-$ 浓度高,碱度和含硅量不高	高、中、低压锅炉	强碱阴离子交换器用于除硅,出水水质好,经济性好
弱酸 → 弱碱 → 除 CO$_2$ → 弱碱 → 强碱	—	< 0.1	< 5	SO$_4^{2-}$、Cl$^-$ 浓度和碱度均高,含硅量不高	高、中、低压锅炉	运行经济性好,但设备投资费用多,占地面积大
阳双层床① → 除 CO$_2$ → 阴双层床①	—	< 0.1	< 5	SO$_4^{2-}$、Cl$^-$ 浓度和碱度均高,含硅量不高	高、中、低压锅炉	运行经济性好,设备费用少,占地面积小
强酸 → 除 CO$_2$ → 强碱 → 混床	—	< 0.02	< 5	碱度不太大,盐的质量浓度低,SiO$_2$ 的质量浓度高	高压或直流锅炉	系统简单,出水水质好
弱酸 → 除 CO$_2$ → 混床	—	< 0.1	1 ~ 5	碱度高,盐的质量浓度低,SiO$_2$ 的质量浓度高	高压或直流锅炉	经济性好
阴双层床① → 除 CO$_2$ → 阳双层床① → 混床	—	< 0.02	< 0.5	碱度、盐的质量浓度和 SiO$_2$ 的质量浓度均较高	高压或直流锅炉	经济性好,出水水质稳定,设备费用少,系统简单

注:① 弱酸、强酸树脂同装于一交换器中称为阳双层床,弱碱、强碱树脂同装于一交换器中称为阴双层床。

复 习 题

1. 什么是离子交换剂? 水处理中常用的离子交换剂有哪些类型?
2. 离子交换树脂是由哪几部分组成? 它们各自的作用是什么?
3. 什么是树脂交联度? 交联度大小对树脂有什么影响?
4. 写出下列型号树脂各符号的意义。
   001 × 5,112 × 3,D111

5. 什么叫树脂的全交换容量、工作交换容量？它们之间有何联系？

6. 离子交换树脂容易受到哪些污染？复苏的方法有哪些？

7. 如何去贮存和保管离子交换树脂？

8. 什么叫离子交换反应？离子交换反应的特点、条件各是什么？

9. 离子交换软化系统有哪些类型？

10. 部分钠离子交换软化的原理是什么？

第6章　离子交换系统及运行

离子交换系统是由若干水处理设备按照工艺流程组成的一个整体,具有去除水中离子态物质的功能。混凝和过滤等预处理后的水流经离子交换设备,设备中离子交换剂的可交换离子与水中被交换离子之间进行可逆性交换,使出水的硬度、碱度、盐量的等水质指标到达各类用水的要求。工作一段时间,失去离子交换能力的离子交换剂可通过再生处理来恢复其交换能力。针对不同的原水水质和用水目的,为实现离子交换水处理工艺的经济性和适用性,采用不同树脂的组合、不同的床型的各种离子交换系统,可使原水或软化,或软化并脱碱,或除盐。常见的离子交换器有固定床(离子交换器)和连续床两类。

6.1　固定床离子交换水处理设备

固定床离子交换水处理设备是指运行中离子交换剂是基本上固定不动的水处理设备。交换时原水自上而下流过交换剂层,再生时,停止供水,进行反洗、还原和正洗。因此,在固定床离子交换设备中,离子交换是在同一设备内间断地重复进行着,而离子交换剂本身则是基本固定不动。

通常的固定床离子交换设备,其再生液的流动方向是和原水的流向一致的,叫作顺流再生固定床。

顺流再生固定床虽然设备类型陈旧,而且存在有交换剂用量多、利用率低、尺寸大、占地面积多,出水质量不稳定和盐、水耗量大等缺点,但它的结构简单、建造、运行、维修方便、对各种水质适应性强。因此,在中小型锅炉房,仍然采用。

固定床离子交换器根据交换器内树脂的种类可分为单床、双床和混床。装填单一树脂的为单床;装填强、弱两种树脂的为双床;装填阴、阳两类树脂的为混床。一般情况下,固定床是指单床式固定床。

目前,相对固定床而言,双层床和混床、逆流再生(再生液和原水的流向相反)和浮动床等新工艺的采用,以及设备自动化水平的提高,都大大地增加了交换剂的利用率和设备的出力,改善了出水质量,降低了运行费用。

6.1.1　离子交换器的设备结构

顺流再生固定床离子交换器水处理设备如图6.1所示。其本体通常是承压式圆筒形容器,具有进水装置、进再生液装置、排水装置和排气管等,交换剂层下为垫层。为运行操作方便,交换器结构要合理、紧凑,并应尽量使所有的控制阀门、取样装置、计量和测试仪表等都集中在交换器前并合理安装。

逆流再生离子交换器,除了有上述部件外,还设有中间排液装置,供逆流再生时排再生废液用,且为防止再生时交换剂乱层,在中间排液装置上放置有150～200 mm的压实层(亦称压脂层,可用交换剂本身材料,或采用5～30目的聚苯乙烯白球材料)覆盖在交换剂上。压实层还有两个作用:①过滤作用,过滤水中的悬浮物,使其不进入下层树脂层中;②分散作用,用来使顶压水均匀地进入中间排液装置。逆流再生离子交换器结构如图6.2所示。

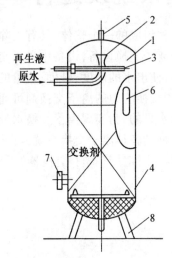
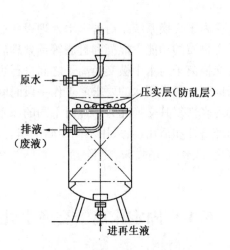

图 6.1 顺流再生固定床离子交换器水处理设备示意图　　图 6.2 逆流再生离子交换器结构示意图
1— 交换器本体;2— 进水装置;3— 进再生液装置;4— 排水装置;5— 排气管;6— 窥视表;7— 人孔;8— 支柱

6.1.2 主要部件结构

1. 交换器本体

交换器本体通常为一立式密闭圆筒形容器,可承受一定的压力。本体多采用钢制,小型离子交换器的本体也可用塑料(聚氯乙烯)或有机玻璃制造。对于在酸性介质条件下工作的氢离子交换器和交换剂为树脂的离子交换器,其金属通道内壁必须涂以防腐涂料,如涂刷环氧树脂层、衬胶、衬玻璃钢等。

2. 进水装置

交换器的进水装置(一般兼作反洗排水用)要保证水流分布均匀,并使水流不直接冲刷交换剂层。为使反洗时交换剂层有膨胀余地和防止细颗粒流失,在交换剂表面至进水装置之间,要留有一定空间,称"水垫层"。通常,水垫层的高度即为交换剂的反洗膨胀高度,约为交换剂层高的40%～60%(混床可达80%～100%)。如果水垫层高度不够,可能造成反洗时交换剂颗粒流失,则可考虑减小进水装置的缝隙宽度或小孔孔径,也可在进水装置管外包涤纶网,以阻挡细颗粒流出。

最简单的进水装置为漏斗式(图6.1),多用在小型离子交换器上。漏斗的上截面(最大截面)面积通常取为交换器罐体垂直于轴线的横截面面积的2%～4%,漏斗角度一般为60 ℃或90 ℃,漏斗顶至交换器封头内部最高处的距离为100～200 mm。另一种结构简单的进水装置是喷头式,按其开孔形式可分为缝隙式(图6.3)和开孔式(图6.4)两种。开孔式进水装置的外面还包有涤纶网,用以防止交换剂流失。缝隙或小孔流速一般取 1 ～ 1.5 m/s,进水管流速取 1.5 m/s。

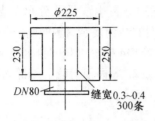

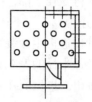

图 6.3　缝隙式进水装置(单位:mm)　　　　图 6.4　开孔式进水装置

使用普遍、结构又较简单的进水装置为十字支管式(图 6.5)和环形开孔式(图 6.6)。它们的布水均匀性比漏斗和喷头式要好,其小孔流速和进水管流速与上述喷头式相同。

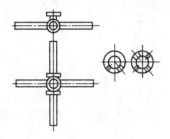

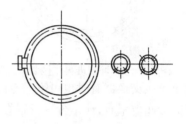

图 6.5　十字支管式进水装置示意图　　　图 6.6　环形开孔式进水装置示意图

对于直径较大的离子交换器,为使其进水分配均匀,可采用辐射支管式进水装置(图 6.7)。其小孔流速和进水管流速都与前面相同。布水更均匀的进水装置是鱼刺式进水装置,如图 6.8 所示。它的结构较复杂,且中间母管不开孔,故中部不进水面积较大。鱼刺式进水装置多用在直径较大的离子交换器上。

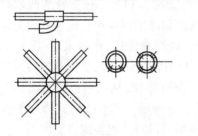

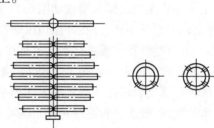

图 6.7　辐射支管式进水装置　　　　　图 6.8　鱼刺式进水装置

进水装置的设计除应考虑布水均匀和避免水流直接冲刷交换剂层表面,且留有适当高度的水垫层外,还应使进水装置的出口总截面面积满足最大进水流量的需要。

3. 进再生液装置

进再生液装置应能确保再生溶液均匀地分布在交换剂层中。有的小型水处理设备,为使结构简化不设专门的进再生液装置,而将它与进水装置合用。应当指出,再生液的密度通常比水大,而其流速又较小,故不易散开而不能用漏斗式或喷头式进再生液装置,常用的进再生液装置有圆环型、母管支管型和辐射型等。圆环型进再生液装置(图 6.9)的环形管上开有小孔($\phi10$ ～ 20 mm),再生液是由均匀分布在环管上的小孔,以 1 ～ 1.5 m/s 的流速喷出。环的直径通常为交换器直径的1/3 ～ 1/2。为了使再生液更好地喷散开,可在向上开的环管孔加装喷嘴,这样既可避免液流直接冲刷交换剂层表面,又可防止反洗时孔眼被杂质堵塞。母管支管型进再生液装置与图6.8所示结构相近,但它的母管位于诸平行支管上部,并用法兰接头与各支管联通。再生液是从分布在支管上的小孔流出的(流速为0.5 ~ 1 m/s)。这种形式较圆环型的结构复杂,但再生液分布均匀。

辐射管型进再生液装置(图6.10)是由4根长管和4根短管相间排列组成的。长管的长度为交换器半径的3/4,短管半径为长管半径的1/2。8根辐射管的端部均被压扁,再生液即由此流出。再生液在管中的流速一般为1 ~ 1.5 m/s。

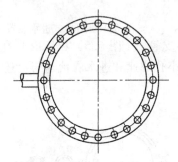 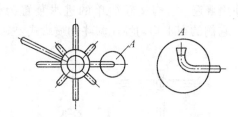

图 6.9　圆环型进再生液装置　　图 6.10　辐射管型进再生液装置

顺流再生交换器有时也可不设专门的进再生液装置,而把它与进水装置合并。但从再生液的分布效果看,还是分别设置好。逆流再生交换器的进再生液装置一般都与排水装置合并。

4. 底部排水装置

底部排水装置既能顺利排出水流(或再生液),又不造成交换剂的流失,同时保证交换器截面上出水均匀,所以它要多点泄水,而不使水流汇集成一股,避免在交换剂中形成偏流和水流死区。底部排水装置常用的有鱼刺式、支管式、多孔板式和石英砂垫层式等。

常用的母管支管式排水装置如图6.11所示。母管端部和各平行支管的两端是封闭的,支管上均匀地开小孔,并在外面包以塑料编结窗纱和涤纶网。小孔流速一般为0.3 ~ 0.5 m/s。另一种母管支管式排水装置是在各支管孔处焊有管座,塑料水帽(图6.12)插在或用丝扣拧在管座上。水帽上有很多缝隙,水可从缝隙流入支管,交换剂颗粒则不能通过。这两种母管支管式排水装置的上部都不需要石英砂垫层,从而可以降低交换高度。为减少水流死区,排水装置应尽量贴近底部的混凝土支撑层。母管支管式排水装置的出水均匀,但缺点是结构复杂。另外,塑料水帽容易损坏,且检修、更换困难。

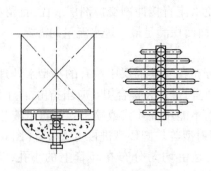 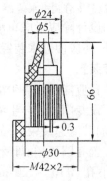

图 6.11　母管支管式排水装置　　图 6.12　塑料水帽(单位:mm)

结构比较简单的排水装置如图 6.13 和图 6.14 所示。这两种排水装置制作容易、耐用,出水也较均匀。但是,由于采用了石英砂垫层(高度为 700 ~ 900 mm),故交换器高度较高,因此只适用于大直径的离子交换器。弓形板上的小孔直径多取为 $\phi6 \sim 12$ mm,其通水总截面面积应为出水管截面积的 3 ~ 5 倍。弓形板顶部 1/3 直径范围内不应开孔,以利出水均匀。垫层用的石英砂必须经过筛选,铺装前应用 $w(HCl) = 15\% \sim 20\%$ 浸泡(24 h 左右),以除去可溶性杂质。石英砂垫层的粒度分布情况可参照表 6.1。

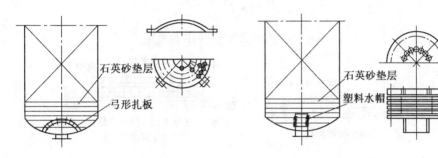

图 6.13　弓形板式排水装置　　　图 6.14　塑料大水帽排水装置

表 6.1　石英砂垫层粒度分布

层次(自上而下)	1	2	3	4	5	6
层厚/mm	120	80	100	100	100	200
粒径/mm	1 ~ 2	2 ~ 4	4 ~ 7	7 ~ 15	15 ~ 25	25 ~ 35

排水装置的设计既要使水流(或再生液)顺利通过,又不造成交换剂流失,而且要保证出水均匀,无偏流和水流死区。

一般顺流再生离子交换器除以上三种主要部件外,在交换器顶部还装有空气排放管,在壳体上还设有窥视孔,用以观察交换剂层高度和反洗时交换剂的膨胀情况。为了检修和装卸交换剂需要,还应在壳体上设置人孔。大型离子交换器一般设两个人孔:一个在上部,高于交换剂表面 200 ~ 400 mm 处;另一个在下部,高于排水装置上平面约 200 mm 处。小型离子交换器的上、下封头可用法兰与筒体连接,故可只设一个人孔(交换剂卸孔)或不设人孔。另外,在离子交换器壳体外部还配备有各种管道、阀门、取样管以及流量计和进出口压力表等。必要时还可在出水管上装树脂捕捉器(多孔管外包滤网),以防树脂流失。

5. 中间排液装置

逆流再生离子交换器有时装有中间排液装置,其作用有二:一是排出再生时的废液;二是交换剂失效后先由此装置进入反洗水,冲洗中间排液装置上的滤网、清洗压实层。

常用的中间排液装置有鱼刺式和母管支管式等。鱼刺式装置结构与图 6.8 所示结构相同,排液管的缺点是:焊口不易均匀,安装不易水平,再生时母管底部有死角。现多采用母管支管式中间排液装置(图 6.15)。支管上可开孔或开缝,也可在支管上安装塑料水帽。对于开孔或缝隙式的支管,外面应包以塑料窗纱和涤纶网,并用尼龙绳扎紧。由于中间排液装置埋在交换剂层内部,当交换剂体积变化时,中间排液装置要承受较大弯曲应力。因此,母管及支管应予加强,常用母管及支管式的加强方式示例如图 6.16 所示。

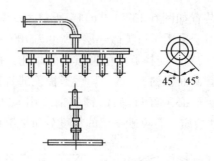

图 6.15　母管支管式中间排液装置

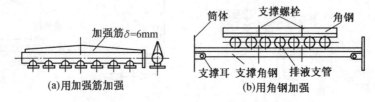

(a)用加强筋加强　　　　　　(b)用角钢加强

图 6.16　母管及支管式的加强方式示例

中间排液装置关系到逆流再生时沿交换器横断面的水力均匀性问题,设计与安装时必须足够重视。其具体要求是:小反洗时布水均匀,再生时集水(再生液)均匀,排水时水流畅通,其中最重要的是集水和布水均匀。为此建议:计算流量应按再生最大排液量考虑,如有顶压,还应包括排出顶压用的压缩空气量或水量;母管管径可按流速约 1 m/s 选定;支管管径多在 $\phi 25 \sim 40$ mm 之间选用;支管流速取为 $1 \sim 1.5$ m/s;小孔流速可采用 $0.4 \sim 0.6$ m/s;孔间距小于或等于 50 mm;支管间距应适当,通常最大不超过 250 mm。

国产离子交换器的罐体内径常用规格为 $\phi 500$ mm、$\phi 750$ mm、$\phi 1\ 000$ mm、$\phi 1\ 500$ mm、$\phi 2\ 000$ mm、$\phi 2\ 500$ mm,交换剂层高度有 $1\ 500$ mm、$2\ 000$ mm、$2\ 500$ mm 等。

6.1.3　树脂的再生

在离子交换树脂的交换过程中,当树脂上的可交换离子全部被交换完时,树脂就不能交换水中的离子了,此现象称为"失效"。使失效的树脂重新获得离子交换能力的水处理工艺方法称为树脂的再生,树脂重新获得交换能力的效果,可用再生工作交换容量与全部工作交换容量的比值表示,称为"再生度"。

树脂的再生是离子交换水处理中极为重要的环节。树脂再生的情况对其工作交换容量和交换器的出水质量有直接影响,而且再生剂的消耗还在很大程度上决定着离子交换系统运行的经济性。影响再生效果的因素很多,如再生方式,再生剂的种类、用量,再生液的流速、温度等。这里主要讨论影响固定床再生效果的一般因素,至于某些床型的特殊情况,将在介绍离子交换装置结构时做说明。

1.再生方式

在离子交换水处理系统中,交换器的再生方式可分为顺流、对流、分流和串联四种。这四种再生方式中被处理水和再生液的流动方向,见图 6.17 所示的离子交换器再生方式示意图。

(1)顺流再生。顺流再生是指再生液流动的方向和制水时水流的方向是一致的再

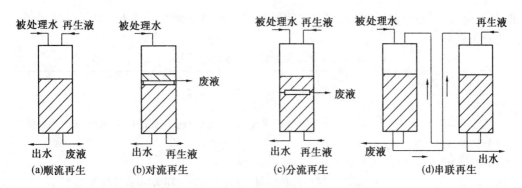

图 6.17　离子交换器再生方式示意图

生,通常都是由上向下流动。这种再生方法的设备和运行都较简单,在低压锅炉水处理中应用较多,如图6.17(a)所示。在原水含硬度不高、用于软化,或原水含盐量不高(如低于150 mg/L)、用于除盐,顺流再生方式均可以得到较满意的技术经济效果。顺流再生的缺点是出水端树脂层再生效果不理想,即再生程度低,影响出水水质。如要提高这部分树脂的再生度,就要多耗用再生剂。在用弱型(弱酸性或弱碱性)树脂与强型(强酸性或强碱性)树脂串联的氢离子交换或氢氧离子交换系统中,顺流再生也是适用的。

(2)对流(逆流)再生。对流再生是指再生液流动方向和制水时水流的方向方向是相反的再生。习惯上将制水时水流向下流动,再生时再生液向上流动的水处理工艺称为固定床逆流再生工艺;将制水时水流向上流动(此时床层呈密实浮动状态),再生时再生液向下流动的水处理工艺称为浮动床工艺。图 6.17(b)是指前者。对流(逆流)再生可使出水端树脂层再生度最高,交换器出水水质好,它可扩大进水硬度或含盐量的适用范围,并可以节省再生剂。

对于逆流再生固定床,为了防止再生时树脂乱层,在中间排液装置以上设有 150 ~ 200 mm 厚的压实层。

除了逆流再生固定床、浮动床以外,双层床、双室双层浮动床也都属于对流再生的床型,都具有对流再生的技术经济效果。

(3)分流再生。分流再生工艺是在床层表面下400 ~ 600 mm 处安装排液装置,使再生液从上、下同时进入,废液从中间排液装置中排出,制水时原水自上而下通过床层。因此在这种交换器中,下部床层为对流再生,上部床层为顺流再生,如图6.17(c)所示。

若原水钙离子质量浓度较高,又是以硫酸作为再生剂时,则上下两股再生液以不同的再生液质量分数、流速进行再生,可防止硫酸钙在树脂层中沉积。

(4)串联再生。串联再生适用于两个阳床或两个阴床串联运行的场合,对于每个交换器可用顺流再生或对流再生方式,图6.17(d)为顺流串联再生方式。

弱型树脂与强型树脂联合运行的氢离子交换或氢氧离子交换系统中串联再生的技术经济效果,比两个强型树脂交换器串联再生的技术经济效果好,而两个强型树脂交换器串联再生所需的再生剂量比分别再生时少。

2. 再生剂品种与纯度

再生剂品种直接影响再生效果与再生成本。以强酸阳离子交换树脂为例:盐酸的再生效果优于硫酸,但盐酸的单价高于硫酸。如能很好地掌握硫酸再生时的操作条件(质量分数、流速),便可以取得满意的再生效果及较低的再生成本。再生剂盐酸与硫酸的特点比较见表 6.2。

表 6.2　再生剂盐酸与硫酸的特点比较

盐酸	硫酸
(1) 价格高; (2) 再生效果好; (3) 腐蚀性强; (4) 具有挥发性,运输和贮存比较困难	(1) 价格便宜; (2) 再生效果差,有生成 $CaSO_4$ 沉淀的可能,用于对流再生较为困难; (3) 较易采取防腐措施; (4) 不能清除树脂的铁污染,需定期用盐酸清洗树脂

再生剂的纯度对离子交换树脂的再生效果及再生后出水水质有较大的影响。再生液的纯度高、杂质少,则树脂的再生度高,再生后树脂层出水水质好。在对流再生方式中,再生剂纯度对再生效果的影响更为显著,再生剂纯度对阴树脂的影响大于对阳树脂的影响。

在钠离子交换水处理中,如工业食盐中硬度盐类质量分数太高,使用前可用 Na_2CO_3 软化。

3. 再生剂用量

再生剂的用量影响再生效果,它对树脂交换容量恢复的程度和经济性有直接关系。实际上只用理论的再生剂量去再生树脂时,是不能使树脂的交换容量完全恢复的。因此在生产上再生剂的用量总要超过理论值。

提高再生剂用量,可以提高树脂的再生程度,但当再生剂比耗(再生剂的实际用量与理论耗量之比值)增加到一定程度后,再继续增加,再生程度则提高很少,所以采用过高的比耗是不经济的。实际应用时,应根据水质的要求及水处理系统等的具体情况,通过调整试验确定最优比耗。

再生剂用量与离子交换树脂的性质有关,一般强型树脂所需的再生剂用量高于弱型树脂。再生剂用量与再生方式有直接关系,通常要取得相同的工作交换容量顺流再生所需的再生剂用量大于逆流再生所需的再生剂用量。

对强碱性阴树脂增加再生剂用量,不仅能提高其工作交换容量,而且除硅效果显著。

4. 再生液的质量分数

当再生剂用量一定时,在一定范围内,随着再生液的质量分数的提高,树脂的再生程度也提高,但过高的再生液的质量分数会使再生液体积减小,不易与树脂均匀接触,从而降低再生效果。

再生液的质量分数与再生方式有关。一般顺流再生固定床和混合床所用的再生液质量分数高于对流再生固定床的再生液的质量分数。推荐的再生液质量分数见表 6.3。

表 6.3　推荐的再生液质量分数

再生方式	强酸阳离子交换树脂		强碱阴离子交换树脂	混合床	
	钠型	氢型		强酸树脂	强碱树脂
再生剂品种	食盐	盐酸	烧碱	盐酸	烧碱
顺流再生液质量分数 /%	5 ~ 10	3 ~ 4	2 ~ 3	5	4
对流再生液质量分数 /%	3 ~ 5	1.5 ~ 3	1 ~ 3	—	—

再生液质量分数还与再生剂品种及待再生树脂的形态有关,如原水中 Ca^{2+} 质量分数与全部阳离子质量分数的比值越大,则 H 型交换器失效后树脂层中 Ca^{2+} 的相对质量分数也越大。若用质量分数高的硫酸再生这种交换器,就容易在树脂层中产生 $CaSO_4$ 沉淀,故必须对硫酸的质量分数进行限制。图 6.18 列出了进水 Ca^{2+} 质量分数与允许的硫酸再生液最高质量分数的关系。

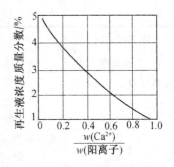

图 6.18　进水 Ca^{2+} 质量分数与允许的硫酸再生液最高质量分数的关系

为防止用硫酸再生时在树脂层中产生 $CaSO_4$ 沉淀,可先采用低质量分数、高流速硫酸再生液进行再生,然后逐步增加质量分数,降低流速的分步再生法可取得比较满意的再生效果。表 6.4 是推荐的用硫酸再生强酸阳树脂的三步再生法,也可设计成硫酸质量分数是连续缓慢增大的再生方式。

表 6.4　硫酸三步再生法

再生步骤	再生剂用量 (占总量的比例)	质量分数 /%	流速 /(m·h⁻¹)
1	1/3	1.0	8 ~ 10
2	1/3	2.0 ~ 4.0	5 ~ 7
3	1/3	4.0 ~ 6.0	4 ~ 6

在再生阴双层床时,为了防止树脂层内形成二氧化硅胶体,导致无法再生和清洗的结果,也宜用变质量分数的分步再生法。

5.再生液温度

再生时适当提高再生液温度,能提高树脂的再生程度。但再生温度不能高于树脂允许的最高使用温度,否则将影响树脂的使用寿命。

强酸阳树脂用盐酸再生时一般不需加热,当需要清除树脂中的铁离子及其氧化物时,可将盐酸的温度提高到 40 ℃。

强碱阴树脂以氢氧化钠作再生剂时,再生液的温度对吸着氯离子、硫酸根、碳酸氢根的树脂的再生效率影响较小,但对吸着硅酸的树脂的再生效率及再生后制水过程中硅酸的泄漏量有较大影响。

实践表明,强碱 I 型阴树脂,适宜的再生液温度为 35 ~ 50 ℃;强碱 II 型阴树脂,适宜的再生液温度为(35 ±3) ℃。

6.再生液流速

再生液的流速影响再生液与树脂接触的时间,因此再生效果与再生液流速有关。实践表明,浸泡再生的再生效率低于动态再生。阳离子交换树脂再生液流速可高于阴离子交换树脂。逆流再生的再生液流速应以不导致树脂层扰乱为前提。一般再生液流速为 4 ~ 8 m/h。

6.1.4　常见故障及其消除

表 6.5 中列出了固定床离子交换器使用中常见故障及消除方法。

表 6.5　固定床离子交换器常见故障原因及消除方法

故障情况	可能产生的原因	消除方法
1. 交换剂的工作交换能力小;	(1) 再生用食盐质量低; (2) 再生用盐量太少; (3) 食盐溶液质量分数太小; (4) 盐液流速太快,与失效的离子交换剂接触时间不够; (5) 阳离子交换剂被悬浮物污染; (6) 原水中 Al^{3+}、Fe^{3+} 等阳离子量多,离子交换剂"中毒"; (7) 反洗强度不够或反洗不完全; (8) 正洗时间过长,水量过大; (9) 排水系统遭到破坏或水流不均匀	(1) 用化学分析来检查食盐质量,必要时用苏打将盐溶液软化; (2) 增加食盐用量; (3) 增加食盐溶液质量分数; (4) 减慢盐液流速; (5) 原水过滤、澄清,清洗离子交换剂; (6) 用质量分数为 1% ~ 2% 的酸经常冲洗离子交换剂; (7) 调整反洗水压力和流量; (8) 减少正洗水量; (9) 检修排水系统或重新反洗离子交换剂层
2. 离子交换器流量不够	(1) 交换剂层高度太低; (2) 进水管道和排水系统的水头阻力过大	(1) 增加交换剂层高度; (2) 改变进水管道和排水系统,以降低其水头阻力
3. 交换剂急剧焦化	(1) 水温过高或 pH 太大。超出交换剂稳定范围; (2) 再生时盐溶液质量分数太大; (3) 预先用石灰软化时,进入离子交换器的水碱度太高	(1) 降低水温及水的 pH; (2) 适当降低盐溶液质量分数; (3) 适当降低离子交换器进水碱度
4. 反洗过程中有交换剂流失	(1) 排水罩破裂; (2) 反洗强度太大; (3) 交换器截面上流速分布不均匀; (4) 磺化煤质量不好,耐磨性差	(1) 更换排水罩; (2) 降低反洗强度; (3) 检修进水分配装置; (4) 改用质量良好的磺化煤
5. 再生用食盐耗量大	(1) 盐液流速过快; (2) 盐液中杂质多而堵塞喷嘴,使盐水分配不均; (3) 盐水中杂质多带入交换剂层,同时反洗强度不够,杂质黏附在交换剂表面	(1) 调整盐液流速; (2) 改善盐水沉淀及过滤设备; (3) 增强反洗强度
6. 正洗需要时间很长才能将氯化物及构成硬度的盐类除去	(1) 交换器中自排水帽至水泥层表面的呆滞空间太大; (2) 交换器截面上流速分布不均匀	(1) 提高水泥层表面以减少呆滞空间; (2) 检修和改善原水分配装置
7. 软水中有交换剂的颗粒	部分排水帽破坏	卸出树脂,更换排水帽

续表6.5

故 障 情 况	可 能 产 生 的 原 因	消 除 方 法
8. 整个软化过程软水硬度总是达不到要求	（1）生水钠盐质量浓度太大（一般发生在大于 1 000 mg/L）； （2）阳离子交换剂表面被污染； （3）铵－钠离子交换用硫酸铵再生时，硫酸铵溶液质量分数超过3%，形成硫酸钙，粘于交换剂表面； （4）盐水阀门漏水； （5）并联系统中，正在还原的离子交换器的出水阀门开启或关闭不严； （6）交换剂层不够高或运行速度太快； （7）水温过低（低于 10 ℃）	（1）改成二级软化； （2）改善盐水沉淀的过滤或增大反洗强度； （3）若用压力式盐溶解器，则另加盐液箱或改用溶盐箱，使硫酸铵的质量分数为2% ~ 3%； （4）修理盐水阀门，或于盐水管道上装两个阀门；若不能检修，则提高交换器出口压力至0.15 MPa(表压)； （5）关闭或修理出水阀门； （6）增加交换剂层高度或降低运行速度； （7）将原水温度提高到 10 ℃ 以上
9. 交换器失效曲线很倾斜	配水系统或排水系统不完善，以致交换器截面水流不均匀	改善布水及排水装置，还可改装管道系统，使交换器可以串联运行，进行二级软化，充分利用残余交换能力
10. 软水氯根增高	（1）操作有误，软化时开启盐水阀门或盐水阀门未关闭，或再生时开启出水阀门； （2）盐水阀门关不严而泄漏，或正在还原的离子交换器的出水阀门关不严而漏泄	（1）严格执行操作规程； （2）修理盐水阀门，或于盐水管道上装两个阀门，若不能检修，则提高交换器出口压力至0.15 MPa(表压)，并修理出水阀门
11. 铵－钠离子交换器的软水碱度不符合要求	再生用铵盐的比例不合适	重新计算铵－钠离子交换器的出水比例
12. 铵－钠离子交换时，软水硬度尚未超过0.1 mmol/L,但碱度过高	原水中钠离子浓度过大	按碱度要求来确定失效时间，并最好改成二级软化，以充分利用残余交换能力

6.2　连续式离子交换装置

在固定床离子交换器中,交换剂是固定不动的(或基本固定不动),交换过程则是断续进行的,因此固定床离子交换器有设备体积大、利用率低、交换后期出水稳定性差等缺点。

连续式离子交换装置可分为两类:基本连续式 —— 移动床和完全连续式 —— 流动床两类,它们又分为单塔式、双塔式和三塔式三种。单塔式是将交换、再生、清洗三个塔叠置成一个塔,它流程简单,管道少,但是高度较高也给运行和检修带来不便。双塔式是将交换塔单独设置,而再生和清洗两个塔合成了一个塔,叫作再生－清洗塔。三塔式即交换、再生、清洗三个塔各自设置,用管道相互连接成一套连续式离子交换设备。

6.2.1 移动床

1. 原理

固定床离子交换有两个缺点:第一,固定床离子交换器的体积较大,树脂用量多。这是由于在离子交换剂层需要再生以前,上层交换剂早已呈失效状态,所以交换器的大部分容积,实际上经常是充当贮存失效交换剂的仓库;第二,固定床离子交换器不能连续供水。这是由于它的运行呈现周期性,每一周期中有一段时间(再生和冲洗)不能制水。为克服上述不足,后来又发展了移动床离子交换技术。

移动床交换器中的交换层在运行中是呈周期性运动的,即定期地排出一部分已失效的树脂和补进等量再生好的新鲜树脂。被排出再生树脂的再生过程,是在另一专用设备中进行的。所以在移动床系统中,交换和再生过程是分别在专用设备中同时进行的,供水基本上是连续的。

同一出力条件下,移动床系统的交换剂的用量比固定床要少得多,约为后者的 $1/3$ ~ $1/2$。这是因为交换剂在移动床中周转,再生的次数多,利用率高。固定床再生是有一定周期的,如再生次数太多,非生产的时间就占得长,对生产不利。而移动床交换剂每天要在各设备中周转多次,所以,即使移动床系统的交换、再生和清洗设备中都有交换剂在运行,但其总量仍比固定床中所用的量要少。

在设计移动床系统时,为了能将交换器中部分失效的离子交换剂排放出来,均采用进水快速上流的运行方式。当水流由离子交换剂层的下部进入,向上流动时,随其流速的不同,有三种不同的情况:当流速很慢时,水流渗过交换剂层流出,此时,交换剂层是稳定的;流速稍快,交换剂层就发生扰动,以致形成如同反冲洗的情况,交换剂层膨胀;当流速再加快时,会发生类似浮动床中的情况,即整个交换剂层全部被水流托起,顶在交换塔上部,层间各颗粒间基本上仍保持原来的情况,是紧密地相连的,所以好像只是此交换剂层上移。这样,与进水首先接触的是交换剂层的下部,故易将失效部分的树脂排放到再生塔中。

移动床交换系统的形式较多,按其设置的设备数量不同可分为:三塔式、双塔式和单塔式的;按其运行方式可分为:多周期式和单周期式。

2. 工艺过程

三塔式移动床是移动床系统中的典型,它是由交换塔、再生塔和清洗塔组成的,其系统如图 6.19 所示。

交换塔是这个系统的主体,离子交换过程就是在这里进行的。交换塔的上部设有贮存斗,该贮存斗中存有从清洗塔送来的新鲜树脂;贮存斗下部装有浮球阀,浮球阀下面是交换塔本体,或称为交换罐。在交换塔中的水流是采用快速上流法,水由下向上通过托起的树脂层进行离子交换。当运行了一段时间后,如果要从交换剂层下部排出一部分失效树脂和从上部补充经再生和清洗后的树脂,只要停止进水,进行排水即可。因为当排水时,塔中压力下降,产生泄压现象,因而水向下流动,整个树脂层下落,称为落床。

与此同时,设于交换塔上部的漏斗和交换塔间的浮球阀,也会因树脂层下落而自动下

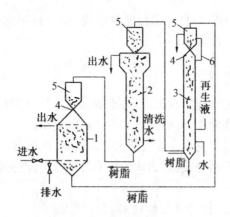

图 6.19　三塔式移动床系统

1— 交换塔;2— 清洗塔;3— 再生塔;4— 浮球阀;
5— 贮存斗(漏斗);6— 连通管

落(即被打开),于是,贮存在上部漏斗中的树脂就落入交换塔中交换剂层的上面。所以,失效树脂的排放和新鲜树脂的添加,是在落床过程中同时进行的。此落床过程所需的时间很短,为 2 ~ 3 min。两次落床间交换塔运行的时间,称为此移动床的一个大周期,一般约 1 h。随后继续进水,靠上升水流的作用,又将进水装置以上的树脂层托起(称起床),并自动关闭浮球阀,交换塔即开始运行供水。与此同时,落在进水装置下部的失效树脂依靠进水的压力被一小股水流渐渐输送到再生塔上部的漏斗中。

再生塔中,用以处理失效树脂的再生液也是采用从下向上通过树脂层的方法,即同时快速地从下部送进再生液和水,把树脂层托起顶在上部进行再生,排出的废再生液经过连通管送入上部漏斗,使贮存在其中的失效树脂先进行初步再生,然后将废液排掉。当再生操作进行了一段时间后,停止进水和进再生液,并进行排水泄压,使再生塔中树脂层下落。与此同时,上部漏斗中的失效树脂经自动打开的浮球阀落入再生塔中,使再生塔中最下部的已经再生好的树脂,落入再生塔下部的输送部分,然后依靠部分进水水流不断地将其输送到清洗塔中。而两次排放再生好树脂的间隔时间,称为一个小周期。这种将交换塔一个大周期中排放过来的失效树脂,分成几次再生的方式称为多周期。通常 3 ~ 4 个小周期处理的树脂总量等于交换塔一个大周期所排出的树脂量。

采用多周期再生方式时,失效树脂由上向下逐段下移,再生液由下向上不断地流动,在这里树脂和再生剂的流向成对流(逆流)状态。此种再生方式可使再生剂充分利用,从而降低其比耗,但设备复杂、输送管道长、管径小、树脂易受磨损,同时清洗水的耗量也较大。

3. 特点

(1)树脂利用率高,损耗率大。在相同出力的情况下,移动床所需树脂比固定床的少。因为移动床中的树脂是处于不断流动的状态,因此磨损较大,而且因再生次数频繁,使树脂膨胀和收缩也易造成损坏。

(2)流速高,对进水水质和水量变化的适应性较差。移动床中交换剂层低,水通过时阻力小,所以运行流速高。因为移动床的运行周期通常是按时间控制的,所以对进水水质和水量变化的适应性较差。由于移动床所用树脂少,设备小,所以投资与出力相同的固定床相比可节省约30%。但它对自动化程度要求高,而且再生剂比耗普遍偏高,出水水质也不如逆流再生固定床或浮动床好。

6.2.2 流动床

移动床离子交换工艺过程中有起床、落床的动作,因此它的生产过程并不是完全连续的。而且由于要进行这些操作,自动控制的程序比较复杂。

流动床是离子交换过程完全连续式的水处理装置,既可保证连续供水,又可简化自动控制的设备。流动床分无压力式(重力式)和压力式两类,现主要介绍前者。

1. 工艺过程

无压力式流动床系统主要由交换塔和再生塔组成,如图6.20所示。在这两个塔中都是水(或再生液)向上流,树脂向下流,成对流状态。此系统的运行情况是:原水由交换塔底部进入向上流动,通过树脂层后,由上部溢流出。所以,水的流速不能太快,否则会带出树脂。树脂由交换塔上部渐渐下落,待落至底部时,被喷射器送到再生塔的上部。树脂在再生塔内下落的过程中,先被由中下部通入的再生液再生,当落到再生塔的下部(清洗段)时,受到向上流动水的清洗,即成新鲜树脂。此后,随同一部分清洗水,依靠交换塔和再生塔之间的水位差,被送回交换塔上部,再进行工作。

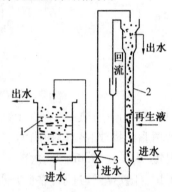

图6.20 无压力式流动床
1—交换塔;2—再生塔;3—喷射器

在再生塔的上部可设置溢流管,使部分输送树脂的水流回交换塔,以减少水流损失。

2. 特点

无压力式流动床虽然可以连续运行,但其弱点是上升水速不能太快,否则就会将树脂颗粒带出。运行实践表明,这种装置对树脂磨损较大,再生剂比耗高,出水水质也较差。

移动床和流动床较适用于水的软化处理。当供水量较大,对水质要求不高时,用移动床是可行的。

压力式流动床系统主要由交换塔和再生塔组成,交换、再生、清洗过程是连续不间断的,不需要停床再生和清洗,可以连续供水。流动床离子交换器是一种高效离子交换处理装置,主要用于软化水处理,也可根据不同工艺要求用于去除水中的阳离子和阴离子。

交换塔的内部分一、二和三室,交换树脂依靠射水器产生的作用逐层下落。再生的树脂由射水器输送到塔顶,原水从交换塔的底部一次流过三、二和一室,与树脂进行离子交换反应,转化为软水由塔顶排出。交换过程中,水与树脂在各个室内的呈现同向流动,但是,水与树脂在各个室间流程连接上是逆流式。双塔式流动床工艺流程如图6.21(a)所示。

由于技术进步,目前又出现了三塔式流动床和四塔式流动床离子交换设备,其工艺流程如图6.21(b)(c)所示,由于篇幅所限,不做介绍,《流动床离子交换水处理设备技术条件》(HG/T 3134—2007)中有具体的技术要求。

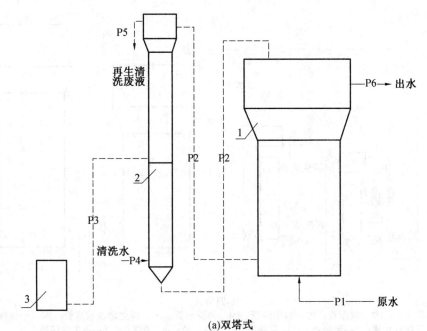

(a)双塔式

P1—原水管；P2—树脂管；P3—再生液管；P4—清洗水管；P5—再生清洗液废管；P6—软水管；
1—交换塔；2—再生清洗塔；3—再生液储槽

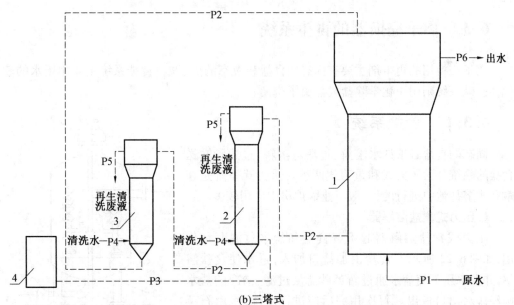

(b)三塔式

P1—原水管；P2—树脂管；P3—再生液管；P4—清洗水管；P5—再生清洗液废管；P6--软水管；
1—交换塔；2—再生塔；3—清洗塔；4—再生液储槽

图 6.21　流动床工艺流程图

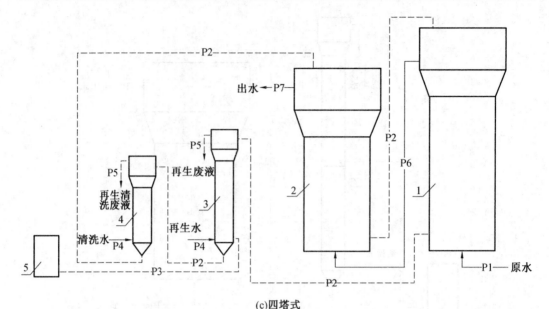

(c)四塔式

P1—原水管；P2—树脂管；P3—再生液管；P4—清洗水管；P5—再生清洗液废管；P6—一级软水管；
P7—二级软水管；1—交换塔1；2—交换塔2；3—再生塔；4—清洗塔；5—再生液储槽

续图6.21

6.3 离子交换器的再生系统

离子交换用的再生剂主要有固态的食盐和液态的酸、碱。食盐系统主要用于水的软化，酸、碱系统则用于化学除盐或氢离子交换。

6.3.1 食盐系统

固态的食盐必须加水溶解、过滤。溶解、过滤和输送食盐的系统分为压力式和重力式两种。重力式系统是在敞开式溶盐池中进行的，一般工业锅炉房中应用较多。

1.压力式食盐溶解器

压力式食盐溶解器起溶解食盐和盐水过滤两种作用，如图6.22所示。食盐由加盐口加入，进水使食盐溶解，并在水压下使盐水通过石英砂滤层过滤，洁净的盐水则经盐水出口送出。每次用完后应进行反洗，水由石英砂层下部进入，冲洗滤层后由上部经排水口排出。

一般压力式食盐溶解器的工作压力 $p \leqslant 0.6$ MPa，过滤速度通常多在 5 m/h 左右。其常用规格为 $\phi300$ mm、$\phi500$ mm、$\phi750$ mm、$\phi1\ 000$ mm，每次可溶食盐液量相应

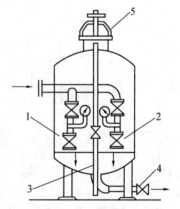

图6.22 食盐溶解器示意图
1—进水;2—盐水出口;3—反冲排水;
4—排污口;5—加盐口

为30 kg、75 kg、150 kg、400 kg 左右，食盐溶解器的容量常以可溶食盐量表示，配用时也按需溶食盐量选择。

用压力式食盐溶解器配制盐水，虽然设备简单，但盐水质量分数开始时很大，以后逐

渐变小,不易控制,而且设备易受腐蚀。

2. 用溶盐箱(池)以盐泵输送盐水

在钢制溶盐箱(内衬塑料)或混凝土溶盐池中把食盐加水溶解。箱(池)中有一隔板把溶盐箱(池)按 2/5 及 3/5 的容积比分成两部分。盐和水加入 3/5 容积的一边,盐水经隔板(墙)上错列的许多孔($\phi 10$ mm)流到 2/5 容积的一边,再由此用耐腐蚀的盐泵将其打至机械过滤器,洁净的盐水再流入离子交换器。这种系统比压力式食盐溶解器稍复杂,但盐水质量分数容易控制,故新建锅炉房采用较多。

3. 用喷射器输送盐水

溶盐池与上述基本相同,但在第一个池的中部偏下位置上设有木制栅格,上放滤料(卵石、石英砂、活性炭、棕榈等)。盐在此池中溶解,溶解后的盐水流经滤层过滤后,从隔墙底部的孔或底部联通管流入第二个池 —— 饱和食盐溶液池。使用时用水 – 水喷射器将盐水从第二个池中抽出,并稀释至需要的质量分数,然后直接送往离子交换器。这种系统设备简单,不需盐泵和机械过滤器,操作方便。但是,水 – 水喷射器前必须有足够的水压($p \geq 0.2$ MPa 表压),第一池中的滤料也不能在池中反冲洗。因此,它只适用于小型锅炉房。

6.3.2 酸、碱系统

因酸、碱易对设备和人有腐蚀,故酸、碱系统应考虑防腐。中小型锅炉房的工业酸(碱)常用罐缸等容器靠人工(手推车)来输送或槽车装运。酸、碱用量大时,可用以下方法输送。

1. 真空法

将接受酸、碱的容器抽成真空(靠真空泵或喷射器抽吸),使酸、碱液在大气压力下自动流入。此法的输送高度有限。

2. 压力法

向密闭的酸、碱贮存罐(多位于地下)中通入压缩空气,靠空气压力把酸、碱液输送出去。此法有溢出酸碱的危险。

3. 泵、喷射器输送法

用泵输送,方法简便,但泵必须耐酸或碱。用水力喷射器抽取酸碱液的输送方法多是直接用于再生时,且酸、碱液同时又被稀释。

较常用的方式是槽车运来的酸、碱,靠重力流入地下酸、碱贮存槽,使用时用耐酸、碱泵(玻璃钢泵、塑料泵等)将酸、碱送至高位贮存罐,再靠重力流入计量箱,然后再用水力喷射器配制成所需质量分数的稀溶液送往离子交换器。

6.4 顺流再生离子交换器的运行

6.4.1 投产前的准备工作

新的离子交换器安装完毕后,即可进行投产前的准备工作。其中包括向离子交换器中填装离子交换剂、交换剂的转型处理和试验性运行等,严格按照行业标准《水处理设备技术条件》(JB/T 2932—1999)执行。

1. 离子交换剂的装填

为了确保交换器具有良好的水力特性,填装的交换剂颗粒应尽量均匀,特别是不应有过多的粉粒存在(0.25 mm以下的粉粒不应超过5%)。如果交换剂的颗粒直径相差太大,则在反洗时细小颗粒会随冲洗水带出,造成交换剂流失;为了不使小颗粒冲走,则需降低反洗强度,交换剂层也就得不到充分松动,从而影响离子交换剂的再生效率及其工作交换容量。所以,交换剂在装填前应先进行筛分,并将粉粒除去。

磺化煤的装填最好采用分层装填法,即每装750 ~ 1 000 mm交换剂层后,用水自下而上反冲洗一次,直到冲洗水澄清为止。全部磺化煤装完后(要装到比设计高度超出50 mm左右),再反冲洗20 ~ 25 min,并使交换剂缓慢下落。这叫作水力筛分,目的是使交换剂的粗颗粒落到最下层,细粒在上层。最后还要把最上层的30 ~ 40 mm的细颗粒除去。

树脂的装填(要特别注意防止它因膨胀过快而碎裂)基本上有湿、干两种方法。

(1)湿法。新树脂装入离子交换器前,先向交换器中加入质量分数为10%的NaCl溶液(高度约为树脂层高的一半),然后再装树脂。

(2)干法。将树脂均匀地装入交换器中,装至规定的层高后,再从交换器下部送入质量分数为10%的NaCl溶液,至浸没树脂为止。

无论湿法还是干法,目的都是尽量减少树脂间的气体,形成稳定的树脂层,并使树脂充分膨胀。

树脂装入交换器后,必须对其进行彻底的清洗(或叫预处理),以洗去树脂在生产过程中残留于其内部的一些杂质。常用的预处理方法是:用填装时加入的质量分数为10%的NaCl溶液浸泡树脂18 ~ 20 h,放掉盐水,用水冲洗树脂至排出的水不呈黄色为止;然后进行反洗,以除去树脂层中的机械杂质和树脂碎末;再用质量分数为5%的HCl溶液浸泡2 ~ 4 h,放掉酸液后,用水清洗至中性;最后用质量分数2%的NaOH溶液浸泡2 ~ 4 h,放掉碱液,用水[①]清洗至中性。经此预处理后,阳树脂成为Na型,阴树脂则成为OH型。

2. 交换剂的转型处理

当离子交换剂的交换离子与需用的剂型不同时,则在正式使用前还需进行转型处理。

(1)磺化煤的转型处理。磺化煤的产品通常是H型的,如果要作Na型使用,则其转型方法是:先使原水通过装有H型交换剂的交换器,至出水硬度与原水硬度相等时为止;再用浓食盐溶液对交换剂进行再生,最后再用水正洗,至出水硬度符合给水规定标准为止。

(2)树脂的转型处理。树脂的转型深度应根据需要而定。例如,当需要将Na型强酸阳树脂转成H型时,如果它是用于H – Na并联软化的,则与上述磺化煤转型相仿,可先令其彻底失效,再进行一次酸再生即可。如果它是用在除盐系统上,则需对其进行较彻底的转型,即在其彻底失效后,需用正常再生用酸量的2倍进行转型处理,如要求彻底转型,则

---

①如果是阴树脂,此时需用氢离子交换的出水清洗。

需先用质量分数为 2% 的 NaOH 溶液浸泡,再用正常用酸量的数倍反复进行转型处理。

离子交换剂转型以后,即可按规定的交换速度(也叫过滤速度)或流量进行试验性运行。在试运过程中,应对原水、出水、再生液等进行取样化验,并测取盐(或酸、碱)、水耗量。记录交换、还原时间等。根据所得到的技术数据、确定出交换器的合理运行工况,并计算出离子交换剂的实际工作交换容量,供离子交换器正常投运使用。

6.4.2　主要操作步骤

固定床顺流再生离子交换器失效后,按反洗、再生、正洗和交换四个步骤进行操作。

1. 反洗

交换器中的离子交换剂失效后,应立即停止交换,自下而上地通水进行反洗操作。反洗的目的是:使交换剂层松动和膨胀,为再生液的均匀分布和与交换剂充分接触创造条件;冲出交换剂滤层表面的悬浮物和破碎的交换剂粉粒,以防止悬浮物污染交换剂和交换剂结块,并减少交换时的压力损失。

一般可用净水或本质较好的原水(如自来水)反洗,但对阴离子树脂、应用更好的水质(表 6.6)。当设有反洗水箱时,可利用上一次再生时收集在反洗水箱中的正洗排水,待其耗尽后再用上述水进行反洗,以节约用水和减少再生剂用量。

为确保反洗效果,必须维持一定的反洗强度和适当的反洗时间。所谓反洗强度即每 1 m² 交换剂剂层面积上每秒钟通过的反洗水量,单位是 $L/(m^2 \cdot s)$。通常,反洗强度应控制在既能冲掉污染交换剂的悬浮物和交换剂的破碎颗粒,又不使完整的交换剂颗粒逸出,并在随后沉降时形成较均匀的交换剂层,反洗强度随交换剂密度(种类)不同而不同,如磺化煤为 $2.5 \sim 3$ $L/(m^2 \cdot s)$,树脂为 $2.8 \sim 4.2$ $L/(m^2 \cdot s)$,沸石密度更大,其反洗强度可达到 5 $L/(m^2 \cdot s)$。反洗强度还和交换剂的粒度和水温等有关。在交换剂种类和粒度不变的情况下,反洗强度只和反洗水温有关;反洗水温越低,反洗强度可越小;或在一定的反洗强度下,反洗水温越低,交换剂层的展开率越大。反洗时对离子交换剂层展开率和反洗水水质的要求见表 6.6。

表 6.6　反洗时对交换剂层展开率和反洗水水质的要求

反洗要求	交换剂各类			
	磺化煤	强酸性阳离子交换树脂	强碱性阴离子交换树脂	混合床中的交换剂
交换剂层展开率/%	30 ~ 40	40 ~ 60	60 ~ 80	80 ~ 100
反洗水水质	净水或水质较好的原水		氢离子交换器出口水或软化水	一级除盐水或凝结水

一般,采用较强烈的短时间的反洗,比长时间的缓慢的反洗更有效。但对具有石英砂垫层的固定床,却不宜采用过分强烈的反洗,以免垫层被冲起,而打乱石英砂垫层的级配。

综上所述,离子交换的反洗强度常取为 3 ~ 5 L/(m^2 · h),或空罐反洗流速[①]取为 11 ~ 18 m/h。反洗需至出水澄清为止,反洗时间一般需 10 ~ 15 min。

2. 再生

再生的目的是使失效的离子交换剂恢复交换能力。它是交换器运行操作中关键的一环,直接影响交换剂的工作交换容量、出水质量和交换器运行的经济性。

影响再生效果的因素很多,如再生剂的种类、纯度、用量,再生液的质量分数、流速、温度和再生方法等,具体如下。

(1) 再生剂用量。再生剂用量对交换剂交换容量的恢复程度(再生程度)有直接的影响。一般来说,加大再生剂用量,交换剂的交换容量加大,再生程度也相应提高,但它们之间并不是正比关系。当再生剂用量加大到一定值后,交换容量的变化趋于平缓,再生程度也就变化不大了,继续增加再生剂用量是不经济的。因此,在离子交换器的运行中,应根据不同的交换剂、具体的水质要求和离子交换设备及其系统的实际情况,得出一个既经济又合理的再生剂用量。

一般,顺流再生钠离子交换器的再生剂用量约为理论量的 2 ~ 3.5 倍,对于氢离子交换器,如为强酸性阳树脂,其再生剂用量约为理论量 2 ~ 2.5 倍,如为弱酸性阳树脂,则再生剂用量可稍大于理论量。

(2) 再生液质量分数。再生液质量分数是影响交换剂再生程度的另一重要因素:质量分数太低,再生不完全;质量分数太高,又造成再生剂浪费。试验表明,在一定范围内提高再生液的质量分数,会使交换剂的再生程度提高。同时,维持适当的再生液质量分数,既有利于再生液离子向交换剂的内部扩散,还可避免交换剂收缩过大。但是,再生液质量分数不能过高,因为质量分数太高,不仅再生液体积减小,且交换剂的交换基团受到显著压缩,影响二者之间的离子交换,使再生效果下降。

再生液质量分数的选用还和交换剂所吸附的离子价数有关:用一价再生剂再生一价离子时,再生液质量分数不用很高即可获得高的再生度;而用一价再生剂再生二价离子时,则需用较高的再生液质量分数。

顺流再生钠离子交换器再生时,盐液质量分数一般为 5% ~ 8%[②];氢离子交换器再生时的盐酸质量分数取为 4% ~ 5%,而用硫酸再生时,其质量分数不宜高,一般为 1% ~ 2%[③],否则易在交换剂层中生成硫酸钙沉淀,它不易洗去,会影响再生和运行后的出水质量。其他再生液的质量分数(如硫酸铵质量分数为 2.5% ~ 3%,氢氧化钠(阴离子树脂再生时)质量分数为 3% ~ 5% 等)也都是根据上述原则选择的。

(3) 再生液流速。再生液流速也是指空罐流速,维持适当的再生液流速,实际上就是保证再生液与交换剂有适当的接触时间,以便再生反应得以充分进行,并使再生剂得到最大限度的利用。因此,它也是影响再生效果的主要因素。

因为再生反应比交换反应进行困难,所以必须依靠再生液的质量分数优势。同理,再

---

① 空罐流速在此指反洗水流量除以交换器空罐(不计交换剂)断面积的值。
② 氯 – 钠离子交换时,氯型阳离子树脂的再生液质量分数也选用 5% ~ 8%。
③ 为了提高再生效率,可先用 1/2 的酸量以低质量分数再生,然后再用其余的酸量以高质量分数约为 4% 的高流速进一步再生。

生需要的接触时间也远大于交换时间。以苯乙烯磺酸基阳树脂为例,其交换需要的接触时间仅 0.5 ~ 1 min 即可,而再生需要的接触时间却长达 30 min 以上;交换流速可以达到 60 m/h,甚至更高,而再生流速却要求控制在 4 ~ 6 m/h 范围内。

再生需要的接触时间还与交换剂的种类及其所含的离子种类有关。以树脂为例,通常,交联度大的树脂需要的再生时间长,交联度小的树脂,再生时间则可以短些。另外,SO_4^{2-}、Cl^- 和 HCO_3^- 很容易从强碱阴树脂中洗下来,再生时间不需太长,而硅酸根难于从树脂中洗下,再生时间就需要长些。

控制适当的再生液流速是再生操作中的关键。通常,固定床钠离子交换器用食盐再生时,再生液流速为 3 ~ 5 m/h;氢离子交换器的盐酸再生液流速为 4 ~ 6 m/h;硫酸再生液流速则为 8 ~ 10 m/h。阴离子交换器再生时,再生液流速多控制在 4 ~ 6 m/h。

再生液流速也不宜过低。因为流速太低,会因再生液中出现的反离子(如钙镁型交换剂再生时,再生液中出现的 Ca^{2+}、Mg^{2+})影响,产生再生反应的逆反应,而降低再生效果。

(4)再生剂纯度和再生液用水水质。再生剂纯度对交换剂的再生程度和出水质量影响很大,如果再生剂质量不好,含有大量反离子或其他杂质离子时,再生程度就会降低。同理,再生液的循环使用同样存在着反离子作用,使再生程度难以提高。另外,配制再生液用水中的含盐量不同时,即使再生液的质量分数相同,其再生效果也不一样。含盐量低的再生程度高,出水质量好;含盐量高的再生程度低,出水质量差。因此,交换剂再生时,不但要求再生剂纯度高,而且对配制再生液用的水质也要求较高。通常酸制再生液的水应使用软化水或除盐水。

(5)再生液温度。再生液温度对交换剂的再生程度也有影响:温度高,离子的扩散速度快,再生程度高。例如,阳离子交换树脂采用加热(大约 10 ℃)的盐酸溶液再生时,树脂中的铁及氧化物容易被清除,同时还能减少漏钠。再如,用氢氧化钠溶液再生强碱阴树脂时,提高再生液温度,可使树脂吸附的硅较易被置换出来,从而提高除硅效果。因此从再生效果看,提高再生液温度是有利的。但是,温度的提高受到交换剂热稳定性的限制。所以应在交换剂允许温度范围内,尽量提高再生液温度。除上述主要因素外,反洗是否及时、彻底,反洗 — 还原切换操作过程中有否漏入空气,以及进、排再生液装置结构是否合理(再生液能否均匀分布,有无偏流、死角等)等,对再生程度也有较大影响。

3. 正洗(清洗)

离子交换剂再生以后,必须立即用水清洗。对于顺流再生离子交换器,清洗水的流向和交换时水的流向相同,都是自上而下,所以又叫作正洗。正洗的目的是洗净交换剂层中的残余再生液和再生产物,防止再生后可能出现的逆反应。

正洗初期,清洗水是按再生液的流向,以与再生液流速相同的速度(如 3 ~ 5 m/h)流过交换剂层的,可认为是再生过程的继续。此时间持续约 15 min 左右,然后加大清洗水流速至 6 ~ 8 m/h(磺化煤)或 10 ~ 15 m/h(树脂)进一步清洗,直至出水水质符合规定标准为止。通常,正洗时间约需 30 ~ 40 min。

用硫酸再生氢离子交换剂时,考虑到交换剂层中容易出现 $CaSO_4$ 沉淀,其清洗水流速应提高至 10 m/h 或更高,且清洗过程不得中断。

离子交换剂不同,要求用的清洗水品质也不相同。例如,对于软化用的阳离子交换剂,只要用澄清且质量较好的原水清洗即可;但对阴离子交换树脂,则往往要求用软水或氢型树脂处理过的水进行清洗。为了减少交换器本身的用水量和降低再生剂比耗,可将正洗后期含有少量再生剂的正洗水通入反洗水箱,供交换器下次反洗用。

4. 交换

正洗结束后,即可投入交换,而交换中影响出水质量和数量的因素主要有如下。

(1) 交换剂层高度。交换剂在固定床离子交换器中沿高度可分成数层,以 Na^+ 交换软化为例,当原水由上而下流经 Na 型交换剂层时,水中的 Ca^{2+}(设水中只有 Ca^{2+})首先遇到处于表层的交换剂,并与 Na^+ 进行交换,结果是表层的交换剂通水后很快就失效了。再继续通水时,其中的 Ca^{2+} 已不能和表层的交换剂进行交换,而是和处于下一层的交换剂进行交换。为此,交换作用逐渐向剂层内部渗透,使整个交换剂层分为三层:最上部是失效的剂层,通过它时质量没有变化,这一层称为失效层(或饱和层);下面的一层(第二层)称为工作层,水流经这一层时,其中的 Ca^{2+} 和剂层中的 Na^+ 进行交换,直到它们达到平衡状态;最下面的一层是尚未参加交换的剂层,因为通过工作层后的水,其中的待交换离子已达到和剂层里的交换离子的平衡,故在此层中不再进行交换,这一层(第三层)只起保护出水水质作用(防止需要除去的离子漏出),称为保护层。在交换过程中,第一层渐渐增大,第二层渐渐向下移动,而第三层则逐渐缩小,直到第二层的下边缘移动到和剂层的下边缘相重合时,如再继续运行,出水质量就开始恶化,交换器则开始失效。

由上可知,交换剂工作层的厚度影响离子交换器的实际运行,而工作层厚度又和以下因素有关:

① 交换速度(滤速)越大,工作层越厚。

② 交换剂的交换容量越小,工作层越厚。

③ 原水中需要除去的离子质量浓度越大和交换后水中残留的该种离子的质量浓度越小,工作层越厚。

④ 交换剂的颗粒越大,工作层越厚。

此外,工作层厚度还和交换剂的孔隙率及水温等因素有关。显然,实际运行中,交换剂层的高度必须大于其工作层厚度;且剂层高度越高,交换过程进行得越彻底;出水质量越好,离子交换器的工作时间也越长。但是,交换剂层太高,势必增加剂层阻力,加大交换器的压力损失。因此,实际交换剂层高度的选取要根据交换流速的大小、交换剂的性能、原水水质和对出水水质的要求以及交换方式等具体情况取用适当的数值。通常,磺化煤的剂层高度多取为 1.5 ~ 2.5 m;树脂层高度取为 1.0 ~ 1.5 m。

(2) 交换流速。原水通过交换剂层的交换流速(指空罐流速,也称为滤速)是影响出水质量的另一因素。它在剂层高度一定的条件下,可表示被处理水与交换剂的接触时间。交换流速太大,由于接触时间太短,交换过程中的离子来不及进行扩散,而使出水质量下降;另外,流速过大,剂层阻力增加,交换器的压力损失增大。所以,过大的交换流速是不适宜的。但是流速太小也不好:一是会影响设备的出力;二是反应产物不能及时排出,反离子的存在则会妨碍交换反应的进行,从而也不能获得良好的出水水质。因此,交换器运行流速的选用,还和原水质量、交换剂种类以及交换器的具体结构等有关。

固定床钠离子交换器以磺化煤为交换剂时,推荐按表 6.7 选用交换流速,对以树脂为交换剂的阴、阳固定床离子交换器,其运行流速可稍高;一般采用的流速比表 6.7 中的推荐值高出 5 m/h 左右。

表 6.7　钠离子交换器的推荐流速

原水硬度/(mmol·L⁻¹)	交换流速/(m·h⁻¹)	
	正常流速	短期允许流速
0.2 ~ 1	30 ~ 25	50 ~ 40
1 ~ 2.5	25 ~ 20	40 ~ 35
2.5 ~ 5	20 ~ 15	35 ~ 30
5 ~ 8	15 ~ 10	30 ~ 20
> 8	10 ~ 5	20

（3）工作交换容量。离子交换剂在交换过程中能否充分发挥出交换容量也会影响出水的"质"和"量"。一般讲,交换剂发挥出来的交换容量越高,制水量就越多,出水质量也越好。

交换剂的工作交换容量与许多因素有关,如:交换剂的性能、再生情况、原水水质、水温、水的 pH,运行流速以及对出水的质量要求等。当上述诸条件一定时,交换器的水力特性,如交换剂和石英砂垫层的颗粒是否均匀,能否均匀布水,有无水流死区或偏流现象等,也对工作交换容量有很大影响。另外,交换剂颗粒的碎裂和流失以及交换剂的污染、中毒也会影响其工作交换容量。因此,运行中应找出交换剂工作交换容量降低的原因,采取相应措施,以确保出水质量和设备出力。

总之,在实际交换过程中,如果出水质量过早地恶化,往往或是由于交换剂层高度不够,或是由于流速控制不当,或是交换剂的工作交换容量不足而引起的。

应当指出,离子交换器的交换过程最好连续进行,否则,在停运后的交换器中,由于反离子的存在、会发生交换反应的逆反应,使原已吸附的离子又重新释放出来,从而在每次启动时都会出现短时间的出水质量不合格,而影响出水水质。当生产上必须间断运行时,则在每次启动前应先进行一次正洗,待水质合格后再投入运行。

在离子交换器的交换阶段,必须对出水进行化验。例如,用阳离子交换器对水进行软化时,出水的氯根及碱度可每班分析一次,原水的氯根、硬度和碱度最好也每班分析 1 次。出水的硬度要经常化验,初期,可每 2 h 化验一次;当残余硬度达到 0.01 mmol/L 以上时,则需每小时化验一次;当交换器接近失效时,应每半个时甚至更短时间化验一次。当出水硬度达到规定的允许值时,立即停止运行。

顺流再生固定床离子交换器的外部管道及其操作步骤如图 6.23 和表 6.8 所示。

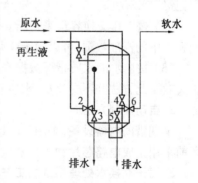

图 6.23　顺流再生固定床离子交换器的外部管道

表 6.8　固定床离子交换器的操作步骤

阶　　段	开启阀门	要　求	时间/min
反　　洗	4,3	反洗至出水澄清为止	10 ~ 15
再　　生	1,5	再生液以一定的质量分数和速度自上而下流过交换剂层	20 ~ 30
正洗(清洗)	2,5	正洗水自上而下流经交换剂层进行清洗,正洗至出水符合标准	30 ~ 40
交换(软化)	2,6	送出合乎规定的水质(软化水)	$t^{①}$

注:① t 指交换器从投入运行(交换)到失败的连续工作时间,也称交换器有效工作时间。

6.5　离子交换水处理的自动控制

随着信息科学的发展和计算机技术的广泛应用,离子交换水处理技术进入到了自动控制时代。各种自动离子交换器被大量用于能源动力、化工、医药、纺织、印染、造纸、印刷、食品加工、废水处理、半导体、电子工业、精细化工、湿法冶金等行业。

采用智能性电脑或 PLC,可实现远程监控高度智能化和无人化管理。自动完成离子交换工艺流程:离子交换 → 树脂再生 → 料层清洗 → 离子交换。控制原水、软化水、盐液和废水在系统内的流量和流向,实现交换器工作过程的自动化。

6.5.1　离子交换水处理自动控制的要点

1.离子交换树脂失效的确定

树脂层具有足够离子交换能力,才能使水处理装置产生符合水质要求的合格水。树脂失效的判断是自动控制的一个重要的依据。

树脂失效一般有三种判断方法。

(1)按树脂交换工作时间来判断。可以根据设备类型和树脂特点获得的经验值,来设定工作时间。如果遇到设备间断运行引起的工作时间不确定,可以用控制系统的"时间记忆"来解决。

(2)按工作交换容量来判断。借助在线检测计量用的流量计和流量变送器,对比控制软件中的标准数据,可以确定树脂的"失效度"。

(3)按出水的水质指标数据来判断。如:可以依据出水的硬度,判断钠离子交换器是否失效。此方法并不受流量、水质和工作交换容量的影响。

2.自动控制方法

早期借助电器设备,采用延时继电器和启闭式电磁阀等对离子交换系统进行控制。目前采用集成电路芯片和工控器实现控制。

3.离子交换水处理系统的工艺流程切换

水处理系统采用启闭式电磁阀自动切换管路,可改变工作流程。目前多采用多功能集成阀来实现水处理系统的工况改变。

6.5.2　钠离子交换器的控制

1. 集成阀集中控制交换器的各个工作流程

采用多路阀技术对各个管路进行集中控制,实现离子交换水处理系统的简易电气自动控制。多路阀有机械旋转式和液压控制式。

(1) 机械旋转式多路阀。机械旋转式多路阀由固定的阀套和可动的阀芯组成。阀套上有多个连接水处理设备的管接头,阀芯上有各种规格的孔道,工作时通过改变阀芯的开孔与阀套孔道的相对位置,使工作介质转换连接通道,实现预定的水处理工艺顺序连接。

(2) 液压控制多路阀。液压控制多路阀由阀体、液压控制器、喷射器等组成。阀体各腔室之间有液压活塞隔离,通过控制器切换活塞隔膜上的液压压力,来控制活塞的启闭动作,隔膜充压时关闭活塞,隔膜泄压时开启活塞。转动控制器旋钮位置,改变多路阀各个通道的连接方式,从而使水处理工艺管路连接顺序发生变动。设置在多路阀背部的喷射器代替了盐液泵,控制器的旋钮指针指向进盐位置,多路阀将进盐管路与喷射器联通,盐液被自动吸入喷射器,并被稀释成再生液,然后通向交换器,对失效的树脂进行再生处理。

2. 工业锅炉水处理设备的自动控制

(1) 机械式全自动旋转多路阀控制装置。该装置由一台微电机及蜗轮蜗杆减速副、棘轮机构、离合器、行程开关、机械旋转多路阀和以时间继电器为主的控制电路组成。工作原理:旋转阀的阀套上设置了行程开关,电机驱动齿轮副、蜗轮蜗杆副转动,当旋转到一定角度时,碰到阀套上的行程开关,控制电路指令离合器脱开,阀套即在某一位置停止,水处理设备就对应该位置的工艺进行运行。每个工序的工作时间由继电器控制,通过修改设定的工作时间,可以改变离子交换水处理周期。

(2) 电脑控制多路阀全自动控制装置。该装置由电脑或微处理器、微型电机、液压控制器及多路阀组成。工作原理:微处理器按设定程序指令微电机转动,驱动控制器旋钮,当控制器旋转到一定角度,工位信号就会反馈给微处理器,微处理器立刻指令电机停止转动,控制旋钮随即停在某位置,水处理系统就会按照该位置对应的工艺进行工作。该装置具有体积小质量轻、结构简单等特点,电脑、微处理器或工控机等控制单元,可以设置在主控制台上,用信号线连接检测仪表和执行机构。通过网络连接,也可实现远程监控。

复　习　题

1. 什么是顺流再生和逆流再生? 说明逆流再生有何特点?

2. 什么是再生剂比耗? 再生时为什么比耗都大于1?

3. 顺流再生固定床有哪些优缺点?

4. 逆流再生固定床中间排水装置的作用是什么? 中排装置上的压脂层有什么作用?

5. 逆流再生的方法有哪些? 低流速法的工作条件是什么?

6. 钠离子交换器运行和再生的原理是什么?

第 7 章　锅内水处理及物理处理法

锅炉在热交换过程中,锅水发生受热、蒸发、浓缩、结晶及物质间反应等一系列的物理和化学变化。由于这些变化导致了锅水中沉淀物的析出或金属腐蚀,沉淀物有时还会牢固附着在锅炉水侧金属表面形成结垢,结垢阻碍传热,导致锅炉热效率下降,严重时甚至引发各种故障。

防止以上问题有效办法之一是锅内水处理。锅内水处理是通过锅内加药剂、部分软化或天然碱度法等处理,并结合合理排污,防止或减缓锅炉结垢、腐蚀等的水处理方法。一般来讲,锅内水处理和锅外水处理要同时使用,但满足一定条件时小容量锅炉可不采用锅外水处理而只采用锅内水处理,按《工业锅炉水质》(GB/T 1576—2018)的规定,对于有锅筒(壳)且额定功率小于或等于 4.2 MW 承压热水锅炉和常压热水锅炉,额定蒸发量小于或等于 4 t/h,并且额定蒸汽压力小于或等于 1.0 MPa 的自然循环蒸汽锅炉和汽水两用锅炉,水质符合要求的情况下结合合理排污,如果能保证受热面平均结垢速率不大于 0.5 mm/a,可采用单纯锅内水处理而不进行锅外水处理。防腐相关的内容主要在第 8 章介绍,本章主要涉及阻垢、防垢。

7.1　锅内加药处理

7.1.1　概述

1. 锅内加药的必要性

在锅炉运行中,应当维持一定锅水碱度减少腐蚀,并设法使锅水少生成沉淀物,或生成的沉淀物是黏附性差、流动性好的水渣,而不是坚硬的水垢,为此,就要进行锅炉内的加药处理。

比较早的历史时期锅内加药水处理是向锅炉内投加一些自然植物的杆颗和果实,如烟秸、柞木条、白薯等。它们在锅水中,浸渍出单宁及磷解酸化合物等物质,能够起到防止或延缓锅炉结垢的作用。而现代锅内水处理是向给水或锅水中投加适当的药剂(称为阻垢剂或防垢剂,有防腐功能的又称阻垢缓蚀剂或防腐阻垢剂等),与锅水中 Ca^{2+}、Mg^{2+} 或 SiO_2 等容易结垢的物质,发生化学或物理化学作用,形成松散的悬浮在锅水中水渣,通过排污排出锅外,以达到减轻锅炉结垢的目的。

锅内加药水处理的优点是:对原水水质适用范围较大,设备简单,投资小,操作方便,运行费用低,管理、维护简便及节省劳动力。该法如果在药剂选择、加药方法、加药量及锅炉排污等方面掌握得当,对于单纯采用锅内水处理的低压小型锅炉,阻垢效率可达 80%以上。对于有锅外水处理的锅炉,辅以锅内水处理,仍然起到防腐、阻垢的作用。

锅内加药水处理的缺点是:锅炉的排污率较高,致使热损失增大;不能完全防止锅炉结垢,且防垢效果不够稳定,需对锅炉进行定期清洗;在水循环不良的地方因锅内处理生成大量的沉渣,不容易被排污排出,有可能发生沉渣聚积形成二次水垢。锅内水处理是给水中有害杂质未经处理即送入锅炉内,然后再将其在锅炉内经过化学处理转化为无害的沉渣。所以从总的效果来看,这种方法不如钠离子交换法,单独使用此法时不能够达到较为彻底地阻垢防垢的目的。

7.1.2　改变锅水中沉淀物状态的方法

为使锅内沉淀物不形成水垢而形成水渣,需采取以下措施:

① 创造使水垢转变成水渣的条件。例如碳酸钙在锅水 pH 较低时,容易沉积在受热面上,形成坚硬的水垢。当控制锅水的 pH 在 10 ~ 12 时,碳酸钙沉淀在碱剂的分散作用下,而悬浮在水中形成水渣。

② 使沉淀析出的固体微粒表面与受热金属表面具有相同电荷,或使受热金属表面形成电中性绝缘层,从而破坏它们之间的静电作用。例如,栲胶和腐殖酸钠等有机药剂就是起这种作用。

③ 有效地控制结晶的离子平衡,使锅水中易结垢的离子向着生成水渣方向移动。通常用纯碱处理和磷酸盐处理。

④ 向锅水中引入形成水渣的结晶核心;投加表面活性较强的物质;破坏某些盐类的过饱和状态,以及吸附水中的胶体或微小悬浮物,向锅水中投加石墨等物质。

⑤ 投加高分子聚合物,使其在锅内与 Ca^{2+}、Mg^{2+} 等离子发生络合或螯合反应,以减小锅水中的 Ca^{2+}、Mg^{2+} 浓度,使它们难以达到溶度积,延缓沉淀物的生成。例如腐殖酸钠和聚合磷酸盐处理,就是这种作用。

⑥ 使锅炉受热面清洁,阻碍水垢结晶萌芽的形成。例如新安装的锅炉进行煮炉,长期停用的锅炉在运行前进行化学清洗,就能够起到这种作用。

⑦ 创造有利于水循环和加速水循环的条件,以破坏水垢晶体的沉积过程,也有利于排污。

7.1.2　加碱法

1.原理和应用注意事项

在锅炉的给水中加入钠盐碱,最常用的是纯碱(Na_2CO_3)、火碱($NaOH$)及磷酸三钠(Na_3PO_4),其化学反应如下。

(1) 氢氧化钠($NaOH$)。消除水中碳酸盐硬度(暂硬)及镁盐永硬:

$$Ca(HCO_3)_2 + 2NaOH \longrightarrow CaCO_3 \downarrow + Na_2CO_3 + 2H_2O$$
$$Mg(HCO_3)_2 + 4NaOH \longrightarrow Mg(OH)_2 \downarrow + 2Na_2CO_3 + 2H_2O$$
$$MgSO_4 + 2NaOH \longrightarrow Mg(OH)_2 \downarrow + Na_2SO_4$$
$$MgCl_2 + 2NaOH \longrightarrow Mg(OH)_2 \downarrow + 2NaCl$$

(2) 碳酸钠(Na_2CO_3)。消除钙盐永硬,其反应:

$$CaSO_4 + Na_2CO_3 \longrightarrow CaCO_3 \downarrow + Na_2SO_4$$
$$CaCl_2 + Na_2CO_3 \longrightarrow CaCO_3 \downarrow + 2NaCl$$

锅炉内碳酸钠可以部分水解生成 NaOH：

$$Na_2CO_3 + H_2O \longrightarrow 2NaOH + CO_2 \uparrow$$

（3）磷酸三钠（Na_3PO_4）消除水中钙、镁盐硬度，具有替代碳酸钠及氢氧化钠的作用。

$$3Ca(HCO_3)_2 + 2Na_3PO_4 \longrightarrow Ca_3(PO_4)_2 \downarrow + 6NaHCO_3$$

$$3Mg(HCO_3)_2 + 2Na_3PO_4 \longrightarrow Mg_3(PO_4)_2 \downarrow + 6NaHCO_3$$

$$6NaHCO_3 \longrightarrow 3Na_2CO_3 + 3CO_2 \uparrow + 3H_2O$$

$$3CaSO_4 + 2Na_3PO_4 \longrightarrow Ca_3(PO_4)_2 \downarrow + 3Na_2SO_4$$

$$3MgSO_4 + 2Na_3PO_4 \longrightarrow Mg_3(PO_4)_2 \downarrow + 3Na_2SO_4$$

$$3CaCl_2 + 2Na_3PO_4 \longrightarrow Ca_3(PO_4)_2 \downarrow + 6NaCl$$

$$3MgCl_2 + 2Na_3PO_4 \longrightarrow Mg_3(PO_4)_2 \downarrow + 6NaCl$$

当水温较高、碱度较大时，磷酸三钙变成流动性大、易用排污除去的碱性磷灰石 $[Ca_{10}(OH)_2(PO_4)_6]$ 沉渣：

$$10Ca_3(PO_4)_2 \cdot H_2O + 6NaOH \longrightarrow 3Ca_{10}(OH)_2(PO_4)_6 \downarrow + 2Na_3PO_4 + 10H_2O$$

上述反应中所生成的 $Ca_3(PO_4)_2$ 一般是以水渣的形态存在于锅水中，但锅水 pH 较低时，有可能直接结成水垢或形成二次水垢。$[Ca_{10}(OH)_2(PO_4)_6]$ 是一种分散性较好的水渣。$Mg_3(PO_4)_2$ 是一种黏附性较强的水渣，容易形成二次水垢。

从以上化学反应看出，用氢氧化钠也具有与碳酸钠相同的作用，但是它们各有特点：氢氧化钠能较好地消除暂硬及镁盐永硬，而对钙盐永硬消除不彻底；碳酸钠正相反，能较好地消除钙盐永硬，而对暂硬及镁盐永硬消除不能彻底；而磷酸三钠对暂硬及钙、镁永硬都可消除，并且可以在锅炉金属表面生成磷酸盐的保护膜，有防止锅炉腐蚀、促使硫酸盐或碳酸盐等水垢疏松脱落的作用，这是由于磷酸钙要比碳酸钙等更易于生成，但磷酸三钠的价格较贵。

磷酸盐除磷酸三钠外，还常用六偏磷酸钠（$NaPO_3)_6$）、磷酸氢二钠（Na_2HPO_4）等，它们在高温、高碱度下发生如下反应：

$$(NaPO_3)_6 + 12NaOH \longrightarrow 6Na_3PO_4 + 6H_2O$$

$$Na_2HPO_4 + NaHCO_3 \longrightarrow Na_3PO_4 + H_2O + CO_2 \uparrow$$

使用六偏磷酸钠可防止给水系统结垢，使用磷酸氢二钠可以降低锅水碱度。在给水的正常温度下，六偏磷酸钠可以与水中的钙、镁盐生成极难水解的络合离子 $[Ca(PO_3)_6]^{2-}$、$[Mg_2(PO_3)_6]^{2-}$ 而避免 Ca^{2+}、Mg^{2+} 发生沉淀。

加药量按反应式计算的量以外，还应有一定 CO_3^{2-} 或 PO_4^{3-} 过量，此过量大小可凭经验而定，一般 PO_4^{3-} 为 15～20 mg/L，锅水含盐量越大，过量也越大。但 PO_4^{3-} 过量也不能太大，否则易生磷酸镁沉淀而形成二次水垢。

采用加碱法应保持锅水的 pH 在 10～12 之间，才能取得较好的效果。

加碱方法有两种，即：① 将碱加入给水箱或给水管道中，碱随给水直接进入锅炉；② 先将碱加入溶碱罐内进行溶解，然后加热至 70～80 ℃ 再进入锅炉内。后一种方法已不是纯粹锅内加药处理，这种方法虽然操作上较为复杂些，同时要通入蒸汽，但其效果较好。

加碱法对有永硬的水,特别是永硬比例较大而暂硬较小的水,可取得较好的效果,可使老垢脱落,使用良好者在受热面上仅结上层薄霜,一般情况仍结1 mm左右软垢,易于冲掉;受热强度较大的受热面上的垢少而软,而受热强度小的受热面上结的垢反而较硬;火筒锅炉的炉胆顶或壁上,有的垢呈白色粉状物,锅炉底部有糊状沉积物可冲去,排污呈浆状。但在锅炉进水管或给水分配管(俗称花管)中易于堵塞,有时导致止回阀失灵。

采用加碱法时应注意:① 必须先排污后加碱,切不可加碱后立即排污,否则达不到阻垢、防垢效果或造成碱的浪费;② 必须加强排污,否则易生沫或汽水共腾,或堵塞排污阀;③ 应注意减少或防止锅炉进水管或给水分配管堵塞;④ 用溶碱罐加碱时,应及时清除罐内的垢,最好罐上有排污管及阀门能进行排污。

2. 火力发电厂汽包锅炉加碱

火力发电厂汽包锅炉炉内水处理加碱有一定特殊性,其方式主要有以下几种:

① 磷酸盐处理(PT):向炉水中加入适量磷酸三钠以防止炉内生成钙镁水垢和减少水冷壁管腐蚀。

② 低磷酸盐处理(LPT):向炉水中加入少量磷酸三钠。

③ 平衡磷酸盐处理(EPT):尽量降低炉水中磷酸盐浓度,使之达到平衡水平,且仅加 Na_3PO_4 一种药剂,并容许炉水中存在少量游离 NaOH(游离摩尔浓度氢氧化钠:炉水中的氢氧化钠总量超过磷酸三钠水解平衡反应所产生的氢氧化钠)。

④ 氢氧化钠处理(CT):向炉炉水加氢氧化钠。

⑤ 全挥发处理(AVT):锅炉给水只加氨和联氨,炉水不再加任何药剂。

火力发电厂汽包锅炉炉内水处理大部分采用的是以上的磷酸盐处理(PT)和低磷酸盐处理(LPT),此两种方式有相应的使用条件,《火电厂汽水化学导则 第2部分:锅炉炉水磷酸盐处理》(DL/T 805.2—2016)推荐了何时使用 PT 和 LPT:

① 当汽包压力低于15.8 MPa,用软化水或除盐水作锅炉的补给水,并且炉水满足表7.1的水质标准时,宜采用磷酸盐处理(PT),应使用不低于化学纯的磷酸盐药品。采用磷酸盐处理(PT)有时,停加磷酸盐的情况下,在炉水排污全关,且锅炉负荷在70% ~ 100%变化时,炉水磷酸根浓度的变化大于30% 时,判定为存在磷酸盐隐藏现象。此现象的实质是高负荷时水温高,使磷酸盐溶解度降低,导致盐凝结析出,现象为检测炉水中磷酸盐浓度下降,低负荷时炉水温度低,磷酸盐溶解度上升,重新溶解,炉水中磷酸盐浓度上升,此情况有很多危害,盐析出时在受热面沉积类似结垢导致传热不良以及金属腐蚀,有此情况时应转为低磷酸盐处理(LPT)或平衡磷酸盐处理(EPT)。

② 当用除盐水作锅炉的补给水,给水无硬度或氢电导率合格,并且炉水满足表7.2的水质标准时,应采用低磷酸盐处理(LPT),汽包压力大于15.8 MPa 的锅炉,应使用不低于分析纯的磷酸盐和氢氧化钠药品。高参数汽包锅炉多采用低磷酸盐处理(LPT)的原因是随着蒸汽参数提高蒸汽带盐能力增强,这导致汽轮机容易积盐,据统计积盐 0.1 mm 厚会使效率降低接近3%,达到《火力发电厂机组大修化学检查导则》(DL/T 1115—2019)规定的三类标准时,应定为汽轮机积盐严重。此时凝结水没有污染或消除污染之后如果水冷壁水垢大于200 g/m^2,则低磷酸盐处理(LPT)应转为氢氧化钠处理(CT)或全挥发处理(AVT),如果是低磷酸盐处理(LPT)转为氢氧化钠处理(CT)汽轮机仍积盐严重,则氢氧化钠处理(CT)转为全挥发处理(AVT),但亚临界锅炉水高温很高,全挥发处理炉水是

弱酸性容易产生腐蚀。

表7.1　采用磷酸盐处理(PT)时的炉水质量标准

锅炉汽包压力 /MPa	二氧化硅 质量浓度 /(mg·L^{-1})	氯离子 质量浓度 /(mg·L^{-1})	磷酸根 质量浓度 /(mg·L^{-1})	pH(25 ℃)	电导率(25 ℃) /(μS·cm^{-1})
3.8 ~ 5.8	—	—	5 ~ 15	9.0 ~ 11.0	—
5.9 ~ 12.6	≤2.0	—	2 ~ 6	9.0 ~ 9.8	< 50
12.7 ~ 15.8	≤0.45	≤1.5	1 ~ 3	9.0 ~ 9.7	< 25

表7.2　采用低磷酸盐处理(LPT)时的炉水质量标准

锅炉汽包压力 /MPa	二氧化硅 质量浓度 /(mg·L^{-1})	氯离子 质量浓度 /(mg·L^{-1})	磷酸根 质量浓度 /(mg·L^{-1})	pH(25 ℃)	电导率(25 ℃) /(μS·cm^{-1})
5.9 ~ 12.6	≤2.0	—	0.5 ~ 2.0	9.0 ~ 9.7	< 20
12.7 ~ 15.8	≤0.45	≤1.0	0.5 ~ 1.5	9.0 ~ 9.7	< 15
15.9 ~ 18.3	≤0.20	≤0.3	0.3 ~ 1.0	9.0 ~ 9.7	< 12

7.1.3　加有机胶法

小型锅炉常用的有机胶是单宁(苯鞣酸),它在水中成胶体状态,有如下的作用:

①包围于钙盐(硫酸钙和碳酸钙)质点的外层,使其易生沉淀。

②在金属表面上形成绝缘层,使金属表面与形成水垢的盐之间的静电吸引作用完全或部分停止。

③在碱性溶液中与氧结合,有防腐蚀的作用。

锅内可直接加入单宁,也可向锅内加入含单宁成分较多的物质或将给水在含单宁较多的物质中浸泡,取得其中的单宁。含单宁较多的物质很多,例如栲木可浸取质量分数为53% ~ 67%的单宁,又如橡椀栲胶除含单宁外,还含有类似没食子酸的物质,能吸收氧,故有除氧的作用,除用于防垢外,常用橡椀栲胶进行煮炉除垢。栲木含单宁、有磷酸化物和乙酸化物。磷酸化物有将垢脱落、生成保护层以防腐和抑制苛性脆化的作用。乙酸化物可使水中 Ca^{2+}、Mg^{2+}形成可溶性盐类而使垢松软脱落,所以常使用带单宁的植物而不用纯单宁,不仅是来源方便,价格便宜,还常认为具有多种作用。

除栲木、橡椀栲胶外,烟秸浸液也含有单宁及磷酸盐,但含有烟碱(尼古丁),故很少使用,其他还有不少含单宁较多的植物,用于小型锅炉。但容量略大的锅炉,则很少采用。

以下将对栲木法、烟秸法、橡椀栲胶法的使用方法及注意问题略加说明。

1. 栲木法

栲木法有将栲木直接放入锅内或把栲木放在热水箱(回水箱或给水箱)中浸泡两种方法。将栲木放于锅炉内,更换栲木时要停炉,并且放置不当有可能影响锅炉水循环,故采用热水浸泡法较好。

用热水浸柞木的方法,柞木可不去皮。热水水温最好在 60 ℃ 以上,至少应保持 40 ~ 50 ℃。若水箱中水温过低,可向水箱中通入蒸汽。柞木装入量为每吨水箱水容量用 40 kg 左右,每 3 个月更换一次柞木。

柞木法效果较显著。用柞木法仍结 2 ~ 3 mm 黄色水垢,垢松软能用水冲掉或刮掉。但蒸汽有难闻的馊味(在新加柞木时较浓),蒸汽吹的开水稍带苦味。因此,做蒸馏水、药用水及饮食用的锅炉不宜用柞木法。

柞木除含有单宁外,还含有磷酸化物及乙酸化物。磷酸化物可将成垢溶掉,能除硬度;生成保护层,防止气体腐蚀;磷酸根(PO_4^{3-})附着于金属表面,可防止苛性脆化。乙酸化物可使水垢中的钙、镁离子形成可溶性盐类,故可使垢松软脱落。

2. 烟秸法

烟秸中含有有机胶及磷酸盐,故不仅可以防止锅炉结垢,而且还有防腐蚀的作用。有的热水锅炉房,用烟秸法作为热水锅炉及热水管网防腐蚀及阻垢的方法。此法一般是在热网回水进入循环泵之前加入,如图 7.1 所示。

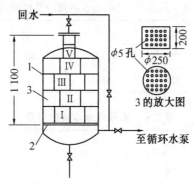

图 7.1　　烟秸法水处理(单位:mm)

1—$\phi750$ mm(内径) 外壳;2— 钻有很多 $\phi8$ mm 孔的底板;3—盛烟秸开口小盒 29 个

经烟秸水处理的热水发黄,有气味,因烟秸中所含尼古丁有毒,故其蒸汽或热水都不能食用。蒸汽锅炉要运行 10 ~ 15 d 以后,其蒸汽才能用于生活。

3. 橡椀栲胶法

栲胶又名血料,是以栎树上包围着果实的壳(即橡椀)为原料经过净化、浸提、澄清、蒸发、干燥等工序而制成的黄棕色粉末。它的主要成分是单宁(质量分数为 62% ~ 71%),溶于水形成弱酸性胶体溶液(pH = 3.8 ~ 4.2)。栲胶溶液具有很强的渗透能力,它能渗透到垢层内部,而使水垢疏松、龟裂以至脱落,因此,用栲胶煮炉可以清除锅内积垢。栲胶的组成成分见表 7.3。按其单宁质量分数和纯度及不溶物和沉淀物质量分数等为指标,将橡椀栲胶分为三级,详见表 7.4。计算橡椀栲胶用量时均按一级栲胶计算,如果不是一级栲胶,应按单宁质量分数进行换算。栲胶用量与原水水质有关:对负硬水,可单独使用栲胶,对每吨水每 mmol/L 的硬度加 8.5 ~ 14 g;对无负硬的水,则要在加入栲胶的同时加纯碱,其栲胶及纯碱加入量与有无永硬和永硬大小有关。表 7.5 为原水无永硬也无负硬时的加栲胶和纯碱用量。表 7.6 为对有永硬水,除按每吨水每 mmol/L 加栲胶 8.5 ~ 14 g 外,还需加入纯碱的量。

表 7.3　橡椀栲胶的成分(质量分数)

单宁/%	D - 葡萄糖/%	果胶/%	水分/%	不溶物/%	其他物质/%	pH
62 ~ 71	6 ~ 7	5 ~ 7	< 12	2.5 ~ 3.5	6 ~ 10	3.8 ~ 4.2

表 7.4　橡椀栲胶的质量标准

指标名称	一级	二级	三级
单宁质量分数以绝干计不低于/%	71	68	62
单宁质量分数不低于/%	73	70	64
不溶物质量分数不得超过/%	2.5	3.5	4.5
沉淀物质量分数不得超过/%	6	8	10
含水率不超过/%	粉胶 12,块胶 18		

表 7.5　无永硬、无负硬水中栲胶及纯碱用量

给水总硬度/10^{-6}	< 2	2 ~ 3	3 ~ 3.5	3.6 ~ 4	4 ~ 5.5
橡椀栲胶用量/g	20	30	40	50	60
纯碱用量/g	10	10	15	15	20

表 7.6　有永硬水中纯碱用量

永硬/(mmol·L^{-1})		0.5	1.0	1.5	2.0	2.5
纯碱用量(g)	永硬 ≤ (1/3)总硬	15	30	45	60	75
	永硬 > (1/3)总硬	30	50	70	90	100

　　最简单的加药方法是将栲胶碱放在瓷桶中,用80 ℃以上的热水溶解后,倒入水箱或水池中搅拌均匀。最好能设置两个水箱或水池,交替使用,这样便于计量,药物易均匀,效果较好。如图 7.2 所示,可以在水箱或水池上安装一个投药物的漏斗,当水箱上水至正常水位后,关闭阀 1、3、4、5,打开阀 2,将事先用热水溶解好的药物注入漏斗流入水箱,然后关阀 2,打开阀 1,用蒸汽直接将水

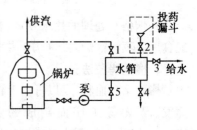

图 7.2　投药漏斗

箱中的水加热至45 ~ 50 ℃。关阀 1,开阀 5 向锅炉供水,阀 4 为水箱排污阀。

　　栲胶阻垢应注意事项:① 一般都主张先用橡椀栲胶除垢,然后再用它防垢,这样可以避免大量成垢脱落而发生堵塞。② 必须确切掌握水质资料,主要是总硬、永硬、暂硬和碱度,据此判断是否要加碱以及计算栲胶与碱的用量。③ 必须加强排污,排污量过小,锅内残渣过多,易形成二次水垢。但排污量也不能太大,否则热量损失、单宁损失都较多,且降低碱度也影响阻垢效果。一般锅水 pH 保持在 10 左右。水管锅炉一般 8 ~ 12 h 排污一

次;火管锅炉每 24 h 排污一次。排污量也要适当,一些运行单位认为锅水为亮茶色时证明排污恰当,如锅水发黑,则应增加排污。④采用橡椀栲胶阻垢不可间断,否则不易保持良好的效果。在阻垢过程中也应定期停炉检查清洗,最好 3 个月能停炉清洗检查一次。

目前橡椀栲胶阻垢多用于 4 t/h 以下的小型锅炉。经橡椀栲胶处理后,有的锅炉基本无垢,或有薄霜,或呈亮蓝色保护膜,也有的仍结 1 mm 左右深褐色或黑色水垢,但垢疏松,易于清除。

7.1.4　加综合阻垢剂法及化学与热能综合法

单加某种碱或单加有机胶体,在阻垢效果上都有局限性,因而提出了同时加入几种药剂的综合处理的方案。

1. 加综合阻垢剂法

加综合阻垢剂法即向锅内同时加入磷酸三钠、栲胶、碳酸钠三种药剂,也有同时再加氢氧化钠而成为四种药剂的(即"三钠一胶"法),还有其他组合,如"四钠"法是把"三钠一胶"法的栲胶换为腐殖酸钠,其配方根据水质各不相同。表7.7 和表7.8 所示即为列举的两个配方实例。

表7.7　阻垢剂剂量标准

生水硬度 /10^{-6} 每吨水用药量 /g	50	75	100	125	150	175	200	225	250
磷酸三钠	8.4	9.4	10.4	11.4	12.4	13.4	14.4	15.4	16.4
纯碱	12.8	14.8	16.8	18.8	20.8	22.8	24.8	26.8	28.8
栲胶	2	2	2	2	2	2	2	2	2

表7.8　锦州锅炉厂(快装锅炉)锅内加药标准

水的平均硬度 /(mmol·L^{-1}) 每吨水加药量 /g	< 1.8	1.8 ~ 3.6	3.6 ~ 5.4	5.4 ~ 7.0	7.0 ~ 9.0	9.0 ~ 10.0
磷酸三钠	10	15	20	25	35	45
火碱(氢氧化钠)	3	5	7	9	12	15
纯碱(碳酸钠)	22	30	38	46	53	65
栲胶	5	5	5	5	5	5

2. 化学与热能综合法

化学与热能综合法是在水中加入石灰和纯碱作为基本软化剂,以少量磷酸三钠为辅助软化剂,同时通入蒸汽加热及加入白矾,使水中形成硬度的物质,一部分于锅外沉淀,一部分于锅内沉淀随排污排出。此法是加钙盐碱和两种钠盐碱以及沉淀剂,并利用热能的综合方法,是锅外软化和锅内软化相结合的措施。

纯碱及磷酸三钠的作用前已详述,而石灰主要消除暂硬:

$$Ca(HCO_3)_2 + Ca(OH)_2 \longrightarrow 2CaCO_3 \downarrow + 2H_2O$$
$$Mg(HCO_3)_2 + 2Ca(OH)_2 \longrightarrow 2CaCO_3 \downarrow + Mg(OH)_2 \downarrow + 2H_2O$$

化学与热能综合法的软化装置如图7.3所示,此装置一般有两个钢制的软化罐,软化罐制成高与直径比为3∶2的圆柱体,底部做成30 ℃倾角的漏斗形,使软化所产生的沉淀物集中到罐底,便于从排污管排出。软化罐容量较大时,第二罐可以用水泥制造,其底边向一边倾斜15°。如有回水池,也可用回水池代替第二罐。在软化罐外壁要加保温层,防止热量散失。

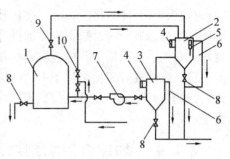

图7.3 化学与热能综合法的软水装置
1—锅炉;2—第一软化罐;3—第二软化罐;4—水位计;5—温度计;6—溢流管;7—水泵;8—排污阀门;9—蒸汽阀门;10—自来水阀门

药品的用量与原水的永硬和暂硬有关,可参照表7.9计算。

石灰应选择氧化钙质量分数大的,加水溶解成熟石灰并过滤后再用。

化学与热能综合法的操作方法如下。

(1)第一软化罐。将水充满软化罐至一定水位;用蒸汽加热至40 ℃时,加入所需熟石灰;加熟石灰5 min后,再加入碳酸钠并继续加热;当水温上升到80 ℃以上或至沸腾时,关严蒸汽阀门,立即加入已预先研细的白矾,然后静置15~20 min,即可将水放入第二罐。此时第一罐可继续进水,进行第二轮软化。运行时蒸汽阀门必须严密,否则影响杂质下沉。西安某厂由于阀门漏气而影响杂质下沉,每吨水多加3 g白矾,并且静置时间延长至25 min以上。

(2)第二软化罐。当第一软化罐的水流满第二软化罐后,趁热加入所需的磷酸三钠,最后静置15~20 min(当锅炉不需供水时,静置时间越长越好),即可由水泵送往锅炉。

上述两罐加药次序不可颠倒,并须遵守加药数量及时间,两个罐的沉淀物要及时排出,最好每软化一、二次就排一次污,每次将白色沉淀排尽为止,并要加强检查有无堵塞管道的现象,特别要注意对水位计的锅炉的检查。此外每3~5个月最好停炉冲洗一次。

如锅炉有老水垢存在,最好预先酸洗锅炉,将锅炉水垢清除干净,否则影响锅炉运行。如果老水垢不超过2 mm时,可以不用酸洗,而在第一次进水时每吨水加入1 kg磷酸三钠及1 kg碳酸钠(药品可直接加入锅炉),并在前两周加强排污(头两天不排污,两天后每天一次),可使老水垢逐渐脱落。以后的补给水均按正常加药数量及操作方法进行。

从锅炉中排出的沉淀物,一般含磷酸钙、镁80%以上,应收集起来,将它晒干后研碎,再在每100 kg中加入15~20 kg工业硫酸,并充分混合均匀,就可成为优良的磷肥。

只要加药量恰当,温度控制稳定和操作正常,并适当加强排污,综合法的效果还是较好的。综合法不仅可以软化水,而且还有一定的除碱作用。

表7.9 不同硬度情况下药品用量比例

补给水的总硬度/(mg·L⁻¹)	每吨水的药品用量/g			
	石 灰	碳酸钠	白 矾	磷酸三钠
<90	46	15	8	12
90~125	56	18	10	15
142~178	55	24	12	20

续表7.9

补给水的总硬度/(mg·L⁻¹)	每吨水的药品用量/g			
	石　灰	碳酸钠	白　矾	磷酸三钠
196 ~ 231	75	32	14	25
249 ~ 285	85	40	16	30
303 ~ 339	95	48	18	35
356 ~ 392	105	56	20	40
409 ~ 445	115	64	22	45
463 ~ 498	125	72	24	50
516 ~ 552	133	80	26	55
570 ~ 605	142	88	28	58
623 ~ 659	152	90	30	61
676 ~ 712	164	98	32	66
730 ~ 765	175	106	34	67

注:①当水中含镁盐较多且镁硬超过水中总硬度的15%时,每超过 17.8×10^{-6} 就应按上表数量再增加石灰6 g(所用石灰均为熟石灰,即氢氧化钙)。②当水中含硫酸盐较多,且永硬超过水中总硬度的20%时,每超过 17.8×10^{-6} 就应按上表数量再槽加碳酸钠12 g,或者增加磷酸三钠5 g。③当水中含有较多的铁盐,使水带红色或含其他杂质使水浑浊时,可按上表所列白矾(明矾)的数量再适当增加1/3 ~ 1/2,必要时可增加1倍,以上药品在适当增加用量的情况下对锅炉及水质仍无妨害,但必须加强排污。

7.1.5　合成有机阻垢剂处理法

应用合成有机阻垢剂进行锅内水处理,取得了较为明显的效果。对于这类阻垢剂简要介绍如下。

1. 合成有机阻垢剂的种类

(1)聚羧酸类阻垢剂。聚羧酸类有机物最早用未作为冷却水处理的水质稳定剂,20世纪50年代,开始用于锅炉水处理。国内常用以下几种产品:

①聚丙烯酸(PAA)。

②聚丙烯酸盐,分为以下两种。

a.聚丙烯酸胺(PAM)。

b.聚丙烯酸钠(PAN)。

③聚马来酸酐(HPMA)。这类物质属于大分子有机物,它们在水中能电离出带有羧酸基团的阴离子或带有游离酰胺基团的离子。

(2)有机膦阻垢剂。20世纪60年代末有机膦阻垢剂开始用于锅炉水处理。常用以下三种:

①氨基三甲叉膦酸(ATMP)。

②乙二胺四甲叉膦酸(EDTMP)。

③1-羟基-乙叉-1,1-二膦酸(HEDP)。

上述有机膦酸属中等强度酸,它们在水中能电离出多个氢离子,而本身成为带负电基团。它们在常温下极易潮解,易溶于水,基本上是无毒或低毒的固体。

(3)复合有机阻垢剂。聚丙烯酸类和有机膦类复合配制用于锅炉水处理始于20世纪70年代,这种复合有机阻垢剂使用效果比单一使用任何一类有机阻垢剂更有效。

2.阻垢机理

合成有机物的阻垢机理主要有以下几种作用:

(1)络合及螯合作用。合成有机阻垢剂属于一种络合剂或螯合剂。它们与水中Ca^{2+}、Mg^{2+}能生成稳定的络合离子或螯合离子,因而降低了水中的Ca^{2+}、Mg^{2+}离子浓度,减小了析出钙、镁水垢的可能性。例如,1 mg/L药剂可抑制200 ~ 400 mg/L钙成垢。

(2)晶格歪曲晶粒分散作用。当水中钙、镁盐类晶体刚刚形成时,存在于水中的合成有机物被吸附在晶粒表面,使晶格的定向生长受到干扰,造成晶格排列不规整,我们通常称这种现象为晶格的畸变或歪曲。此时晶格很难形成完整的晶体,容易分散成

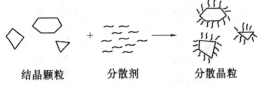

结晶颗粒　　　分散剂　　　分散晶粒

图7.4　有机阻垢剂的分散作用

微小的晶粒,悬浮在水中,这种药剂起着分散剂的作用。如图7.4所示。

(3)剥离作用。某些有机阻垢剂,通过润湿、渗透、吸浮等过程,可将已结成的垢剥离成小块脱落下来。

(4)静电斥力作用。聚羧酸阻垢剂溶解水后,离子化产生迁移性反离子,使分子链成为带负电聚集离子,表面电性无机盐如碳酸钙或硫酸钙吸附在聚离子上,可使微晶体带相同电荷互斥,从而阻碍成垢。

3.阻垢效果

取水质为:硬度为5.7 mmol/L,碱度为4.9 mmol/L,钙硬度为3.5 mmol/L,镁硬度为2.3 mmol/L,氯离子浓度为21.4 mmol/L,二氧化硅为15.0 mg/L的水作为试验水,在试验条件为:压力1.5 MPa,浓缩倍率为10倍的情况下,对不同类型的有机阻垢剂在模拟锅炉运行条件下,取得以下试验结果。

(1)单项有机阻垢剂的效果(表7.10)。由试验数据可看出,有机膦类阻垢效果要好于聚羧酸类。据一些单位试验,在有机膦药剂中,以ATMP阻垢效果最好。不同药剂对不同晶体的作用也不相同。例如EDTMP和HEDP对$CaCO_3$晶体均有良好的阻垢效果,但对$CaSO_4$晶体,EDTMP效果好,而且EDP效果就差。在选择药剂时,要考虑沉积物的类型。

(2)复合有机阻垢剂的试验效果见表7.11。

表7.10　单项有机阻垢剂的试验效果

阴垢剂种类	加入量 /(mg · L⁻¹)	保持碱度 /(mmol · L⁻¹)	试片结垢量 /mg	结垢率 /%
三钠一胶	—	10	10.78	100
EDTMP	2.17	5 ~ 8	4.93	- 54.1

续表7.10

阻垢剂种类	加入量 /(mg·L^{-1})	保持碱度 /(mmol·L^{-1})	试片结垢量 /mg	结垢率 /%
HEDP	3.48	5 ~ 8	6.60	-38.6
聚丙烯酸钠	4.28	5 ~ 8	7.20	-33.0
聚马来酸酐	5.0	5 ~ 8	7.20	-33.0

表7.11　复合有机阻垢剂的试验效果

阻垢剂种类	加入量 /(mg·L^{-1})	保持碱度 /(mmol·L^{-1})	试片结垢量 /mg	结垢率 /%
EDTMP·聚丙烯酸钠	2、6	5 ~ 8	0.85	-87.4
HEDP·聚丙烯酸钠	2、6	5 ~ 8	1.35	-80.0
EDTMP·NNO[①]·聚马来酸酐	2、4、6	5 ~ 8	0.30	-95.5

注：①NNO 为二苯间次甲基四碳酸钠。

不同水质可选用不同的配方，但必须加碳酸钠或氢氧化钠，以控制水中碱度 6 ~ 8 mmol/L 为宜。

实际应用结果表明，水垢生长速度比过去应用复合阻垢剂一般要减缓 60% 以上，并且给水管路较清洁，防止了注水器内结垢堵塞现象。另外使用复合有机阻垢剂时，锅水呈乳胶状，泥渣的流动性好，停炉检查，发现积存泥渣很少，在金属表面生成棕红色或灰黑色保护膜，在防腐方面也有较好的效果，并且未发现对蒸汽质量有明显的影响。

4. 有机阻垢剂存在的问题

同厂家不同水质对各种药剂配制比例的确定没有成熟的统一方法，不同的水质使用效果不同，含氮磷化合物排放后导致自然水体富营养化劣化，有的有一定毒性，上述的聚合物阻垢剂一般难于自然降解。

7.1.6　新型绿色环保型阻垢剂

我国对可持续发展及环境保护越来越重视，含氮磷阻垢剂会使造成水富营养化，而很多聚合物类的阻垢剂又难于天然生物降解，所以新型绿色环保型阻垢剂成为发展方向。国内外已开发出的较成熟的绿色环保型阻垢剂主要有聚天冬氨酸、聚环氧琥珀酸、γ - 聚谷氨酸等类型，这些新型绿色环保型阻垢剂和 7.1.5 节中的聚合物阻垢剂类似，也是合成有机聚合物，而新型阻垢剂的特征是环境友好，具有高效、低或无氮磷、低或无毒和易于生物降解的特性。

(1) 聚天冬氨酸。聚天冬氨酸是一种氨基酸聚合物，天然存在于软体动物和蜗牛的壳中，相对分子质量分布很宽，是国际公认的环境友好型绿色化学品。

(2) 聚环氧琥珀酸。聚环氧琥珀酸对水中 Ca^{2+}、Mg^{2+}、Ba^{2+} 等主要成垢金属离子有很好的络合能力，能有效地防止这些离子与各种成垢阴离子结合生成水垢，并且能有效地破坏沉积物的晶格顺序，使其疏松，进而被稳定地分散在水中。

(3) γ - 聚谷氨酸。γ - 聚谷氨酸是自然界中微生物发酵产生的水溶性多聚氨基酸，具有的诸多优点,如优良的生物相容性、可生物降解性、一定阻垢性和降解产物对环境无害。

除此之外,还有很多种其他类型的新型阻垢剂。所有这些新型绿色环保型阻垢剂,国家标准对其要求是"阻垢剂残余量应符合药剂生产厂规定的指标"。

7.2 锅内水处理的加药方法及装置

7.2.1 锅内水处理的加药方法

1. 加药方法

(1)间断加药和连续加药。间断加药是每间隔一定时间,向给水或锅水中加一次药的方法。这种加药方法不需复杂的加药设备,加药方便,操作简单。但在锅炉运行过程中,锅水的药液浓度变化很大,会出现加药之前锅水的碱度和 pH 过低,而在加药之后锅水的含盐量、碱度、pH 过高的现象,给锅水监督带来麻烦。所以,这种方法仅适合于低压小容量的锅炉。

连续加药是药液以一定浓度连续地加到给水或锅水中的方法。这种加药方法,首先将阻垢药剂配制成一定浓度的溶液,通过加药装置进行定量加药。所以,锅水中的药液浓度始终保持均匀,各项水质指标保持平稳,能够有效地发挥阻垢剂的作用。但需要一套加药设备及操作程序,并且加药装置需经常维护和维修。

(2)锅外加药和锅内加药。锅外加药是将阻垢药剂加入水池或水箱中。它有干法加药和湿法加药两种。干法加药是将规定量的固体阻垢剂直接投入水池或水箱中。由于加入的药剂在水中需要有一定溶解过程和时间,所以锅水浓度变化不会十分显著,锅水中各项指标的变化也比较缓慢。但是,如果投加复合阻垢剂时,由于各种药剂的溶解速度不同,各种成分就难以按原来的配方比例进入锅炉,不能较好地发挥复合阻垢剂的综合效果。另外,在水池或水箱中会沉积较多的不溶物,需定期冲洗。湿法加药是将阻垢剂预先配制成一定浓度的药液,然后间断或连续地加入水池或水箱中。这种加药方式能保持复合阻垢剂的配比关系,所以能充分发挥阻垢效果。

锅内加药是将阻垢药剂直接加入锅炉的省煤器或汽包内的方法。该法适用于没有水池或水箱的锅炉房或需准确定量加药的锅炉。对于在空气中不稳定的药剂(如亚硫酸钠 Na_2SO_3)也适宜锅内水处理方法。

2. 阻垢剂的配制

复合阻垢剂中各种成分需要根据计算用量进行配制。配制的成品,可根据购进药品情况及贮存、运输和使用的条件,制成粉状、块状和液体状三种。配制的数量,可根据本单位的锅炉台数、处理水量、药剂贮存条件及人员条件等具体情况而定。在有专人投药、有贮存设备条件情况下,一次可以配制数天乃至数月的用量。现将各状态药剂的配制方法介绍如下。

(1)粉状阻垢剂的配制。将规定数量的三钠一胶药剂,经磨细、混合均匀,即为成品。如果短期使用,可不需严格包装;长期存放时,需用密封包装,因为氢氧化钠与空气中二氧化碳接触时,容易发生如下反应而变质。

$$2NaOH + CO_2 \longrightarrow Na_2CO_3 + H_2O$$

配制成粉状药剂,使用和运输都较方便,易溶解成溶液。

(2) 块状阻垢剂的配制。块状阻垢剂的配制与粉状阻垢剂的配制方法相同,只是在混合均匀后,用水调成糊状,然后用模型压制成一定的形状,待风干凝固后即成块状。配制时,所用的纯碱不要有结晶水,即用面碱不用水碱,如果成块强度较差,容易碎裂时,可以将 $Na_3PO_4 \cdot 12H_2O$ 进行烘烧,使其失去结晶水,磷酸钠结晶水数与温度关系如下:

常　温	$Na_3PO_4 \cdot 12H_2O$
55 ~ 65 ℃	$Na_3PO_4 \cdot 10H_2O$
65 ~ 121 ℃	$Na_3PO_4 \cdot 6H_2O$
121 ~ 212 ℃	$Na_3PO_4 \cdot 0.5H_2O$
212 ℃ 以上	Na_3PO_4(无水)

将失去结晶的水药品重新结晶,就会形成比较牢固的块状。块状药品对运输和保存都非常方便,但在使用时需预先将块状磨碎,否则溶解很慢。

(3) 液体阻垢剂的配制。先将阻垢剂的各种成分分别配制成一定质量浓度的溶液,然后按规定数量将各溶液混合在一起。各种药剂的质量分数一般为

$$w(Na_3PO_4) = 15\% ~ 20\%$$
$$w(Na_2CO_3) = 15\% ~ 20\%$$
$$w(NaOH 溶液) = 5\% ~ 10\%$$
$$w(栲胶) = 25\% ~ 30\%$$

3. 加药的间隔时间

对于低压小容量锅炉,多采用间断加药方法,而间断加药时间一般应根据给水水质来确定。水质差,加药需要多,间隔时间要短一些,反之,间隔时间可以长一些。一般由下式计算:

$$T = (A_{O高} - A_{O低})W/[Q_{给}(H - A + A_O P)]$$

式中　T——间断加药时间,h;

　　　$A_{O高}$——锅水允许的最大碱度,mmol/L;

　　　$A_{O低}$——锅水允许的最低碱度,mmol/L;

　　　$Q_{给}$——锅炉给水量,t/h;

　　　W——锅炉正常水位时的水容积,m^3;

　　　其他符号同前。

通常,在实际处理中,给水硬度小于 4.0 mmol/L 时,一般每班加药一次;给水硬度大于 4.0 mmol/L 时,每班加药二次。

7.2.2　加药装置及系统

1. 水箱加药装置及系统

在有水箱或水池的锅炉房,可将阻垢剂直接加入水箱或水池中,这种加药方法简单方便。

(1) 水箱间断加药装置及系统。此系统是按每班规定的加药量将液体药剂分一次或二次加入水箱中,加药点应远离水箱的出水口,以免进入锅内药剂质量分数过大。投加固体药品时,为加速溶解,在加药的同时短时间通入蒸汽,进行加热及搅拌,水箱间断加热系统如图 7.5 所示。

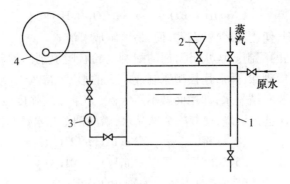

图 7.5　水箱间断加药系统
1— 水箱;2— 加药漏斗;3— 给水泵;4— 锅炉

（2）水箱连续加药装置及系统。此系统是用定量加药箱连续向水箱内加药,如图 7.6 所示。

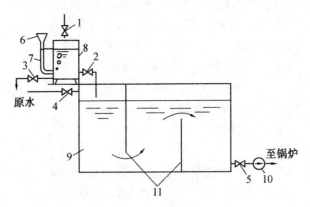

图 7.6　水箱连续加药装置及系统
1—通空气阀;2—加药阀;3—排污阀;4—进水阀;5—出水阀;
6—加药漏斗;7—玻璃液位计;8—加药箱;9—水箱;10—给水
泵;11—挡板

定量加药箱的加药过程为:先关闭加药门,打开空气阀,将配制好的阻垢剂溶液倒入加药漏斗中,经玻璃液位计从加药箱下部进入箱内。当药液加到液位计顶部时,关闭空气阀,开启加药阀,向水箱加药。为克服因药液液位高时压差大、流量多,而药液液位低时压差小、流量少,产生加药量不均的问题,在加药过程中,让外面的空气经漏斗和玻璃液位计进入加药箱,穿过液层进入上部空间。这时药液出口的压力等于药液的静压力和液面上部的空气压力之和。当液位高时,静压力大,但因空气进入阻力大,空气压力小;反之,随着液位下降,静压力不断减小,而空气压力不断增加,所以在加药过程中,药液出口的总压力始终保持不变,加药量也基本不变,加药箱的容积一般按 24 h 用量计算。应注意的是,这种加药方法易在省煤器中形成水垢。

2. 给水泵加药装置及系统

（1）给水泵低压侧加药系统。该系统如图 7.7 所示。

此系统是利用给水泵入口侧管道水压低,依靠药液的重力作用将药液加到管道中。药液从加药箱底部流出,用阀门控制药液的流量。药液经过给水泵搅拌与给水混合均匀,送入锅内。利用给水泵低压侧加药时,给水硬度不应过高,否则容易在管道内产生沉积物,或在省煤器内形成水垢。

(2)给水泵高压侧加药系统。此系统是用给水压力加药,一般采用加药罐间断加入。首先将阻垢剂溶液注满加药罐,然后将给水引入加药罐,利用给水泵出口与省煤器出口之间的压力差,将药液排挤出来,随给水进入锅内,如图7.8所示。

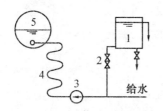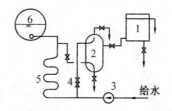

图 7.7　给水泵低压侧加药系统图

1— 药剂溶液箱;2— 药剂流量调节阀;3— 给水泵;4— 省煤器;5— 锅筒(汽包)

图 7.8　给水泵高压侧加药系统图

1— 药剂溶液箱;2— 加药罐;3— 给水泵;4— 流量调节阀门;5— 省煤器;6— 锅筒(汽包)

加药地点离汽包的距离应大于 30 倍给水管径,以便在药剂进锅炉前与给水混合均匀,并消除局部温度差。给水泵高压侧加药装置也可以安装成如图7.9所示的简易系统。在给水泵出口管道上,加装一个旁路加药装置,阻垢剂溶液由药剂溶解箱注满加药罐(注药时要开启加药罐上的通空气阀门),然后开启加药罐两端的阀门,关闭给水管道上的阀门,给水流经加药罐而被排走。

3. 活塞泵连续加药装置及系统

活塞泵连续加药装置及系统如图7.10所示。该系统具有加药均匀、使锅水中维持较稳定的药剂的质量浓度、便于调节、维护方便等优点,但系统较复杂,设备投资较大。

活塞泵的流量可根据加药量的多少来选择,其扬程根据锅炉的压力、锅炉的高度和加药管道沿途阻力损失以及考虑一定量的剩余压头来确定。

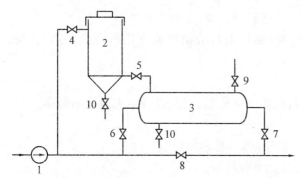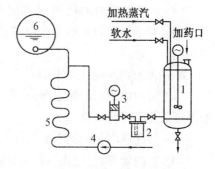

图 7.9　给水泵高压侧简易加药系统

1—给水泵;2—溶药箱;3—加药罐;4—稀释水阀;5—药液出口阀;6、7—旁路阀;8—给水管阀;9—通空气阀;10—排污阀

图 7.10　活塞泵连续加药装置及系统图

1—电动机械搅拌器;2—过滤器;3—活塞加药泵;4—给水泵;5—省煤器;6—锅筒(汽包)

4. 注水器加药装置及系统

如用注水器输送给水,可通过注水器向锅内进行加药,其装置及系统如图7.11所示。

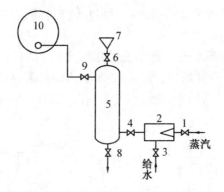

图 7.11　注水器加药装置及系统
1—蒸汽阀;2—注水器;3—注水器进水阀;
4—水、汽出口阀;5—加药罐;6—进药阀;
7—加药漏斗;8—排污阀;9—锅炉进水阀;
10—锅炉

7.2.3　锅内加药处理的注意事项

1.溶解药剂时的注意事项

（1）有锅外水处理时,最好用软化水溶解阻垢药剂,以免产生较多的沉淀物;无锅外水处理时,可用原水溶解阻垢剂,应将澄清的溶液注入加药罐或水箱。最好能每班加完药后,将下一班的用药配制好,这样才使药液有充分的澄清时间。

（2）溶解药剂时要充分搅拌,有条件及用药量大的单位最好安装机械搅拌装置,以免未溶解的药剂进入锅炉,造成瞬时浓度过大,引起锅水发泡,或不溶杂质进入锅炉。

（3）在每溶解 2 ~ 3 次药剂后,溶药箱应进行排污,以免沉渣积累较多时难以排出或被带入锅内。

（4）对于难溶解的药剂,应单独用温水溶解,然后倾入加药箱内。

（5）对于互相间溶易发生反应的药剂（如六偏磷酸钠和氢氧化钠）,应分别配制和投加。

2.锅内加药时的注意事项

（1）采用锅内水处理之前,应先进行洗炉清除成垢,以免处理后大量水垢脱落,引起水循环通路及排污管堵塞。

（2）加药前应化验锅水碱度及 pH,按锅水水质确定加药量。

（3）锅内处理时,应先排污后加药,以免浪费药剂。

（4）加药时应称量准确,操作认真,否则难以收到预期的阻垢效果。

（5）如阻垢剂溶液直接加入锅内,需预先通过蒸汽加热,在加药管进入汽包壁处,采用套管式连接装置,以减少加药管与汽包壁连接处的应力。

3.锅内加药处理管理上的注意事项

（1）定期加药。间断要按照规定的加药间隔时间,准时加药。

（2）定期排污。由于锅内加药的结果,必然使锅水的含盐量增加,水渣增多,如不及时排污,会有恶化蒸汽品质及形成二次水垢的危险。低压小容量锅炉一般都无连续排污装置,而采用定期排污。定期排污除了与定期加药相配合外,应选择锅炉负荷低时进行排污,否则排污水的消耗很多,而且排渣效果也不理想。

(3) 定期化验。锅内水处理的加药量应随着原水水质的变化而相应的改变。所以,对原水水质应每月化验一次硬度、碱度和氯离子,以便及时调整加药量。另外还应随时观察锅水情况,一般经验是:锅水清,效果差;锅水浑,效果好。

(4) 定期检查。锅内水处理时,应经常对锅炉进行检查。通过检查,不但可以清除落垢及水渣,还可以检查阻垢效果,鉴定阻垢剂的质量,调整加药量和排污量。最好是在锅炉开始加药一个月后就进行停炉检查,如果效果正常的话,以后的检查时间可以延长,但以不超过三个月为宜。

7.3　物理水处理方法

物理水处理法就是通过不改变水的化学性质,只改变水的物理性质的方法,例如,使水经过超声波、高频电场、静电场或磁场的作用,而改变水中杂质的结垢性质,原来水中结成硬垢的杂质,经物理处理以后就变成松散的泥渣或软垢,可以由排污排出或用水冲掉,常见的几种物理水处理方法是高频电磁场水处理法、磁化水法、超声波除垢法、静电水处理法及脉冲法等。

7.3.1　高频电磁场水处理器

1. 工作原理

很多年以前,人们就发现磁场可以引发水中的某些反应,用物理法抑制水垢的沉积正是基于这种原理。高频电场水处理器即是利用电子电路产生高频振荡,在容器极间形成高频电磁场,从而防止和清除水垢。

单个水分子的氢氧键呈一夹角型,因而具有极性。极性分子在无磁场作用时,以任意方式排列,但当有磁场作用时,便会形成定向排列,会使分子产生某种变形,极性增大。因此,在强磁场的作用下,天然水中的水分子的离子和粒子将发生取向运动。取向作用一方面增强了离子和粒子的水合进程,降低了阴阳离子结合成分子和粒子间结合成粗大粒子的概率;另一方面,在取向运动过程中,也促进了 Ca^{2+} 和 CO_3^{2-} 结合成 $CaCO_3$ 垢的反应,但在 $CaCO_3$ 微小晶体形成初期,很快即被取向后的水分子所包围,使其很难形成 $CaCO_3$ 粗大结晶,抑制 $CaCO_3$ 盐垢的生成,达到阻垢的目的。

通过高频电场处理的水,其溶解力、活性都增强了。活性分子利用金属与水垢膨胀率的不同和机械振动所产生的缝隙而渗透到垢层,破坏了水垢与管壁的结合力,从而使管壁与原有垢层逐渐脱离,水垢逐渐松散、龟裂、脱落,最后达到除垢的作用。

2. 结构特点

高频电磁场水处理器系由主机和辅机两部分构成,它们之间用电缆连接。主机是高频振荡发生器,辅机由电极和筒体组成。筒体与进、出水口连接,并连通水管通道。高频电场水处理器分为立式(直角安装结构) 和卧式(直通安装结构) ,如图 7.12 和图 7.13 所示。

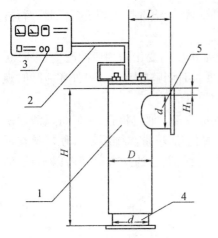

图 7.12　水处理器的直角安装结构图
1—轴机壳体;2—输出线;3—主机;4—进水
管;5—出水管

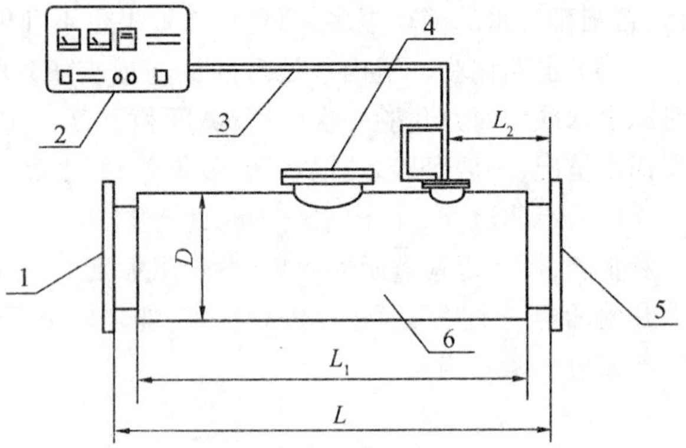

图 7.13　水处理器的直通安装结构图
1—进水口;2—主机;3—输出线;4—清洗机;5—出水口;
6—辅机

3.技术参数

(1)适用水质:总硬度不大于 700 mg/L(以 $CaCO_3$ 计);

水压不大于 1.6 MPa。

(2)电磁场频率大于 3 MHz。

(3)阻垢率不小于 85%。

4.适用条件

电源要求:

应有稳定的交流(220 V ±22 V)/(50 Hz ±1 Hz),或交流(380 V ±38 V)/(50 Hz ± 1 Hz)的电源。电控器的工作环境温度不得高于 60 ℃,不得低于 - 20 ℃ 。电控器的工作环境温度大于 40 ℃ 时,环境空气的相对湿度不得高于 80%;环境温度低于 20 ℃ 时,空气相对湿度可不超过 90% 。在具有可燃性、爆炸性气体的环境中使用时,应选用隔爆型处理器。电控器允许振动条件:振荡频率为 10 ～ 150 Hz 时,振动加速度应不超过 5 m/s^2 。

其他要求如下:

(1)按国家有关规定,高频电磁场水处理器(磁水器、电子除垢仪)等方法可以在出口水温不高于 95 ℃ 的热水锅炉上使用,严禁在蒸汽锅炉上使用。

(2)该类设备在使用前应到技术监督局锅炉安全监察部门备案,由锅炉检验所对设备的质量和使用性能进行认定,合格后方可使用。

(3)结垢严重的锅炉,必须在安装水处理设备之前清除积垢,以防老垢脱落后堵塞管道。

(4)结垢较轻的锅炉,可以直接使用水处理器,但每月必须打开检查孔或停炉检查脱垢情况。水垢脱落应及时清除,防止堵塞管道造成事故。

(5)坚持正常排污清洗。

7.3.2　磁水器

1. 磁化法及磁水器的分类

磁化法就是使水流过一个磁场，与磁力线相交，水受磁场外力作用后，使水中的钙、镁盐类不生成坚硬水垢，大部分都生成松散泥渣，随排污排出。进行磁化法的水处理设备称为"磁水器"。

水经磁水器后，其化学成分并未改变，水并未软化，进入锅炉后仍生成松散的水垢或泥渣，故不应将磁水器称为软水器。按产生磁场的能源和结构方式，磁水器主要可分为两大类，即永磁式磁水器（靠永久磁铁产生磁场）及电磁式磁水器（靠通入电流而产生感应磁场）。

永磁式磁水器构造简单，易于制造，又不需外加电源，故小型锅炉使用磁水器的，多为永磁式磁水器。

2. 永磁式磁水器的结构特点

永磁式磁水器所用的磁铁块一般都是用恒磁铁氧体制成。恒磁铁氧体是不含镍、钴等贵重金属的永磁材料，其分子式为 $MO \cdot nFe_2O_3$，其中 M 为钡、锶、铅等金属的一种，最常用的为钡及锶，分别称为钡铁氧体及锶铁氧体。用锶铁氧体制成的永磁式磁水器性能好，但其价格比钡铁氧体贵。

图 7.14 所示为最常见的用方形锶铁氧体磁铁组成的方形磁水器（内磁式）的构造。该磁水器外壳为方形，由 8.5 mm 钢板焊成长 × 宽 × 高为 85 mm × 65 mm × 16.8 mm 的锶铁氧体磁体共 16 块，按图 7.14 所示规律排列，磁水器中心有一方形铁芯，为便于与管道连接，外接法兰均为圆形。铁芯与磁铁间的过水间隙为 3 ~ 4 mm，最大不超过 5 mm。水即由此间隙流过而切割磁力线。磁场强度为 159 160 ~ 238 740 A/m，水流速为 0.5 ~ 1 m/s，容量为 2 ~ 3 t/h。这种磁水器四角磁力线较集中，但难以充分利用，两平面间磁力线平均分布，故磁场强度不高，而且没有交变切割；同时要求磁块厚度均匀，才能使过水间隙一致。但水在磁场中流动路线较长，并且水流与磁力线完全直交。

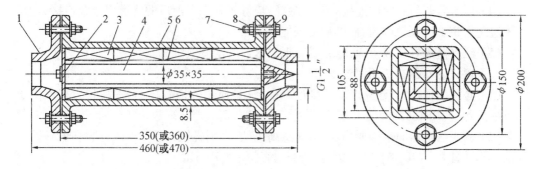

图 7.14　方形永磁式磁水器（内磁式）的结构（单位:mm）

1— 外接法兰(20 号钢);2— 开口销;3— 锶铁氧体永久磁铁;4— 铁芯;5— 外壳;
6— 导水间隙;7— 螺栓;8— 螺母;9— 橡胶绝缘套

永磁式外磁化式磁水器，商品名称为"强磁防垢器"或"超磁波软水器"等。它与内磁化式的永磁式磁水器的主要区别在于：永磁式磁水器（内磁式）必须安装在管道的某一段中间，让水从磁水器内部流过；而强磁防垢器（外磁式）只要安装在金属管道外部不需停产即可安装拆卸,不需清洗,没有水中逸出气体停滞和氧化铁屑在磁水器中堵塞等问题,不需设磁过滤器。

强磁防垢器由若干磁铁单元组成,每个单元在金属外壳内设置三块锶铁氧体磁块,相邻两块同性排列的磁块之间都夹有导磁极板(即为汇磁板),金属外壳封闭,仅露出两个电磁极板的一部分,其外形如图7.15所示。由于磁场能量集中于两个导磁极板上,故磁场强度可以提高,产品样本介绍可达795 800 A/m,磁块单元由金属带使其卡紧,与管道外表面保持良好的接触,使用时按各种管道直径安装不同数量的磁块单元。安装时管道外部与磁块单元导磁极板接触的金属表面必须先打光,将铁锈污物除净。

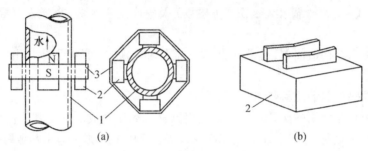

图 7.15　强磁防垢器
1—管壁;2—磁块单元;3—卡磁块单元的金属箍带

3. 永磁式磁水器安装要求

磁水器的安装使用的恰当与否,是影响其处理效果的主要因素之一,永磁式磁水器在安装上有以下要求:

(1)磁水器最好安装于给水泵入口端,因为这样可以避免锅炉给水管的止回阀失灵时磁块突然受热,或受给水泵出口水流的冲击而振动,以至碎裂。

(2)磁水器一般都不平装而要求立装,水流由下向上流动,这是为了避免水中逸出气体在磁水器中停滞而影响磁化效果。

(3)为了防止铁和氧化铁屑流入磁水器,最好在磁水器之前安装一个磁过滤器。

(4)磁水器要与其前后连接的管道绝缘,最好将磁水器前后的管道用导线连接,这是为了避免管道上有杂散电流,而影响磁场能量。

(5)磁水器最好装有旁通管路,以利于磁水器的清洗或维修。

4. 永磁式磁水器在使用时的要求

(1)必须加强排污,建立严格的排污制度,这是使用效果好坏的关键问题,相反由于不重视排污,使用磁水器时有的甚至发生管子堵塞,造成严重事故。

(2)进入磁水器的水温要稳定,不能忽高忽低,否则磁铁容易变形或碎裂。恒磁铁氧体的工作条件是 $-40 \sim 80$ ℃,因此水温最好不超过70 ℃。

(3)要控制流速,在磁水器的设计范围内太慢和太快都会影响磁化效果。一般水流速大多为0.5 ~ 1 m/s。

(4)在使用磁水器前,最好将锅炉的老垢清除干净,以防老垢脱落而堵塞管路。

(5)如锅炉管壁或联箱上仍结有较薄的硬垢,这些垢在湿润状况下容易刷去,应及时清理,否则当其风干后坚硬难除。

5. 电磁式磁水器

电磁式磁水器除结构与永磁式不同外,其他方面均与永磁式相同。因此,上述关于永磁式磁水器的原理、安装、使用、效果等对电磁式都基本适用,不再赘述。下面只介绍电磁式磁水器的构造。

电磁式磁水器按电源可分为直流和交流,按绕线位置可分为内绕式和外绕式,图7.16所示即为内绕式磁水器的构造示意图。图中1为铸钢制成的外壳,外壳内有1.5 mm厚铜管2,铜筒内有铬钢制成的磁柱体3,磁柱体之外周绕有线圈4,6为电线导管,7为固定铜筒螺丝,水流入电磁式磁水器时,经过水间隙5切割磁力线,然后由另一端流出。

外绕式磁水器的构造如图7.17所示,在铁壳内有一铜或铝制成的导水管3,两端有与水管连接的法兰盘2,导水管内有铁芯4(小型外绕式磁水器可不设铁芯,称为"空心外绕式"),5为支持铁芯的铜柱。在导水管与铁壳之间绕有线圈6,水由一端进入,经导水管与铁芯之间的过水间隙流过,切割磁力线,从另一端流出。

永磁式磁水器最简便,其次是外绕式,外绕式比内绕式易于制造。

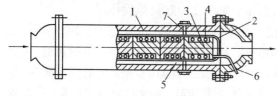

图 7.16　内绕式磁水器图

1—外壳;2—1.5 mm厚铜管;3—磁柱体;4—线圈;5—过水间隙;6—电线导管;7—固定铜筒螺丝

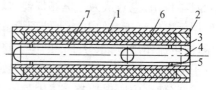

图 7.17　外绕式磁水器图

1—铁壳;2—法兰盘;3—导水管(铜或铝管);4—铁芯;5—支持铁芯铜柱;6—线圈;7—过水间隙

6. 关于磁水器的应用

磁水器的使用效果大致可分为三种情况:

(1) 使用效果良好。老垢脱落,不生新垢,生成泥渣或使新垢酥松。

(2) 开始反映良好,尤以老垢脱落显著;使用一年多以后又生新垢,且新垢不脱落而继续增厚。

(3) 反映无效或效果不好。

虽然磁水器用于某些单位的锅炉取得较好的效果和经验,但其效果不稳定,特别是当前对其机理及影响因素都未摸清。国家技术监督部门认为,锅炉是很重要的压力容器,保证其安全是首要任务,在当前情况下,不提倡在锅炉上大量使用,尤其不提倡在蒸汽锅炉上应用。由于上述原因,磁水器多用在冷却水系统及热交换系统。

7.3.3　电子水处理器及静电除垢器

1. 结构特点

根据电压高低分类,两类利用静电的水处理器构造相似,如图7.18所示,均由水处理器和直流电源两部分组成,水处理器的壳体为阴极,由镀锌无缝钢管制成,壳体中心装有阳极。

使用高压直流电源的有时称为静电除垢器。其阳极是一个芯棒,芯棒外套有聚四氟乙烯管以保证良好绝缘,有一种只用芯棒不设壳体的被称为离子棒,离子棒用螺纹等连接安装到设备或管道上。

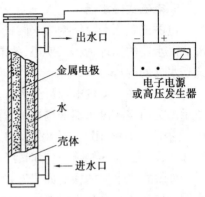

图 7.18　静电水处理器

使用电子电源(低电压直流电)的一般称为电子水处理器。其阳极是一条金属电极,它与水直接接触。被处理的水通过阳极与壳体之间的环状空间流入用水设备。

2. 工作原理

通过高压或低压静电场的作用,改变水分子结构,或改变水分子中电子构造,致使水中所含阳离子不致趋向壁面,更不致在壁面集聚,从而达到阻垢防垢、除垢、缓蚀的目的,同时还能有一定杀菌、灭藻的作用。

高压直流电源的静电除垢器的工作原理,有人认为主要是电场使水分子的偶极矩增大起到阻垢作用,也有认为是电场促使水垢晶体形态改变而起到阻垢作用。

使用低电压直流电的电子水处理设备的工作原理则是:当水流经电子水处理器时,在低电压、微电流作用下,水分子中的电子将被激励,从低能阶轨道跃迁向高能阶轨道,而引起水分子的电位能损失,使其电位下降,致使水分子与接触界面(器壁)的电位差减少,甚至趋于零,将使水中所含盐类离子因静电引力减弱趋于分散,不致趋向器壁积聚,从而防止水垢生成;使水中离子的自由活动能力大大减弱,器壁金属离解也将受到抑制,对无垢的新系统将起到防蚀作用;使水中比重较大带电粒子或结晶颗粒沉淀下来,使水部分净化。

两种主要不同点为:① 机理不同;② 工作水温上限不同;③ 工作电压不同,电子水处理器为低压,而静电除垢器为高压;④ 电子水处理器具有生成一定量钙、镁盐类结晶沉淀和去除部分有害离子的作用,而静电除垢器这方面作用不明显;⑤ 电子水处理器的阳极直接与水接触,当水中固体颗粒或悬浮物质量分数较高时,阳极易受腐蚀或易黏附杂质而影响使用效果,而静电除垢器的阳极不直接与水接触;⑥ 通常两种都要垂直安装,若必须水平安装,应采用静电除垢器,因水流经静电除垢器为螺旋流动,壳体内不易淤积;⑦ 从试验看,适用于原水总硬度范围是:电子水处理器小于等于 550 mg/L(以 $CaCO_3$ 计),静电除垢器小于等于 700 mg/L;⑧ 安装绝缘要求不同,静电除垢器与外接管路为绝缘连接,其壳体也必须与大地绝缘,而电子水处理器与外接管路则为非绝缘连接,其壳体必须良好接地。

在安装方面,除上述应垂直安装、水流由下向上、注意绝缘问题的处理外,还应注意避免散杂电流通过管路而影响使用效果,直流电源的安装位置距大容量(大于 20 kW)的电器设备 5 ~ 6 m。如无法回避应加屏蔽罩,屏蔽罩要良好接地;应装有旁通管及阀门以便于检修;使用时注意加强排垢和定期清洗,清洗时注意保护绝缘及电极。

电子水处理器虽然有用于锅炉的实例,有的用户反映良好,但国家技术监督部门仍不主张用于蒸汽锅炉,只能有条件的用于热水锅炉上;有电厂采用化学阻垢药剂辅助以离子棒水处理器对循环冷却水进行处理,有效地缓解了循环冷却水在凝汽器铜管结垢问题;有电厂把高压静电水处理器(静电除垢器)安装在循环水池的出水口(循环泵的吸水口),循环水池存水经过水处理器处理后,通过明渠送入循环泵,起到很好的阻垢除垢作用,并且有一定防腐效果。

7.3.4　水气脉冲管道除垢法

供水供热管道中的沉积物、杂质、锈蚀污垢,不仅堵塞管网、造成能源浪费和供水供热不足,而且给供水带来严重的二次污染。水气脉冲管道除垢法效果较好,应用较广。

1. 工作原理

水气脉冲管道的工作原理是依靠高速射流可控脉冲形成的物理波对管壁进行冲击和振荡,清除管壁及管内水垢、锈垢、水渣、沉积物、附着物等杂质。

2. 结构特点

水气脉冲管道清洗设备是由空气压缩机、贮气罐、超声-气脉冲发生器、控制器及电源组成的装置来实现的。工作时,空气压缩机、贮气罐、超声-气脉冲发生器、被清洗的供水管道、气脉冲输入口依次相连接,气脉冲的宽度及间隔由控制器输出的脉冲信号经继电器决定,自动、手动输出的气脉冲与水混合形成高压脉冲式水气流,用来清洗供水管道的锈垢、水垢、附着物等,并能边清洗边排除清除物,如图7.19 所示。

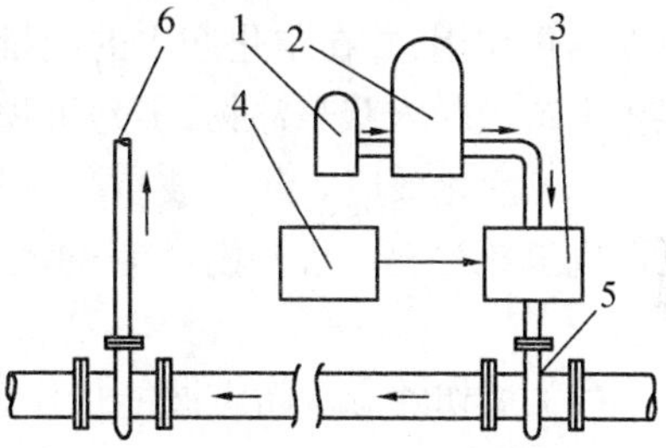

图 7.19　　管道清洗工艺流程图

1— 空气压缩机;2— 贮气罐;3— 超声 - 气脉冲发生器;4— 控制器;5— 气脉冲输入口;6— 水垢排出口

3. 适用范围

(1) 该项技术适用于供水、供暖及工业管道清洗,对于非管道类容器,除垢效果一般。

(2) 该技术对油垢、高温垢、硬垢效果不明显,特别适用于清除管道中的锈垢、水渣、沉淀物等。

4. 特点

(1) 不使用任何化学清洗剂,对水质、环境无污染。

(2) 操作方便,不破坏任何管网系统,只要在管网系统的适当位置确定一个气脉冲输入口和水、垢混合物的排出口,即可施工。

(3) 作业时可根据实际情况调整气脉冲宽度和脉冲间隔时间及每分钟输入的脉冲数,使通入管网内的气脉冲与水混合后形成的传动振动频率与锈蚀结垢、沉积物、附着物及管道振动频率发生谐振,可以使管壁的锈蚀结垢、沉积物、附着物与管壁削离或破碎。

(4) 作业距离长,可在4 h 内清洗完800 ~ 1 000 m 的各种复杂管网中的锈蚀结垢、沉积物和附着物。

(5) 在高速高压水气流的作用下,可边清洗边把剥离破碎的污垢冲刷出管道。

7.3.5　超声波除垢

超声波除垢是一种高效、新型的节能技术,在很多领域都有应用,它不仅能减缓传热设备积垢的形成速度,而且能除去已有积垢,并能一定程度上强化传热。

1. 超声波除垢的原理

超声波防垢除垢是采用超声波换能器产生大功率低频超声波,利用超声波产生的空化效应、活化效应、剪切效应及抑制效应达到阻垢除垢的效果。

(1) 空化效应。超声波的阻垢作用最主要是利用"声空化效应",超声空化是大功率超声波在液体介质中引起的一种特有的物理现象,是一个复杂的非线性声学问题。液体中存在的微气泡(空化核)在超声波声场的中受迫振动,声压达到一定值,非线性的作用效果使气泡迅速膨胀,然后突然收缩,在气泡收缩然后崩溃时产生冲击波,这一系列动力学过程称为超声空化。超声波振动能使液体拉裂而形成无数极微小的局部空穴。这些空穴和气泡破裂或互相挤压时,产生一定范围的强大压力峰,使液体里的成垢物质粉碎悬浮在液体介质中,使已生成的垢层破碎,易于脱落。水中垢物微粒也能起到空化核的作用,引发空化作用,并在空化产生的能量作用下被粉碎、细化,使垢物微粒团间的亲和力降低能析出疏松粉末状悬浮物,不易沉积结垢。

(2) 活化效应。超声波空化作用,可使水分子裂解。而氢氧根离子与成垢物质离子可形成氢氧化钙、氢氧化镁等的配合物,从而增加水的溶解能力,使其溶垢能力相对提高。

(3) 剪切效应。超声波能量作用在垢层和管壁上,二者中吸收和传播超声波速度不同,此不同产生速度差,两者界面上形成相对剪切力,长时作用能使垢层松脱。

(4) 抑制效应。管道内流体物理化学性质被超声波改变,成垢物质成核诱导期被缩短,致微小晶核的生成,晶核与水中离子反应,成垢离子减少在壁面成核和长大,从而大大降低积垢的沉积速率。

2. 应用

一些除垢器在实际应用中已显示出超声除垢的优越性。我国很多锅炉上有超声波除垢、防垢设备的投运,相关文献显示,采用超声波之后,运行时间越长效果越好。一些文献记录了已经投运超声波装置的电厂除垢效果,如某 300 MW 机组凝汽器采用超声波除垢技术后,机组煤耗可比全国平均煤耗水平低 8.31 g,600 MW 机组凝汽器采用超声波除垢技术后,机组煤耗可比全国平均煤耗水平低 6 g。由此可见,超声波除垢技术除垢效果非常显著。

超声技术作为现代一种环保高效的先进技术,市场上已有各种各样的除垢器,但是此种方法依然具有很大的发展潜力。目前超声除垢的机理及影响因素研究得还不够深入,研究涉及了超声学、物理、化学、流体、传热等各个领域的问题,除垢器的设计也未能达到非常合理的程度,因此有许多问题等待研究解决,比如不同的换热器有其特定的特征,不同设备有不同的结垢形态,超声设备安装位置、方式、参数影响都很大。这些需要在理论研究的指导下,通过实验研究和实践总结优化。

复　习　题

1. 锅内加药处理的目的是什么? 这种处理方法有哪些优缺点?
2. 给水软化防垢常用的方法及途径有哪些?
3. 常用锅内加碱法的原理和作用是什么?

4. 锅内加有机胶法的原理和作用是什么?

5. 锅内加综合阻垢剂法的原理和作用是什么?

6. 什么是有机阻垢剂法?

7. 常用的物理水处理法有哪些? 其作用怎样?

第8章 锅炉腐蚀及防护

所谓金属腐蚀,就是金属表面和周围介质(如水和空气等)发生化学或电化学作用,而遭受破坏的一种现象。如果没有防腐措施,或防腐做得不够,不但对锅炉本体有危害,危及锅炉的安全,而且会造成管网及一些相关辅助设备的腐蚀,造成经济损失。因此要加强对锅炉的防腐工作。

8.1 金属腐蚀性质及类型

8.1.1 金属腐蚀分类

按外观的破坏形式,金属腐蚀可分为全面性腐蚀和局部性腐蚀两种。

1. 全面性腐蚀

全面性腐蚀是指腐蚀在整个金属表面上发生。

(1) 均匀腐蚀。腐蚀后的金属表面基本上为平整的腐蚀,如铜在硝酸中、铁在盐酸中、铝在苛性碱中都会产生均匀腐蚀。

(2) 不均匀腐蚀。腐蚀后的金属表面明显呈凸凹不平状的腐蚀,如铁在空气中的锈蚀。

2. 局部性腐蚀

局部性腐蚀是指腐蚀发生在金属表面的局部区域,而其他区域几乎没有腐蚀。常见的局部性腐蚀有如下几种:溃疡状腐蚀、麻点状腐蚀、选择性腐蚀、小孔腐蚀、裂缝腐蚀、晶间腐蚀(又称苛性脆化)等。

裂缝腐蚀和晶间腐蚀是金属构件在长期应力状态下产生的腐蚀,也称应力腐蚀或疲劳腐蚀。全面性腐蚀比局部性腐蚀金属损失多,局部性腐蚀主要是发生在晶粒上的腐蚀,重量损失少,但对金属的影响极大,而且不易被发现,危害性比全面性腐蚀大得多。如胀接管管端,从外表看并无明显减薄,由于晶间腐蚀,用锤子轻击,金属就一块块掉下来。金属腐蚀愈集中,对构件的破坏性愈严重,危害性就愈大,必须给予足够重视。不同腐蚀类型图例及对金属性能的影响见表8.1。

表8.1 不同腐蚀类型图例及对金属性能的影响

腐蚀类型	腐蚀名称	腐蚀图例	金属重量损失	金属强度损失
全面性腐蚀	均匀腐蚀		多	小
	不均匀腐蚀			
局部性腐蚀	溃疡状腐蚀			
	斑点状腐蚀			
	选择性腐蚀			
	小孔腐蚀			
	穿晶腐蚀			
	晶间腐蚀		少	大

8.1.2 金属腐蚀性质分类

根据金属腐蚀的机理,可将金属腐蚀分为化学腐蚀和电化学腐蚀。

1.化学腐蚀

金属和外部介质直接进行化学反应而引起的腐蚀。如水冷壁管在高温烟气作用下引起的腐蚀;烟温低时,尾部受热面易形成的低温腐蚀,均属于化学腐蚀。

2.电化学腐蚀

金属和外部介质发生了电化学反应,反应过程中有局部电流产生的腐蚀,这种腐蚀就是电化学腐蚀。锅炉腐蚀绝大部分属于电化学腐蚀,它是一种最普遍的腐蚀,如给水管道以及与锅水接触的锅炉金属的腐蚀均属此类。金属腐蚀一般是在多种因素共同作用下发生的。

8.2 金属的电化学腐蚀原理

8.2.1 金属的电极电势

固体分为晶体和非晶体两种。组成晶体的微粒如离子、原子或分子常有规则地排列在空间的一定点上,这些点的总和叫晶格(或点阵)。金属的晶格可以看成是由许多整齐排列着的金属阳离子和在这些阳离子之间的自由电子所组成。

金属与电解质溶液接触时,可能会出现以下三种情况。

(1)金属离子克服了原子间的结合力。金属表面上的金属离子受到水分子的水化作用,克服了金属晶格中原子间的结合力,而进入溶液成为水化阳离子,如图 8.1 所示,这个过程可以用下式表示:

$$\underset{\text{金属}}{Me^+ \cdot e^-} + \underset{\text{水}}{n\,H_2O} \longrightarrow \underset{\text{水化离子}}{Me^+ \cdot nH_2O} + \underset{\text{电子}}{e^-}$$

产生的等电量电子留在金属表面上,结果使金属表面带负电荷,而与金属表面相接触的溶液带正电荷。这样在金属和溶液接触的界面上形成一个稳定的双电层结构,如图 8.2(a)所示。

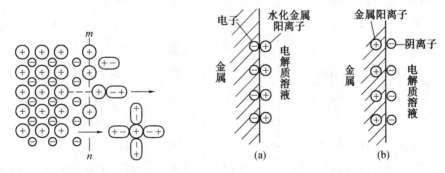

图 8.1 金属表面的离子进行水化 　图 8.2 金属在溶液中形成的双电层
($m-n$ 表示固相与液相的界面)

(2)金属离子不能克服原子间的结合力。若电解质和金属表面的相互作用不能克服金属晶格原子间的结合力,就不能使金属表面上带阳离子,而与金属表面相接触的溶液层中,由于积累了许多阴离子而带负电荷,这样也形成了一个稳定的双电层结构,如图8.2(b)所示。

（3）一些导电的惰性物质。某些导电的惰性物质如铂和石墨,在电解质溶液中既不被水化成正离子,也没有吸附溶液中的离子,但这时也会形成一个稳定的双电层。若铂放在含有氧分子或氧原子的水溶液中,氧便从铂上取得电子生成 OH^-,使水溶液带负电荷,而铂带正电荷,这时构成的双电层电极称为氧电极。如果溶液中有足够的氢离子,也会从铂上取得电子还原成氢,这时铂也带正电荷,溶液带负电荷,这时构成的双电层电极称为氢电极。

金属 – 溶液界面上双电层的建立,使得金属与溶液之间产生电位差。这种电位差就称为该金属在此溶液中的电极电势,也叫平衡电位或可逆电位。平衡电位可用能斯特方程式计算:

$$E = E_0 + \frac{RT}{nF}\ln C \qquad (8.1)$$

式中　　E—— 金属的电极电势,V;

　　　　E_0—— 金属的标准电极电势,V;

　　　　R—— 气体常数 8.314,J/(K·mol);

　　　　T—— 绝对温度,K;

　　　　n—— 金属的离子价数;

　　　　F—— 法拉第常数;

　　　　c—— 溶液中金属的离子浓度,mol/L。

由公式(8.1)可知,金属电极电势的大小不仅与金属的化学性质、金属的晶格结构、金属的表面状态有关,而且与溶液中该金属离子的浓度有关。在 25 ℃ 时,溶液中某种金属离子浓度为 1 mol/L 测得的电极电势,叫作该金属的标准电极电势。一些常用的标准电极电势见表 8.2。

表 8.2　金属在 25 ℃ 时的标准电极电势

金　属	电极过程	电极电势/V	金　属	电极过程	电极电势/V
锂	$Li \rightarrow Li^+ + e^-$	− 3.02	镍	$Ni \rightarrow Ni^{2+} + 2e^-$	− 0.25
钾	$K \rightarrow K^+ + e^-$	− 2.92	锡	$Sn \rightarrow Sn^{2+} + 2e^-$	− 1.36
钙	$Ca \rightarrow Ca^{2+} + 2e^-$	− 2.87	铅	$Pb \rightarrow Pb^{2+} + 2e^-$	− 0.126
钠	$Na \rightarrow Na^+ + e^-$	− 2.71	铁	$Fe \rightarrow Fe^{3+} + 3e^-$	− 0.000
镁	$Mg \rightarrow Mg^{2+} + 2e^-$	− 2.34	氢	$H_2 \rightarrow 2H^+ + 2e^-$	+ 0.345
钛	$Ti \rightarrow Ti^{2+} + 2e^-$	− 1.75	铜	$Cu \rightarrow Cu^+ + e^-$	+ 0.522
铝	$Al \rightarrow Al^{3+} + 3e^-$	− 1.67	铜	$Cu \rightarrow Cu^{2+} + 2e^-$	+ 0.790
锰	$Mn \rightarrow Mn^{2+} + 2e^-$	− 1.05	汞	$2Hg \rightarrow Hg_2^{2+} + 2e^-$	+ 0.854
锌	$Zn \rightarrow Zn^{2+} + 2e^-$	− 0.762	银	$Ag \rightarrow Ag^{2+} + 2e^-$	+ 1.2
铬	$Cr \rightarrow Cr^{3+} + 3e^-$	− 0.71	汞	$Hg \rightarrow Hg^{2+} + 2e^-$	+ 1.42

续表8.2

金　属	电 极 过 程	电极电势/V	金　属	电 极 过 程	电极电势/V
铁	$Fe \rightarrow Fe^{2+} + 2e^-$	−0.44	铂	$Pt \rightarrow Pt^{2+} + 2e^-$	+1.68
镉	$Cd \rightarrow Cd^{2+} + 2e^-$	−0.40	金	$Au \rightarrow Au^{3+} + 3e^-$	+1.692
钴	$Co \rightarrow Co^{2+} + 2e^-$	−0.277	金	$Au \rightarrow Au^+ + e^-$	+1.498

假如把金属(包括氢)按其标准电极电势代数值增大的顺序排列起来,就得到金属的电动序,它和金属的活动性顺序基本上是一致的。表8.2中位于氢以前的金属通常称为负电性金属,它们的标准电位为负值;位于氢以后的金属称为正电性金属,它们的标准电位为正值。金属的负电性越强,金属离子转入溶液成为离子状态的倾向越大,正电性强的金属,这种倾向就小。

另外,金属的电极电势还表示在金属 – 溶液界面达到了平衡。但这种平衡电位在不同的条件下可以发生变化,如溶液中除了有这种金属离子之外,还有其他离子或原子也参与电极过程,如:

$$Me^+ \cdot e^- \longrightarrow Me^+ + e^- \qquad (失电子过程)$$
$$H^+ \cdot H_2O + e^- \longrightarrow 1/2\ H_2 + H_2O \qquad (得电子过程)$$

即电极上失电子是一个过程,得电子又是另一个过程,这种电极为不可逆电极,不可逆电极所表现出来的电极电势为不可逆电位或非平衡电位。非平衡电极电势的大小主要与溶液组成、浓度、流速和金属的表面状态有关,它不能由能斯特方程式来计算。

目前还没有办法测定单个电极的绝对电极电势值,只能测定两个电极的电位差。为便于比较,人们规定25 ℃时氢的标准电极电势为零。表8.2中的电极电势值实际上是一个相对值。

8.2.2　金属的腐蚀电池

1. 原电池

金属与电解质溶液作用所发生的腐蚀,是由于金属表面发生原电池作用而引起的。常见的原电池由中心碳棒(正电极)、外围锌皮(负电极)及两极间的电解质(NH_4Cl)溶液组成,如图8.3所示。当外电路接通后,灯泡即通电发光。这是因为两个电极与电解质溶液之间发生以下电化学反应:

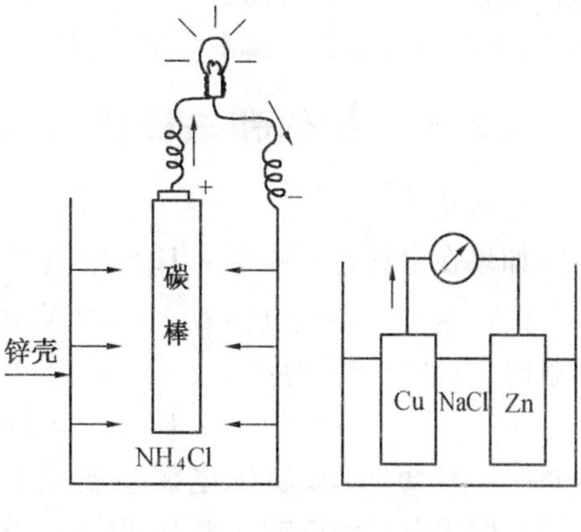

阳极(负电极)锌皮上发生氧化反应,使锌原子离子化:

$$Zn \longrightarrow Zn^{2+} + 2e^-$$

阴极(正电极)碳棒上发生消耗电子的还原反应:

$$2H^+ + 2e^- \longrightarrow H_2 \uparrow$$

电池上总反应为

(a) 原电池　　　　(b) 腐蚀原电池

图8.3　原电池和腐蚀原电池

$$Zn + 2H^+ \longrightarrow Zn^{2+} + H_2 \uparrow$$

电化学上规定:凡是发生氧化反应的一极称为阳极,凡是发生还原反应的一极称为阴极。

由上可见,整个原电池的电化学过程是由阳极的氧化过程、阴极的还原过程以及电子和离子的流动过程所组成的。随着上述反应的不断进行,金属锌受到腐蚀损坏。

如果将原电池的阳极和阴极短路,使阳极过程产生的电子消耗于腐蚀电池内的阴极还原反应中,这种原电池就称为腐蚀原电池,如将锌和铜并置于盐酸溶液中,就构成了锌为阳极、铜为阴极的腐蚀原电池。

2. 微电池

由于金属存在着各种不同的电化学不均匀性,所以当它与电解质溶液相接触时,常常形成肉眼看不到的许多小型腐蚀原电池,这种小型腐蚀电池叫作微电池。锅炉金属与给水或炉水接触所受到的电化学腐蚀,许多是这种微电池作用的结果。

金属的电化学不均匀性主要是由以下几个原因造成的:

(1) 金属组织的不均匀性。由于金属和合金的晶粒与晶界处电位不同,往往以晶粒为阴极,以晶界为阳极,构成微电池。

(2) 金属化学成分的不均匀性。例如在碳钢中,以 Fe_3C 为阴极,以金属基体为阳极,构成微电池。

(3) 金属表面物理状态的不均匀性。如果金属各部分所受的变形和受力不均匀,就会产生内应力,大的地方为阳极,内应力小的地方为阴极,构成微电池。另外,温差、光照不均匀也会构成微电池。

3. 阳极和阴极

电极电势较低的电极,即发生氧化反应的电极,称为阳极;而电极电势较高的电极,即进行还原反应的电极,称为阴极。也就是说在一个腐蚀电池中,电极电势低的金属会遭受腐蚀,电极电势高的金属不会遭受腐蚀。

8.2.3　极化和去极化

1. 极化

如果在由锌片、铜片及 H_2SO_4 组成的腐蚀原电池中,测得锌片的电极电势 $E_{Zn} = -2.0\ V$,铜片的电极电势 $E_{Cu} = 0.2\ V$,电池的总电阻为 $0.2\ \Omega$,根据欧姆定律,在电池刚接触时,腐蚀电流 I 为:

$$I = (E_{Cu} - E_{Zn})/R = [0.2 - (-0.2)]/0.2 = 11\ (A) \tag{8.2}$$

经过一个较短时间,腐蚀电流急剧减小,稳定后的腐蚀电流仅为初始电流的 $1/50 \sim 1/20$。腐蚀电流的影响因素有:电池电阻 R;电极间的电位差等。一般 R 变化不大,腐蚀电流的急剧减小是由电位差变化所致。这种由于电流流过引起原电池两极间电位差变化的现象称为极化现象。

(1) 阳极极化。在腐蚀原电池有电流通过之后,如果阳极(锌片)电位向正的方向移动就称为阳极极化。产生阳极极化的原因有:

① 在腐蚀原电池中,一般是金属离子进入溶液的速度小于电子由阳极流向阴极的速度,从而造成双电层内层的电子密度减小,使阳极电位向正的方向移动。这种由于阳极过

程进行缓慢而引起的极化称为阳极活化极化。

② 如果由于阳极表面金属离子的扩散过程受到阻碍,使阳极表面处的金属离子浓度增加,而使阳极电位向正方向移动,就称为浓差极化。

③ 如果金属表面生成某种保护膜,阻碍了阳极过程,使阳极电位向正方向移动,即阳极钝化。

(2) 阴极极化。在腐蚀原电池通电流后,如果阴极(铜片)电位向负的方向移动,即阴极极化,产生阴极极化的原因有:

① 如果电子从阳极流入阴极的速度大于阴极上消耗电子的速度,就会使阴极表面有过多的电子积累,从而使阴极电位向负的方向移动,即阴极活化极化。

② 如果由于阴极附近反应物或反应产物扩散缓慢,使阴极电位向负的方向移动,即浓差极化。

2. 去极化

消除极化现象,使电极电势恢复或靠近起始电位,就称为去极化作用。如将溶液搅拌或使阳极产物(如 Fe^{2+})形成沉淀物或络合离子,都可消除阳极极化。在阳极上发生的去极化作用,称为阳极去极化;同样在阴极上发生的去极化作用,称为阴极去极化。常见的阴极去极化过程有两种:一种是 H^+ 的去极化,它的去极化作用可简单表示为

$$2H^+ + 2e^- \longrightarrow H_2 \uparrow$$

另一种是水中溶解氧的去极化,它的去极化作用可简单表示为

$$O_2 + 2H_2O + 4e^- \longrightarrow 4OH^-$$

去极化作用不利于锅炉金属防腐,应防止它的发生。

3. 极化曲线

电极的极化作用可以减缓或阻止金属的腐蚀,而电极的去极化作用则促进腐蚀过程进行。通常用电位与电流密度(单位面积上的电流强度)之间的关系曲线来判断电极极化程度的大小,这种关系曲线称为极化曲线。从曲线的坡度可以判断极化程度大小,曲线坡度越小,说明极化程度越小,腐蚀速度越快;反之,腐蚀速度越慢。

8.2.4　金属腐蚀的次生过程与保护膜

在金属腐蚀过程中,由阳极过程产生的阳离子(如 Fe^{2+})和阴极过程产生的阴离子(如 OH^-),在溶液中由于扩散作用可能相遇,将发生次生反应,其反应式为

$$Fe^{2+} + 2OH^- \longrightarrow Fe(OH)_2$$

反应产物称为次生反应产物。所以在碱性溶液中,就会有 $Fe(OH)_2$ 沉淀析出,形成氢氧化物膜。如果这种膜非常致密,能使金属表面与周围介质隔离,就能使腐蚀速度降低。但是并不是所有的腐蚀产物都具有良好的保护性,如在中性溶液中 $Fe(OH)_2$ 还会进一步氧化,其反应式为

$$4Fe(OH)_2 + O_2 + 2H_2O \longrightarrow 4Fe(OH)_3$$

生成的氢氧化铁部分脱水而成为铁锈,铁锈的化学组成一般用 $xFeO \cdot yFe_2O_3 \cdot 2H_2O$ 表示,因为它非常疏松,所以起不到保护作用。因此,金属表面上能否形成良好的保护膜,将是影响金属腐蚀的一个重要因素。

8.2.5 金属腐蚀程度的表示方法

一般用腐蚀速度来定量表征腐蚀的快慢程度。腐蚀速度表示方法有失重法与深度表示法两种。

1. 失重法

失重法为用金属腐蚀掉的质量表示腐蚀速度的方法，即用单位时间内，在单位面积上被腐蚀掉的金属质量来表示，单位为 $g/(m^2 \cdot h)$，即每小时在 1 m^2 面积上金属被腐蚀掉的克数，可用公式(8.3)计算：

$$K_G = (G_1 - G_2)/(S \cdot t) \tag{8.3}$$

式中 K_G—— 按金属质量损失来计算的平均质量腐蚀速度，$g/(m^2 \cdot h)$；

G_1—— 试样腐蚀前质量，g；

G_2—— 试样腐蚀后质量，g；

S—— 试样的表面积，m^2；

t—— 金属腐蚀的时间，h。

通常用挂片法测其腐蚀速度，操作方法如下：

（1）试片的选材。选取与锅炉本体相同的钢材牌号作为试片的材料或者是要测的材料。

（2）试片的加工。将试样加工成厚度均匀的精确几何形状。为便于计算和加工，一般制成圆形或正方形，并计算出试片的表面积。

（3）试片的处理。用金相打磨专用砂纸将试片打磨光滑，去掉试片表面氧化膜。

（4）试片的质量。用分析天平精确算出试片质量 G_1，并记录。

（5）放置。将试片放置在锅炉的汽包或联箱中，或者放置在待测的部位，并记录放置时间 t_1。

（6）再称重。经过一定运行时间，一般应在一个月以上，将试件取出，记录取样时间 t_2。用加好缓蚀剂的稀酸消除试件表面腐蚀产物，应特别注意不能酸洗过度。在分析天平上精确称其质量 G_2。

（7）腐蚀速度。根据试片的失重，试验时间和试样面积代入公式(8.3)，可得平均腐蚀速度。

锅炉各部分的金属工作温度差异大，由于热流密度差异很大，工质蒸发强度相差也很大，使工质在不同部位盐和碱的浓度也不同。测试点受操作条件限制，放置部位受到限制。锅炉是受压容器，构件处在应力状态，而试片浸在锅水中温差、浓差不大，又不受力，因此测出的腐蚀速度不能确切表征锅炉金属的真实腐蚀速度，是一种简易测定腐蚀速度的方法。

在实验室，研究某种缓蚀剂的防腐效果及化学清洗对金属腐蚀的情况，一般也多采用试片法来测定腐蚀速度。

2. 深度表示法

对已经腐蚀的锅炉部件，腐蚀前的质量不清楚，用失重法无法表示，较方便的方法是用单位时间内腐蚀的深度来表示。这是一种最为简便而又直观的方法，可根据公式(8.3)计算的 K_G 按公式(8.4)计算：

$$K_S = (K_G \times 24 \times 365)/1\,000 \times \rho \tag{8.4}$$

式中　K_S——按深度表示的金属腐蚀速度,mm/a;

　　　ρ——金属的密度,g/cm³;

　　　365——每年天数;

　　　24——每天小时数。

钢的密度一般取 7.87 g/cm³,所以 $K_S = 1.1\,K_G$,即 1 g/(m²·h) 相当于 1.1 mm/a。

对于钢铁的腐蚀速度,用两种方法表示,数值差不多,因此单位时间内单位面积上金属腐蚀的质量的数值,可近似认为是其年腐蚀深度的数值。

深度法可用重量法的值通过公式(8.4) 换算得到,也可采用直接测量的方法得出。

如果属于均匀腐蚀,可用游标卡尺或螺旋测微仪测量其减薄厚度,依此来计算每年平均减薄厚度,即可得出平均腐蚀速度。

因为锅炉各受热面盐和碱的浓度、温差、应力状况不同,所以,腐蚀多数属于不均匀腐蚀。将发生腐蚀较典型的部位用钢丝刷刷去或用稀盐酸洗掉腐蚀产物,观察腐蚀状况,判断腐蚀类型,用钢板尺或分规测量腐蚀面积,换算腐蚀创伤面所占的百分数。选定最深和最浅的腐蚀点,测量其深度。如腐蚀范围较大,可用拓模膏,拓出坑的印模,磨去坑外部分,用游标卡尺测量其厚度,即为腐蚀深度。若创伤面小,腐蚀较深,可用探针测量其深度。若是穿孔状腐蚀也可用探针测量其深度,如果有条件,可将腐蚀部位割下,沿坑最深处剖开,从断面测其深度,据锅炉运行时间,可得出每年腐蚀的局部深度。对于小孔腐蚀,晶间腐蚀掉的质量较少,但强度减弱很大,危害大,用局部腐蚀深度表示腐蚀速度更合适。对腐蚀速度的测试,除直接测量、挂片测量外,还有许多电测试法,如电阻探针法、极化电阻法、电偶法等。

8.3　锅炉设备的腐蚀

8.3.1　氧腐蚀

1.给水中氧的来源与腐蚀部位

低压锅炉中,由于没有除氧设备或有除氧设备但运行不良,给水中氧的质量浓度往往很高,甚至是饱和的;而在中、高压以上的锅炉中,因水通常是由凝结水、疏水、补给水和生产用返回凝结水组成的,这些给水中常含有一定的氧;疏水系统和生产用汽返回凝结水系统中,因疏水箱是通大气的,因此,疏水系统和生产用汽返回的水中往往也含有大量的溶解氧;当补给水补到凝汽器时,虽然大部分氧被抽气器抽走,但仍有少部分氧留在凝结水中;凝汽器的汽侧是在负压下运行的,难免有一些空气漏入。所以,运行锅炉最易发生氧腐蚀的部位通常是给水管道和省煤器入口端。而省煤器出口端腐蚀较轻,这是因为氧已消耗完了。

对中、高压锅炉来说,因有较好的除氧设备,锅炉本体在运行中一般不发生氧腐蚀,但在停运期间,如不采取保护措施或保护不当,锅炉内部就会被空气和湿气充满,这就会使锅炉投入运行后给水中含有氧,造成锅炉本体的氧腐蚀。

2. 氧腐蚀的特征

在标准状态下,氧的电极电势为 0.4 V,铁的电极电势为 − 0.4 V,所以在由氧和铁构成的腐蚀电池中,铁是阳极,受到腐蚀:

$$Fe \longrightarrow Fe^{2+} + 2e^-$$

氧是阴极,进行还原反应:

$$O_2 + 2H_2O + 4e^- \longrightarrow 4OH^-$$

此时,氧起到阴极去极化剂的作用,是引起钢铁腐蚀的重要因素,所以也称这种腐蚀为氧的去极化腐蚀,或简称氧腐蚀。

钢铁受到氧腐蚀后,常在金属表面上形成许多大小不同的鼓包,由于其化学组成等不同,鼓包表面的颜色由黄褐色到红砖色不等,表层下面的腐蚀物质呈黑色粉末状。如将这些腐蚀物除掉,便呈现出一个腐蚀坑,如图 8.4 所示。

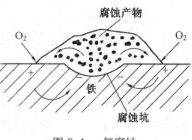

图 8.4 氧腐蚀

氧腐蚀是由于阳极过程的腐蚀产物 Fe^{2+} 和阴极过程的腐蚀产物 OH^-,继续进行次生过程的结果,这种次生过程可简单表示为

$$Fe^{2+} + 2OH^- \longrightarrow Fe(OH)_2$$
$$4Fe(OH)_2 + 2H_2O + O_2 \longrightarrow 4Fe(OH)_3$$
$$Fe(OH)_2 + 2Fe(OH)_3 \longrightarrow Fe_3O_4 + 4H_2O$$

二次过程的产物是 $Fe(OH)_3$ 和 Fe_3O_4,其中 $Fe(OH)_3$ 可写成 $Fe_2O_3 \cdot nH_2O$ 的形式,Fe_3O_4 可看做是 FeO 和 Fe_2O_3 的混合物。由于这些次生产物比较疏松,没有保护性,所以一旦在金属表面的某一点上发生腐蚀,就会继续进行下去。由于腐蚀产物阻止了氧的扩散,在腐蚀产物下面形成了缺氧的阳极区,外部便成了富氧的阴极区,从而构成了一个充气浓差电池继续腐蚀。进一步腐蚀的结果是,阳极区越来越深成为坑,阴极区的腐蚀产物也越来越多,最后便形成一个鼓包。各种钢铁腐蚀产物的性质见表 8.3。

表 8.3 各种钢铁腐蚀产物的性质

组 成	颜 色	磁 性	密 度	热稳定性
$Fe(OH)_2$[①]	白	顺磁性	3.4	在 100 ℃ 时分解为 Fe_3O_4 和 H_2
FeO	黑	顺磁性	5.4 ~ 5.73	在 1 371 ~ 1 424 ℃ 时熔化,而在低于570 ℃ 时分解为 Fe 和 Fe_3O_4
Fe_3O_4	黑	铁磁性	5.20	在 1 597 ℃ 时熔化
$\alpha - FeOOH$	黄	顺磁性	4.20	在大约 200 ℃ 时失水成 $\alpha - Fe_2O_3$
$\beta - FeOOH$	淡褐	—	—	在大约 230 ℃ 时失水成 $\alpha - Fe_2O_3$
$\gamma - FeOOH$	橙	顺磁性	3.97	在大约 200 ℃ 时转变为 $\alpha - Fe_2O_3$
$\gamma - Fe_2O_3$	褐	铁磁性	4.88	在 > 200 ℃ 时转变为 $\alpha - Fe_2O_3$
$\alpha - Fe_2O_3$	由砖红至黑	顺磁性	5.25	在 0.1 MPa 下,1 457 ℃ 时分解为 Fe_3O_4

注:①$Fe(OH)_2$ 在有氧的环境中是不稳定的,在室温下就依不同的条件转变为 $\gamma - FeOOH$,$\gamma - Fe_2O_3$ 或 Fe_3O_4。

3. 氧腐蚀的影响因素

(1) 水中氧的质量浓度。通常溶解氧质量浓度越高,腐蚀越快。但是氧对金属的作用是双重性的,一方面氧是去极化剂,加速对金属的腐蚀。而当氧对金属腐蚀过程中所产生的微电流达到了极化电流时,腐蚀速度下降,氧起到了促进保护膜成长的作用,对金属起到了保护作用。实验表明,当溶解氧质量浓度达到 860 mg/L 时,对金属腐蚀起抑制作用;溶解氧质量浓度在 10 ~ 100 mg/L 时,对金属腐蚀起加速作用;溶解氧质量浓度小于0.1 mg/L 时,金属腐蚀速度明显减缓。

(2)pH 对腐蚀的影响。当 pH ≥ 10 时,水溶液中氢离子浓度小,能降低吸氧反应的电位,对金属起缓蚀作用;当 10 > pH > 7.0 时,此时析氢是少量的,也是次要的,氢离子主要起破坏金属保护膜的作用;当 pH ≤ 7.0 时,溶液中的氢离子浓度占主要地位,此时的腐蚀以析氢为主,吸氧反应虽然同时存在,但不是主要作用。

(3) 温度影响。在锅炉系统中,温度升高,氧腐蚀速度加快。在敞开式系统中,由随着水温升高,水中氧的质量浓度降低。氧对金属的腐蚀速度在 80 ℃ 左右时最大。温度对腐蚀速度的影响与锅炉的结构、参数、运行条件等有密切关系。条件不同,腐蚀产物也各有特点。通常在常温下,腐蚀产物疏松多孔,腐蚀坑凹面积大;高温度下,腐蚀产物致密、坚硬、腐蚀坑亦深。

(4) 水质。水中离子的化学组成不同,对氧的腐蚀速度也有影响。如水中 SO_4^{2-}、Cl^-有破坏保护膜的能力,可促进腐蚀;水中 OH^-、CO_3^{2-} 和 PO_4^{3-} 等可促进保护膜的生成,能减缓腐蚀。

(5) 水流速度。通常水流速度越高,氧的扩散越快,因而腐蚀的速度就越大。当水中氧的质量浓度足以使金属钝化时,水流速度若增大,其腐蚀速度反而会降低。

(6) 热负荷。随热负荷的增加,金属腐蚀加快。因为在高热负荷下,保护膜容易破坏。另外,还发现随着热负荷的增大,铁的电位有所降低。

4. 氧腐蚀的防止

工业锅炉以及中、高压锅炉防止氧腐蚀的方法,主要是给水除氧,让给水中的溶解氧达到水质标准的要求;亚临界、超临界和超超临界等锅炉给水经过精处理,通过控制水质、pH 和合理加氧控制炉水氧质量浓度,能在金属表面保持致密保护膜从而防止腐蚀,保证锅炉安全经济运行。

给水除氧和加氧的方法有多种,详见 8.4 节。

8.3.2　酸腐蚀

锅炉金属的酸腐蚀是指由 H^+ 的去极化过程所引起的腐蚀。一般在正常运行条件下,锅炉的给水、炉水和蒸汽都不会呈现酸性,只是由于随给水带入锅炉内的某些物质,因在锅炉内发生分解、降解或水解时才有可能产生酸性物质,如水中碳酸盐、有机物等都有可能引起酸性腐蚀。

1. 二氧化碳腐蚀

锅炉水汽系统中的 CO_2 主要来自补给水或凝汽器的冷却水中的碳酸化合物如 HCO_3^-和 CO_3^{2-} 等,它们进入锅炉后会发生热分解,其反应式为

$$2NaHCO_3 \longrightarrow CO_2 \uparrow + H_2O + Na_2CO_3 \tag{8.5}$$

$$Na_2CO_3 + H_2O \longrightarrow CO_2 \uparrow + 2NaOH \tag{8.6}$$

反应后生成的 CO_2 与蒸汽一起流经饱和蒸汽和过热蒸汽管路、汽轮机,然后一部分被抽气器抽走,一部分溶入凝结水中,使凝结水呈酸性,其反应式为

$$CO_2 + H_2O \Longrightarrow H^+ + HCO_3^-$$

所以,最易发生 CO_2 酸性腐蚀的部位,通常是凝汽器至除氧器之间的一段凝结水系统。

二氧化碳对钢铁的腐蚀与氧腐蚀不同,前者一般是均匀腐蚀,而后者是溃疡腐蚀。这是因为 CO_2 对钢铁的腐蚀产物是可溶性的金属碳酸氢盐,所以金属表面上没有腐蚀产物积累,而且随着 H^+ 的消耗,弱酸(H_2CO_3)继续进行电离,补充水中消耗的 H^+,从而使水中 H^+ 浓度保持不变,这些都有利于产生均匀腐蚀。在低压锅炉中,一般不会发生这种 CO_2 的酸性腐蚀,因为低压锅炉的水处理通常是软化和锅内药剂处理,给水和炉水中都有足够的碱度,有很强的缓冲能力。但当采用蒸馏水或化学除盐水作锅炉补给水时,水中残留碱度很小,缓冲能力很低,才可能发生游离 CO_2 的腐蚀。当水中同时含有氧和二氧化碳时,会使腐蚀速度加快。因为 CO_2 使水呈酸性,溶解金属表面上的保护膜,O_2 又会促进阴极去极化过程。发生这种腐蚀的部位通常是给水泵和凝汽器、抽气器及低压加热器铜管的汽侧进水端等。

2. 无机酸腐蚀

在以地表水作锅炉补给水水源时,有时发现锅炉炉管内和汽轮机的湿蒸汽区,产生无机酸腐蚀。这种腐蚀的特征是:锅炉炉管产生的晶间裂纹从外表面向内延伸,而且金相组织有脱碳现象,汽轮机受腐蚀的金属表面上保护膜脱落,表面变得粗糙,甚至形成沟槽等。产生这种腐蚀的原因是地表水中的有机物在锅炉内分解产生无机酸的结果,因为这时给水系统的加氨处理并不足以中和这部分无机酸。

8.3.3 沉积物下腐蚀

一般在正常运行情况下,锅炉水的 pH 保持在 9 ~ 11,这时在金属表面上形成一层很致密的 Fe_3O_4 保护膜,所以不会发生严重的腐蚀现象。但是,当锅炉受热面上有沉积物存在时,由于传热不良使沉积物下金属壁温升高和锅水蒸发浓缩,从而产生酸性腐蚀、碱性腐蚀和电化学腐蚀。

1. 酸性腐蚀

当锅炉水中有 $MgCl_2$ 和 $CaCl_2$ 这类杂质时,在沉积物下会发生以下反应:

$$MgCl_2 + 2H_2O \longrightarrow Mg(OH)_2\downarrow + 2HCl$$
$$CaCl_2 + 2H_2O \longrightarrow Ca(OH)_2\downarrow + 2HCl$$

反应的结果是产生了强酸,从而引起了 H^+ 的去极化腐蚀,随着阳极产物 H^+ 的不断积累,有可能渗入钢铁内部引起脱碳反应:

$$Fe_3C + 2H_2 \longrightarrow 3Fe + CH_4$$

因而使金属产生细小的裂纹、金相组织破坏和性能变脆,所以酸性腐蚀也称为脆性腐蚀,如图 8.5(a)所示。

2. 碱性腐蚀

当锅炉水中有 $NaHCO_3$ 和 Na_2CO_3 时,它们会在锅内发生分解反应,生成游离的 NaOH,见反应公式(8.5)、公式(8.6)。当锅炉水中有 $Ca(HCO_3)_2$ 时,将会与 Na_3PO_4 进

行下列反应：

$$3Ca(HCO_3)_2 + 2Na_3PO_4 \longrightarrow 6NaOH + 6CO_2 \uparrow + Ca_3(PO_4)_2 \downarrow$$

反应后会产生 NaOH。带游离 NaOH 的锅炉水在沉积物下浓缩时,可达到很高的浓度,因而造成碱性腐蚀。由于沉积物外部炉水中的 OH^- 质量浓度比沉积物下 OH^- 的质量浓度小得多,因此 H^+ 的去极化过程不是发生在沉积物下而是发生在背火侧的没有沉积物处,阴极过程产生的 H_2 很容易被水流冲走,所以不会在此产生脱碳现象,只产生一些凸凹不平的腐蚀坑,而且坑上有腐蚀产物,坑下金相组织和机械性能没有变化,仍保持金属原来的延性。因此,碱性腐蚀也称为延性腐蚀,如图 8.5(b) 所示。

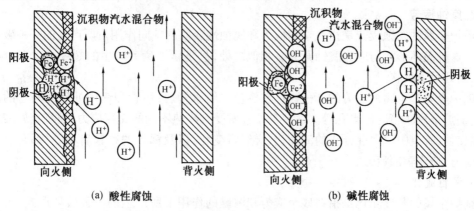

图 8.5　锅炉炉管的酸性和碱性腐蚀

3. 垢内的氧化物与金属壁之间的电化学腐蚀

当受热面金属表面的沉淀物中含有氧化铁和氧化铜等杂质时,这些氧化物电位高,成为阴极,而金属壁电位低,成为阳极。阴极的铁离子不断溶入锅水与氧化铁及氧化铜发生反应,其反应式如下：

$$4Fe_2O_3 + Fe \longrightarrow 3Fe_3O_4$$

$$4CuO + 3Fe \longrightarrow Fe_3O_4 + 4Cu$$

反应后生成了新的高价氧化铁。

8.3.4　水蒸气腐蚀

钢铁化学腐蚀的反应式为

$$3Fe + 4H_2O \xrightarrow{450 \sim 470\ ℃} Fe_3O_4 + 4H_2$$

或

$$Fe + H_2O \longrightarrow FeO + H_2$$

$$2FeO + H_2O \longrightarrow Fe_2O_3 + H_2$$

这种腐蚀除了有时在过热器中发生以外,当水冷壁管中因水汽循环不良产生汽塞或自由水面时也有可能发生。

8.3.5　应力腐蚀

锅炉金属的应力腐蚀是指金属在应力和腐蚀性介质的共同作用下而产生的一种腐蚀破坏形式,它通常包括应力腐蚀开裂、腐蚀疲劳和苛性脆化等。

1. 应力腐蚀开裂

锅炉金属的应力腐蚀开裂是指在残余应力和腐蚀性介质的共同作用下所产生的一种脆性断裂损坏。这种残余应力有的是在制造、安装(主要是焊接工艺)过程中产生的,有的是在运行过程中由于压力、温度的不断变化产生的。

断裂损坏一般分裂纹的孕育期和扩散期两个阶段,孕育期约占总断裂时间的90%。但裂纹一旦形成,扩展的速度是相当快的,大约为 1 ~ 5 mm/h,危险性很大。

锅炉水的温度、杂质成分和浓度以及 pH 等,对应力腐蚀的敏感性都有明显影响。如温度越高,越容易引起应力腐蚀开裂。

2. 腐蚀疲劳

锅炉金属的腐蚀疲劳是指在交变应力和腐蚀性介质的共同作用下所产生的一种破坏形式。这种破坏形式与应力腐蚀开裂有相似之处,只是腐蚀疲劳产生的裂纹很少有分歧现象,断处呈贝纹状。

锅炉金属产生腐蚀疲劳的部位往往在汽包与给水管、排污管和锅内处理加药管的连接处;锅炉集汽联箱的排水孔等。这些部位经常受到冷热不均的交变应力,还有金属表面干、湿交替,管道中汽水混合物的流速快、慢经常变化,以及锅炉的频繁启动等,都会引起交变应力,造成腐蚀疲劳。

3. 苛性脆化

锅炉金属的苛性脆化是指在残余应力和浓碱的作用下所产生的一种破坏形式,由于引起这种应力腐蚀是在浓碱的条件下产生的,所以叫苛性脆化。它是低碳钢的一种腐蚀破坏形式。

当锅炉金属发生苛性脆化时,往往同时具备以下三个条件:

(1) 锅炉水中含有一定浓度的游离 NaOH。

(2) 金属中存在有很大的内应力和微裂纹。

(3) 锅炉水有被浓缩的地方,如在锅炉的铆接胀接处。

目前生产的各种参数的锅炉,锅筒或汽包已不再采用铆接,但在低压锅炉中,烟管与管板之间连接仍然有些采用胀接,所以仍可发生这种应力腐蚀。因此,低压锅炉水质标准中规定了锅炉水的相对碱度小于 0.2,以防苛性脆化。

8.4 防止锅炉金属腐蚀的方法

8.4.1 除氧

氧腐蚀是锅炉金属各种腐蚀中最常见的,也是腐蚀损害最严重的。因此,常用除氧的方法防止或减轻锅炉在运行期间的氧腐蚀。目前常采用的除氧方法有两种:一种是热力除氧,另一种是化学除氧。对中压以上的大型锅炉,大都以热力除氧为主。在低压锅炉中有时只采用化学除氧或其他除氧方法。

通常,水中往往溶解有氧、氮、二氧化碳等气体,其中二氧化碳(CO_2)及氧(O_2)的存在,使锅炉易发生腐蚀。尤其是有氧存在,腐蚀特别严重,因此,我们要研究气体,特别是氧在水中溶解的特性及除氧的根本途径。各种气体在不同压力和温度下,其水中饱和质量浓度也都不相同。表 8.4 所示为不同压力、温度下水的饱和含氧量(水中含氧质量浓度)。空气中氧较多,水与空气接触后,其含氧量容易达到饱和或接近饱和,一般单位按相应压力及温度下水的饱和含氧量作为除氧前水的含氧量,以饱和含氧量来代替水的含氧量,显然,其数值比实际情况偏高,特别是混有大量回水的给水,由于回水中含氧量较低,故这种给水的含氧量都未达到饱和。

气体在液体中的溶解度取决于气体的分压力。所谓分压力,就是在液面上的空间中如果没有其他气体或蒸汽,仅有这一种气体单独存在时的压力,称为这种气体的分压力。液体温度越高,其中气体的溶解度就越小;液面上空间中这种气体的分压力越小,这种气体在液体中的溶解度也就越小。

表 8.4　水中含氧质量浓度与温度、压力的关系

水面绝对压力 /MPa	水　温 /℃										
	0	10	20	30	40	50	60	70	80	90	100
	氧的质量浓度 /(mg·L^{-1})										
0.1	14	10.8	8.8	7.5	6.2	5.4	4.7	3.6	2.6	1.6	0
0.08	11	8.5	7.0	5.7	5.0	4.2	3.4	2.6	1.6	0.5	0
0.05	8.3	6.4	5.3	4.3	3.7	3.0	2.3	1.7	0.8	0	0
0.04	5.7	4.2	3.5	2.7	2.2	1.7	1.1	0.4	0	0	0
0.02	2.3	2.0	1.6	1.4	1.2	1.0	0.4	0	0	0	—
0.01	1.2	0.9	0.8	0.5	0.2	0	0	0	0	0	—

氧气是很活泼的气体,它能与很多非金属直接化合,而且能与绝大多数金属(金、银、铂等少数金属除外)直接化合。当其与非金属或金属化合以后,往往形成稳定的氧化物或生成沉淀,这些氧化物中的氧就不再与金属化合,故实际上起腐蚀作用的,都是水中的溶解氧。

从氧在水中溶解的特性可知,水中除氧可从以下几个方面着手:给水加热,减小氧在水中的溶解度,使氧气逸出;减小水面上空间氧的分压力,使水中的氧气逸出;使水中的溶解氧在进入锅炉前就转变为与金属或其他药剂的稳定化合物而消耗掉。这种使氧与金属或其他药剂化合的方法,可采用纯化学的氧化方法、电化学的方法,也可采用除氧树脂除氧的方法。

锅炉常用的除氧方法有:热力除氧、解吸除氧、化学除氧、电化学除氧、氧化还原树脂除氧等。

1.热力除氧

(1)热力除氧的特点。热力除氧就是将水加热至沸点,使水面上水蒸气的分压力与外界压力相等,而其他气体的分压力都为零,因而各种气体如氧和二氧化碳等便从水中逸出,从而达到除氧的目的,这就是热力除氧的原理,用来进行热力除氧的设备叫热力除氧器。

小型锅炉房常用大气式热力除氧,除氧器内保持比大气压力稍高的压力,一般为 0.02 ~ 0.025 MPa 表压力,此压力下饱和温度为 104 ~ 105 ℃。其所以采取 0.02 MPa 表压

力,而不采用大气压力,就是为了便于逸出的气体向除氧器外排出。除大气式外还有真空式(除氧器内保持 0.007 5 ~ 0.05 MPa 绝对压力)及压力式(除氧器内保持 0.5 ~ 1.5 MPa 绝对压力)。

热力除氧具有以下优点:不仅能除氧,而且能除水蒸气以外各种气体;较其他除氧方法效果稳定可靠;除氧水中不增加含盐量,也不增加其他气体的溶解量;易于进行控制。

热力除氧的缺点是:用汽多;提高给水进入省煤器的温度,影响烟气废热的利用;负荷变动时不易调整。

(2)热力除氧器的结构要求。为了保证良好的除氧效果,热力除氧器在结构上应符合下列基本要求:

① 为了使水中的氧完全从水中解析出来,水应能加热至相应于除氧器内压力的沸点。当加热不足度为 1 ℃ 时,大气式热力除氧器除氧后的水,其残留氧的质量浓度已超过 0.1 mg/L 的水质标准。

② 水要成水膜或喷散至足够细度,并在整个除氧头截面上均匀分布,使汽水分界面积达到最大。因为汽水分界面越大,气体放出越快。

(3)热力除氧器的构造。锅炉房常见热力除氧器的类型有:

① 淋水盘式热力除氧器。热力除氧器从整体结构来看,可分为除氧头(或称除气塔)和贮水箱两部分,如图 8.6 所示。

该图为 25 t/h 容量的除氧器,其工作压力为 $p = 0.12$ MPa(绝对压力),出水温度为 105 ℃。这种除氧器的除氧过程主要是在除氧头中进行,回水及软水从除氧头顶部两侧管引入,经一圆管与外壳的夹层而溢入第一个环形槽。水从第一个环形槽溅至第一个带孔圆盘内,水经圆盘的小孔形成细薄的很多小水流向下流动。如此继续流过以下的几层环形槽及带孔圆盘。此除氧器内共有三个环形槽及两个圆盘,水最后落至除氧水箱。

蒸汽由除氧头下部进入,经过蒸汽分配器而向上流动,穿过淋水层,将水加热,同时形成较大的汽水分界面进行除氧。部分多余蒸汽经顶部锥形挡板折流,使分离一些水分以后由排气管排出,而经除氧的水中逸出气体水流入其下部贮水

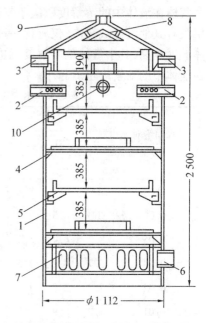

图 8.6 淋水盘式热力除氧器(单位:mm)
1—外壳;2—凝结水入口;3—软水入口;4—溢水槽;5—溢水盘;6—蒸汽入口;7—蒸汽分配器;8—圆锥挡板;9—排气管;10—连水封接口

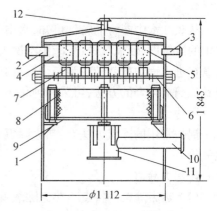

图 8.7 膜式热力除氧器(单位:mm)
1—外壳;2—凝结水入口;3—软水入口;4—夹层;5—短管;6—孔板;7—孔板连管;8—铜网;9—铜网底圈;10—蒸汽进口;11—喷管;12—排气管

箱中。除氧头外壳的外面有水封安全装置。

②膜式热力除氧器。图 8.8 是膜式热力除氧器结构示意图容量为 25 t/h,工作压力为 0.12 MPa(绝对压力),出水温度为 105 ℃。回水及软水从顶部两侧管口引入,流至夹层中,在夹层间穿过管壁上按螺旋形钻孔的短管,水在夹层中由这些小孔向短管内部喷出,下落至下部孔板。水主要由孔板上小孔向下流,然后再流过一内盛有填料的铜网。

蒸汽由下侧引入,流经喷管向四周喷出,然后蒸汽按水流相反方向,由下向上流动,最后经顶部夹层间的短管内部流出,气体及部分蒸汽从顶端排气管排出。

这种除氧器不但增加汽水接触面积,并且顶部夹层有让水集热作用,以防水温突然变化。填料能蓄热,可加热水,并增加汽、水界面,但时间一长,铝制填料将发生腐蚀,并且对进水的水温有比较高的要求。

③热力喷雾填料式除氧器。图8.8所示是 10 t/h 热力喷雾填料式除氧器。除氧头分为上、下两本体。欲除氧的水,由上本体上部的进水管进入,并经喷水管网通过喷嘴被喷成雾状。下本体中有两层中间装有铝制填料的孔。雾状水滴经填料,然后落至除氧水箱。蒸汽由下本体下部的进气管进入,通过蒸汽分配器向上流动时,与填料层中水相遇,进行二次除氧,气及部分蒸汽最后经上本体顶部的圆锥形挡板折流,由排气管排出。

喷雾填料式热力除氧器中所用的填料有 Ω 形、圆环形和蜂窝形等多种,采用不受腐蚀、不会污染水质的材料制成,一般认为 Ω 形不锈钢作填料效果较好。

这种除氧器的除氧效果好。对负荷及水温变化的适应性较好;结构简单、维修方便;汽、水混合速度快,不易产生水击现象。

④旋膜填料式除氧器。旋膜填料热力除氧器是由起膜器、淋水箅子和波网状填料层所组成。它是一种在除氧

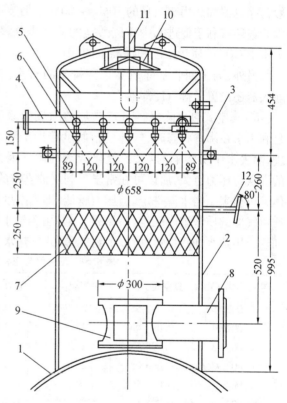

图 8.8　热力喷雾填料式除氧器(单位:mm)

1—除氧水箱;2—除氧头下本体;3—除氧头上本体;4—进水管;5—支管;6—喷嘴;7—填料;8—进气管;9—蒸汽分配器;10—圆锥挡板;11—排气管;12—支撑

头上部的断面上布置有几圈一定长度、垂直放置的无缝钢管,每根短钢管的上下两端都钻有沿切线方向向下倾的若干个小孔。水从上端形成喇叭口状的水膜。蒸汽从钢管下端小孔进入管内,在水膜中旋转上升,与除氧头下部进来的蒸汽一同从顶部排出除氧器。形成水膜的水向下落到由角钢组成的错列水平布置的几层挡板,水落至挡板后,沿挡板的两个倾斜面呈膜状流动。挡板角钢的脊向上,脊上布有一些小孔。水流过挡板时,不仅进一

步延续和扩展水的表面积,而且使水流分布均匀。水最后再下落经填料层。这种除氧器实际是三级除氧,因而效果更佳。

除氧水箱(即贮水箱)是贮存除氧水的容器,它可以贮存供锅炉运行一定时间的给水量。它主要由圆柱形外壳与两个圆锥形成蝶形封头组成。水箱外部有支座、水位计、温度计插座、带盖人孔以及接管和接管法兰等,内部有梯子以及加固角钢、扁钢等结构。水箱中水位由水位调解器调节,除氧水从水箱底部的水管进入给水泵。

为了提高除氧效果,可在水箱中再加装喷嘴,以引入压力较高的蒸汽,使水箱中的水一直保持沸腾状态,并使水中残留的气体完全解析出,这种装置称为再沸腾装置,如图8.9所示。再沸腾装置的用汽量一般为除氧器加热用蒸汽量的10% ~ 20%。加装再沸腾装置还有利于促进水中重碳酸盐的进一步分解,减少水中 CO_2 的质量浓度和提高水的 pH。

另外,为了回收从除氧器顶部排出的蒸汽,有的除氧器还设置了排汽冷却器。

⑤ 真空式热力除氧。真空式热力除氧的原理也是利用水在沸腾状态时,气体的溶解度接近于零的原理,除去水中所溶解的氧、二氧化碳等气体。因为水

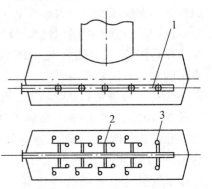

图8.9　热力除氧器的再沸腾装置
1— 主汽管;2— 支管;3— 喷嘴

的沸点与压力有关,所以可在常温下利用抽真空的方法使水呈沸腾状态,让水中溶解性气体解析出来。当水温一定时,压力越低(即真空度越高),其相应的饱和温度也很低,水中残留气体的质量浓度就越低,见表8.5。由于给水(或补给水)要求温度低,可以不用蒸汽加热或用热水加热即可,所以节约能源,并且热水锅炉房无蒸汽源时也可采用。

表8.5　真空度与饱和温度对应表

绝对压力 /MPa	真空度 /MPa	饱和温度 /℃	绝对压力 /MPa	真空度 /MPa	饱和温度 /℃
0.002 45	0.097 55	20.776	0.009 88	0.090 12	45.45
0.002 94	0.097 06	23.772	0.010 78	0.089 22	47.37
0.003 43	0.096 57	26.359	0.011 76	0.088 24	49.06
0.003 92	0.096 08	28.641	0.012 74	0.087 26	50.67
0.004 41	0.095 59	30.69	0.013 72	0.086 28	52.18
0.004 90	0.095 10	32.55	0.014 7	0.085 3	53.60
0.005 88	0.094 12	35.82	0.019 6	0.080 4	59.67
0.006 86	0.093 14	38.66	0.024 5	0.075 5	64.56
0.007 84	0.092 16	41.16	0.029 4	0.070 6	68.68
0.008 82	0.091 18	43.41	0.039 2	0.060 8	75.42

真空式热力除氧器的结构与一般大气式热力除氧器相同,只是在系统上多用一套喷射器抽真空的设备。但整个系统的严密性要求较高。

真空式热力除氧器是水在除氧器体外,经热交换器加热,其水温的控制不受除氧器内真空度的影响。真空式热力除氧一般要求进水温度比除氧器内真空度对应的饱和温度高3 ~ 5 ℃,除氧水箱中不需设再沸腾管,水贮存在水箱仍有继续除氧的作用。因此,常称

为三级除氧的除氧器。

常采用的真空式热力除氧器再沸腾装置有两种：一种是利用凝汽器真空除氧，另一种是以专用的真空除氧器代替热力除氧器。由于凝汽器总是在真空状态下运行，而且凝结水的温度通常处于该凝汽器相应压力下的沸点，所以它本身就相当于一个真空除氧器。为了利用凝汽器的这种真空除氧能力，可将锅炉补给水首先引入凝汽器中进行初步除氧。与热力除氧器一样，为了保证凝汽器的真空除氧效果，也要将水流分散成细小的水滴或小股水流。

图 8.10 所示为一种专用的真空式热力除氧器。水从除氧塔上部进入，经喷头使水喷成雾状，再经中部填料使水成水膜状向下流动。由水中析出来的氧和二氧化碳等气体由塔顶部被抽气装置抽出体外。为了达到良好的除气效果，应注意以下几点：选用的抽气装置应与处理水量相符；喷头的数量应与除氧器的出力相匹配；要有适当高度的填料层；进水温度应比除氧器运行真空下相对应的饱和温度高 $3 \sim 5 \ ℃$，且系统要求严格密封。

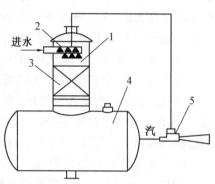

图 8.10　真空式热力除氧器
1— 除氧塔;2— 喷头;3— 填料;
4— 贮水箱;5— 喷射器

（4）热力除氧器的运行。热力除氧器的运行对热力除氧器的除氧效果起着很重要的影响。为保证运行工况良好，首先水应保证加热至沸点；除氧器的负荷和进水温度应平稳，避免有急剧的变化。

大气式热力除氧的除氧头内的工作压力变化较小，要保持对应的水温难度较大。而真空除氧调节喷射泵真空抽吸系统，可以改变除氧头内的真空度；其水温一般在除氧器体外加热也较易调节。压力越低，加热不足度对残留含氧的影响越小。因此，相对而言，真空除氧比大气式热力除氧对负荷变化的适应性稍为好一些，但是负荷变动较大时，也难以稳定。

2. 解吸除氧

解吸除氧的原理：将不含氧的气体与要除氧的给水强烈混合接触时，根据液面上氧气分压力为零（或近于零）时液体中氧气的溶解度降低的原理，给水中氧就大量逸出，而使给水中含氧量降低。从给水中扩散出来的氧气又随着原来无氧的气体流至反应器，在反应器中与炽热的木炭作用，使氧变成二氧化碳，而残存极微量的氧气，然后再将此气体与要除氧的给水强烈混合接触。如此循环工作，以达到其除氧的目的。

图 8.11 所示为解吸除氧系统图。要除氧的水，经除氧水泵流过喷射器而流入解吸器，解吸器内有挡板。反应器装于炉内 $500 \sim 600 \ ℃$ 部位，反应器内装有木炭。靠喷射器的作用将解吸器水面上的气体经气体冷却器及汽水分离器而流入反应器。汽水分离器下面有水封，流入反应器的气体中含有从水中逸出的氧、气体流过反应器中的热木炭以后，氧就与碳合成二氧化碳，故反应器出口的气体中就没有氧气。

喷射器将反应器出口的无氧气体抽至喷射器内，与要除氧的水混合流入解吸器，然后气体逸出水面，再经气体冷却器及汽水分离器流至反应器。除氧后的水流入给水箱，为了与外界空气隔绝，水箱水面上浮有水、气隔板。除氧后的给水，由给水箱流入给水泵，然后进入锅炉。

各锅炉房采用的解吸除氧设备系统略有差异,图 8.12 所示为目前常见的解吸除氧系统。软水箱中的软水由除氧水泵送至喷射器与来自除氧反应器的无氧气体强烈混合,在通往解吸器的混合管内进行脱氧,并在解吸器内分离。除氧水由解吸器下部流出,大部分由补给水泵供锅炉,少量返回软水箱,保证软水的逆止性。从水中解吸出的含氧气体由解吸器上端流出,经气水分离器后进入除氧反应器中与反应剂反应生成无氧气体,再流至喷射器如此循环,循环的动力来自喷射器产生的负压。水封的作用是收集凝结水和保证系统与大气隔绝。

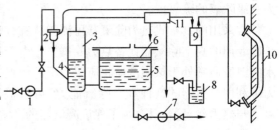

图 8.11　解吸除氧系统图

1— 除氧水泵;2— 喷射器;3— 解吸器;4— 挡板;5— 水箱;6— 木板;7— 给水泵;8— 水封;9— 汽水分离器;10— 反应器;11— 气体冷却器

解吸除氧具有设备简单、投资少、运行费用低等优点,但它仍然存在一些问题有待于解决。

解吸除氧存在的问题:只能除氧,不能除其他气体,除氧后水中 CO_2 有所增高,pH 降低 0.2 ~ 0.3;技术上无统一规范,产品质量及催化脱氧剂差异很大,造成使用效果不一致;要消耗一定的电力;操作较麻烦,不易控制。

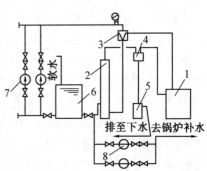

图 8.12　解吸除氧系统

1— 除氧反应器;2— 解吸器;3— 喷射器;4— 气水分离器;5— 水封;6— 软水箱;7— 除氧水泵;8— 补给水泵

3.化学除氧

化学除氧就是往含溶解氧的水中投加某种还原性药剂,或使含溶解氧的水滤经吸氧物质,使之发生化学反应,以达到除氧的目的。锅炉给水除氧常用的还原性药剂有亚硫酸钠(Na_2SO_3)和联氨(N_2H_4)等。近年来,也开始采用某些新型化学除氧剂,如甲基乙基酮肟、碳醚肼、氨基乙醇胺等。此外,常用钢屑作为吸氧物质,使含溶解氧的水滤经钢屑过滤器而除氧。热水锅炉和蒸汽量 ≤ 2 t/h 的蒸汽锅炉,因为没有充足的热源,应采用化学除氧。

(1)亚硫酸钠除氧。亚硫酸钠是白色粉末状结晶,密度为 1.56 g/cm^3,易溶于水,与水中溶解氧起化学反应,生成无害的硫酸钠,其反应为

$$2Na_2SO_3 + O_2 \longrightarrow 2Na_2SO_4 \qquad (8.7)$$

此法使水中含盐量增加。

由公式(8.7)可知,每除去 1 g 氧需要 8 g 无水亚硫酸钠。商品亚硫酸钠一般含有结晶水,分子式为 $Na_2SO_3 \cdot 7H_2O$,故需 16 g,再计及药剂纯度,一般需 20 g。SO_3^{2-} 质量浓度的过剩量一般在给水中保持 2 ~ 4 mg/L,锅水中保持 10 ~ 40 mg/L,并以保持锅水中 SO_3^{2-} 质量浓度为准。

工业用亚硫酸钠的加入质量浓度可按下式计算:

$$\rho(Na_2SO_3) = \frac{16\rho(O_2) + \beta}{\varepsilon} \qquad (8.8)$$

式中　$\rho(O_2)$—— 水中溶解氧的质量浓度,mg/L;

β—— 工业用亚硫酸钠质量浓度的过剩量,一般为 6 ～ 12 mg/L;

ε—— 工业用亚硫酸钠 $Na_2SO_3 \cdot 7H_2O$ 的质量分数一般为 88% 左右。

【例 8.1】　某锅炉给水采用亚硫酸钠除氧,给水中溶解氧的质量浓度为 3 mg/L,工业用亚硫酸钠的质量分数为 90%,试计算工业用亚硫酸钠 $Na_2SO_3 \cdot 7H_2O$ 的加入量。

解　取工业用亚硫酸钠质量浓度的过剩量为 9 mg/L,则

$$\rho(Na_2SO_3) = \frac{16\rho(O_2)+\beta}{\varepsilon} = \frac{16 \times 3 + 9}{0.9} = 63.33 \text{ mg/L}$$

亚硫酸钠与氧的反应速度受水温和 Na_2SO_3 过剩量的影响,其关系见表 8.6。

从表 8.6 中数据可知,温度越高,反应越快;过剩量越多,反应越快。通常控制水的温度在 80 ℃ 以上,过剩量以维持锅水中 SO_3^{2-} 量为 10 ～ 40 mg/L 为准。

表 8.6　亚硫酸钠与氧的反应时间

反应温度 /℃	无过剩量时 /min	过剩量质量分数为 25% ～ 30% 时 /min	反应温度 /℃	无过剩量时 /min	过剩量质量分数为 25% ～ 30% 时 /min
40	5 ～ 6	2.5 ～ 3	80	< 2	< 1
60	2.5	< 2	100	< 1	—

水中的阳离子如 Ca^{2+}、Mg^{2+}、Mn^{2+} 和 Cu^{2+} 等,对反应有催化作用,而水中 SO_4^{2-} 和有机物却使反应速度减慢。为加速反应,国外有使用"催化亚硫酸钠"商品,就是适量的催化剂与亚硫酸钠的混合物。

亚硫酸钠的除氧效果也受水的 pH 影响,pH 越大,效果越差。亚硫酸钠除氧只适用于中、低压锅炉,不能用于高压锅炉,因为在锅内高温下亚硫酸钠会发生分解,其反应式为

$$Na_2SO_3 + H_2O \longrightarrow 2NaOH + SO_2 \tag{8.9}$$
$$4Na_2SO_3 \longrightarrow 3Na_2SO_4 + Na_2S \tag{8.10}$$
$$Na_2S + 2H_2O \longrightarrow 2NaOH + H_2S \tag{8.11}$$

这些反应所产生的有害气体会造成金属腐蚀。

通常将亚硫酸钠配制成质量分数2% ～ 10% 的溶液,用活塞泵等加药设备加入给水泵的低压侧。活塞泵加药系统如图 8.13 所示。贮存、配制亚硫酸钠溶液时,应在密闭的不与空气接触的容器中进行,以防止氧化。

(2)联氨除氧。联氨又称为肼,在常温下是一种无色液体,吸水性强,遇水后能结合成稳定的水合联氨($N_2H_4 \cdot H_2O$)。市售的联氨一般是质量分数为 40% 的水合联氨。

在碱性溶液中,联氨是一种很强的还原剂,能使水中溶解氧还原,其反应式为

$$N_2H_4 + O_2 \longrightarrow N_2 + 2H_2O \tag{8.12}$$

反应产物是无害的 N_2 和 H_2O。

过量 N_2H_4,在锅内遇热会发生分解

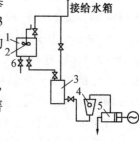

图 8.13　活塞泵加药系统

1—溶解箱;2— 搅拌器;3—溶液箱;4—转子流量计;5—泵;6— 排水阀门

$$3N_2H_4 \longrightarrow 4NH_3 + N_2 \tag{8.13}$$

$$2N_2H_4 \longrightarrow 2NH_3 + N_2 + H_2 \tag{8.14}$$

联氨热分解速度与温度有关,当水温低于 50 ℃ 时,分解速度很慢;当水温高于 200 ℃ 时,其分解速度就很快,可达每分钟 10%。

联氨与水中溶解氧的反应速度受温度、pH 和联氨过剩量的影响,因此,为使联氨除氧效果好,需要注意下面几点:

① 有足够高的温度。温度越高,反应速度越快。

② 水的 pH 应在 9 ~ 11 的范围内。因为联氨必须处在碱性溶液中才是强的还原剂,此时反应速度最快。

③ 水中有足够的联氨过剩量。N_2H_4 过剩量越多,反应越快,除氧效果越好。

由于联氨不仅与给水中溶解氧反应,而且还与给水设备及管道内的金属腐蚀产物反应,所以联氨的加药量无法进行理论计算,一般是控制省煤器入口给水中 N_2H_4 的质量浓度为 20 ~ 50 $\mu g/L$。机组启动时,考虑到种种金属氧化物和其他杂质消耗联氨,加药量适当增大,一般按质量浓度为 100 $\mu g/L$ 投加。

联氨的加药地点一般选在给水泵入口侧的管道中,以利用水泵的转动,加速药剂与水的混合。也有的在凝结水泵出口,此处水温虽低,但流程长,作用时间也长,效果仍可保证,且有利于保护低压加热器。

联氨加药系统如图 8.14 所示。它是利用抽真空的方法,先将工业联氨(质量分数为40%)抽吸至联氨计量箱内,然后再在联氨加药箱内配制成质量分数为0.1%的稀溶液,利用活塞加药泵加入给水系统。这种加药系统基本上是密闭的,比较安全。

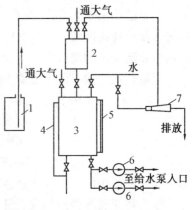

图 8.14 联氨加药系统

1—工业联氨桶;2—计量器;3—加药箱;4—溢流管;5—液位计;6—加药泵;7—喷射器

联氨易挥发、有毒、易燃烧,所以联氨浓溶液应密封保存,防火;输送搬运时应穿戴胶皮手套、防护眼镜等防护用品;操作地点应通风良好并有水源;化验时不得用嘴吸移液管,不能用于生活用锅炉。联氨经常用于中、高压以上的锅炉给水除氧处理,一般作为热力除氧的辅助除氧剂,很少单独使用。低压锅炉极少采用联氨除氧。在联氨中加入少量催化剂来提高反应速度。铜、锰、铁等金属的盐类都可作为催化剂。为避免加入金属盐类催化剂加剧锅炉结垢和腐蚀,可改用醌的化合物、芳胺和醌化合物的混合物、1 - 苯基 - 3 - 吡唑烷酮、对氨基苯酚等类有机物作为催化剂。含有催化剂的联氨,称为"催化联氨"或"活性联氨"。

(3) 新型化学除氧剂除氧。近年来,国外高压锅炉给水除氧中采用甲基乙基酮肟、碳酰肼、氨基乙醇胺等一类新型化学除氧剂,它们作为挥发性除氧剂的性能,优于联氨,同时也用作金属钝化剂。例如,碳酰肼 $(N_2H_3)_2CO$ 与氧的反应比联氨快;甲基乙基酮肟 $CH_3C_2H_5CNOH$ 毒性比联氨小;氨基乙醇胺(乙醇与脂肪胺的缩合物)的热稳定性高,除氧能力强,反应速度也很快。这类新型化学除氧剂正在不断研究发展中。

(4) 钢屑除氧。使水通过钢屑层,水中溶解氧与有活性表面的钢屑起化学作用,钢屑被氧化,水中溶解氧也就被除去。钢屑表面氧化反应很复杂,氧化产物是 FeO、Fe_2O_3 和 Fe_3O_4 等铁氧化物的混合物。

钢屑除氧所用的设备有独立式和附设式两类。图 8.15 所示为独立式钢屑除氧器,钢屑直接装在锥形多孔板上,筒体上下均为法兰连接,以便于装取钢屑。独立式钢屑除氧器一般布置在锅炉给水泵的吸入侧,其阻力不超过约 20 kPa,不会破坏给水泵的正常工作。另一类为钢屑装在热力除氧器的除氧水箱或其他给水箱内特殊隔层中的附设式钢屑除氧器,由于其中流过钢屑隔层的水流分布不均,除氧效果差,已很少使用。

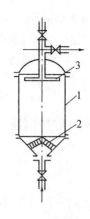

图 8.15　独立式钢屑除氧器

1—圆筒形壳体;2—多孔板;3—排水管

除氧用钢屑的材料应选用 0 ~ 6 号碳素钢,钢屑厚度一般为 0.5 ~ 1 mm,长度为 8 ~ 12 mm,要用新切削的钢屑,不能用合金钢屑或有色金属切屑。

钢屑在使用前要进行除油活化处理,即应先用碱液(质量分数为 2% 的 $NaOH$ 或 Na_3PO_4)除油,用热水冲去碱性液后,再用质量分数为 2% ~ 3% HCl 酸洗,最后用热水冲洗。钢屑装入过滤器后要压紧,一般钢屑的填充密度在 0.8 ~ 1.0 t/m³ 范围内。

钢屑除氧器的设计计算是要通过所需钢屑体积的计算确定钢屑过滤器的截面积和高度。除氧所需的钢屑体积 V 可按水中溶解氧的质量浓度计算:

$$V = \frac{5.2Q\rho(O_2)T}{1\,000\rho} = \frac{Q\rho(O_2)T}{192\rho} \tag{8.15}$$

式中　5.2—— 经验系数,每除掉 1 kg 氧需消耗 5.2 kg 钢屑;

　　　Q—— 通过除氧器的最大水量,m³/h;

　　　$\rho(O_2)$—— 欲除氧水中溶解氧的质量浓度,g/m³;

　　　T—— 钢屑除氧器工作小时数,一般取 4 380 ~ 8 760 h;

　　　ρ—— 钢屑堆积密度,一般取 1 000 ~ 1 200 kg/m³。

也可按水在过滤器中的停留时间计算:

$$V = \frac{Q\tau}{60} \tag{8.16}$$

式中　τ—— 水与钢屑的接触时间,min,此值可根据水温按图 8.16 选取。

根据公式(8.15) 和公式(8.16) 的计算结果,选取较大的一个作为钢屑的工作体积,再由此值按下面公式计算钢屑过滤器的截面积 F 和高度 H:

$$F = \frac{Q}{v} \tag{8.17}$$

$$H = \frac{V}{F} \tag{8.18}$$

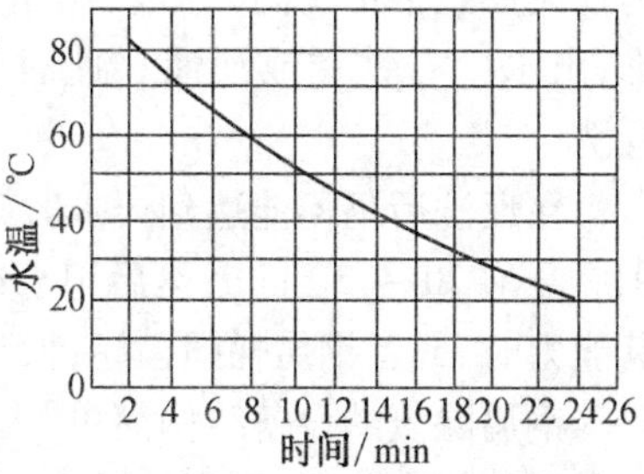

图 8.16　水温与接触时间的关系

式中　v—— 水通过钢屑除氧器的速度,一般取 25 ~ 75 m/h。

【例 8.2】　已知锅炉给水量为 4 t/h,给水温度为 80 ℃,欲除氧水中溶解氧的质量浓度为 2.9 mg/L。现采用钢屑除氧法进行给水除氧,试计算钢屑除氧器的截面积和高度。

解 钢屑除氧器的工作时间取 5 000 h,钢屑的堆积密度取 1 000 kg/m³,按公式 (8.15) 计算得到除氧所需的钢屑体积为:

$$V = \frac{Q\rho(O_2)T}{192\rho} = \frac{4 \times 2.9 \times 5\ 000}{192 \times 1\ 000} = 0.30\ m^3$$

再查图 8.16,水温 80 ℃ 时水与钢屑接触时间应为 2 min,但实际要求不得 < 5 min,再按公式 (8.16) 计算得到除氧所需的钢屑体积为

$$V = \frac{Q\tau}{60} = \frac{4 \times 5}{60} = 0.33\ m^3$$

上述两种计算填装钢屑体积的值接近,取 $V = 0.33\ m^3$。

取运行流速 $v = 25$ m/h,按式(8.17)得到的钢屑除氧器截面积为

$$F = \frac{Q}{v} = \frac{4}{25} = 0.16\ m^2$$

按公式(8.18)得到的钢屑除氧器高度(不包括上、下封头)为

$$H = \frac{V}{F} = \frac{0.33}{0.16} \approx 2\ m$$

影响钢屑除氧的主要因素有如下几种。

① 水质。已经软化的水,其除氧效果较好;不经软化的水,容易使钢屑表面钝化,使其氧化过程减慢,从而影响除氧效果。

② 水温。由图 8.17 可知,水温越高,化学反应速度越快,除氧效果就越好。实践表明,在水温低于 55 ~ 60 ℃ 时,易生成红色铁锈,铁锈随水带出,进入锅内。因此,钢屑除氧时一般希望水温高于 70 ℃。

③ 接触时间。由图 8.17 可知,接触时间与水温有关,水与钢屑接触时间越长,除氧效果越好。

④ 钢屑装填密度。钢屑压实得越紧,即装填密度越大,除氧效果就越好,但水流阻力也随之增大。所以,钢屑装填密度一般采用 1 000 ~ 1 200 kg/m³。

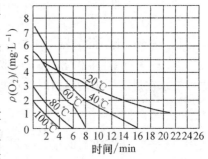

图 8.17 水温对氧和钢屑反应速度的关系

钢屑除氧器在运行中应定期检查除氧效果,一般每昼夜检查 1 ~ 3 次。在运行中如发现下列情况:压力损失比正常情况高 5 kPa;出水含氧量大于给水标准;出水中有铁锈或浑浊。此时应进行钢屑除氧器反洗。

在反洗后仍不能达到要求时,可用质量分数为 2% ~ 3% 的稀盐酸或稀硫酸溶液将钢屑浸泡 20 ~ 30 min;然后用水冲洗至中性。当经反复冲洗和用酸浸泡后,仍不能恢复其能力时,或者钢屑耗损已超过 50% 时,应更换新钢屑。

钢屑除氧的设备结构简单、维修容易、运行操作方便、设备投资及运行费用低,适合于工业锅炉给水除氧,但失效后反洗麻烦,更换钢屑的劳动强度较大,尤其是当钢屑锈成一团时更难取出,因此限制了它的推广应用。

4. 电化学除氧

(1) 电化学除氧原理。用电化学原理也能防止金属遭受电化学腐蚀。选用一种比被

保护金属化学活性强的金属作为腐蚀电池的阳极,使其不断遭受腐蚀,而作为阴极的被保护的金属得到了保护而不被腐蚀;也可以利用外加直流电流来进行"电保护",即将直流电源的负极与被保护的金属连接,正极与外加的准备让它腐蚀的金属连接,在这人造的腐蚀电池中,选用被腐蚀用的金属,不一定要比被保护金属的化学活性强,也可利用现成的废金属。电保护可人为调节电流,使其效果良好,也可在电导率较低的电解质中,获得较好的电化学保护效果。

水中的溶解氧在金属电化学腐蚀中是阴极的去极化剂,它在人造的腐蚀电池中被消耗掉。因此,电化学除氧就是一种消除水中溶解氧的电保护。在这种除氧器中,以钢板为阴极,铝板或铝带为阳极,两极同浸在水中,并通以直流电,以除去水中的溶解氧。在电化学除氧器通电时发生如下反应:

阳极　　　　　$Al - 3e^- \longrightarrow Al^{3+}$

$Al^{3+} + 3OH^- \longrightarrow Al(OH)_3$(在溶液中)

阴极　　　　　$O_2 + 2H_2O + 4e^- \longrightarrow 4OH^-$

$2H^+ + 2e^- \longrightarrow H_2$(氢去极化作用)

当前应用的电化学除氧器都以铝为阳极,这是因为铝板较便宜,又是两性金属,在pH = 10 ~ 11和pH = 4 ~ 3的范围内,电位和腐蚀速度都较稳定,生成的$Al(OH)_3$胶体并不稳定,很容易转变为沉淀而除去,$Al(OH)_3$无毒。由于铝的化学活性比铁强,所以电化学除氧器在不通直流电时,仍可能稍有除氧作用。

(2) 电化学除氧器结构及系统。电化学除氧器的结构如图 8.18 所示,图中的阳极板系由铝带或铝板上开很多孔而制成;阳极板连接在阳极连接板上,然后经阳极连接片与直流电源正极相连,阴极板由钢板制成,钢板上开很多孔;阴极板连接在阴极连接板上,所有阴极板都经阴极连接片与直流电源负极相连;聚积氢氧化铝的沉淀物可由手孔排出;为了避免水流短路,在沉淀室内装有挡板;为排除产生的氢气,在顶部设有排气管,排气管可连至给水箱的上部;为了使阴、阳极连接片与外壳不导电,在连接片、接线螺栓与外壳之间设置绝缘垫圈、橡皮圈及普通垫圈。

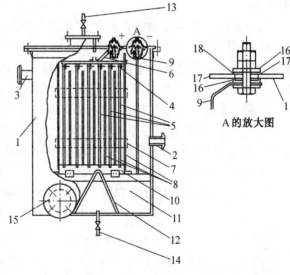

图 8.18　电化学除氧器

1— 外壳;2— 水入口;3— 水出口;4— 阳极连接板;5— 阳极板;6— 阳极连接板;7— 阴极连接板;8— 阴极板;9— 阴极连接片;10— 绝缘定位片;11— 沉淀室;12— 挡板;13— 排气管;14— 排水管;15— 手孔;16— 普通垫圈;17.绝缘垫圈;18— 橡皮圈

欲除氧的水,由进口进入除氧器,然后经过阴、阳极板上的孔,由出水口流出,由于电化学反应,水中氧被消耗,达到除氧目的。

电化学除氧器的电气连接系统如图 8.19 所示。电化学除氧器可串联在给水箱和给水泵之间,电源可采用低压可调直流电源,输出电压为 0 ~ 12 V,输出电流为 200 A。

（3）电化学除氧的影响因素。影响电化学除氧的因素有水温、水的流速及外加电流值等。电化学除氧效率随水温的升高而提高，水温最好在70℃左右，不得低于40℃，水温过低，除氧后给水中的含氧量就会超过水质指标的要求；除氧器内水的流速对除氧效率影响很大，流速低时，除氧效率高，一般流速为12~13 m/h；随着电源电流的增加，除氧效率会有所提高，但电流增加到一定值后再提高，除氧效率的提高就不显著，电化学除氧消耗的电能每吨水平均为0.2 kW·h。

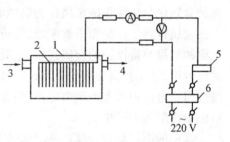

图8.19　电化学除氧器的电气连接系统
1—电化学除氧器外壳（阴极）；2—铝板阳极；3—水进口；4—水出口；5—可变电阻；6—整流器

电化学除氧存在的问题是除氧器中阳极铝板上的孔眼易被Al(OH)$_3$沉淀物堵塞，且沉淀物带入锅炉中，使锅中有片状沉淀物生成。

5. 氧化还原树脂除氧

（1）氧化还原树脂除氧的原理。在水处理系统中应用除氧树脂，能很方便地除去水中的溶解氧。

氧化还原树脂又称电子交换树脂，是指带有能与周围的活性物质进行电子交换、发生氧化还原的一类树脂，这类树脂在反应中失去电子，由原来的还原形式转变为氧化形式，而周围的物质就被还原，树脂使用过以后，还可用还原剂再生，恢复氧化能力，故树脂可循环使用。

氧化还原树脂可用来除去水中的溶解氧，国际上有Serdoxit PA、Duolie S-10、Eu-12等用于除氧的商品牌号，其中有带Cu^{2+}的强酸树脂，它的除氧能力可达800 mg/L，使水中含氧质量浓度低于0.1 mg/L，树脂失效后用亚硫酸钠再生。原机械电子工业部第十二研究所研制了Y-12-06型氧化还原树脂，并设计了采用这种树脂的除氧器装置，主要用于热水锅炉补给水除氧，为热水锅炉除氧防腐开拓了一个新的途径。

Y-12-06型氧化还原树脂是铜肼配合物，其肼配位体与氧发生化学反应的活化能比游离肼与氧反应的活化能低，在低温下氧化还原树脂就能与水中溶解氧快速反应。树脂使用失效后，可用水合肼再生，重复使用。

Y-12-06型氧化还原树脂是10~60目的无定型黑色颗粒，其性能见表8.7。

表8.7　Y-12-06型氧化还原树脂的性能

交换容量/(mmol·mL^{-1})		湿真相对密度 20℃/(g·mL^{-1})	湿视密度/(g·mL^{-1})	含水量/%	工作温度/℃
全交换容量	工作交换容量				
≥2	≥1.2	1.2~1.27	0.80~0.90	45~50	0~80

（2）氧化还原树脂除氧设备。氧化还原树脂除氧器设备系统（图8.20）与一般的离子交换软化器系统相类似。在除氧系统中，软水从软化水箱经除氧水泵加压流入装填有氧化还原树脂的除氧器，软化水中的溶解氧与氧化还原树脂在其中反应，已除氧的水从除氧器中流出，经浮子流量计和水表计量，流入除氧水箱贮存，或由给水泵送往锅炉。除氧水箱要与大气隔绝，以免大气中氧又重新溶入除氧水中。树脂除氧器按顺流进水运行，当出水中的残余含氧量大于规定时，应停止运行，进行再生。再生用水合肼或硫酸铜稀溶

液,两种溶液相间使用,且均按顺流方式进行。注入水合肼稀溶液时,需关闭阀门,静止熟化 8 h;而注入硫酸钠稀溶液时,则不需静止熟化。

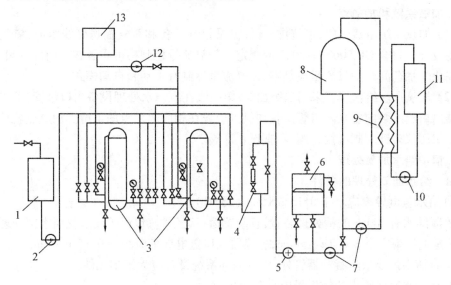

图 8.20　氧化还原树脂除氧器设备系统

1—软化水箱;2—除氧水泵;3—氧化还原树脂除氧器;4—浮子流量计;5—水表;6—除氧水箱;
7—补给水泵和锅炉循环水泵;8—锅炉;9—热交换器;10—热网循环水泵;11—热用户;12—加药泵;13—药箱

氧化还原树脂除氧器的技术参数如下:额定工作压力为 0.6 MPa,树脂层的压力损失小于 0.04 MPa;运行流速为 10 ~ 13 m/h;除氧水中残余含氧的质量浓度为 0.005 ~ 0.01 mg/L,最低可达 0.002 mg/L;周期出水量约等于树脂体积的 150 倍;树脂年补充量约为 5% ~ 10%;工作温度为 0 ℃ 以上的低温;再生剂水合肼利用率为 99.8%。氧化还原树脂除氧具有如下特点:操作方便,运行成本低,除氧完全(残余氧的质量浓度为 0.005 ~ 0.01 mg/L),低温(0 ℃ 以上),快速(6 min),在锅炉汽水系统中不带进有害杂质。

氧化还原树脂除氧器已应用于热水锅炉除氧,取得良好的效果,但在使用中应注意如下问题:经氧化还原树脂除氧处理过的水,含有微量肼,其质量浓度虽低于一般排放标准,但尚未达到饮用水标准,不可饮用。其再生液和清洗的水含肼较多,作为废水排出污染环境。运行中要经常测试和监督出水中残余含氧量,以保证除氧效果,注意排除反应中生成的氮气,除氧水箱必须与空气隔绝;为保证连续供给除氧水,应设置两个氧化还原树脂除氧罐,以便有时间进行失效除氧罐的再生熟化处理。

8.4.2　加氧

国内首先是部分直流炉和高参数汽包炉机组采用了锅炉给水加氧处理(简称 OT),给水合理加氧后,金属表面氧化皮是一种致密保护层,能有效防止金属腐蚀。近年来,随着锅炉参数越来越高,超超临界机组也陆续投运,从运行结果看,给水加氧处理(OT)是非常有效的防腐水处理方法。采用该技术取得了非常好的防腐效果,但是锅炉水质必须严格控制,除凝汽器冷凝管外水汽循环系统各设备均应为钢制元件,对于水汽系统有铜加热器管的机组,应通过专门试验,确定在加氧后不会增加水汽系统的含铜量。

以下内容没注明是汽包锅炉或直流锅炉的,表示既适用汽包锅炉又适用直流锅炉。

1. 加氧系统和加氧点

(1) 加氧系统由氧气瓶、汇流排、氧气流量控制设备和氧气输送管线组成,氧气输送管线的设计应符合 GB 50030—2013 的规定。加氧流量控制柜可布置在专门加氧间,也有布置在化学加药间。加氧流量应足够,氧气流量控制有手动和自动模式。

(2) 加氧点。给水加氧采用二级加氧,第一级在凝结水处理设备出口母管,第二级在除氧器出口给水泵前置泵入口管。各加氧点应设在相应取样点的下游。加氧点就地应设置两个耐压仪表针型阀或截止阀,不宜设止回阀。

2. 锅炉给水加氧处理

(1) 给水加氧处理的条件。

① 给水氢电导率应小于 0.15 μS/cm (25 ℃)。

② 凝结水有 100% 的精处理装置,且装置运行正常;汽包锅炉要求凝结水精处理出口母管的氢电导率应小于 0.12 μS/cm,省煤器入口氢电导率应小于 0.15 μS/cm。

③ 直流锅炉要求除凝汽器管外,水汽循环系统设备应为钢制元件。

④ 锅炉水冷壁管内的结垢量应小于 250 g/m²。

⑤ 直流锅炉新机组投运后 3 ~ 6 个月,机组运行稳定后,水质满足加氧要求时,应尽早实施转换为给水加氧处理。

⑥ 已经投运数年的机组,应割管检测锅炉系统的结垢情况,必要时进行锅炉(包括炉前给水系统)的化学清洗后,再转入给水加氧处理。

⑦ 在线化学仪表满足加氧处理工艺所要求的检测能力。

⑧ 加氧装置已安装调试。

(2) pH 控制方式。

给水加氧处理的同时,应进行加氨处理来调节给水 pH,加氨点应为凝结水精处理出口,加氨量应由自动加氨装置通过加氨后电导率和凝结水流量控制。

(3) 锅炉给水处理的转换。

① 转换前应进行的准备工作。

a. 热力系统材料状况的调查。调查应包括省煤器管、水冷壁管、过热器管、再热器管、汽轮机,以及高、低压加热器等设备部件的材料和腐蚀状态,阀门的阀座、密封环的材料和腐蚀状态。

b. 水质查定。应对整个系统取样点的水质情况进行全面的查定并做好记录。

c. 加氧系统的设计、安装及调试。加氧系统设计及安装调试完毕。氧气的存储量以满足机组在额定负荷工况下正常运行 7 d 为宜。

d. 结垢量检查及锅炉化学清洗。实施转换前,应利用检修机会对锅炉省煤器和水冷壁的沉积物量、沉积物成分进行全面检查,必要时进行化学清洗。

e. 过热器和再热器高温氧化层检查。检查过热器和再热器高温氧化层厚度,掌握氧化皮剥落的情况,防止剥落的氧化皮堵塞对流受热面管弯头。

② 转换步骤。

a. 停加联氨。转化为加氧方式之前,应提前 1 个月停止加入联氨。在停加联氨期间,应加强对给水和凝结水中的溶解氧、含铁量和含铜量的监测。水质稳定后即可实施转换工作。

b. 汽包锅炉,炉水停止加磷酸盐。转化为加氧方式之前,炉水应停止加磷酸盐,炉水处理方式应转为全挥发处理(AVT),通过排污使炉水中磷酸盐浓度为零,转化为加氧方式之后,应加入 NaOH 调节炉水的 pH。若 2 台锅炉共用 1 套磷酸盐加药设备,应对磷酸盐加药设备进行隔离改造。

c. 加氧。应在凝结水精处理出口或在给水泵吸入侧的加氧点进行加氧,也可以两点同时加氧。

③ 加氧量控制。

加氧初始阶段,可控制除氧器入口和省煤器入口含氧量小于 300 $\mu g/L$。同时应监测各取样点水样的氢电导率、含铁量和含铜量的变化情况。如果给水和蒸汽的氢电导率随氧的加入升高,但未超过 0.5 $\mu S/cm$,而且凝结水精处理出口的氢电导率变化不大,则可保持给水中含氧量在 300 $\mu g/L$ 以下;若给水和蒸汽的氢电导率超过 0.5 $\mu S/cm$,应适当减小加氧量,以保持给水和蒸汽的氢电导率小于 0.5 $\mu S/cm$。

④ 除氧器、加热器排气门调整方式。

a. 应保持除氧器排气门处于微开状态。

b. 加氧初始阶段,当蒸汽中的溶解氧达到 30 ~ 150 $\mu g/L$ 时,应关闭高压加热器汽侧运行连续排气门,确保高压加热器疏水的含氧量维持在 10 ~ 30 $\mu g/L$;

c. 正常运行阶段,高压加热器汽侧运行排气门宜保持微开状态,保证疏水系统含氧量维持在 5 $\mu g/L$ 以上。

⑤ 给水 pH 调整。

在完成上述转换后,可以调整给水 pH 至 8.0 ~ 9.0。

⑥ 汽包锅炉机组负荷、给水氧质量浓度和下降管炉水氧质量浓度关系试验。

水汽系统氧平衡和给水 pH 调整结束后,应在不同负荷下进行给水氧含量和下降管氧质量浓度的关系试验,确定与炉水下降管氧质量浓度允许值相适应的给水氧质量浓度控制范围。

(4) 给水加氧处理运行和监督。

① 运行与监督。

a. 直流锅炉给水加氧处理时,运行中监督和检测的水汽质量监测项目应符合表 8.8 的要求;

b. 汽包锅炉给水加氧处理时,运行中监督和检测的水汽质量监测项目应符合表 8.9 的要求。

表 8.8　直流锅炉给水加氧处理时水汽质量监测项目

取样点	pH (25 ℃)	氢电导率 (25 ℃) /($\mu S \cdot cm^{-1}$)	电导率 (25 ℃) /($\mu S \cdot cm^{-1}$)	溶解氧 /($\mu g \cdot kg^{-1}$)	二氧化硅 /($\mu g \cdot kg^{-1}$)	全铁 /($\mu g \cdot kg^{-1}$)	铜 /($\mu g \cdot kg^{-1}$)	钠离子 /($\mu g \cdot kg^{-1}$)	氯离子 /($\mu g \cdot kg^{-1}$)
凝结水泵出口	—	C	—	C	—	—	—	—	C	T

续表8.8

取样点	pH (25℃)	氢电导率 (25℃) /(μS·cm⁻¹)	电导率 (25℃) /(μS·cm⁻¹)	溶解氧 /(μg·kg⁻¹)	二氧化硅 /(μg·kg⁻¹)	全铁 /(μg·kg⁻¹)	铜 /(μg·kg⁻¹)	钠离子 /(μg·kg⁻¹)	氯离子 /(μg·kg⁻¹)
凝结水精处理出口	—	C	—	—	C	W	W	C	T
除氧器入口	—	—	C	C	—	—	—	—	—
省煤器入口	C	C	—	C	T	W	W	—	T
主蒸汽	—	C	—	T	T	W	W	C	T
高压加热器疏水	—	—	—	T	—	W	W	—	—

注:C—连续监测,W—每周一次,T—根据实际需要定时取样监测。

表8.9　汽包锅炉给水加氧处理时水汽质量监测项目

取样点	pH (25℃)	氢电导率 (25℃) /(μS·cm⁻¹)	电导率 (25℃) /(μS·cm⁻¹)	溶解氧 /(μg·kg⁻¹)	二氧化硅 /(μg·kg⁻¹)	全铁 /(μg·kg⁻¹)	钠离子 /(μg·kg⁻¹)	氯离子 /(μg·kg⁻¹)
凝结水泵出口	—	C	—	C	—	W	—	T
凝结水精处理出口	—	C	—	—	C	W	C	T
除氧器入口	—	—	C	C	—	—	—	—
省煤器入口	C	C	C	C	T	W	—	—
下降管炉水	—	C	—	C	—	—	—	T
汽包炉水	C	—	C	—	—	—	—	T
主蒸汽	—	C	—	T	T	W	C	T
高压加热器疏水	—	—	—	T	—	W	—	—

注:C—连续监测,W—每周一次,T—根据实际需要定时取样监测。

锅炉给水加氧处理水汽质量标准应符合《火电厂汽水化学导则 第1部分:锅炉给水加氧处理导则》(DL/T 805.1—2011)的表2和表4要求。

②机组启动后的水质处理和运行要求。

a. 机组启动时,应尽快投运凝结水精处理设备;机组启动后应根据 GB/T 12145—2016 的规定进行冷态和热态冲洗;直流锅炉要求同时凝结水精处理出口应加氨,不应加联氨。

b. 机组带负荷稳定运行后,并且凝结水精处理出口母管氢电导率小于 $0.12\ \mu S/cm$,省煤器入口氢电导率小于 $0.15\ \mu S/cm$ 时,方可进行加氧处理。为加快循环回路中溶解氧的平衡,加氧初期可提高给水中的含氧量,但最高不得超过 $300\ \mu g/L$;

c. 直流锅炉加氧 8 h 后，应降低凝结水精处理出口加氨量，水质应符合 DL/T 805.1—2011 表 2 的要求。汽包锅炉要求加氧 8 h 后，停止给水加氨，降低凝结水精处理出口加氨量，将给水 pH 降低到 8.8 ～ 9.1。

③ 除氧器和高、低压加热器的运行方式。

a. 机组启动时，打开高压加热器排气门，打开除氧器排气门；当开始加氧后，4 h 内关闭除氧器排气门至微开状态。

b. 开始加氧后，4 h 内关闭高压加热器排气门，高压加热器疏水的含氧量应大于 5 μg/L。

c. 正常运行时，当关闭高压加热器汽侧运行连续排气门影响到高压加热器的换热效率时，可根据机组的运行情况微开或定期开启运行连续排气门。

④ 水质及运行异常时的处理原则。

a. 水质恶化。

凝结水氢电导率大于 0.3 μS/cm 时，应查找原因并按 GB/T 12145—2016 的要求采取三级处理。当凝结水精处理出口、除氧器入口的氢电导率大于 0.12 μS/cm，并且省煤器入口的氢电导率大于 0.2 μS/cm 时，应停止加氧。与此同时：

（a）直流锅炉打开除氧器启动排气门和高压加热器向除氧器运行连续排气一、二次门。此时，应将除氧器入口电导率目标值改为 7.0 μS/cm，提高凝结水精处理出口加氨量，提高给水的 pH 至 9.3 ～ 9.6；待省煤器入口的氢电导率合格后，再恢复加氧处理工况。

（b）汽包锅炉应加大凝结水精处理出口加氨量，提高给水的 pH 至 9.2 ～ 9.5。给水或下降管炉水的氢电导率变化时按表 8.10 采取措施。

表 8.10　给水或下降管炉水的氢电导率变化时的处理措施

等级	氢电导率/(μS · cm⁻¹)		措施
	省煤器入口	下降管炉水	
1	0.15 ～ 0.20	1.5 ～ 3.0	适当减小加氧量，并增加锅炉排污，检查并控制凝结水精处理出水水质，使给水和下降炉水水质尽快满足 DL/T 805.1—2011 表 4 的要求
2	> 0.20	> 3.0	停止加氧，加大凝结水精处理出口加氨量，提高给水的 pH 至 9.2 ～ 9.5，炉水维持 pH 至 9.1 ～ 9.4。查找给水和下降管炉水氢电导率高的原因，加大锅炉排污，使水质尽快满足加氧处理水质要求

b. 非计划停运。

非计划停运时，应立即停止加氧，并打开除氧器排气门和高压加热器排气门。手动加大凝结水精处理出口的加氨量（必要时启动给水加氨泵向除氧器出口加氨）。直流锅炉应尽快将给水 pH 提高到 9.3 ～ 9.6；汽包锅炉使省煤器入口 pH 至 9.2 ～ 9.5。

c. 正常停运。

直流锅炉正常停运，可提前 4 h 停止加氧，并打开除氧器和高压加热器排气门。加大凝结水精处理出口氨加入量，以尽快提高给水 pH 至 9.3 ～ 9.6。

汽包锅炉正常停运,可提前4 h停止加氧。提高给水加氨量,必要时凝结水精处理出口和除氧器出口同时加氨,使省煤器入口pH至9.2～9.5;机组停机时间超过2周,给水pH应为9.5以上,锅炉按照DL/T 956—2017的相关规定进行保养。加氧处理机组不应采用成膜胺保养。

d. 汽包锅炉排污控制。

汽包锅炉机组启动时,应全开锅炉连续排污,加强锅炉定期排污,尽快使下降管炉水氢电导率小于1.5 μS/cm。化学运行人员应根据下降管炉水氢电导率和汽包炉水pH及时通知机组运行人员增加或减少锅炉连续排污量,宜维持下降管炉水氢电导率小于1.3 μS/cm,pH为9.1～9.4。

(5) 停(备)用保养。

① 中、短期停机。

停机前应调整给水pH为9.3～9.6.锅炉需要放水时,应按照DL/T 956—2017的相关规定执行。锅炉不需要放水时,锅炉应充满pH为9.3～9.6的除盐水。

② 长期停机。

应提前4 h停止加氧。汽轮机跳闸后,应建立分离器回凝汽器的循环回路、旁路凝结水精处理设备,提高凝结水精处理出口加氨量,调整给水pH为9.6～10.0。按照DL/T 956—2017的相关规定,停炉冷却,在锅炉压力为1.0～2.4 MPa,热炉放水,打开锅炉受热面所有疏放水门和空气门。加氧处理机组不应采用成膜胺保养。

8.4.3 给水pH调节及减缓腐蚀处理

对于中、高压以上的锅炉,为防止锅炉给水系统腐蚀,应维持给水的pH在8.8以上,最好在9.0～9.2。因为pH = 7仅是理论上纯水呈中性时的pH,实际锅炉给水中因含游离二氧化碳,还会发生游离CO_2所致的给水系统酸性腐蚀。因此,除应选择合理的补充水处理工艺尽量降低碳酸盐的浓度和减少凝汽器泄漏以防止这种腐蚀外,还必须对给水进行氨或胺(氨的有机衍生物)处理,这实际上是一种中和处理,以中和水中的CO_2,调节给水pH,减缓给水系统腐蚀。

1. 氨处理

在常温常压下,氨是一种具有刺激性臭味的气体,易溶于水,其水溶液称为氨水,呈碱性,其反应式为

$$NH_3 + H_2O \longrightarrow NH_3 \cdot H_2O \qquad (8.19)$$

$$NH_3 \cdot H_2O \Longequal NH_4 + OH^- \qquad (8.20)$$

氨水可中和CO_2,其反应式为

$$NH_3 \cdot H_2O + CO_2 \Longequal NH_4HCO_3 \qquad (8.21)$$

$$NH_3 \cdot H_2O + NH_4HCO_3 \Longequal (NH_4)_2CO_3 + H_2O \qquad (8.22)$$

一般进行氨处理时,只需将给水pH提高至8.8以上,这时水中的CO_2大部分变成NH_4HCO_3和部分变成了$(NH_4)_2CO_3$。

氨中和反应产物NH_4HCO_3和$(NH_4)_2CO_3$在锅内又分解为CO_2和NH_3,这些挥发性气体随蒸汽一起流过过热器和汽轮机后进入凝汽器,在其中被抽气器抽走一部分,其余与排汽一起又溶入凝结水中。

在汽水两相共存时,某物质在蒸汽中的质量浓度同与此蒸汽相接触的水中该物质质量浓度的比值,称为分配系数。此值大小取决于物质的本性和水汽温度。在相同的温度下,CO_2 的分配系数比 NH_3 的分配系数大得多,即在汽相中 CO_2 的质量浓度较高,所以当蒸汽冷凝成凝结水时,水相中 NH_3/CO_2 的比值比汽相中大,而当水蒸发成蒸汽时,汽相中 NH_3/CO_2 的比值比水相中小。因此,在给水进行氨处理时,热力系统中有些部位可能出现氨过剩,有些部位可能出现氨量不足,从而影响氨处理效果。

氨处理的加药量主要与给水中 CO_2 质量浓度有关,CO_2 质量浓度越高,加氨量越大,运行中,加氨量按保持给水 pH 为 8.5 ~ 9.2 而定,此时给水中的含氨质量浓度通常为 1.0 ~ 2.0 mg/L。

氨处理的加药方式通常是先在氨溶液箱内配制质量分数为 0.3% ~ 0.5% 的稀溶液,利用活塞泵将氨溶液加入给水管道;也可利用活塞泵或离子交换设备进出口压力差加至化学补充水中。

对锅炉给水进行氨处理,可以中和给水中的 CO_2,减轻给水系统的酸腐蚀,降低给水中的含铁量和含铜量。但是,加氨量控制不当,如有溶解氧存在时,有可能引起热力系统铜部件的腐蚀,因为这时 NH_3 与 Cu^{2+}、Zn^{2+} 形成铜氨络离子 $Cu(NH_3)_4^{2+}$ 和锌氨络离子 $Zn(NH_3)_4^{2+}$。

2.胺处理

为了避免 NH_3 对铜锌合金的腐蚀,一些国家采用锅炉给水的胺处理。按用途不同,胺分为中和胺和膜胺两类。

(1)中和胺。这类胺用来中和给水中的酸性物质,它呈碱性,易挥发,且不会与 Cu^{2+}、Zn^{2+} 形成络离子。中和胺有:对氧氮己环(俗称吗琳或莫福林)、环己胺、二氨基 - 2 甲基 -1 丙醇、二乙基氨基乙醇等,它们的主要性能见表 8.11。

表 8.11　某些中和胺的主要性能

名　　称	沸点 /℃	闪点 /℃	分配系数	中和能力[①]	解离常数	热稳定性
对氧氮己环	127.8	37.8	0.48	84	2.44×10^{-6}	340 ℃ 开始分解,1 200 ℃ 以下分解很慢
环　己　胺	134.5	32.2	2.6	64	158×10^{-6}	330 ℃ 开始分解,1 200 ℃ 以下分解很慢
二氨基 - 2 甲基 - 1 丙醇	165	77.8	0.31	59	45×10^{-6}	360 ℃ 开始分解
二乙基氨基乙醇	163	54.4	1.45	71	52×10^{-6}	425 ℃ 开始迅速分解
氨	—	—	10	14	18×10^{-6}	热稳定

注:① 在室温下将质量浓度为 32 mg/L CO_2 水的 pH 提至 7.5 时所需中和胺剂量(mg/L)。

胺中和碳酸的效果取决于胺的挥发性、解离常数等性能,有时为提高胺处理的防腐效果,联合使用几种胺,以便同时充分利用各种胺的分配系数等性能。如果凝结水中不含溶氧,且凝结水管路又基本上无沉积物,则在采用中和胺处理的情况下,可使低碳钢的年总腐蚀速率小于 0.05 mm,铜的年腐蚀速率小于 0.005 mm。

中和胺使用时的损失量少,但其价格高。

（2）膜胺。膜胺是指一些高分子直链烷胺,碳原子数在 $10 \sim 20$ 之间,其中使用较广的有十八胺（$C_{18}H_{37} \cdot NH_2$）、十六胺（$C_{16}H_{33} \cdot NH_2$）等。膜胺能控制凝结水系统设备腐蚀的机理是:膜胺靠吸附作用在金属表面上形成只有一个单分子层厚的保护膜,隔离水与金属,能抵抗氧和碳酸的侵蚀。膜胺处理通常应用于系统内二氧化碳质量浓度高或有溶氧存在的场合,其处理费用较高。

膜胺的加药量以能在金属表面形成完整的保护膜为准,而与水中 CO_2 质量浓度多少无关。通常保持给水中膜胺的质量浓度为 1 mg/L,主要起修补保护膜的作用。

3. 螯合物处理

螯合物处理是指往给水中加入乙二胺四乙酸二钠盐（EDTA）这类螯合剂,使它与给水中铁的阳离子生成溶于水的铁的螯合物,这种铁的螯合物在 $280 \sim 300$ ℃ 时能够分解,并在金属表面上形成一层致密的 Fe_3O_4 保护膜,使金属免遭腐蚀。

苏联在超高压以上的机组上采用了螯合剂处理,为提高处理效果,还同时加入 NH_3 和联氨。试验表明,EDTA 的加入量应使给水中的质量浓度维持 $70 \sim 80$ mg/L。

应当指出,采用 EDTA 处理时,给水中不能有铁以外的阳离子（如钙）存在,因为 EDTA 与钙等阳离子的螯合物热分解时会干扰上述铁氧化物保护膜的形成,也妨碍这种薄膜连成整片,从而不能达到防腐的目的。

为防止锅炉设备的腐蚀而需采用缓蚀剂。缓蚀剂的缓蚀原理、性能指标及应用等见 4.3 节。

8.4.4　锅内加药抑制苛性脆化

在锅炉制造、安装、加工中,不但要尽量清除其内应力,而且通常还要采用锅内加药抑制苛性脆化。

1. 锅水的相对碱度

（1）相对碱度。相对碱度是为防止锅炉产生苛性脆化腐蚀,而对锅水制订的一项技术指标。

$$相对碱度 = \frac{锅水碱度以 NaOH 表示的量}{锅水中溶解固形物（或含盐量）}$$

或

$$相对碱度 = \frac{游离 NaOH}{溶解固形物}$$

相对碱度的大小直接影响是否易于产生苛性脆化。工业锅炉锅水相对碱度应小于 0.2,否则就要考虑给水的除碱。

（2）苛性脆化的产生。苛性脆化在锅炉不严密处产生,由于此处锅水自行蒸发而急剧浓缩,锅水碱度物质都变成 NaOH:

$$NaHCO_3 \longrightarrow NaOH + CO_2 \uparrow$$
$$Na_2CO_3 + H_2O \longrightarrow 2NaOH + CO_2 \uparrow$$

因此,无论是根据锅水质量或是给水质量计算相对碱度时,其碱度全部化为 NaOH。

（3）相对碱度的标准值。相对碱度小于 0.2,就可以避免苛性脆化,这是由于含盐量相对增多后,中性盐在晶间缝隙中将金属晶体边缘遮蔽而起屏蔽作用,或由于锅水自行蒸发后,盐干涸而将晶缝间隙闭塞。

维持锅水相对碱度小于 0.2 就可以防止苛性脆化,是一个试验的结果,并无严格的理论根据。我国低压锅炉水质标准中"相对碱度"这一标准是参照苏联 20 世纪 50 年代的锅炉水质标准而制订的。后来,苏联科学技术委员会对锅水相对碱度标准做了如下的修正:

① 对铆接锅炉,碱度应不大于 0.2。

② 对于锅筒是焊接,而管子与锅筒是胀接的,碱度应不大于 0.5。

③ 对于全部为焊接的锅炉,可不规定这一指标。

2. 锅炉安全碱度处理

降低锅水相对碱度以防止苛性脆化的方法不外乎对给水进行除碱,或增加锅水含盐量。锅内加药抑制苛性脆化的方法就是增加含盐量而降低其相对碱度,故又称锅水安全碱度处理。锅水安全碱度处理常用药剂如下。

(1) 纯磷酸盐。常用的是磷酸三钠,它不仅防止苛性脆化,而且还能使锅炉无垢运行,磷酸三钠水解会形成苛性钠:

$$Na_3PO_4 + H_2O \Longrightarrow Na_2HPO_4 + NaOH$$

但其水解程度随着其浓度的增高而降低,当锅炉有不严密处而产生局部蒸发浓缩时,能制止水解,并与生成的 NaOH 化合:

$$NaOH + Na_2HPO_4 \longrightarrow Na_3PO_4 + H_2O$$

因此,磷酸三钠的加入并不会增加 NaOH,在蒸发浓缩时,锅水中含的是 Na_3PO_4,它有使钢钝化的能力;这种处理是防止苛性脆化的一种可靠方法。

(2) 硫酸盐及纸浆废液。对于低于 2 MPa 的锅炉,可以采用亚硫酸盐或亚硫酸盐纸浆废液浓缩物来避免苛性脆化。当锅水碱度为 5 ~ 20 mmol/L,锅水中保持上述物质的质量浓度约 200 mg/L 时,能保证不产生苛性脆化。

硫酸钠能使苛性脆化减慢是由于当锅炉有不严密处而蒸发浓缩时,Na_2SO_4 在浓碱溶液中的溶解度降低,产生硫酸钠结晶粒,此结晶粒"堵住"不严密处,以阻止继续蒸发浓缩。必须在 Na_2SO_4 与 NaOH 质量浓度比值不小于 5 时,才能避免苛性脆化。

(3) 硝酸盐。硝酸钠或硝酸钾是抑制锅炉苛性脆化的有效药剂,当 $NaNO_3$ 与 NaOH 质量浓度比值不小于 0.35 时就可避免苛性脆化。

(4) 铵盐。用硫酸铵、硝酸铵或磷酸铵来处理锅水,使水中的 OH^- 及 CO_3^{2-} 被 SO_4^{2-}、PO_4^{3-} 或 NO_3^- 所代替而降低碱度,同时含盐质量浓度略有增加。

复 习 题

1. 按腐蚀的宏观现象,金属腐蚀可分为哪几类? 腐蚀速度有哪几种计算方法?

2. 什么是化学腐蚀? 什么是电化学腐蚀? 两者的根本区别是什么?

3. 什么是双电层? 金属在水溶液中为什么会产生双电层?

4. 什么是氢电极? 什么是氧电极?

5. 什么是平衡电位? 什么是非平衡电位?

6. 什么是极化? 极化在防腐方面有何意义?

7. 什么是去极化?

8. 产生阳极去极化的原因是什么?

9. 产生阴极去极化的原因是什么？

10. 氧腐蚀的机理和特征是什么？

11. 二氧化碳腐蚀的机理和特征是什么？

12. 热水锅炉为什么比运行中的蒸汽锅炉腐蚀严重？

13. 运行炉为什么会产生局部酸性腐蚀？如何防止？

14. 热力除氧基本原理为何？热力除氧器由哪几部分组成？各自的功能如何？

15. 影响热力除氧的因素有哪些？

16. 什么叫苛性脆化？产生苛性脆化的原因是什么？如何防止苛性脆化？

17. 产生疲劳腐蚀的原因是什么？

18. 什么叫碱性腐蚀？如何防止碱性腐蚀？

19. 采用亚硫酸钠除氧的原理是什么？有何特点？

第9章　锅炉水质分析及基本操作方法

9.1　水质分析规则

9.1.1　说明与规定

本章总体根据当前最新标准（GB/T 1576—2018）编写而成,涉及内容主要是工业锅炉水质分析。为了做化学分析和实验的方便,现将后面各实验中的常用术语、方法及步骤加以说明与规定。

1. 试剂

在实验中使用的试剂应符合国家标准有关化学试剂规格的规定,其纯度应能满足水、汽质量分析要求。未注明试剂级别的均为分析纯(A. R)试剂。

试剂的加入量如以滴数来表示的,均应按每20滴相当于1 mL计算。配制实验所用试剂的溶剂若无明确规定均为水溶液。

2. 实验用水

实验用水的要求为:

① 电导率(25 ℃)不大于0.10 mS/m;

② 可氧化物质质量浓度(以O计)不大于0.08 mg/L;

③ 吸光度(254 nm,1 cm光程)不大于0.01;

④ 蒸发残渣(105 ℃ ±2 ℃)质量浓度不大于1.0 mg/L;

⑤ 可溶性硅(以SiO_2计)质量浓度不大于0.02 mg/L。

3. 标准溶液

标准溶液配制和标定的方法应符合GB/T 601—2016的规定。

4. 溶液质量浓度的表示

溶液质量浓度的表示方法有下列几种:

(1)分数。用分数表示包括质量分数和体积分数。

① 质量分数(w)。质量分数指某物质的质量与混合物的质量之比(主要指固体和液体)。

如以前书中表述为:锰矿石中MnO_2的含量为60%(或60% MnO_2),在新标准中应改为:锰矿石中MnO_2的质量分数为60%,或锰矿石中$w(MnO_2) = 60\%$。

② 体积分数(φ)。体积分数指某物质的体积与混合物的体积之比(主要指气体)。

如以前书中表述为:空气中含O_2 21%、N_2 78%、CO_2 0.03%,(或21% O_2,78% N_2,0.03% CO_2),现应改为:空气中O_2、N_2、CO_2的体积分数分别为21%、78%、0.03%,或空气中$\varphi(O_2) = 21\%$、$\varphi(N_2) = 78\%$、$\varphi(CO_2) = 0.03\%$。

（2）浓度。用浓度表示包括物质量的浓度（物质的浓度）和质量浓度。

①浓度（c）。物质的量浓度（物质的浓度）是指某物质的物质的量 n 除以混合物的体积 V，单位为 mol/m^3 或 mol/L。

②质量浓度（ρ）。质量浓度表示单位体积溶液中含溶质的质量，单位为 mg/L 或 $\mu g/L$。

国际单位制（SI）中规定物质的量的单位为摩尔（mol）。在使用摩尔时，基本单元应予指明，可以是原子、分子、离子、电子及其他粒子，或是这些粒子的特定组合。

（3）滴定度（T）。滴定度是指在 1 mL 溶液中所含相当于待测成分的 mg 质量或相当于该溶液中溶质的 mg 质量。

为了保证分析结果的准确性，应对分析天平、砝码及其他精密仪器定期（1～2 年）进行校正，分光光度计等分析仪器应根据说明书进行校正，对滴定管、移液管、容量瓶等，可根据试验的要求进行校正。

9.1.2　实验分析规定

1. 空白试验

（1）在一般测定中，为提高分析结果的准确性，以空白水代替水样用测定水样的方法和步骤进行测定，其测定值称为空白值，然后对水样测定结果进行空白值校正。

（2）在微量成分比色分析中，为校正空白水中待测成分质量浓度，需要进行单倍试剂和双倍试剂的空白试验。单倍试剂的空白试验与一般空白试验相同。双倍试剂的空白试验是指试剂加入量为测定水样所用试剂量的 2 倍。测定方法和步骤均与测定水样相同。根据单、双倍试剂的空白试验结果，求出空白水中待测成分质量浓度，对水样测定结果进行空白值校正。

2. 对空白水的要求

空白试验中的空白水是指用来配制试剂和做空白试验用的水，如蒸馏水、除盐水、高纯水等。对空白水的质量要求规定如下：

蒸馏水的电导率为 0.000 05～0.000 2 S/m（25 ℃）。

除盐水的电导率为 0.000 01～0.000 1 S/m（25 ℃）。

高纯水的 Cu、Fe、Na 质量浓度小于 0.002 mg/L；SiO_2 质量浓度小于 0.003 mg/L。

3. 蒸发浓缩

当溶液的质量浓度较低时，可取一定量溶液先在低温电炉上或加热板上进行蒸发，浓缩至体积较小后，再移于水浴锅上进行蒸发。在蒸发过程中应注意防尘和沸腾而溅出。

4. 干燥器

干燥器内一般用氯化钙或变色硅胶作干燥剂。当氯化钙干燥剂表面有潮湿现象或变色硅胶颜色变红时，表明干燥剂失效，应进行更换。

5. 恒重

实验中所要求的恒重是指在灼烧（烘干）和冷却条件相同的情况下，连续两次称重之差小于等于 0.4 g，如方法中另有规定者不在此限。

6. 单位

表示测定结果的单位应依据法定计量单位的规定。

7. 有效数字

分析工作中的有效数字是指该分析方法实际能精确测定的数字,因此分析结果应正确地使用有效数字来表示。

本章水质分析主要参照的分析项目、代表符号以及单位见表9.1。

表9.1　水质分析项目、代表符号及单位

项　目	符　号	中 文 单 位	单 位 符 号
浊　度	TUTB	—	FTU
溶解固形物	RG	毫克／升	mg/L
电 导 率	DD	西／厘米	S/cm
pH	pH	—	—
钙	Ca^{2+}	毫克／升	mg/L
硬　度	YD	毫摩尔／升①	mmol/L
镁	Mg^{2+}	毫克／升	mg/L
氯 化 物	Cl^-	毫克／升	mg/L
碱　度	JD	毫摩尔／升②	mmol/L
亚硫酸盐	SO_3^{2-}	毫克／升	mg/L
磷 酸 盐	PO_4^{3-}	毫克／升	mg/L
溶 解 氧	O_2	毫克／升	mg/L
化学耗氧量	COD	毫克／升	mg/L
油	Y	毫克／升	mg/L

注:①YD mmol/L($1/2Ca^{2+}$,$1/2Mg^{2+}$)。②JD mmol/L(HCO_3^-,$1/2CO_3^{2-}$,OH^-)。

9.1.3　水样采集

锅炉是连续工作的设备,水、汽品质经常发生变化,因而采集能及时反映系统中真实情况的、有代表性的水样是至关重要的。水样采集不好,会使分析结果误差很大。水样的采集应遵守以下规则:

(1)合理选择采样点。根据锅炉的炉型和参数,合理选择采样点。采集给水、锅水水样时,原则上应采集的是连续流动之水。采集其他水样时,应先将管道中的积水放尽并冲洗后方可取样。给水取样应选择在给水泵出口或入口处;锅水取样,蒸气锅炉取样最好在连续排污管取样,即取样器取样;没有连续排污系统的锅炉,可以在水位表下部取样;热水锅炉一般没有取样器,只能采集循环泵的入口或出口。

(2)取样管。除低压锅炉外,除氧水、给水的取样管均采用不锈钢管制造。

(3)控制水样温度。除氧水、给水、锅水和疏水的取样装置,必须安装冷却器,取样冷却器应有足够的冷却面积,并连接在能够连续供给足够冷却水量的水源上,以保证水样流量在 500 ~ 700 mL/min,水样温度应在 30 ~ 40 ℃ 之间。

(4)冲洗取样管道。取样管道要定期冲洗(至少每周一次数)。做系统查定取样前要冲洗有关取样管道,并适当延长冲洗时间。冲洗后隔 1 ~ 2 h 方可取样,以确保水样有充分的代表性。

(5)采样瓶。盛水样的容器(采样瓶)必须是硬质玻璃或塑料制品(测定微量成分分析的样品必须使用容器)。采样前,应先将采样容器彻底清洗干净。采样时再用水样冲洗 3 次(方法中另有规定除外)以后才能采集水样,采样后应迅速加盖封存。

采集现场监督控制试验的水样,一般应使用固定的采样瓶,采集供全分析用的水样。

(6)冲洗取样瓶。取样瓶应用取样水冲洗 2、3 次,如果通过阀门取样,取样前应开启阀门流 10 ~ 15 min 后进行取样;如果采取井水、湖水、河水时,要将取样瓶深入水面以下进行取样。

(7)水样体积。水质简易分析时水样体积一般应取不少于 500 mL,全分析时水样体积应取 3 ~ 5 L。特殊项目的分析,取样要求例外。

(8)水样保存。水样采集后,其成分的改变受水样的性质、温度、保存条件的影响有很大的不同,原则上应及时化验采集好的水样。如果不是现场分析,应将瓶口密封,贴上标签,标明水样名称,取样地点、时间和取样人及其他情况(如季节、气候条件等)。

样品不宜放置时间过长,未受污染的水存放时间不超过 72 h,受污染的水存放时间在 12 ~ 24 h 之内。

9.2　水质分析操作

9.2.1　全固形物的测定

1.概要

全固形物为悬浮固形物和溶解固形物之和。全固形物测定有两种方法。第一种方法适用于一般性水样测定,如软化水、自来水、蒸馏水等;第二种方法适用于炉水或吸潮性较强的固形物的测定。

2.仪器

全固形物的测定所用仪器:水浴锅或 400 mL 的烧杯;100 ~ 200 mL 的瓷蒸发皿;100 mL、250 mL、500 mL 容量瓶。

3.试剂

全固形物的测定所用试剂:0.05 mol/L NH_2SO_4;质量分数为 1% 的酚酞(乙醇溶液)。

4.测定方法

(1)第一种方法。

①用容量瓶量取一定量充分摇匀的水样,取样体积见表 9.2。逐次注入经烘干至恒重的蒸发皿中,在水浴锅上蒸干。

②将已经蒸干的样品连同蒸发皿移入干燥箱中,温度 105 ~ 110 ℃ 烘干 1 h。

③取出蒸发皿放在干燥器内冷却 0.5 h,迅速于分析天平称量。

表 9.2　测固形物应取水样体积

固形物的质量浓度 /(mg·L^{-1})	水样体积 /mL
< 50.0	500.0
> 50.0	250.0
> 500.0	100.0

④ 在相同条件下,再烘 0.5 h,冷却 0.5 h 后称量,如此反复操作直至恒重。

⑤ 全固形物质量浓度(QG)按下式计算:

$$QG = \frac{G_1 - G_2}{V} \times 1\,000 \qquad (9.1)$$

式中　G_1——蒸干残留物与蒸发皿的总质量,mg;

　　　G_2——蒸发皿的质量,mg;

　　　V——水样的体积,mL。

(2)第二种方法。

① 用容量瓶量取充分摇匀的水样,注入蒸发皿前要进行中和处理。取好水样,加入与酚酞碱度相当量的硫酸标准溶液,使水样中和至 pH = 8.3,然后逐次注入经烘干至恒重的蒸发皿中,在水浴锅上蒸干。

② 以下操作与第一种方法相同。

全固形物(QG)质量浓度的计算:

$$QG = \frac{G_1}{G_2} \times 1\,000 + 1.06(OH^-) + 0.517(CO_3^{2-}) - 0.1 \times b \times 49 \qquad (9.2)$$

式中　OH^-——水中氢氧化合物质量浓度,mg/L;

　　　1.06——氢氧化物转变成水而损失的换算系数;

　　　CO_3^{2-}——碳酸盐碱度的质量浓度,mg/L;

　　　0.517——碳酸根变成重碳酸根后在蒸发过程中损失的换算系数;

　　　b——每升水样中所加 0.1 mol/L NH_2SO_4 标准溶液体积,mL。

其余符号同前。

5. 注意事项

常规取样为:软化水、自来水取 250 mL;炉水取 100 mL;蒸馏水纯水取 500 mL。所取水样体积应使蒸干后的残渣量在 50 ~ 100 mg 之间。量取水样前,一定要将水样混匀。为了防止烘干、蒸干过程中落入灰尘或杂物,在操作过程中蒸发皿上加放玻璃三脚架,加盖表面皿。烘干、冷却、称量条件要严格控制,否则会带来误差。

9.2.2　水浊度的测定

1. 概要

早期直接悬浮固形物的标准测定方法是重量分析法,采用过滤干燥称量等过程,分析操作比较麻烦,耗时很长,不很适合水质监测的常规分析。

随着技术的进步,现在绝大多数的锅炉使用者和检验监测机构均采用监测浊度的方法,此法间接控制给水的悬浮物,效果良好,并且符合控制的要求。

2. 水的浊度表示方法

选用经特殊精制的漂白土或硅藻土配制标准浊度溶液,相当于 1 000 mL 水中含有 1 mg 漂白土或硅藻土时所产生的浊度为 1 度,或称杰克逊浊度,其单位为 JTU,这是一种过去使用的单位。

目前国际上公认以乌洛托品 – 硫酸肼(福马肼(jǐng))配制浊度标准溶液重现性较好,所以普遍使用福马肼悬浊液作为标准浊度溶液,用分光光度计比较水样与标准悬浊液的"透光强度"进行浊度的测定,得到的即是福马肼浊度,其浊度单位为 FTU。

现代实际广泛使用浊度仪测量浊度,其原理是"光散射"。浊度仪使用简便,且用此法测量的各项技术指标基本与上述"透光法"相当,其单位为 NTU(GB/T 15893.1—2014 采用此单位),标准规定:当这两种方法测定结果有争议时,以 GB/T 12151—2005 为仲裁方法(即利用透光强度比较法的福马肼浊度)。下面分别介绍这两种方法。

3. 利用透光强度比较法的浊度测定(福马肼浊度)

(1)原理。以福马肼悬浊液作标准,采用分光光度计比较被测水样和标准悬浊液的透过光的强度进行测定。

水样带有颜色可用 0.15 μm 滤膜过滤器过滤,并以此溶液作为空白。

(2)试剂与材料。

① 试剂纯度应符合前述规定。

② 无浊度水。将二级试剂水以 3 mL/min 流速经 0.15 μm 滤膜过滤,弃去 200 mL 初始滤液,使用时制备。

③ 福马肼浊度贮备标准液(400 FTU)。

a. 硫酸联氨溶液。称取 1.000 g 硫酸联氨,用少量无浊度水溶解,移入 100 mL 容量瓶中,并稀释至刻度。

b. 六次甲基四胺溶液。称取 10.00 g 六次甲基四胺,用少量无独度水溶解,移入 100 mL 容量瓶中,并稀释至刻度。

c. 福马肼浊度贮备标准液:分别移取硫酸联胺溶液和六次甲基四胺溶液各 25 mL,注入 500 mL 容量瓶中,充分摇匀,在(25 ±3)℃ 下保温 24 h 后,用无浊度水稀释至刻度。

(3)仪器。

① 分光光度计。波长范围 360 ~ 910 nm。

② 滤膜过滤器。滤膜孔径为 0.15 μm。

③ 容量瓶。体积为 100 mL,500 mL。

④ 移液管。体积为 5 mL,10 mL,25 mL,50 mL。

(4)分析步骤。

① 工作曲线的绘制。

a. 浊度为 40 ~ 400 FTU 的工作曲线。按表9.3用移液管吸取浊度贮备标准液分别加入一组 100 mL 容量瓶中,用无浊度水稀释至刻度,摇匀,放入 10 mm 比色皿中,以无浊度水作参比,在波长为 660nm 处测定透光度,并绘制工作曲线。

b. 浊度为 4 ~ 40 FTU 的工作曲线。按表9.4用移液管吸取浊度贮备标准液分别加入一组 100 mL 容量瓶中,用无浊度水稀释至刻度,摇匀,放入 50 mm 比色皿中,以无浊度水作参比,在波长为 660 nm 处测定透光度,并绘制工作曲线。

表9.3 浊度标准液配制(40 ~ 400 FTU)

贮备标准液/mL	0	10.00	15.00	20.00	25.00	50.00	75.00	100.00
相当水样浊度/FTU	0	40	60	80	100	200	300	400

表9.4　浊度标准液配制(4 ~ 40 FTU)

贮备标准液/mL	0	1.00	1.50	2.00	2.50	5.00	7.50	10.00
相当水样浊度/FTU	0	4	6	8	10	20	30	40

② 水样的测定。取充分摇匀的水样,直接注入比色皿中,用绘制工作曲线的相同条件测定透光度,从工作曲线上求其浊度。

(5) 试验报告。

试验报告应包括下列各项:

① 注明采用 GB/T 12151—2005 标准。

② 受检水样的完整标识,包括水样名称、采样地点、单位名称等。

③ 水样浊度,FTU。

④ 试验人员和试验日期。

4. 利用散射光的浊度仪

(1) 原理。以福尔马肼聚合物作为浊度标准溶液,用散射光原理的浊度仪测定水样的浊度。

(2) 试剂和材料。

① 除非另有规定,应使用分析纯试剂和符合9.1.1节中水的规定。

② 福尔马肼浊度标准贮备液:400 NTU。称取 10.00 g ±0.01 g 六次甲基四胺,用水溶解,稀释至 100 mL,此为溶液 A;称取 1.000 g ±0.001 g 硫酸联氨,用水溶解,稀释至 100 mL,此为溶液 B;移取 5 mL 溶液 A 和 5 mL 溶液 B,混匀,在25 ℃ ±3 ℃ 下放置24 h,然后用水稀释至 100 mL,即为福尔马肼浊度标准贮备液。该溶液在25℃ ±3 ℃ 下于阴暗处贮存,稳定期30 d。

③ 福尔马肼浊度标准溶液。按表9.5用移液管移取一定体积的福尔马肼浊度标准贮备液,用水稀释至 100 mL,以配制所需浊度的福尔马肼浊度标准溶液,稳定期为 7 d。

表9.5　福尔马肼浊度标准贮备配制(0 ~ 50 NTU)

取浊度标准贮备液的体积/mL	0	1.25	2.5	3.75	5.00	4.25	10.00	12.50
浊度标准溶液的浊度/NTN	0	5	10	15	20	30	40	50

(3) 仪器、设备。

① 散射光浊度仪。

a. 光源:装配有单色仪的钨丝灯或单色发光二极管或单色激光器,也可以使用可见光源。

b. 入射光:波长为 860 nm,带宽不大于 60 nm,发射或聚集不超过 1.5°。

c. 测量角:入射光光轴与散射光光轴的夹角为 90° ±2.5°。

d. 接收器:在水样中心的孔径角为 20° ~ 30°。

(4) 分析步骤。

① 调试。按浊度仪说明书调试仪器。

②定位。选用一种其浊度值与被测水样接近的福尔马肼浊度标准溶液,以水重复调零,定位,直至稳定为止。

③测定。

a. 摇匀水样,等待气泡消失。将水样注入浊度仪的试管中进行测定,直接从仪器上读取浊度值。

b. 若水样色度较大,将测定后的水样通过慢速定量滤纸或孔径为 2 ~ 5 μm 的玻璃砂芯漏斗过滤,再测定过滤后的水样。原水样测定值减去过滤后的水样测定值即为被测水样的浊度。

(5) 分析结果的表述。

以福尔马肼浊度单位(NTU)报告结果。

(6) 允许差。

取平行测定结果的算术平均值为测定结果。平行测定结果的绝对差值:浊度小于 1 NTU 时,不大于0.05 NTU;浊度为 1 ~ 10 NTU 时,不大于0.2 NTU;浊度为 10 ~ 50 NTU 时,不大于0.5 NTU。

9.2.3　溶解固形物的测定

1. 溶解固形物的直接测定(质量法)

(1) 概要。

溶解固形物是指已被分离悬浮固形物后的滤液经蒸发干燥所得的残渣。其直接测定方法主要有三种(详见(3) ~ (5))。

(2) 仪器。

溶解固形物的测定所用仪器包括:水浴锅或 400 mL 烧杯;100 ~ 200 mL 瓷蒸发皿。

(3) 直接测定方法一。

①取水样。取一定量已过滤并充分摇匀的澄清水样(水样的体积应使蒸干残留物的质量在 100 mg 左右),逐次注入经烘干至恒重的蒸发皿中,在水浴锅上蒸干。为防止蒸干、烘干过程中落入杂物而影响试验结果,必须在蒸发皿上放置玻璃三脚架并加盖表面皿。

②烘干。将已蒸干的样品连同蒸发皿移入 105 ~ 110 ℃ 的烘箱中烘2 h。

③称重。取出蒸发皿放在干燥器内冷却至室温,并迅速称重。在相同的条件下烘0.5 h,冷却后称量,如此反复操作直至恒重。

④溶解固形物质量浓度(RG) 溶解固形物质量浓度可按公式(9.3) 计算:

$$RG = \frac{G_1 - G_2}{V} \times 1\ 000 \tag{9.3}$$

式中　G_1—— 蒸干残留物与蒸发皿的总质量,mg;

　　　G_2—— 蒸发皿的质量,mg;

　　　V—— 水样的体积,mL。

(4) 直接测定方法二。

①按直接测定方法一的前三步操作。

②另取100 mL 已过滤充分摇匀的澄清锅炉水样注于250 mL 锥形瓶中,加入2、3滴酚

酞指示剂(10 g/L),若溶液若显红色,用 $c(1/2H_2SO_)$0.1 mol/L 硫酸标准溶液滴定至恰好无色,记录耗酸体积 V,再加入 2 滴甲基橙指示剂(1 g/L),继续用硫酸标准溶液滴定至橙红色,记录第二次耗酸体积 V_2(不包括 V_1)。

③ 溶解固形物质量浓度(RG) 按式(9.4) 计算:

$$RG = \frac{G_1 - G_2}{V} \times 1\ 000 + 0.59cV_T \times 44 \tag{9.4}$$

式中　RG、G_1、G_2、V—— 同上;

c—— 硫酸标准溶液准确浓度,mol/L;

V_T—— 滴定时碳酸盐所消耗的硫酸标准溶液体积(当 $V_1 > V_2$ 时,$V_T = V_2$;当 $V_1 \leqslant V_2$ 时,$V_T = V_1 + V_2$;),mL;

0.59—— 碳酸钠水解成 CO_2 后在蒸发过程中损失质量的换算系数;

44——CO_2 摩尔质量,g/mol。

(5) 直接测定方法三。

① 取一定量充分摇匀的水样(水样体积应使蒸干残留物的质量在 100 mg 左右),加入 20 mL 碳酸钠标准溶液,逐次注入经烘干至恒重的蒸发皿中,在水浴锅上蒸干。

② 按按直接测定方法一的 ②③ 步的测定步骤进行操作。

③ 溶解固形物质量浓度(RG) 按式(9.5) 计算:

$$RG = \frac{G_1 - G_2 - 10 \times 20}{V} \times 1\ 000 \tag{9.5}$$

式中　RG、G_1、G_2、V—— 同上;

10—— 碳酸钠标准溶液的质量浓度,mg/mL;

20—— 加入碳酸钠标准溶液的体积,mL。

(6) 注意事项。

① 为防止蒸干、烘干过程中落入杂物而影响试验结果,应在蒸发皿上放置玻璃三脚架并加盖表面皿。

② 测定溶解固形物使用的瓷蒸发皿,可用石英蒸发皿代替。如果不测定灼烧减量,也可以用玻璃蒸发皿代替瓷蒸发皿。

2. 锅水溶解固形物的间接测定

溶解固形物的间接测定有两种方法:固导比法和固氯比法。

(1) 固导比法。

① 概要。

a. 溶解固形物的主要成分是可溶解于水的盐类物质。由于溶解于水的盐类物质属于强电解质,在水溶液中基本上都电离成阴、阳离子而具有导电性,而且电导率的大小与其质量浓度成一定比例关系。根据溶解固形物与电导率的比值(以下简称"固导比"),只要测定电导率就可近似地间接测定溶解固形物的质量浓度,这种测定方法简称固导比法。

b. 由于各种离子在溶液中的迁移速度不一样,其中以 H^+ 最大,OH^- 次之,K^+、Na^+、Cl^-、NO^- 相近,HCO^- 等离子半径较大的一价阴离子为最小。因此,同样质量浓度的酸、碱、盐溶液电导率相差很大。采用固导比法时,对于酸性或碱性水样,为了消除 H^+ 和 OH^- 的影响,测定电导率时应预先中和水样。

c. 本方法适用于离子组成相对稳定的锅水溶解固形物的测定。对于采用不同水源的锅炉,或采用除盐水作补给水的锅炉,如果离子组成差异较大,应分别测定其固导比。

② 固导比的测定。

a. 取一系列不同质量浓度的锅水,分别用直接测定法二的方法测定溶解固形物的质量浓度。

b. 取 50 ~ 100 mL 与 a 步骤中对应的不同质量浓度的锅水,分别加入 2、3 滴酚酞指示剂(10 g/L),若显红色,用 $c(1/2H_2SO_4) = 0.1$ mol/L 硫酸标准溶液滴定至恰好无色,再测定其电导率。

c. 用回归方程计算固导比 K_D。

③ 溶解固形物的测定。

a. 取 50 ~ 100 mL 的锅水,加入 2、3 滴酚酞指示剂(10 g/L),若显红色,用 $c(1/2H_2SO_4) = 0.1$ mol/L 硫酸标准溶液滴定至恰好无色,测定其电导率。

b. 按式(9.6)计算锅水溶解固形物的质量浓度:

$$RG = S \times K_D \tag{9.6}$$

式中 RG——溶解固形物质量浓度,mg/L;

  S——水样在中和酚酞碱度后的电导率,μS/cm;

  K_D——固导比,(mg/L)/(μS/cm)。

④ 注意事项。

a. 由于水源中各种离子质量浓度的比例在不同季节时变化较大,固导比也会随之发生改变。因此,应根据水源水质的变化情况定期校正锅水的固导比。

b. 对于同一类天然淡水,以温度 25 ℃ 时为准,电导率与含盐量大致成比例关系,其比例约为:1 μS/cm 相当于 0.55 ~ 0.90 mg/L。在其他温度下测定需加以校正,每变化 1 ℃ 含盐量大约变化 2%。

c. 当电解质溶液的质量分数不超过 20% 时,电解质溶液的电导率与溶液的质量浓度成正比,当质量浓度过高时,电导率反而下降,这是因为电解质溶液的表观离解度下降。因此,一般用各种电解质在无限稀释时的等量电导来计算该溶液的电导率与溶解固形物的关系。

(2) 固氯比法。

① 概要。

a. 在高温锅水中,氯化物具有不易分解、挥发、沉淀等特性,因此锅水中氯化物的质量浓度变化往往能够反映出锅水的浓缩倍率。在一定的水质条件下,锅水中的溶解固形物质量浓度与氯离子的质量浓度之比(以下简称"固氯比")接近于常数,所以在水源水质变化不大和水处理稳定的情况下,根据溶解固形物与氯离子的比值关系,只要测出氯离子的质量浓度就可近似地间接测得溶解固形物的质量浓度,这个方法简称为固氯比法。该方法仅适用于锅炉使用单位在水源水和水处理方法及水处理药剂不变、加药量稳定的情况。

b. 本方法适用于氯离子与溶解固形物质量浓度之比值相对稳定的锅水溶解固形物的测定。本方法不适用于以除盐水作补给水的锅炉水溶解固形物的测定。

② 固氯比的测定。

a. 取一系列不同质量浓度的锅水,分别用质量浓度直接测定法二测定溶解固形物的质量浓度。

b. 取一定体积的与 a 对应的不同浓度的锅水,分别测定其氯离子质量浓度。

c. 用回归方程计算固氯比 K_L。

③ 固氯比法测定溶解固形物。

a. 取一定体积的锅水测定其氯离子质量浓度。

b. 按式(9.7)计算锅水溶解固形物的质量浓度。

$$RG = \rho(Cl^-) \times K_L \qquad (9.7)$$

式中　　RG——溶解固形物质量浓度,mg/L;

$\rho(Cl^-)$——水样中氯离子质量浓度,mg/L;

K_L——固氯比。

④ 注意事项。

a. 由于水源水中各种离子质量浓度的比例在不同季节时变化较大,固氯比也会随之发生改变。因此,应根据水源水质的变化情况定期校正锅水的固氯比。

b. 离子交换器(软水器) 再生后,应将残余的再生剂清洗干净(洗至交换器出水的 Cl^- 与进水 Cl^- 质量浓度基本相同),否则残留的 Cl^- 进入锅内,将会改变锅水的固氯比,影响测定的准确性。

c. 采用无机阻垢药剂进行加药处理的锅炉,加药量应均匀,避免加药间隔时间过长或一次性加药量过大而造成固氯比波动大,影响溶解固形物测定的准确性。

9.2.4　电导率的测定

1. 概要

纯水是弱电解质,导电能力很小,溶解于水的酸、碱、盐电解质在溶液中解离成正、负离子,使电解质溶液具有导电能力,其导电能力大小可用电导率表示。溶液的电导率与电解质的性质、质量浓度、溶液温度有关。一般情况下,溶液的电导率是指 25 ℃ 时的电导率。

2. 仪器

(1) 电导仪(或电导率仪)。电导仪的测量范围为常规范围,可选用 DDS – 11 型。

(2) 电导电极(简称电极)。实验室常用的电导电极为白金电极或铂黑电极。每一电极有各自的电导池常数,它可分为三类,即 0.1 cm^{-1} 以下、$0.1 \sim 1.0$ cm^{-1} 及 $1.0 \sim 10$ cm^{-1}。

(3) 温度计。温度计的精度应高于 0.5 ℃。

3. 试剂

(1) 1 mol/L 氯化钾标准溶液。称取在 105 ℃ 干燥 2 h 的优级纯氯化钾(或基准试剂) 74.551 3 g,用新制备的 Ⅱ 级试剂水((20 ±2) ℃)溶解后移入 1 L 容量瓶中,并稀释至刻度,混匀。

(2) 0.1 mol/L 氯化钾标准溶液。称取在 105 ℃ 干燥 2 h 的优级纯氯化钾(或基准试剂) 7.455 1 g,用新制备的 Ⅱ 级试剂水((20 ±2) ℃)溶解后移入 1 L 容量瓶中,并稀释至刻度,混匀。

(3)0.01 mol/L氯化钾标准溶液。称取在105 ℃干燥2 h的优级纯氯化钾(或基准试剂)0.745 5 g,用新制备的Ⅱ级试剂水((20 ±2)℃)溶解后移入1 L容量瓶中,并稀释至刻度,混匀。

(4)0.001 mol/L氯化钾标准溶液。于使用前准确吸取0.01 mol/L氯化钾标准溶液100 mL,移入1 L容量瓶中,用新制备的Ⅰ级试剂水((20 ±2)℃)稀释至刻度,混匀。

以上氯化钾标准溶液,应放入聚乙烯塑料瓶(或硬质玻璃瓶)中,密封保存。这些氯化钾标准溶液在不同温度下的电导率见表9.6。

表9.6 氯化钾标准溶液在不同温度下的电导率

溶液浓度 $c/(mol \cdot L^{-1})$	温度/℃	电导率/$(\mu S \cdot cm^{-1})$
1	0	65 176
	18	97 838
	25	111 342
0.1	0	7 138
	18	11 167
	25	12 856
0.01	0	773.6
	18	1 220.5
	25	1 408.8
0.001	25	146.93

4. 操作步骤

(1)电导仪的操作。电导仪的操作应按使用说明书的要求进行。

(2)电极的选择。水样的电导率大小不同,应使用电导池常数不同的电极,不同电导率的水样可参照表9.7选用不同电导池常数的电极。将选择好的电极用Ⅱ级水试剂水洗净,再用Ⅰ级试剂水冲洗2、3次浸泡在Ⅰ级试剂水中备用。

表9.7 不同电导池常数的电极的选用

电导池常数/cm^{-1}	电导率/$(\mu S \cdot cm^{-1})$
< 0.1	3 ~ 100
0.1 ~ 1.0	100 ~ 200
> 1.0 ~ 10	> 200

(3)电导率的测定。取50 ~ 100 mL水样(温度(25 ±5)℃)放入塑料杯或硬质玻璃杯中,将电极用被测水样冲洗2、3次后,浸入水样中进行电导率测定,重复取样测定2、3次,测定结果读数相对误差在 ±3% 以内,即为所测的电导率值(采用电导仪时读数为电导值),同时记录水样温度。

(4)电导率值的换算。若水样温度不是25 ℃,测定数值应按公式(9.8)换算为25 ℃的电导率值。

$$S(25 ℃) = \frac{GK}{1 + \beta(t - 25)} \tag{9.8}$$

式中　$S(25 ℃)$——换算成 25 ℃ 时水样的电导率,$\mu S/cm$;

　　　G——水温为 t ℃ 时测得的电导,μS;

　　　K——电导池常数,cm^{-1};

　　　β——湿度校正系数(通常情况下 β 近似等于 0.02);

　　　t——测定时水样温度,℃。

(5)电导池常数。对未知电导池常数的电极或者需要校正电导池常数时,可用该电极测定已知电导率的氯化钾标准溶液(温度(25 ± 5)℃)的电导(表 9.6),然后按所测结果算出该电极的电导池常数。为了减小误差,应当选用电导率与待测水样相近的氯化钾标准溶液来进行标定。电极的电导池常数按公式(9.9)计算。

$$K = S_1/S_2 \tag{9.9}$$

式中　K——电极的电导池常数,cm^{-1};

　　　S_1——氯化钾标准溶液的电导率,$\mu S/cm$;

　　　S_2——用未知电导池常数的电极测定氯化钾标准溶液的电导,μS。

(6)测定数值的换算。若氯化钾标准溶液温度不是 25 ℃,测定数值应按公式(9.8)换算为 25 ℃ 时的电导率值,代入公式(9.9)计算电导池常数。

5.电导率与含盐量的关系

对于同一类天然淡水,以温度 25 ℃ 时为准,电导率与含盐量大致成比例关系,其比例约为 1 $\mu S/cm$,相当于含盐质量浓度为 0.55 ~ 0.9 mg/L。在其他温度下需加以校正,即每变化 1 ℃ 含盐质量分数大约变化 2%,温度高于 25 ℃ 时用负值,反之用正值。通常在 pH 为 5 ~ 9 范围内,天然水的电导率与水溶液中溶解物质量浓度之比约为 1∶(0.6 ~ 0.8)。一般锅水,如将电导率最大的 OH^- 中和成中性盐,则锅水的电导率与溶解固形物质量浓度之比约为 1∶(0.5 ~ 0.6)(即 1 $\mu S/cm$ 相当于溶解固形物的质量浓度为 0.5 ~ 0.6 mg/L)。不同水质的电导率见表 9.8。

表 9.8　不同水质的电导率

水　质　名　称	电导率/($\mu S \cdot cm^{-1}$)
新鲜蒸馏水	0.5 ~ 2
天然淡水	50 ~ 500
高含盐量水	500 ~ 1 000

9.2.5　pH 的测定(电极法)

1.概要

含有氧化剂、还原剂、高含盐量、色素、水样浑浊以及蒸馏水、除盐水等无缓冲性的水样宜用此电极法。当氢离子选择性电极 pH 电极与甘汞参比电极同时浸入溶液后,可组成测量电池对,其中 pH 电极的电位随溶液中氢离子的活度而变化。用一台高阻抗输入的毫伏计测量,便可获得同水溶液中氢离子活度相对应的电极电位。其 pH 为

$$pH = -\lg \alpha_{H^+} \tag{9.10}$$

pH 电极的电势与被测溶液中氢离子活度的关系符合能斯特公式:

$$E = E_0 + 2.306\lg \frac{RT}{nF}\lg \alpha_{H^+} \tag{9.11}$$

根据公式(9.11)可得：

$$0.058 \lg \frac{\alpha_{H^+}}{\alpha'_{H^+}} = \Delta E$$

$$0.058(pH - pH') = \Delta E$$

$$pH = pH' + \frac{\Delta E}{0.058} \tag{9.12}$$

式中　E —— pH 电极所产生的电势，V；

　　　E_0 —— 当离子活度为 1 时，pH 电极所产生的电位(氢离子的标准电势)，V；

　　　R —— 气体常数，8.314J/(K·mol)；

　　　T —— 绝对温度，K(K ≈ 273 + ℃)；

　　　F —— 法拉第常数，$F = (9.648\ 530\ 9 \pm 0.000\ 002\ 9) \times 10^4$ C/mol；

　　　n —— 参加反应的电子数；

　　　α_{H^+} —— 水溶液中氢离子活度，mol/L；

　　　α'_{H^+} —— 定位溶液的氢离子浓度，mol/L($pH = -\lg\alpha'_{H^+}$)；

　　　ΔE —— 被测溶液与定位溶液的氢离子浓度相对应的电极电位差值。在 20 ℃、
　　　　　　pH = 1 时，$\Delta E = 58$ mV。

2. 仪器

测定 pH 时所用仪器包括：实验室用 pH 计，附电极支架及测试烧杯；pH 电极、饱和或 3 mol/L 氯化钾甘汞电极。

3. 试剂配制

(1)pH = 4.00 的标准缓冲溶液。准确称取预先在(115 ±5) ℃ 干燥并冷却至室温的优级纯邻苯二甲酸氢钾($KHC_8H_4O_4$)10.12 g，溶解于少量除盐水中，并稀释至 1 000 mL。

(2)pH = 6.86 的标准缓冲溶液。准确称取经(115 ±5) ℃ 干燥并冷却至室温的优级纯磷酸二氢钾(KH_2PO_4)3.390 g 以及优级纯无水磷酸氢二钠(Na_2HPO_4)3.55 g 溶于少量除盐水中，并稀释至 1 000 mL。

(3)pH = 9.20 的标准缓冲溶液。准确称取优级纯硼砂($Na_2B_4O_7 \cdot 10H_2O$)3.81 g，溶于少量除盐水中，并稀释至 1 000 mL。贮存此溶液时，应用充填有烧碱石棉的二氧化碳吸收管，以防止二氧化碳影响。

标准缓冲溶液在不同温度条件下，其 pH 的变化见表 9.9。

表 9.9　标准缓冲溶液在不同温度条件下的 pH

温度/℃	邻苯二甲酸氢钾	中性磷酸盐	硼　砂
5	4.01	6.95	9.39
10	4.00	6.92	9.33
15	4.00	6.90	9.27
20	4.00	6.88	9.22
25	4.01	6.86	9.18
30	4.01	6.85	9.14

续表9.9

温度 /℃	邻苯二甲酸氢钾	中性磷酸盐	硼　砂
35	4.02	6.84	9.10
40	4.03	6.84	9.07
45	4.04	6.83	9.04
50	4.06	6.83	9.01
55	4.08	6.84	8.99
60	4.10	6.84	8.96

4. 测定方法

（1）电极浸泡。新电极或长时间干燥保存的电极在使用前应将电极在蒸馏水中浸泡约 12 h，使其不对称电位趋于稳定。如有急用，则可将上述电极浸泡在 0.1 mol/L 盐酸中至少 1 h，然后用蒸馏水反复冲洗干净后才能使用。

对污染的电极，可用蘸有四氯化碳或乙醚的棉花轻轻擦净电极的头部，如发现敏感泡外壁有微锈，可将电极浸泡在质量分数 5% ~ 10% 的盐酸中，待锈消除后再用，但绝不可浸泡在浓酸中，以防敏感薄膜严重脱水报废。

（2）仪器校正。仪器开启 30 min 后，按仪器说明书的规定，进行调零、温度补偿以及满刻度校正等。

（3）pH 定位。定位用的标准缓冲溶液应选用一种 pH 与被测溶液相近的缓冲溶液，在定位前，先用蒸馏水冲洗电极及测试烧杯 2 次以上，然后用干净滤纸将电极底部残留的水滴轻轻吸去，将定位溶液倒入测试烧杯内，浸入电极，调整仪器的零点、温度补偿以及满刻度校正，最后根据所用定位缓冲液的 pH 对被测溶液的 pH 定位，重复定位 1、2 次，直至复定位后误差在允许范围内。定位溶液可保留，以备下次再用，如有污染或使用数次后，应根据需要随时更换新鲜缓冲溶液。

为了减少测定误差，定位用 pH 标准缓冲溶液的 pH 应与被测水样相接近。当水样的pH < 7.0 时，应使用邻苯二甲酸氢钾溶液定位，以硼砂或磷酸盐混合液复定位。当水样的 pH > 7.0 时，则应用硼砂缓冲液定位，以邻苯二甲酸氢钾或磷酸盐混合液进行复定位。

进行 pH 测定时，还必须考虑到玻璃电极的"钠差"问题，即被测水溶液中钠离子的浓度对氢离子测试的干扰，特别在进行 pH > 10.5 的高 pH 测定时，必须选用优质的高碱 pH电极，以减少误差。

根据不同的测量要求，可选用不同精度的仪器。

（4）复定位。将电极和测试烧杯反复用蒸馏水冲洗 2 次以上，最后一次冲洗完毕后用干净的滤纸将电极底部残留的水滴轻轻吸去，然后倒入复定位缓冲溶液，按上述定位的手续进行 pH 测定。如所测结果同复定位缓冲溶液的 pH 相差在 ±0.05 以内时，即可认为仪器和电极均属正常，可以进行 pH 测定。复定位溶液的处理应按定位溶液的规定进行。

（5）水样的测定。将复定位后的电极和测试烧杯反复用蒸馏水冲洗 2 次以上，再用

·229·

被测水样冲洗 2 次以上,最后一次冲洗完毕后,应用干净的滤纸轻轻将电极底部残留的水滴吸去,然后将电极浸入被测溶液,按上述定位的手续进行 pH 测定。测定完毕后,应将电极用蒸馏水反复冲洗干净,最后将 pH 电极浸泡在蒸馏水中备用。

(6) 测定 pH 的条件。在测定 pH 时,水样温度与定位温度之差不能超过 5 ℃,否则将会直接影响 pH 的准确性。

9.2.6　氯化物的测定(硝酸银滴定法)

1. 概要

硝酸银滴定法适用于测定氯化物质量浓度为 5 ~ 100 mg/L 的水样。

在中性或弱碱性溶液中,氯化物与硝酸银作用生成白色氯化银沉淀,过量的硝酸银与铬酸钾作用生成砖红色铬酸银沉淀,使溶液显橙色,即为滴定终点。其反应方程式为

$$Cl^- + Ag^+ \longrightarrow \underset{白色}{AgCl} \downarrow \tag{9.13}$$

$$2Ag^+ + CrO_4^{2-} \longrightarrow \underset{红色}{Ag_2CrO_4} \downarrow \tag{9.14}$$

2. 试剂及配制

(1) 氯化钠标准溶液(1 mL 含 1 mg Cl⁻)。取基准试剂或优级纯的氯化钠 3 ~ 4 g 置于瓷坩埚内,放在高温炉内升温至 500 ℃ 灼烧 10 min,然后放入干燥器内冷却至室温,准确称取 1.649 g 氯化钠,先溶于少量蒸馏水,然后稀释至 1 000 mL。

(2) 硝酸银标准溶液(1 mL 相当于 1 mg Cl⁻)。称取 5.0 g 硝酸银溶于 1 000 mL 蒸馏水中,以氯化钠标准溶液标定。标定方法如下:

在 3 个锥形瓶中,用移液管分别注入 10 mL 氯化钠标准溶液,再各加入 90 mL 蒸馏水及 1.0 mL 质量分数为 10% 的铬酸钾指示剂,均用硝酸银标准溶液滴定至橙色,分别记录硝酸银标准溶液的消耗量 V,以平均值计算,但 3 个平行试验数值间的相对误差应小于 0.25%。另取 100 mL 蒸馏水做空白试验,除不加氯化钠标准溶液外,其他步骤同上,记录硝酸银标准溶液的消耗量 V_1。

硝酸银滴定度(T,mg/mL)可按公式(9.15)计算

$$T = \frac{10 \times 1}{V - V_1} \tag{9.15}$$

式中　V_1 —— 空白试验消耗硝酸银标准溶液的体积,mL;

　　　V —— 氯化钠标准溶液消耗硝酸银标准溶液的平均体积,mL;

　　　10—— 氯化钠标准溶液的体积,mL;

　　　1 —— 氯化钠标准溶液的质量浓度,mg/mL。

最后调整硝酸银溶液质量浓度,使其成为 1 mL 相当于 1 mg Cl⁻ 的标准溶液。

(3) 铬酸钾试剂。质量分数为 10% 的铬酸钾指示剂。

(4) 酚酞指示剂。质量分数为 1% 的酚酞指示剂(以乙醇为溶剂)。

(5) 氢氧化钠。质量浓度为 0.1 mg/L 的氢氧化钠溶液。

(6) 硫酸。质量浓度为 0.1 mg/L 的硫酸溶液。

3. 测定方法

(1) 准备水样。量取 100 mL 水样,注入锥形瓶中,加入 2、3 滴质量分数为 1% 的酚酞

指示剂,若显红色,即用硫酸标准溶液中和至无色;若不显红色,则用 NaOH 溶液滴至微红色,然后用 H_2SO_4 中和到无色,再加入 1.0 mL 质量分数为 10% 的铬酸钾指示剂,摇匀。

(2) 氯化物的测定。用硝酸银标准溶液将准备好的水样进行滴定至橙色,记录硝酸银标准溶液消耗的体积 V_1。同时做空白实验[方法为氯化物的测定 2 中(2) 项],记录硝酸银标准溶液消耗的体积 V_2。

氯化物质量浓度($\rho(Cl^-)$,mg/L) 按公式(9.16) 进行计算:

$$\rho(Cl^-) = \frac{(V_1 - V_2) \times 1.0}{V_s} \times 1\,000 \tag{9.16}$$

式中　V_1 —— 滴定水样消耗硝酸银溶液的体积,mL;

　　　V_2 —— 滴定空白水样消耗硝酸银溶液的体积,mL;

　　　1.0—— 硝酸银标准溶液的滴定度,1 mL 相当于 1 mg Cl^-;

　　　V_s —— 水样体积,mL。

4. 注意事项

(1) 氯离子质量浓度小时,如水样中氯离子的质量浓度小于 5 mg/L 时,可将硝酸银溶液稀释为 1 mL(相当于 0.5 mg Cl^-) 后使用。

(2) 氯离子质量浓度大时,当水样中氯离子质量浓度大于 100 mg/L 时,应释至后测定。

(3) 脱色处理。当水样中硫(S^{-1}) 质量浓度大于 5 mg/L 时,铁、铝质量浓度大于 3 mg/L 或者颜色太深时,应事先用过氧化氢脱色处理(每升水加 20 mL),并煮沸 10 min 后如有沉淀,应进行过滤。若颜色仍不消失,可于 100 mL 水样中加入 1 g 碳酸钠蒸干,冷却后用蒸馏水将干涸物溶解后,再进行测定。

(4) 对照指示剂。为了便于观察终点,可另取 100 mL 水样加 1 mL 铬酸钾指示剂作对照。

(5) 在中性溶液中测定。测氯根一定要在中性溶液中进行。如果是酸性溶液,铬酸银会少量溶解,测定结果偏高;如果是碱性溶液,会产生氢氧化银沉淀,分解后生成氧化银,测定结果偏高。

(6) 过滤。如果发现水样浑浊时,事先应进行过滤。

9.2.7　碱度的测定(酸碱度滴定法)

1. 概要

水中的碱度是指水溶液中能接受氢离子物质的体积浓度,例如,氢氧根、碳酸盐、重碳酸盐、磷酸盐、磷酸氢盐、硅酸盐、硅酸氢盐、亚硫酸盐、腐植酸盐和氨等,都是水溶液中常见的碱性物质,它们都能与酸进行反应。因此,可以选用适宜的指示剂,用标准酸溶液进行滴定,便可测出水中碱度的体积浓度。

碱度可分为酚酞碱度和全碱度两种。酚酞碱度是以酚酞作指示剂测得的碱度,终点 pH 为 8.3;全碱度是以甲基橙为指示剂所测得的碱度,终点 pH 为 4.2。若碱很小时,全碱度宜以甲基红 - 亚甲基蓝作指示剂,终点的 pH 值为 5.0。

以酚酞作指示剂时,滴定反应为

$$OH^- + H^+ \longrightarrow H_2O \qquad (pH = 8.3,全部完成)$$

$$CO_3^{2-} + H^+ \longrightarrow HCO_3^- \qquad (pH = 8.3, 全部完成)$$

$$PO_4^{3-} + H^+ \longrightarrow HPO_4^- \qquad (pH = 8.3, 超滴7.4\%)$$

$$SiO_3^{2-} + H^+ \longrightarrow HSiO_3^- \qquad (pH = 8.3, 还有6\% 未完成)$$

$$SO_3^{2-} + H^+ \longrightarrow HSO_3^- \qquad (pH = 8.3, 还有92.5\% 未完成)$$

再以酚酞作指示剂,继续滴定时反应为

$$HCO_3^- + H^+ \longrightarrow CO_2 + H_2O \qquad (全部完成)$$

$$HPO_4^{2-} + H^+ \longrightarrow H_2PO_4^- \qquad (全部完成)$$

$$HSiO_3^- + H^+ \longrightarrow H_2SiO_3 \qquad (全部完成)$$

$$HSO_3^- + H^+ \longrightarrow H_2SO_3 \qquad (全部完成)$$

2. 试剂及配制

在碱度的测定中需要用的试剂及配制为:质量分数1% 的酚酞指示剂(以乙醇为溶剂);质量分数为0.1% 的甲基橙指示剂。称取0.125 g 甲基红和0.085 g 亚甲基蓝,在研钵中研磨均匀,溶于100 mL 质量分数为95% 的乙醇中,即为甲基红 – 亚甲基蓝指示剂;$c(1/2H_2SO_4) = 0.100\,0$ mol/L、$0.050\,0$ mol/L、$0.010\,0$ mol/L 硫酸标准溶液(见9.2.13 节"酸、碱标准溶液的配制与标定")。

3. 测试方法

(1) 大碱度水样的测定方法。测试大碱度水样(如锅水、化学净水、冷却水、生水等)时,先准确量取100 mL 透明水样,加入2、3 滴质量分数为1% 的酚酞指示剂,此时若溶液显红色,则用$c(1/2H_2SO_4) = 0.050\,0$ mol/L 或 $0.100\,0$ mol/L 硫酸标准溶液滴定恰至无色,记录硫酸消耗体积为V_1,然后再加入两滴甲基橙指示剂,继续用硫酸标准溶液滴定至溶液呈橙红色为止,记录第二次硫酸消耗体积V_2(不包括V_1)。

(2) 小碱度水样的测定方法。测试小碱度水样(如凝结水、高纯水、给水等)时,先准确量取100 mL 透明水样,加入2、3 滴质量分数为1% 的酚酞指示剂,此时若溶液显红色,则用微量滴定管以$c(1/2H_2SO_4) = 0.010\,0$ mol/L 硫酸标准溶液滴定恰至无色,记录硫酸消耗体积为$V_1(1/2H_2SO_4)$,然后再加入两滴甲基红 – 亚甲基蓝指示剂,继续用硫酸标准溶液滴定,溶液由绿色变为紫色,记录第二次硫酸消耗体积$V_2(1/2H_2SO_4)$(不包括V_1)。

(3) 无酚酞碱度时的测定方法。在上述大碱度水样、小碱度水样的测定中,若加酚酞指示剂后溶液不显色,可直接加甲基橙或甲基红 – 亚甲基蓝指示剂,用硫酸标准溶液滴定,记录硫酸消耗体积V_2。

(4) 碱度的计算。上述被测定水样的酚酞碱度$(JD)_酚$和全碱度$(JD)_全$按公式(9.17)、公式(9.18) 计算:

$$(JD)_酚 = c\left(\frac{1}{2}H_2SO_4\right) \times V_1\left(\frac{1}{2}H_2SO_4\right) \times 10 \text{ mmol/L} \qquad (9.17)$$

$$(JD)_全 = c\left(\frac{1}{2}H_2SO_4\right) \times V_2\left(\frac{1}{2}H_2SO_4\right) \times 10 \text{ mmol/L} \qquad (9.18)$$

式中 $c(1/2H_2SO_4)$ —— 硫酸标准溶液的浓度,mol/L;

       $V_1(1/2H_2SO_4)$、$V_2(1/2H_2SO_4)$ —— 两次滴定时所消耗硫酸标准溶液的体积,mL。

4. 注意事项

（1）碱度的计量单位为一价基本单元物质的量的浓度。

（2）残余氯（Cl_2）的影响。若水样残余氯大于 1 mg/L 时，会影响指示剂的颜色，可加入 0.1 mol/L 的硫代硫酸钠溶液 1、2 滴，以消除干扰。

9.2.8　硬度的测定（EDTA 滴定法）

1. 概要

在 pH 为 10.0 ±0.1 的被测溶液中，用铬黑 T 作指示剂，以乙二胺四乙酸二钠盐（EDTA）标准溶液进行滴定，终点纯蓝色。根据消耗 EDTA 标准溶液的体积，计算出水中硬度的体积浓度。

加入指示剂以后反应式为

$$Mg^{2+} + HIn^{2-} \longrightarrow MgIn^- + H^+$$
$$\quad\quad\quad 蓝色 \quad\quad\quad 酒红色$$

滴定过程中反应式为

$$Mg^{2+} + H_2Y^{2-} \longrightarrow MgY^{2-} + 2H^+$$

滴定到达终点反应式为

$$MgIn^- + H_2Y^{2-} \longrightarrow MgY^{2-} + HIn^{2-} + H^+$$
$$酒红色 \quad\quad 无色 \quad\quad\quad 蓝色$$

2. 试剂及配制

（1）$c(1/2EDTA) = 0.040$ mol/L 标准溶液。配制方法见 9.2.14 节"乙二胺四乙酸二钠（1/2EDTA）标准溶液的配制与标定"。

（2）$c(1/2EDTA) = 0.002$ mol/L 标准溶液。配制方法见 9.2.14 节"乙二胺四乙酸二钠（1/2EDTA）标准溶液的配制与标定"。

（3）氨 – 氯化铵缓冲溶液。称取 20 g 氯化铵固体试剂，溶于 500 mL 除盐水中，加入 150 mL 浓氨水（密度为 0.90 g/mL）以及 5.0 g 乙二胺四乙酸镁二钠盐（Na_2MgY），用除盐水稀释到 1 000 mL，混匀，取 50.00 mL，按硬度的测试 [3 中（2）项] 方法测定其硬度，根据测定结果，往其余 950 mL 缓冲溶液中加所需 EDTA 标准溶液，以抵消其硬度。

在测定前对所用 Na_2MgY 必须进行鉴定，以免对分析结果产生误差。鉴定方法：取一定量的 Na_2MgY 溶于高纯水中，按硬度测定法测定其 Mg^{2+} 或 EDTA 是否有过剩量，根据分析结果精确地加入 EDTA 或 Mg^{2+}，使溶液中 EDTA 和 Mg^{2+} 均无过剩量。如无 Na_2MgY 或 Na_2MgY 的质量不符合要求，可用 4.716 g EDTA 二钠盐和 3.120 g $MgSO_4 \cdot 7H_2O$ 来代替 5.0 g Na_2MgY，配制好的缓冲溶液按上述手续进行鉴定，并使 EDTA 和 Mg^{2+} 均无过剩量。

（4）硼砂缓冲溶液。称取硼砂（$Na_2B_4O_7 \cdot 10H_2O$）40 g 溶于 80 mL 高纯水中，加入氢氧化钠 10 g，溶解后用高纯水稀释至 1 000 mL 混匀，取 50.00 mL，加 0.1 mol/L 盐酸溶液 40 mL，然后按硬度测定 3 中（2）项的方法测定其硬度，并按上法向其余 950 mL 缓冲溶液中加入所需 EDTA 标准溶液，以抵消其硬度。

（5）质量分数为 0.5% 的铬黑 T 指示剂。称取 0.5 g 铬黑 T（$C_{20}H_{12}O_7N_3SNa$）与 4.5 g 盐酸羟胺，在研钵中磨匀，混合后溶于 100 mL 质量分数为 95% 的乙醇中，将此溶液转入棕色瓶中备用。

3. 测定方法

(1)水样硬度大于0.5 mmol/L时的测定。当水样硬度大于0.5 mmol/L时,按表9.10的规定,取适量透明水样注入250 mL锥形瓶中,用除盐水稀释至100 mL。

表9.10 不同硬度取透明水样体积

水样硬度/(mmol·L^{-1})	取透明水样体积/mL
0.5 ~ 5.0	100
5.0 ~ 10.0	50
10.0 ~ 20.0	25

向稀释好的水样中加入5 mL氨-氯化铵缓冲溶液和2滴质量分数为0.5%的铬黑T指示剂,在不断摇动下,用$c(1/2EDTA) = 0.020\ 0$ mol/L标准溶液滴定至溶液由酒红色变为蓝色即为终点,记录EDTA标准溶液所消耗的体积V。

硬度(YD)的体积浓度按公式(9.19)计算

$$YD = \frac{c(1/2EDTA) \times V(1/2EDTA)}{V_s} \times 1\ 000 \quad mmol/L \quad (9.19)$$

或
$$YD = \frac{c(1/2EDTA) \times V(1/2EDTA)}{V_s} \times 10^6 \quad \mu mol/L \quad (9.20)$$

式中 $c(1/2EDTA)$ —— EDTA标准溶液的浓度,mmol/L;

$V(1/2EDTA)$ —— 滴定时所消耗EDTA标准溶液的体积,mL;

V_s —— 水样体积,mL。

(2)水样硬度在0.001 ~ 0.5 mmol/L时的测定。被测定水样的硬度在0.001 ~ 0.5 mmol/L时,取100 mL透明水样注入250 mL锥形瓶中,加3 mL氨-氯化铵缓冲溶液(或1 mL硼砂缓冲溶液及2滴质量分数为0.5%的铬黑T指示剂),在不断摇动下,用$c(1/2EDTA) = 0.001\ 0$ mol/L标准溶液滴定至蓝紫色即为终点,记录EDTA标准溶液所消耗的体积。

硬度(YD)的体积浓度可按公式(9.20)计算。

4. 注意事项

(1)若水样的酸性或碱性较高,应先用0.1 mol/L氢氧化钠或0.1 mol/L盐酸中和后再加缓冲溶液,水样才能维持pH = 10 ±0.1。

(2)当水样的碳酸盐硬度较高时,在加入缓冲溶液前,应先稀释或先加入所需质量分数为80% ~ 90%的EDTA标准溶液(记在所消耗的体积内),否则有可能析出碳酸盐沉淀,使滴定终点延长。

(3)当冬季水温较低时,络合反应速度较慢,容易造成滴定过量而产生误差。因此,当温度较低时,应将水样预先加温至30 ~ 40 ℃后进行测定。

(4)消除干扰。如果在滴定过程中发现滴定不到终点或指示剂加入后颜色呈灰紫色时,可能是Fe、Al、Cu或Mn等离子的干扰。遇此情况,可在加指示剂前,用2 mL质量分数为1%的L-半胱胺盐酸盐溶液和2 mL三乙醇胺(1∶4)进行联合掩蔽,或先加入所需质量分数为80% ~ 90%的EDTA标准溶液(记入在所消耗的体积内),即可消除干扰。

（5）当缓冲溶液的 pH = 10.0 ± 0.1 时。除使用氨 – 氯化铵缓冲溶液外，还可用氨基乙醇配制的缓冲溶液（无味缓冲液）。此缓冲溶液的优点是：无味，pH 稳定，不受室温变化的影响。配制方法：取 400 mL 除盐水，加入 55 mL 浓盐酸，然后将此溶液慢慢加入310 mL 氨基乙醇中，并同时搅拌，最后加入 5.0 g 分析纯 Na_2MgY，用除盐水稀释至1 000 mL，在 100 mL 水样中加入此缓冲溶液 1.0 mL，即可使 pH 维持在 10.0 ± 0.1 的范围内。

（6）选定指示剂。指示剂除用铬黑 T 外，还可选用表 9.11 所列的指示剂，由于酸性铬蓝 K 作指示剂，滴定终点为蓝紫色，为了便于观察终点颜色的变化，可加入适量的萘酚绿B，称为 KB 指示剂。它以固体形式存放较好，也可以分别配制成酸性铬蓝 K 和萘酚绿 B溶液，使用时按试验确定的比例加入。KB 指示剂的终点颜色为蓝色。

（7）缓冲溶液的保存。硼砂缓冲溶液和氨 – 氯化铵缓冲溶液在玻璃瓶中贮存会腐蚀玻璃，增加硬度，所以宜贮存在塑料瓶中。

表 9.11　指示剂名称和配制方法

指示剂名称	分子式	配制方法
酸性铬蓝 K	$C_{16}H_9O_{12}N_2S_3Na_3$	0.5 g 酸性铬蓝 K 与 4.5 g 盐酸羟胺混合，加 10 mL 氨 – 氯化铵缓冲溶液和 40 mL 高纯水，溶解后用质量分数为 95% 的乙醇稀释至 100 mL
酸性铬深蓝	$C_{16}H_{10}N_2O_9S_2$	0.5 g 酸性铬深蓝加 10 mL 氨 – 氯化铵缓冲溶液，加入 40 mL 高纯水，用质量分数为 95% 的乙醇稀释至 100 mL
酸性铬蓝 K + 萘酚绿 B（简称 KB）	$C_{16}H_9O_{12}N_2S_3Na^{3+}$ $C_{30}H_{15}FeN_3Na_3O_{15}S_3$	0.1 g 酸性铬蓝 K 和 0.15 g 萘酚绿 B 与 10 g 干燥的氯化钾混合研细
铬蓝 SE	$C_{16}H_9O_9S_2N_2ClNa_2$	0.5 g 铬蓝 SE 加 10 mL 氨 – 氯化铵溶液，用除盐水稀释至 100 mL
依来铬蓝黑 R	$C_{20}H_{13}N_2O_5SNa$	0.5 g 依来铬蓝黑 R 加 10 mL 氨 – 氯化铵缓冲溶液，用无水乙醇稀释至 100 mL

9.2.9　磷酸盐的测定方法

1. 磷酸盐的测定方法一（磷钒钼黄分光光度法）

（1）概要。

在 $c(H^+) = 0.6$ mol/L 的酸度下，磷酸盐与钼酸盐和偏钒酸盐形成黄色的磷钒钼酸。其反应式为：

$$2H_3PO_4 + 22(NH_4)2MoO_4 + 2NH_4VO_3 + 23H_2SO_4 \rightarrow$$
$$\underset{黄色}{P_2O_5 \cdot V_2O_5 \cdot 22MoO_3} + 23(NH_4)_2SO_4 + 26H_2O \tag{9.21}$$

磷钒钼酸的最大吸收波长为 355 nm，一般可在 420 nm 的波长下测定。此法适用于锅水中磷酸盐的测定，相对误差为 ± 2%。

（2）仪器。

分光光度计或光电比色计（具有 420 nm 左右的滤光片）。

（3）试剂及配制。

①磷酸盐标准溶液（1 mL 含 1 mg 磷酸根）。称取在 105 ℃ 干燥过的磷酸二氢钾（KH_2PO_4）1.433 g，溶于少量除盐水中，并稀释至 1 000 mL。

②磷酸盐工作溶液（1 mL 含 0.1 mg 磷酸根）。取上述已配制的标准溶液，用除盐水准确稀释至 10 倍。

③钼酸铵 – 偏钒酸铵 – 硫酸显色溶液（简称钼钒酸显色溶液）

a. 称取 50 g 钼酸铵 $[(NH_4)_6Mo_7O_{24} \cdot 4H_2O]$ 和 2.5g 偏钒酸铵（NH_4VO_3），溶于 400 mL 除盐水中。

b. 取 195 mL 浓硫酸（密度为 1.84 g/cm^3），在不断搅拌下徐徐加入到 250 mL 除盐水中，冷却至室温。

c. 将上面已配制好的 ② 项中的混合溶液倒入 ① 项溶液中，用除盐水稀释至 1 000 mL。

（4）测定方法

①工作曲线绘制。

a. 根据待测水样的磷酸盐质量浓度范围，按表 9.12 中所列数值分别把磷酸盐工作溶液（1 mL 含 0.1 mg PO_4^{3-}）注入一组 50 mL 容量瓶中，用除盐水稀释至刻度。

表 9.12　磷酸盐标准溶液的配制

容 量 瓶 编 号	1	2	3	4	5	6	7	8	9	10	11
工 作 溶 液 体 积 /mL	0	0.5	1.5	2.5	3.5	5.0	6.5	7.5	10	12.5	15
相当于水样磷酸盐质量浓度/(mg·L^{-1})	0	1	3	5	7	10	13	15	20	25	30

b. 将配制好的磷酸盐标准溶液分别注入相应编号的锥形瓶中，各加入 5 mL 钼钒酸显色溶液，摇匀，放置 2 min。

c. 根据水样磷酸盐质量浓度，按表 9.13 选用合适的比色皿和波长，以试剂空白作参比分别测定显色后磷酸盐标准溶液的吸光度，并绘制工作曲线。

表 9.13　不同磷酸盐质量浓度的比色皿和波长的选用

磷酸盐质量浓度/(mg·L^{-1})	比色皿/mm	波长/nm
10 ~ 30	10	450
5 ~ 15	20	420
0 ~ 10	30	420

②水样的测定。

a. 取水样 50 mL 注入锥形瓶中，加入 5 mL 钼钒酸显色溶液，摇匀，放置 2 min，以试剂空白作参比，在与绘制工作曲线相同的比色皿和波长条件下，测定其吸光度。

b. 从工作曲线查得水样磷酸盐质量浓度。

（5）测定水样时注意事项。

①过滤。水样浑浊时应过滤，将最初 100 mL 滤液弃去，然后取过滤后的水样进行

测定。

②控制温度。水样温度应与绘制工作曲线时的显色温度大致相同,若温差大于5 ℃,则应采取加热或冷却措施。

③磷钒钼酸的存放。磷钒钼酸的黄色在室温下不受其他因素影响,可稳定数日。

2. 磷酸盐的测定方法二(磷钼蓝比色法)

(1)概要。

在 0.6 mol/L 的酸度(H^+)下,磷酸盐与钼酸铵生成磷钼黄,用氯化亚锡还原成磷钼蓝后,与同时配制的标准色进行比色测定。其反应式为:

$$PO_4^{3-} + 12MoO_4^{2-} + 27H^+ \rightarrow \underset{\text{磷钼黄}}{H_3[P(Mo_3O_{10})_4]} + 12H_2O \tag{9.22}$$

$$\underset{\text{磷钼黄}}{[P(Mo_3O_{10})_4]^3} + 11H^+ + 4Sn^{2+} \rightarrow \underset{\text{磷钼蓝}}{H_3[P(Mo_3O_9)_4]} + 4Sn^{4+} + 4H_2O \tag{9.23}$$

磷钼蓝比色法仅供现场测定,适用于磷酸盐质量浓度为 2 ~ 50 mg/L 的水样。

(2)仪器。

具有磨口塞的 25 mL 比色管。

(3)试剂及配制。

①磷酸盐工作溶液(1 mL 含 1 mg 磷酸根)。配制方法见磷酸盐的测定方法一中3.(1)。

②钼酸铵 – 硫酸混合溶液。于600 mL 蒸馏水中徐徐加入 167 mL 的浓硫酸(密度为 1.84 g/cm³),冷却至室温。称取 20 g 钼酸铵$[(NH_4)_6Mo_7O_{24}\cdot4H_2O]$,研细后溶于上述已配制好的硫酸溶液中,用蒸馏水稀释至 1 000 mL。

③质量分数为 1% 的氯化亚锡溶液(甘油溶液)。称取 1.5 g 优级纯氯化亚锡于烧杯中,加 20 mL 浓盐酸,加热溶解后,再加 80 mL 纯甘油(丙三醇),搅匀后将溶液转入塑料壶中备用。

④浓盐酸。其密度为 1.19 g/cm³。

(4)测定方法。

①准备试样。量取 0 mL,0.10 mL,0.20 mL,0.40 mL,0.60 mL,0.80 mL,1.00 mL,1.50 mL,2.00 mL,2.50 mL 磷酸盐工作液(1 mL 含 0.1 mL PO_4^{3-})以及 5 mL 水样,分别注入一组比色管中,用蒸馏水稀释至约 20 mL,摇匀。

②加钼酸铵 – 硫酸混合溶液。于上述比色管中各加入 2.5 mL 钼酸铵 – 硫酸混合溶液,用蒸馏水稀释至刻度、摇匀。

③滴定比色。于每支比色管中加入 2、3 滴氯化亚锡甘油溶液,摇匀,待 2 min 后进行比色。

水样中磷酸盐质量浓度($\rho(PO_4^{3-})$,mg/L)按公式(9.24)计算:

$$\rho(PO_4^{3-}) = \frac{V_1}{V_S} \times 100 \tag{9.24}$$

式中　V_1——与水样颜色相当的标准色中加入磷酸盐工作溶液的体积,mL;

　　　V_S——水样的体积,mL。

(5)注意事项。

水样与标准色应同时配制和显色;为加快水样显色速度,以及测定水样时避免硅酸盐干扰,显色时水样的酸度应维持在 0.6 mol/L(H^+);水样混浊时应过滤后测定,磷酸盐的质量浓度不在 2 ~ 50 mg/L 内时,应适当增加或减少水样量。

9.2.10 亚硫酸盐的测定(碘量法)

1. 概要

在酸性溶液中,碘酸钾与碘化钾作用后析出游离碘,将水中亚硫酸盐氧化成硫酸盐,过剩的碘与淀粉作用呈现蓝色即为终点。本方法适用于亚硫酸盐质量浓度大于 1.0 mg/L 溶液的测定。

其反应式为

$$KIO_3 + 5KI + 6HCl \longrightarrow 6KCl + 3I_2 + 3H_2O$$

$$SO_3^{2-} + I_2 + H_2O \longrightarrow SO_4^{2-} + 2HI$$

2. 试剂

(1)碘酸钾 – 碘化钾标准溶液(1 mL 含 1 mg SO_3^{2-})。精确称取优级纯碘酸钾 0.891 8 g,碘化钾 7.0 g,碳酸氢钠 0.5 g,用蒸馏水溶解以后,移入 1 000 mL 容量瓶中,用蒸馏水稀释到刻度,摇匀贮于棕色瓶中。

(2)质量分数为 1% 的淀粉指示剂。称取 1.0 g 可溶性淀粉,于 100 mL 烧杯中,加少量蒸馏水润湿,搅拌成糊状,加入 100 mL 蒸馏水,在电炉上边搅拌边加热,使其溶解,溶液呈透明。淀粉溶液容易失效,应现用现配。

(3)盐酸溶液。盐酸溶液按 1:1 配制。

3. 测定方法

(1)准备试样。准确量取 100 mL 的水样,注入 250 mL 锥形瓶中,加入 1 mL 淀粉指示剂和 1 mL 按 1:1 配制的盐酸溶液,摇匀。

(2)滴定。用碘标准溶液进行滴定,终点呈蓝色,记录碘标准溶液消耗体积为 V_1(mL)。

(3)空白试验。在测定水样的同时,进行空白试验。取蒸馏水 100 mL,加淀粉指示剂和 1:1 的 HCl 各 1 mL,用碘标准溶液进行滴定终点为蓝色,记录碘标准溶液消耗体积为 V_2(mL)。水样中亚硫酸盐的质量浓度(mg/L)按公式(9.25)进行计算:

$$\rho(SO_3^{2-}) = \frac{(V_1 - V_2) \times 1}{V} \times 1\ 000 \tag{9.25}$$

式中　　V_1 —— 水样消耗碘酸钾 – 碘化钾标准溶液体积,mL;

$\quad\quad\ V_2$ —— 空白消耗碘酸钾 – 碘化钾标准溶液体积,mL;

$\quad\quad\ 1$ —— 碘酸钾 – 碘化钾标准溶液相当亚硫酸盐毫克数;

$\quad\quad\ V$ —— 水样体积,mL。

4. 注意事项

取样和测定时要迅速,应减少亚硫酸盐被空气氧化的机会;淀粉指示剂容易失效,应少量配制;测定时水温不能过高,以免影响指示剂灵敏度。

9.2.11　溶解氧的测定

溶解氧的测定根据具体情况选择合适的方法,锅炉可使用一般的方法进行粗略测定,检验机构应使用氧电极法进行准确测定。

1. 溶解氧的测定方法一(氧电极法)

(1) 概要。

溶解氧测定仪的氧敏感薄膜电极由两个与电解质相接触的金属电极(阴极／阳极)及选择性薄膜组成。选择性薄膜只能透过氧气和其他气体,水和可溶解性物质不能透过。当水样流过允许氧透过的选择性薄膜时,水样中的氧将透过膜扩散,其扩散速率取决于通过选择性薄膜的氧分子质量浓度和温度梯度。透过膜的氧气在阴极上还原,产生微弱的电流,在一定温度下其大小和水样溶解氧质量浓度成正比。

在阴极上的反应是氧被还原成氢氧化物:

$$O_2 + 2H_2O + 4e^- \rightarrow 4OH^-$$

在阳极上的反应是金属阳极被氧化成金属离子:

$$Me \rightarrow Me^{2+} + 2e^-$$

(2) 仪器

① 溶解氧测定仪。

溶解氧测定仪一般分为原电池式和极谱式(外加电压) 两种类型,其中根据其测量范围和精确度的不同,又有多种型号。测定时应根据被测水样中的溶解氧质量浓度和测量要求,选择合适的仪器型号。测定一般水样和测定溶解氧质量浓度不大于 0.1mg/L 的工业锅炉给水时,可选用不同量程的常规溶解氧测定仪;当测定溶解氧质量浓度不大于 20 μg/L 的水样时,应选用高灵敏度溶解氧测定仪。

② 温度计。

温度计精确至 0.5 ℃。

(3) 试剂。

① 亚硫酸钠。

② 二价钴盐($CoCl_2 \cdot H_2O$)。

(4) 测定方法。

① 仪器的校正。

a. 按仪器使用说明书装配电极和流动测量池。

b. 调节。按仪器说明书进行调节和温度补偿。

c. 零点校正。将电极浸入新配置的每升含 100 g 亚硫酸钠和 100 mg 二价钴盐的二级水中,进行校零。

d. 校准。按仪器说明书进行校准。一般溶解氧测定仪可在空气中校准。

② 水样测定。

a. 调整被测水样的温度在 5 ~ 40 ℃,水样流速在 100 mL/min 左右,水样压力小于0.4 MPa。

b. 将测量池与被测水样的取样管用乳胶管或橡皮管连接好,测量水温,进行温度补偿。

c. 根据被测水样溶解氧的质量浓度,选择合适的测定量程,启动测量开关进行测定。

（5）注意事项。

① 原电池式溶解氧测定仪接触氧可自发进行反应,因此不测定时,电极应保存在每升含 100 g 亚硫酸钠和 100 mg 二价钴盐的二级水中并使其短路,以免消耗电极材料,影响测定。极谱式溶解氧测定仪不使用时,应用加有适量二级水的保护套保护电极,防止电极薄膜干燥及电极内的电解质溶液蒸发。

② 电极薄膜表面要保持清洁,不要触碰器皿壁。

③ 当仪器难以调节至校正值,或仪器响应慢、数值显示不稳定时,应及时更换电极中的电解质和电极薄膜(原电池式仪器需更换电池)。电极薄膜在更换后和使用中应始终保持表面平整、没有气泡,否则需要重新更换安装。

④ 更换电解质和电极薄膜后或氧敏感薄膜电极干燥时,应将电极浸入到二级水中,使电极薄膜表面湿润,待读数稳定后再进行校准。

⑤ 如水样中含有藻类、硫化物、碳酸盐等物质,长期与电极接触可能使电极薄膜表面污染或损坏。

⑥ 溶解氧测定仪应定期进行校准。

2. 溶解氧的测定方法二（两瓶法）

（1）概要。

在碱性溶液中,溶解氧将二价锰离子氧化成三价锰离子、四价锰离子;在酸性溶液中三价、四价锰离子能将碘离子氧化成游离碘,以淀粉作指示剂,用硫代硫酸钠滴定,根据硫代硫酸钠消耗的量计算出水中溶解氧的质量浓度。该方法适用于测定含氧质量浓度大于 20 $\mu g/L$ 的水样。其反应式如下:

① 锰盐在碱性溶液中的反应:
$$Mn^{2+} + 2KOH \rightarrow Mn(OH)_2 + 2K^+$$

② 溶解氧与氢氧化锰作用:
$$2Mn(OH)_2 + O_2 \rightarrow 2H_2MnO_3 \downarrow$$
$$4Mn(OH)_2 + O_2 + H_2O \rightarrow Mn(OH)_3 \downarrow$$

③ 在酸性溶液中:
$$H_2MnO_3 + 4HCl + 2KI \rightarrow MnCl_2 + 2KCl + 3H_2O + I_2$$
$$2Mn(OH)_3 + 6HCl + 2KI \rightarrow 2MnCl_2 + 2KCl + 6H_2O + I_2$$

④ 用硫代硫酸钠滴定碘:
$$2Na_2S_2O_3 + I_2 \rightarrow Na_2S_4O_6 + 2NaI$$

（2）仪器。

① 取样桶。桶的大小要求比取样瓶高 150 mm,桶内同时能放 2 个取样瓶。

② 取样瓶。250 ~ 500 mL 的带有严密磨口塞的细口瓶,无色透明的玻璃瓶。

③ 滴定管。25 mL 下部装有一定长度的无色玻璃管。

（3）试剂及其配制

① 0.01 mol/L（$Na_2S_2O_4$）硫代硫酸钠标准溶液。称取 26 g 硫代硫酸钠(或 16 g 无水硫代硫酸钠),溶于 1 000 mL 已煮沸并冷却的蒸馏水中,将溶液保存在具有磨口塞的棕色瓶中,放置数日后,过滤备用。

②淀粉指示剂。质量分数为 1% 的淀粉指示剂。

③氯化锰或硫酸锰溶液。称取 45.0 g 氯化锰,($MnCl_2 \cdot 4H_2O$) 或 55.0 g 硫酸锰 ($MnSO_4 \cdot 5H_2O$) 溶于 100 mL 蒸馏水中,摇匀过滤,向滤液中加入 1 mL 浓硫酸,贮存于磨口塞的试剂瓶中,此溶液应澄清、透明、无沉淀。

④碱性碘化钾混合溶液。称取 36 g 氢氧化钠、20 g 碘化钾、0.05 g 碘酸钾溶于 100 mL 蒸馏水中,摇匀,贮存于棕色瓶中。

⑤磷酸溶液或淀粉指示剂的硫酸溶液。磷酸溶液或淀粉指示剂的硫酸溶液按 1∶1 配制。

(4)测定方法。

①安装取样装置。在分析之前,先检查取样管口应该是缩口,预先将取样瓶、取样桶洗净,并冲洗取样管。

在取样管上接一根软胶管,软胶管另一端接一玻璃三通,在三通的另两头接软胶皮管,胶皮管端接两根玻璃管,分别插入两个取样瓶中,取样瓶放入取样桶内,取样装置如图 9.1 所示,开启已经冲洗好的取样器,用螺丝夹调节流速为 700 mL/min,溢流时间不超过 2 min,取样桶内的水超过瓶口 150 mm。

②分别往两瓶内加入试剂。先迅速在水面下往第一瓶内加入 1 mL $MnCl_2$ 或者 $MnSO_4$ 溶液,同时轻轻抽出取样管。然后再向第二瓶水样中加入 1 mL 氯化锰或硫酸锰溶液。

③滴定。用滴定管向 2 个瓶内分别加入 3 mL 碱性碘化钾混合液,将瓶塞盖紧,然后将 2 个瓶子从桶中取出,摇匀后再放入水面以下。

④滴定后反应。待瓶中沉淀物下沉以后,打开瓶塞,在水面下向第一瓶内加 5 mL(1∶1)磷酸溶液或(1∶1)硫酸溶液,向第二瓶中加入 1 mL $MnCl_2$ 或 $MnSO_4$ 溶液,将瓶塞盖好,立即摇匀。

⑤水样冷却。将水样冷却到 15 ℃ 以下,各取出 200 ~ 250 mL 溶液,分别注入 2 个 500 mL 锥形瓶中。

碘和淀粉的反应灵敏度与温度有一定的关系,温度高时滴定终点的灵敏度会降低,因此,必须在 15 ℃ 以下进行滴定。

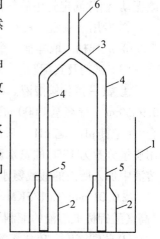

图 9.1　取样装置

1—取样桶;2—取样瓶;3—玻璃三通;4—乳胶管;5—玻璃管;6—接给水取样管

⑥再滴定计算求值。用硫代硫酸钠标准溶液分别进行滴定至浅黄色,加淀粉指示剂 1 mL,继续滴定至蓝色消失为终点。分别记录硫代硫酸钠消耗体积毫升数。

水中溶解氧质量浓度(mg/L)按公式(9.26)进行计算:

$$\rho(O_2) = \frac{(V_1 - V_2) \times 0.01 \times 8 - 0.005}{V} \times 1\ 000 \tag{9.26}$$

式中　V_1——第一瓶消耗硫代硫酸钠体积,mL;

　　　V_2——第二瓶消耗硫代硫酸钠体积,mL;

　　　8——1/4 O_2 的摩尔质量;

V——滴定溶液的体积,mL;

0.005——由试剂带入的溶解氧的校正系数(用积约 500 mL 的取样瓶取样,并取出 200 ~ 250 mL 试样进行滴定时所采用的校正值);

0.01——硫代硫酸钠标准溶液的浓度,mol/L($Na_2S_2O_3$)。

当水样中含较多量的还原剂,如亚硫酸盐、二价离子、亚铁离子、有机悬浮物、氨和类似的化合物时,会使测定结果偏低;含有较多量的氧化剂,如亚硝酸盐、铬酸盐、游离氯和次氯酸盐等时,会使测定结果偏高。

3. 溶解氧的测定方法三(靛蓝二磺酸钠比色法)

(1)概要。

在 pH 为 8.5 左右时,氨性靛蓝二磺酸钠被锌汞齐还原成浅黄色化合物,当其与水中溶解氧相遇时,又被氧化成蓝色,根据其色泽深浅程度确定水中含氧量。它适合测定溶解氧质量浓度为 0.002 ~ 0.1 mg/L 的除氧水、凝结水,精确度为 0.002 mg/L。

(2)仪器。

①锌还原滴定管。取 50 mL 酸式滴定管一支,先在其底部垫一层厚约 1 cm 的玻璃棉并注满除盐水,然后装入制备好的粒径为 2 ~ 3 mm 的锌汞齐约 30 mL,在装填过程中应不断振动,消除滴定管中的气泡。

②专用溶氧瓶。具有严密磨口塞的无色玻璃瓶,其容积为 200 ~ 300 mL。

③取样桶。取样桶一个。

(3)试剂及其配制。

①氨 – 氯化铵溶液。称取 20 g 氯化铵溶于 200 mL 水中,加入 50 mL 浓氨水(密度为 0.9 g/cm³)稀释至 1 000 mL。取 20 mL 缓冲溶液与 20 mL 酸性靛蓝二磺酸钠储备溶液混合,测定其 pH。若 pH > 8.5 可用硫酸溶液(1∶3)调节 pH 至 8.5,反之若 pH < 8.5 时,可用质量分数为 10% 的氨水调节 pH 至 8.5。根据加酸或氨水的体积,向其余 980 mL 缓冲溶液中加入所需的酸或氨水,以保证氨缓冲靛蓝二磺酸钠的 pH 为 8.5。

②0.01 mol/L($1/5KMnO_4$)高锰酸钾标准溶液。这种溶液的配制见本章 9.2.17 节"高锰酸钾标准溶液的配制与标定"。

③硫酸溶液。硫酸溶液按 1∶3 配制。

④酸性靛蓝二磺酸钠储备液。称取 0.8 ~ 0.9 g 靛蓝二磺酸钠于烧杯中,加 1 mL 除盐水,使其润湿后加入 7 mL 浓硫酸,在水浴上加热 30 min 并不断搅拌,待其全部溶解后移入 500 mL 容量瓶中,用除盐水稀释至刻度,混匀。标定后用除盐水按计算量稀释,使滴定度 $T = 0.04$ mg O_2/mL[①](此处 T 应按一分子靛蓝二磺酸钠与一原子氧作用计算)。

配制酸性靛蓝二磺酸钠储备液时不可直接加热,否则溶液颜色不稳定。贮存时间不宜过长,如发现沉淀需重新配制。

⑤氨性靛蓝二磺酸钠缓冲液。取 $T = 0.04$ mg O_2/mL 酸性靛蓝二磺酸钠储备液 50 mL 于 100 mL 容量瓶中,加入 50 mL 氨—氯化铵缓冲溶液(按 1∶1 的比例混合)混匀,缓冲液存放时间不得超过 8 h,否则应重新配制。

---

①a mg O_2/mL 为用滴定度表示溶解氧含量,其含义是每升标准溶液相当于 a mg 的溶解氧。

⑥ 还原型靛蓝二磺酸钠溶液。向已装好锌汞齐的还原滴定管中,注入少量氨性靛蓝二磺酸钠缓冲液以洗涤锌汞齐,然后以氨性靛蓝二磺酸钠缓冲液注满原滴定管(勿使锌汞齐间有气泡),静置数分钟,待溶液由蓝色完全转成黄色后方可使用。此液还原速度随着温度升高而加快,但不得超过 40 ℃。

⑦ 苦味酸溶液。称取 0.74 g 已干燥过的苦味酸溶于 1 000 mL 除盐水中,此溶液的黄色色度相当于 0.02 mgO$_2$/mL 还原型靛蓝二磺酸钠浅黄色化合物的色度。

苦味酸是一种炸药,不能将固体苦味酸研磨、锤击或加热,以免引起爆炸。为安全起见,一般苦味酸中含有 35% 水分,使用时可以将湿苦味酸用滤纸吸取大部分水分,然后移入氯化钙干燥器中干燥称至恒重,并在干燥器内存放。

⑧ 锌汞齐。锌汞齐有下列两种配制方法:

a. 先用乙酸溶液(按 1∶4 配制)洗涤粒径为 2 ~ 3 mm 的锌粒或锌片,使其表面呈金属光泽,将酸沥尽,用除盐水冲洗数次,然后浸入质量分数为 10% 的硝酸亚汞溶液中,并不断搅拌,使锌表面覆盖一层均匀汞齐,取出用除盐水冲洗至水澄清为止。

b. 锌粒经处理后,然后按锌∶汞为 1.5∶1 的比例加入汞,并不断搅拌使锌表面形成汞齐取出,用除盐水冲洗至水澄清为止(锌表面若不形成汞齐,可加些浓乙酸)。

(4) 测定方法。

① 酸性靛蓝二磺酸钠储备液的标定。取 10 mL 酸性靛蓝二磺酸钠储备液注入 100 mL 锥形瓶中,加 10 mL 除盐水和 10 mL 硫酸溶液(1∶3),用 0.01 mol/L(1/5KMnO$_4$)高锰酸钾标准溶液滴定至溶液恰变成黄色为止,其滴定度(T)按公式(9.27)计算:

$$T = \frac{0.5 \times V_1 \times C \times 8}{V} \tag{9.27}$$

式中　V_1 —— 滴定时所消耗高锰酸钾标准溶液的体积,mL;

　　　C —— 高锰酸钾标准溶液的浓度,mol/L(1/5KMnO$_4$);

　　　V —— 所取酸性靛蓝二磺酸钠储备液的体积,mL;

　　　8 —— 1/4O$_2$ 的摩尔质量,g/mol;

　　　0.5 —— 把靛蓝二磺酸钠和高锰酸钾反应时滴定度换算成和溶解氧反应时的滴定度的系数。

② 标准色的配制。此法测定范围为 0.002 ~ 0.1 mg O$_2$/L,故标准色阶中最大标准色阶所相当的溶解氧质量浓度(C_{max})为 0.1 mg O$_2$/L。为了使测定时有过量的还原型靛蓝二磺酸钠同氧反应,所以采用还原型靛蓝二磺酸钠的加入量为 C_{max} 的 1.3 倍。据此,在配制标准色阶时,先配制酸性靛蓝二磺酸钠稀溶液(T = 0.02 mg O$_2$/mL),按公式(9.28)、公式(9.29)计算酸性靛蓝二磺酸钠稀溶液和苦味酸溶液(T = 0.02 mg O$_2$/mL)的加入量($V_{靛}$ 和 $V_{苦}$):

$$V_{靛} = \frac{C \times V_1}{1\ 000 \times 0.02} \tag{9.28}$$

$$V_{苦} = \frac{V_1(1.3C_{max} - C)}{1\ 000 \times 0.02} \tag{9.29}$$

式中　C —— 此标准色所相当的溶解氧质量浓度,mg/L;

　　　V_1 —— 配成标准色溶液的体积,mL;

C_{max}——最大标准色所相当的溶解氧质量浓度,0.1 mg/L。

表9.14中列出了按公式(9.28)、公式(9.29)计算配制500 mL标准色,所需滴定度T均为0.02 mg O_2/mL时酸性靛蓝二磺酸钠和苦味酸溶液的需要量。

把配制好的标准色溶液注入专用溶氧瓶中,注满后用蜡密封,此标准色使用期限为一周。

表9.14　溶解氧标准色的配制

瓶号	相当溶解氧质量浓度 /(mg·L^{-1})	配置标准色时所取体积/mL	
		$V_靛$	$V_苦$
1	0	0	3.250
2	0.005	0.125	3.125
3	0.010	0.250	3.000
4	0.015	0.375	2.875
5	0.020	0.500	2.750
6	0.030	0.750	2.500
7	0.040	1.000	2.250
8	0.050	1.250	2.000
9	0.060	1.500	1.750
10	0.070	1.750	1.500
11	0.080	2.000	1.250
12	0.090	2.250	1.000
13	0.100	2.500	0.750

③靛蓝二磺酸钠溶液的需要量。测定水样时所需还原型靛蓝二磺酸钠溶液的加入量D可按公式(9.30)计算:

$$D = \frac{C_{max} \times V_1}{1\ 000 \times 0.02} \quad (9.30)$$

式中　C_{max}——最大标准色相当的溶解氧质量浓度(C_{max}对凝结水为0.1 mg/L,对锅炉给水为0.05 mg/L),mg/L;

$\quad\quad V_1$——水样的体积,mL。

如果取样瓶体积V_1为280 mL,则

$$D = \frac{1.3 \times 0.1 \times 280}{1\ 000 \times 0.02} = 1.8$$

④水样的测定。

a.取样桶和取样瓶应先洗干净,然后将取样瓶放在取样桶内,将到样管(厚壁胶管)插入取样瓶底部,水样以流量500~600 mL/min的速度使水样充满取样瓶,并溢流不少于3 min,控制水的温度不超过35 ℃。

b.将锌还原滴定管慢慢插入取样瓶内,并轻轻抽出取样管,立即按公式(8.27)计算量加入还原型靛蓝二磺酸钠溶液。

c.轻轻抽出滴定管并立即塞紧瓶塞,在水面下混匀,放置 2 min,以保证反应完全。

d.从取样桶内取出取样瓶,在自然光或阳光下,以白色为背景同标准色进行比较。

(5) 注意事项。

① 铜对结果的影响。铜的存在使测定结果偏高,当水样中铜的质量浓度小于 0.01 mg/L 时,对测定结果影响不大。

② 测定后滴定管上保持稍高的氨性靛蓝二磺酸钠溶液液位。每次测定完毕后,在锌还原滴定管锌汞齐层之上,保持稍高的氨性靛蓝二磺酸钠溶液液位,待下次测定水样时注入新配制的溶液。

③ 锌还原滴定管要及时处理。锌还原滴定管在使用过程中会放出氢气,应及时排除,以免影响还原效率。若发现锌汞齐表面颜色变暗,应重新处理。

④ 对取样瓶、溶氧瓶的要求。取样与配标准色用的溶氧瓶规格必须一致,瓶塞要严密。取样瓶使用一段时间后,应定期用酸清洗干净。

9.2.12　油的测定(重量法)

1.概要

当水样中加入凝聚剂 – 硫酸铝时,扩散在水中的油微粒会被形成的氢氧化铝凝聚。随着氢氧化铝的沉淀,便将水中微量的油也聚集沉淀,经加酸酸化,又可将沉淀溶解,并通过有机溶剂的萃取,将分离出来的油质转入有机溶剂中,并将有机溶剂蒸发至干,残留的便是水中的油,通过称重即可求出水中的油质量浓度。

此法采用四氯化碳作有机溶剂,这样可避免在蒸发过程中发生燃烧或爆炸等事件。

2.仪器

仪器包括:5 000 ~ 10 000 mL 磨口塞取样瓶;500 mL 分液漏斗;100 ~ 200 mL 瓷蒸发皿。

3.试剂及其配制

所需试剂及其配制:质量分数为 30% 的硫酸铝溶液[$Al_2(SO_4)_3 \cdot 18H_2O$];质量分数为 20% 的无水碳酸钠溶液($Na_2CO_3$);浓硫酸(密度为 1.84 g/cm₃);四氯化碳(CCl_4)。

4.测定方法

(1) 取水样。开大被测水样流量,取 5 000 ~ 10 000 mL 水样。取完后立即加入 5 ~ 10 mL 硫酸铝溶液(按每升加 1 mL 计算),摇匀,立即加入 5 ~ 10 mL 碳酸钠溶液(也按每升加 1 mL 计算),充分摇匀,将水中分散的油粒凝聚沉淀,静置 12 h 以上,待充分沉淀至瓶底,然后用虹吸管将上层澄清液吸走。虹吸时应小心移动胶皮管,尽量使大部分澄清水被吸走,但又不至于将沉淀物带走,在剩下的沉淀物中加入若干滴浓硫酸使沉淀溶解,并将此酸化的溶液移入 500 mL 的分液漏斗中。

(2) 提取水中油。取 100 mL 四氯化碳倒入取样瓶内,充分清洗取样瓶壁上沾的油渍,将此四氯化碳洗液也移入分液漏斗内。

(3) 充分摇匀并萃取酸化溶液中所含的油,静置,待分层完毕后,将底层四氯化碳用一张干的无灰滤纸过滤,将过滤后的四氯化碳溶液移入一个 100 ~ 200 mL 已恒重的蒸发皿内,再用 10 mL 四氯化碳淋洗分液漏斗及过滤滤纸,将清洗液一齐加入已恒重的蒸发皿内。

（4）蒸干。将蒸发皿放在水浴锅上，在通风橱内将四氯化碳蒸发至干，然后将蒸发皿放在(110 ± 5) ℃ 的恒温箱内，烘干 2 h 后在干燥器内冷却，并称至恒重。

（5）空白试验。另取 110 mL 四氯化碳于另一个恒重的蒸发皿中，按上述（4）项再做空白试验。

若四氯化碳质量较好，可以不做空白试验。

水样中含油量（ρ_Y，mg/L）按公式（9.31）计算

$$\rho_Y = \frac{(G_2 - G_1) - (G_4 - G_3)}{V} \times 1\,000 \tag{9.31}$$

式中　G_1——测定水样时蒸发皿重，g；

　　　G_2——蒸发皿与水样含油的总质量，g；

　　　G_3——测定空白值时蒸发皿重，g；

　　　G_4——蒸发皿与空白试验的总质量，g；

　　　V——水样体积，L。

5. 注意事项

（1）回收。为了节约有机溶剂，所用四氯化碳应回收利用，回收的方法是将分液漏斗分出的四氯化碳先放在一个 200 mL 的蒸馏烧瓶内，然后将蒸馏烧瓶放在水浴锅上蒸发，并用冷凝器收集被蒸发的四氯化碳，待烧瓶内剩下 20 mL 左右时，即停止蒸发，将烧瓶内残留的四氯化碳移入已称至恒重的蒸发皿内，再用 10 mL 四氯化碳清洗烧瓶，然后将洗液一齐加入蒸发皿内，按上述方法继续进行油质测定。

（2）过滤。如所取水样内混有较多的微粒杂质，则在四氯化碳萃取后，水和有机溶剂分层处不会出现明显的分液层，但仍可用干滤纸过滤，因为干滤纸会很快吸干混杂层中的水珠，而使四氯化碳通过滤纸时并不影响测试结果。

（3）通风。四氯化碳蒸气对人体有毒害，操作时应尽量避免吸入，蒸发烘干时必须在通风橱内进行。

9.2.13　酸、碱标准溶液的配制与标定

1. 试剂及配制方法

试剂及配制方法：密度为 1.84 g/cm³ 的浓硫酸；取上层澄清的氢氧化钠饱和溶液使用；邻苯二甲酸氢钾（基准试剂）；无水碳酸钠（基准试剂）；质量分数为 1% 的酚酞指示剂（以乙醇为溶剂）；按本章 9.2.7 节"碱度的测定"第 2 项配制甲基红 - 亚甲基蓝指示剂。

2. 标准溶液配制方法

（1）$c(\frac{1}{2}H_2SO_4) = 0.1$ mol/L 标准溶液的配制与标定。

① 配制。

量取 3 mL 浓硫酸（密度为 1.84 g/cm³），缓缓注入 1 000 mL 蒸馏水（或除盐水）中，冷却，摇匀。

② 标定。

a. 称取在 270 ~ 300 ℃ 灼烧至恒重的 0.2 g（精确到 0.000 2 g）基准无水碳酸钠，溶于 50 mL 水中，加 2 滴甲基红 - 亚甲基蓝指示剂，用待标定的 $c(\frac{1}{2}H_2SO_4) = 0.1$ mol/L 硫酸

标准溶液滴定至溶液由绿色变紫色,同时应做空白试验。

硫酸标准溶液的浓度(mol/L) 按公式(9.32) 计算

$$c(H^+) = \frac{m}{(V_1(H^+) - V_2(H^+)) \times 0.052\,99}$$ (9.32)

式中　$c(H^+)$ —— 硫酸标准溶液的浓度,mol/L;

　　　m —— 碳酸钠物质的质量,g;

　　　$V_1(H^+)$ —— 滴定碳酸钠消耗硫酸标准溶液的体积,mL;

　　　$V_2(H^+)$ —— 空白试验消耗硫酸标准溶液的体积,mL;

　　　$0.052\,99$ ——1 mmol $1/2Na_2CO_3$ 的质量,g。

b. 量取20.00 mL待标定的$c(1/2H_2SO_4) = 0.1$ mol/L硫酸标准溶液,加60 mL不含二氧化碳的蒸馏水(或除盐水),加2 滴质量分数为1% 的酚酞指示剂,用$c(1/2NaOH) = 0.1$ mol/L 氢氧化钠标准溶液滴定,至溶液呈粉红色。

硫酸标准溶液的浓度按公式(9.33) 计算

$$c(H^+) = \frac{V_1(OH^-) \times c(OH^-)}{V(H^+)} \text{ mol/L}$$ (9.33)

式中　$c(H^+)$ —— 硫酸标准溶液的浓度,mL;

　　　$c_1(OH^-)$ —— 氢氧化钠标准溶液的浓度,mol/L;

　　　$V_1(OH^-)$ —— 消耗氢氧化钠标准溶液的体积,mL;

　　　$V(H^+)$ —— 硫酸标准溶液的体积,mL。

(2)$c(H^+) = 0.05$ mol/L、0.01 mol/L 硫酸标准溶液的配制与标定。

①配制$c(\frac{1}{2}H_2SO_4) = 0.05$ mol/L硫酸标准溶液,由$c(H^+) = 0.100\,0$ mol/L硫酸标准溶液准确地稀释至体积为2 倍制得。配制$c(1/2H_2SO_4) = 0.01$ mol/L硫酸标准溶液,由$c(1/2H_2SO_4) = 0.100\,0$ mol/L硫酸标准溶液稀释至体积为10 倍制得。

② 用 $c(H^+) = 0.1$ mol/L 硫酸标准溶液配制的 $c(\frac{1}{2}H_2SO_4) = 0.05$ mol/L、0.010\,0 mol/L硫酸标准溶液,其浓度可不标定,用计算得出。如要标定,可用相近浓度的氢氧化钠标准溶液进行标定。

(3)$c(OH^-) = 0.1$ mol/L氢氧化钠标准溶液的配制与标定。氢氧化钠标准溶液放置时间不宜过长,最好每周标定一次。如发现已吸入二氧化碳时,须重新配制。检验有无二氧化碳进入碱标准溶液时,可取一支清洁试管,加入其1/5 体积的0.25 mol/L($BaCl_2$) 氯化钡溶液,加热至沸腾。将碱液注入其上部,盖上塞子,混匀,待10 min 后观察,若溶液呈浑浊或有沉淀,则说明碱液中已进入二氧化碳。二氧化碳吸收管中的苏打石灰应定期更换。

①配制。取5 mL 氢氧化钠饱和溶液,注入1 000 mL不含二氧化碳的蒸馏水(或除盐水)中,摇匀。

②标定。标定有以下两种方法:

a. 称取0.6 g于105 ~ 110 ℃ 烘干至恒重(精确到0.000 2 g)的基准邻苯二甲酸氢钾,溶于50 mL不含二氧化碳的蒸馏水(或除盐水)中,加2 滴质量分数为1% 的酚酞指示剂,用待标定的$c(OH^-)=0.1$ mol/L氢氧化钠溶液滴定至溶液呈粉红色并与标准色相同,同时做空白试验。

配制标准色时,可量取80 mL pH=8.5的缓冲溶液,加2滴质量分数为1%的酚酞指示剂,摇匀。

氢氧化钠标准溶液的浓度按公式(9.34)计算:

$$c(OH^-)=\frac{m}{(V_1(OH^-)-V_2(OH^-))\times0.204\,2}\tag{9.34}$$

式中　$c(OH^-)$——氢氧化钠标准溶液的浓度,mol/L;

m——邻苯二甲酸氢钾的质量,g;

$V_1(OH^-)$——滴定邻苯二甲酸氢钾消耗氢氧化钠溶液的体积,L;

$V_2(OH^-)$——空白试验消耗氢氧化钠溶液的体积,L;

0.204 2——1 mmol $KHC_8H_4O_4$ 的摩尔质量,g/mol。

b.取20.00 mL $c(\frac{1}{2}H_2SO_4)=0.100\,0$ mol/L硫酸标准溶液,加60 mL不含二氧化碳的蒸馏水(或除盐水),加2滴质量分数为1%的酚酞指示剂,用待标定的$c(NaOH)=0.1$ mol/L标准溶液滴定,近终点时加热至80 ℃继续滴定至溶液呈粉红色。

氢氧化钠标准溶液的浓度按公式(9.35)计算:

$$c(OH^-)=\frac{V_1(H^+)\times c(H^+)}{V(OH^-)}\tag{9.35}$$

式中　$c(H^+)$——氢氧化钠标准溶液的浓度,mol/L;

$V_1(H^+)$——硫酸标准溶液的体积,mL;

$c(OH^-)$——硫酸标准溶液的浓度,mol/L;

$V(OH^-)$——消耗氢氧化钠标准溶液的体积,L。

(4)$c(OH^-)=0.050\,0$ mol/L氢氧化钠标准溶液的配制。

①由$c(OH^-)=0.100\,0$ mol/L氢氧化钠标准溶液稀释至体积为原来的2倍制得。

②用$c(OH^-)=0.100\,0$ mol/L氢氧化钠标准溶液配制的$c(OH^-)=0.050\,0$ mol/L氢氧化钠标准溶液,其浓度可不标定,而由计算得出。如需要标定,可用相近浓度的硫酸标准溶液进行标定。

(5)NaOH浓度的标定。所配制的$c(OH^-)=0.100\,0$ mol/L氢氧化钠标准溶液,其浓度经标定后,若不是0.100 0 mol/L时,应根据使用要求,用加水或加浓氢氧化钠的方法进行浓度调整。其他酸、碱浓度的调整也可以参照此方法。

①当已配标准溶液的浓度大于0.1 mol/L时,需添加除盐水的量按公式(9.36)计算:

$$\Delta V_1=V\left(\frac{c}{0.1}-1\right)\tag{9.36}$$

式中　ΔV_1——需添加的除盐水体积,mL;

c——已配氢氧化钠标准溶液的浓度,mol/L;

0.1——需配的氢氧化钠标准溶液的浓度,mol/L;

V——已配的氢氧化钠标准溶液的体积,mL。

②当已配标准溶液的浓度小于0.1 mol/L时,需添加浓氢氧化钠溶液的体积,可按公

式(9.37)计算：

$$V_2 = \frac{V(0.1 - c)}{c' - 0.1} \tag{9.37}$$

式中　V_2——需添加的浓氢氧化钠的体积，mL；

　　　0.1——需配的氢氧化钠标准溶液的浓度，mol/L；

　　　V——已配的氢氧化钠标准溶液的体积，mL；

　　　c——已配氢氧化钠标准溶液的浓度，mol/L；

　　　c'——浓氢氧化钠的浓度，mol/L。

调整浓度后的氢氧化钠标准溶液，其浓度还需按上述程序进行标定，直到符合要求为止。

其他浓度的硫酸或氢氧化钠标准溶液，以及其他酸（如盐酸）、碱（如氢氧化钾）的标准溶液，均可参照此法配制和标定。

9.2.14　乙二胺四乙酸二钠(1/2EDTA)标准溶液的配制与标定

1.试剂及配制

乙二胺四乙酸二钠(1/2EDTA)标准溶液的配制与标定所用的试剂：乙二胺四乙酸二钠；氧化锌（基准试剂）；盐酸溶液(1∶1)；质量分数为10%的氨水。氨－氯化铵缓冲溶液的配制方法见本章硬度的测定；质量分数为0.5%的铬黑T指示剂（以乙醇为溶剂）的配制方法见本章9.2.8节"硬度的测定"2中(5)项。

2.乙二胺四乙酸二钠标准溶液的配制及标定方法

(1) c(1/2EDTA) = 0.1 mol/L、0.02 mol/L 乙二胺四乙酸二钠标准溶液的配制与标定。

① 配制。

a.配制 c(1/2EDTA) = 0.10 mol/L 乙二胺四乙酸二钠标准溶液，称取20 g乙二胺四乙酸二钠溶于1 000 mL高纯水中，摇匀。

b.配制 c(1/2EDTA) = 0.02 mol/L 乙二胺四乙酸二钠标准溶液，称取4 g乙二胺四乙酸二钠溶于1 000 mL高纯水中，摇匀。

② 标定。所配制的两种乙二胺四乙酸二钠标准溶液的标定按下述方法进行。

a.c(1/2EDTA) = 0.10 mol/L 乙二胺四乙酸二钠标准溶液。称取800 ℃灼烧恒重的基准氧化锌2 g（精确到0.000 2 g），用少许水湿润，加盐酸溶液(1∶1)使氧化锌溶解，移入500 mL容量瓶中，稀释到刻度，摇匀。取20.00 mL上述溶液，加80 mL除盐水，用质量分数为10%的氨水中和至pH为7～8，加5 mL氨－氯化铵缓冲溶液(pH = 10)，加5滴质量分数为0.5%的铬黑T指示剂，用0.10 mol/L(1/2EDTA)乙二胺四乙酸二钠溶液滴定至溶液由紫色变为纯蓝色。

b.c(1/2EDTA) = 0.02 mol/L 乙二胺四乙酸二钠标准溶液。称取800 ℃灼烧恒重的基准氧化锌0.4 g（精确到0.000 2 g），用少许高纯水湿润，滴加盐酸溶液(1∶1)使氧化锌溶解，移入500 mL容量瓶中，稀释到刻度，摇匀。取20.00 mL，加80 mL高纯水，用10%氨水中和至pH为7～8，加5 mL氨－氯化铵缓冲溶液(pH = 10)，加5滴质量分数为0.5%的铬黑T指示剂，用 c(1/2EDTA) = 0.02 mol/L 乙二胺四乙酸二钠溶液滴定至溶液由紫色变为纯蓝色。

上述各乙二胺四乙酸二钠标准溶液的浓度按公式(9.38)计算：

$$c(1/2EDTA) = \frac{m}{V(1/2EDTA) \times M} \times \frac{20}{500} = \frac{0.04m}{V(1/2EDTA) \times 40.689\ 7} \quad (9.38)$$

式中　　c——标定的乙二胺四乙酸二钠标准溶液浓度,mol/L;

　　　　m——氧化锌的质量,g;

　　　　M——$M = 40.689\ 7$,1/2ZnO 的摩尔质量,g/mol;

　　　　0.04——500 mL 中取 20 mL 滴定,相当于 m 的 0.04 倍;

　　　　$V(1/2EDTA)$——滴定氧化锌消耗所配 EDTA 标准溶液的体积,L。

（2）$c(1/2EDTA) = 0.010$ mol/L 乙二胺四乙酸二钠标准溶液的配制与标定。

①配制。取 $c(1/2EDTA) = 0.100\ 0$ mol/L 乙二胺四乙酸二钠标准溶液,准确地稀释至体积为原来的 10 倍制得。

②标定。用 $c(1/2EDTA) = 0.100\ 0$ mol/L 乙二胺四乙酸二钠标准溶液配制的 $c(1/2EDTA) = 0.010\ 0$ mol/L 乙二胺四乙酸二钠标准溶液,其浓度可不标定,用计算得出。

（3）$c(1/2EDTA) = 0.001\ 0$ mol/L 乙二胺四乙酸二钠标准溶液的配制与标定。

①配制。取 $c(1/2EDTA) = 0.100\ 0$ mol/L 乙二胺四乙酸二钠标准溶液,准确地稀释至体积为原来的 100 倍制得。

②标定。用 $c(1/2EDTA) = 0.100\ 0$ mol/L 乙二胺四乙酸二钠标准溶液配制的 $c(1/2EDTA) = 0.001\ 0$ mol/L 乙二胺四乙酸二钠标准溶液,其浓度可不标定,用计算得出。

9.2.15　硫代硫酸钠标准溶液的配制与标定

1.试剂及配制

硫代硫酸钠标准溶液的配制与标定中所用的试剂及其配制为：硫代硫酸钠（$Na_2S_2O_3 \cdot 5H_2O$）;无水碳酸钠;重铬酸钾（基准试剂）;$c(1/2I_2) = 0.1$ mol/L 碘标准溶液;碘化钾;$c(1/2H_2SO_4) = 4$ mol/L 硫酸;$c(HCl) = 0.1$ mol/L 盐酸;质量分数为1.0% 的淀粉指示剂,用玛瑙研钵将10 g 可溶性淀粉和0.05 g 碘化汞研磨混匀,将此混合物贮于干燥处。称取1.0 g 混合物于研钵中,加少许蒸馏水研磨成糊状物,将其慢慢注入100 mL 煮沸的蒸馏水中,再继续煮沸5 ~ 10 min,过滤后使用。

2.$c(Na_2S_2O_3) = 0.1$ mol/L 硫代硫酸钠标准溶液的配制与标定

（1）配制。称取26 g 硫代硫酸钠（或16 g 无水硫代硫酸钠）,溶于1 000 mL 已煮沸并冷却的蒸馏水中,将溶液保存于具有磨口塞的棕色瓶中,放置数日后,过滤备用。

（2）标定。标定以重铬酸钾为基准和 $c(1/2I_2) = 0.1$ mol/L 碘标准溶液有两种方法。

①以重铬酸钾作基准。称取于 120 ℃ 烘至恒重的基准重铬酸钾 0.15 g（$\pm 0.000\ 2$ g）,置于碘量瓶中,加入 25 mL 蒸馏水溶解,加 2 g 碘化钾及 20 mL $c(1/2H_2SO_4) = 4$ mol/L 硫酸溶液,待碘化钾溶解后于暗处放置10 min,加150 mL 蒸馏水,摇匀后用 $c(Na_2S_2O_3) = 0.100\ 0$ mol/L 硫代硫酸钠溶液滴定,近终点时,加1 mL 质量分数为 1.0% 的淀粉指示剂,继续滴定至溶液由蓝色转变成亮绿色,同时做空白试验。

硫代硫酸钠标准溶液的浓度按公式(9.39)计算：

$$c(Na_2S_2O_3) = \frac{m}{(V_1(Na_2S_2O_3) - V_2(Na_2S_2O_3)) \times 0.049\ 03} \qquad (9.39)$$

式中　$c(Na_2S_2O_3)$——硫代硫酸钠浓度,mol/L;

　　　m——重铬酸钾的质量,g;

　　　0.049 03——1/6$K_2Cr_2O_7$ 的摩尔质量,g/mol;

　　　$V_1(Na_2S_2O_3)$——消耗标准溶液的体积,L;

　　　$V_2(Na_2S_2O_3)$——空白试验消耗标准溶液的体积,L。

② 用 $c(1/2I_2) = 0.1$ mol/L 碘标准溶液标定。准确量取 20.00 mL 碘标准溶液,注入碘容量瓶中,加 150 mL 蒸馏水,用 $c(Na_2S_2O_3) = 0.1$ mol/L 硫代硫酸钠溶液滴定,近终点时,加 1 mL 质量分数为 1.0% 的淀粉指示剂,继续滴定至溶液蓝色消失。

配制 $c(1/2I_2) = 0.10$ mol/L 的碘标准溶液时,可参照本章碘 9.2.16 节"标准溶液的配制与标定"2 中(1) 项。

做碘标准溶液的配制与标定时,同时做水消耗碘的空白试验,方法如下:取 150 mL 蒸馏水,加 0.05 mL 碘标准溶液,1 mL 质量分数为 1.0% 的淀粉指示剂,用 $c(Na_2S_2O_3) = 0.1$ mol/L 硫代硫酸钠标准溶液滴定。

硫代硫酸钠标准溶液的浓度按公式(9.40) 计算:

$$c(Na_2S_2O_3) = \frac{[V_1(1/2I_2) - 0.05] \times c_1(1/2I_2)}{V_1(Na_2S_2O_3) - V_2(Na_2S_2O_3)} \qquad (9.40)$$

式中　$c(Na_2S_2O_3)$——硫代硫酸钠溶液的浓度,mol/L;

　　　0.05——空白试验碘标准溶液的体积,mL;

　　　$c_1(1/2I_2)$——碘标准溶液的浓度,mol/L;

　　　$V_1(Na_2S_2O_3)$——滴定时消耗硫代硫酸钠溶液的体积,mL;

　　　$V_1(1/2I_2)$——碘标准溶液的体积,mL;

　　　$V_2(Na_2S_2O_3)$——空白试验消耗硫代硫酸钠溶液的体积,mL。

3.$c(Na_2S_2O_3) = 0.010\ 0$ mol/L 硫代硫酸钠标准溶液的配制与标定

取一定体积 $c(Na_2S_2O_3) = 0.100$ mol/L 硫代硫酸钠标准溶液,用煮沸冷却的蒸馏水稀释至体积为原来的 10 倍配成。其浓度不需标定,通过计算得出。

9.2.16　碘标准溶液的配制与标定

1.试剂及配制

碘标准溶液的配制与标定中所用的试剂名称及其配制方法为:碘;$c(Na_2S_2O_3) = 0.1$ mol/L 硫代硫酸钠标准溶液,其配制方法见本章 9.2.15 节"硫代硫酸钠标准溶液的配制与标定";碘化钾;质量分数为 1% 的酚酞指示剂(以乙醇为溶剂);质量分数为 1% 的淀粉指示剂,其配制方法见本章 9.2.15 节"硫代硫酸钠标准溶液的配制与标定"。

2.标准溶液配制方法

(1)$c(1/2I_2) = 0.1$ mol/L 碘标准溶液。

① 配制。称取 13 g 碘及 35 g 碘化钾,溶于少量蒸馏水中,待全部溶解后,用蒸馏水稀释至 1 000 mL,混匀,溶液保存于具有磨口塞的棕色瓶中(瓶塞应严密)。

② 标定。用 $c(Na_2S_2O_3) = 0.100\ 0$ mol/L 硫代硫酸钠标准溶液标定。用 $c(1/2I_2) = 0.1$ mol/L 碘标准溶液标定硫代硫酸钠的方法,其浓度至少每 2 个月标定一次。

碘标准溶液的浓度按公式(9.41)计算:

$$c(1/2I_2) = \frac{c_1(Na_2S_2O_3) \times [V_1(Na_2S_2O_3) - V_2(Na_2S_2O_3)]}{V_{1/2I_2} - 0.05} \tag{9.41}$$

式中　$c(1/2I_2)$——碘溶液的浓度,mol/L;

　　　$c_1(Na_2S_2O_3)$——硫代硫酸钠标准溶液的浓度,mol/L;

　　　$V(1/2I_2)$——碘溶液的体积,mL;

　　　$V_1(Na_2S_2O_3)$——消耗硫代硫酸钠标准溶液的体积,mL;

　　　$V_2(Na_2S_2O_3)$——空白试验消耗硫代硫酸钠标准溶液的体积,mL。

(2)$c(1/2I_2) = 0.01$ mol/L 碘标准溶液。可采用 $c(1/2I_2) = 0.100\ 0$ mol/L 碘标准溶液用蒸馏水稀释至体积为原来的 10 倍配成,其浓度不需标定,通过计算得出。$c(1/2I_2) = 0.01$ mol/L 碘标准溶液浓度容易发生变化,应在使用时配制。

9.2.17　高锰酸钾标准溶液的配制与标定

1. 试剂及配制

高锰酸钾标准溶液的配制与标定中所用的试剂及其配制方法为:高锰酸钾;草酸钠(基准试剂)$c(Na_2S_2O_3) = 0.1$ mol/L 硫代硫酸钠标准溶液,配制方法见本章9.2.15节"硫代硫酸钠标准溶液的配制与标定";浓硫酸(密度1.84 g/cm³);$c(1/2H_2SO_4) = 4$ mol/L 硫酸;碘化钾(分析纯);质量分数为 1% 的淀粉指示剂,配制方法见本章9.2.15节"硫代硫酸钠标准溶液的配制与标定"中的 1 项。

2. 标准溶液配制方法

(1)$c(1/5KMnO_4) = 0.100$ mol/L 高锰酸钾标准溶液。

① 配制。称取3.3 g高锰酸钾溶于1 050 mL蒸馏水中,慢慢煮沸15 ~ 20 min,冷却后于暗处密闭保存 2 周。以 G_4 玻璃过滤器过滤,滤液保存于具有磨口塞的棕色瓶中。

对 $c(1/5KMnO_4) = 0.1$ mol/L 高锰酸钾标准溶液的浓度需定期进行标定。高锰酸钾标准溶液不得与有机物接触,以免促使浓度发生变化。

② 标定以草酸钠作基准和用 $c(Na_2S_2O_3) = 0.100\ 0$ mol/L 硫代硫酸钠标准溶液有以下两种方法:

a. 以草酸作基准。称取于 105 ~ 110 ℃ 烘至恒重的基准草酸钠 0.134 0 g,溶于100 mL水中,加8 mL浓硫酸,用50 mL滴定管以 $c(1/5KMnO_4) = 0.1$ mol/L 高锰酸钾溶液滴定,近终点时,加热至65 ℃继续滴定至溶液所呈粉红色(难保持30 s),同时做空白试验校正结果。

高锰酸钾标准溶液的浓度按公式(9.42)计算:

$$c(1/5KMnO_4) = \frac{m}{(V_1(1/5KMnO_4) - V_2(1/5KMnO_4)) \times 0.067} \tag{9.42}$$

式中　$c(1/5KMnO_4)$——高锰酸钾标准溶液的浓度,mol/L;

　　　m——草酸钠的质量,g;

　　　$V_1(1/5KMnO_4)$——滴定时消耗高锰酸钾标准溶液的体积,L;

$V_2(1/5KMnO_4)$——空白试验消耗高锰酸钾标准溶液的体积,L;

0.067 0——1 mmol $1/2Na_2C_2O_4$ 的摩尔质量,g。

b. 用 $c(Na_2S_2O_3)$ = 0.1 mol/L 硫代硫酸钠标准溶液标定。取 20.00 mL $c(1/5KMnO_4)$ = 0.1 mol/L 高锰酸钾溶液,加 2 g 碘化钾及 20 mL $c(1/2H_2SO_4)$ = 4 mol/L 硫酸,摇匀,在暗处放置 5 min。加 150 mL 蒸馏水,用 $c(Na_2S_2O_3)$ = 0.100 0 mol/L 硫代硫酸钠标准溶液滴定,近终点时加 3 mL 质量分数为 1.0% 的淀粉指示剂,继续滴定至溶液蓝色消失,同时做空白试验校正结果。

高锰酸钾标准溶液的浓度按公式(9.43)计算:

$$c(1/5KMnO_4) = \frac{V_1(Na_2S_2O_3) \times c_1(Na_2S_2O_3)}{V} \qquad (9.43)$$

式中　$c(1/5KMnO_4)$——高锰酸钾标准溶液的浓度,mol/L;

$c_1(Na_2S_2O_3)$——硫代硫酸钠标准溶液的浓度,mol/L;

$V_1(Na_2S_2O_3)$——滴定时消耗硫代硫酸钠标准溶液的体积,mL;

$V(1/5kMnO_4)$——扣除空白值后消耗高锰酸钾溶液的体积,mL。

(2)$c(1/5KMnO_4)$ = 0.010 0 mol/L 高锰酸钾标准溶液的配制与标定。可用 $c(1/5KMnO_4)$ =0.100 mol/L 高锰酸钾标准溶液,用煮沸后冷却的蒸馏水稀释至体积为原来的 10 倍配成。$c(1/5KMnO_4)$ =0.010 0 mol/L 高锰酸钾标准溶液的浓度容易改变,故应在使用时配制。其浓度不需标定,可由计算得出。

复　习　题

1. 取水样时有何要求? 为什么?

2. 什么叫滴定? 滴定时注意事项有哪些?

3. 什么叫标准溶液? 有哪些配制方法?

4. 什么叫标定? 标定时有哪些注意事项?

5. 为什么要测溶解固形物和浊度(悬浮固形物)?

6. 什么是电导率? 其影响因素有哪些? 与含盐量有何关系?

7. 测氯化物的原理是什么? 为什么要在中性溶液中进行?

8. 什么叫碱度? 水溶液中主要包括哪些碱性物质? 如何测定各种碱性物质的含量?

9. 测硬度时的注意事项有哪些? 测硬度时为什么要求 pH = 10 ±0.1?

10. 测钙硬度的主要原理是什么?

11. 测亚硫酸盐的原理是什么? 其注意事项有哪些?

12. 测溶解氧的注意事项有哪些?

附　录

附表 1　国产离子交换树脂的型号与技术参数

型号	树脂名称	功能基团	每克干树脂的全交换容量 /mmol	外观颜色	粒径范围 /mm	水分 /%	密度/(g·cm⁻³) 湿真密度 (20℃)	湿视密度	转型 膨胀率 /%	最高允许温度 /℃	适用pH范围	出厂形态
1	2	3	4	5	6	7	8	9	10	11	12	13
001×7	强酸性苯乙烯系阳离子交换树脂	—SO₃H	4.2	棕黄色至棕褐色球状颗粒	0.3~1.2	45~55	1.23~1.28	0.75~0.85	Na→H 8~10	H 100 Na 120	0~14	Na
001×7 (大颗粒)	强酸性苯乙烯系阳离子交换树脂（大颗粒）	—SO₃H	4.0~4.2	棕黄色至棕褐色球状颗粒	0.6~1.2	40~45	1.27~1.30	0.85~0.90	Na→H 8~10	Na 120	0~14	Na
D001	大孔强酸性苯乙烯系阳离子交换树脂	—SO₃H	4.0	灰褐色至深棕褐色球状颗粒	0.3~1.2	50~55	1.23~1.27	0.75~0.85	H→H 8~10	Na 120	0~14	Na
111	强酸性丙烯酸系阳离子交换树脂	—COOH	≥12.0	乳白色半透明球状颗粒	0.3~1.2	50~60	1.10~1.15	0.70~0.80	H→Na 70~75	100	4~14	H
D111	大孔弱酸性丙烯酸系阳离子交换树脂	—COOH	9.0	白色不透明球状颗粒	0.25~1.0	45~55	1.17~1.19	0.70~0.85	Na→Na 70	100	4~14	H
201×7	强碱性苯乙烯系季铵Ⅰ型阴离子交换树脂	—N⁺(CH₃)₃	3.0	淡黄色至金黄色球状颗粒	0.3~1.2	40~50	1.06~1.11	0.65~0.75	Cl→OH 18~22	Cl 80 OH 40	1~14	Cl
201×4	强碱性苯乙烯系季铵Ⅱ型阴离子交换树脂	—N⁺(CH₃)₃	3.6	淡黄色至金黄色球状颗粒	0.3~1.2	55~65	1.04~1.06	0.60~0.70	Cl→OH 25~30	Cl 80 OH 40	1~14	Cl

续附表1

型号	树脂名称	功能基团	每克干树脂的全交换容量/mmol	外观颜色	粒径范围/mm	水分/%	密度/(g·cm⁻³)		转型膨胀率/%	最高允许温度/℃	适用pH范围	出厂形态
							湿真密度(20 ℃)	湿视密度				
1	2	3	4	5	6	7	8	9	10	11	12	13
202×7	强碱性苯乙烯系季铵Ⅱ型阴离子交换树脂	$N{<}^{(CH_3)_2}_{C_2H_4OH}$	3.3	淡黄色	0.3~1.2	40~50	~1.13	0.66~0.72	Cl→OH 15~20	50	1~14	Cl
D201	大孔强碱性苯乙烯系季铵Ⅰ型阴离子交换树脂	$-N^+(CH_3)_3$	3	乳白色至淡黄色不透明球状颗粒	0.3~1.2	50~60	1.05~1.10	0.65~0.75	OH→Cl 约8	OH 40 Cl 80	0~14	Cl
D202	大孔强碱性苯乙烯系季铵Ⅱ型阴离子交换树脂	$N{<}^{(CH_3)_2}_{C_2H_4OH}$	3.3	淡黄色至金黄色球状颗粒	0.3~1.2	50~60	1.06~1.10	0.65~0.75	Cl→OH 6~9	—	1~14	Cl
301×2	弱碱性苯乙烯系阴离子交换树脂	$-N(CH_3)_2$	5	淡黄色球状颗粒	0.3~1.2	45~55	~1.10	0.65~0.75	Cl→OH 约15	—	1~9	Cl
D301	大孔弱碱性苯乙烯系阴离子交换树脂	$-N(CH_3)_2$	4.0	乳黄色不透明球状颗粒	0.25~1.0	50~60	1.05~1.12	0.66~0.71	Cl→OH 15~20 OH→Cl 25~30	OH 40 Cl 80	1~9	游离碱
D311	大孔弱碱性丙烯系阴离子交换树脂	$-N(CH_3)_2$	6.5	乳黄色不透明球状颗粒	0.3~1.2	52~62	1.07~1.11	0.70~0.80	Cl→OH 约11	—	1~9	游离碱
001×7-NR	核子级强酸性苯乙烯系阳离子交换树脂	$-SO_3H$	4.5	黄褐色	0.6~1.2	55~60	—	0.75~0.85	—	120	—	H
201×7-NR	核子级强碱性苯乙烯系阴离子交换树脂	$-N^+(CH_3)_3$	3.0	淡黄色	0.3~1.2	50~55	—	0.5~0.75	—	60	—	Cl

附表2 常用元素的相对原子质量和摩尔质量

元素名称	化学符号	原子序	相对原子质量	常见的原子价	摩尔质量[①]
氢	H	1	1.007 9	1	1.008
碳	C	6	12.011	4	3.003
氮	N	7	14.006 7	3;5	4.699;2.801
氧	O	8	15.999 4	2	8.00
钠	Na	11	22.989 77	1	23.00
镁	Mg	12	24.305	2	12.15
铝	Al	13	26.981 54	3	8.994
硅	Si	14	28.086	4	7.021
磷	P	15	30.973 76	3;5	10.32,6.195
硫	S	16	32.06	2;4;6	16.03;8.015;5.343
氯	Cl	17	35.453	1;5;7	35.45;7.091;5.065
钾	K	19	39.098	1	39.098
钙	Ca	20	40.08	2	20.04
铬	Cr	24	51.996	3;6;2	17.33;8.666;26.00
锰	Mn	25	54.938 0	2;4;6;7	27.47;13.73;9.156;7.848
铁	Fe	26	55.847	2;3	27.92;18.62
铜	Cu	29	63.549	2;1	31.77;63.55
银	Hg	47	107.868	1	107.9
钡	Ba	56	137.34	2	68.67
铅	Pb	82	207.2	2;4	103.6;51.80

注:① 这里所列的摩尔质量是其相对原子质量与常见原子价之比。

附表3 常用化合物的相对分子质量和摩尔质量

化合物名称	符 号	相对分子质量	摩尔质量[①]
氢氧化铝	$Al(OH)_3$	78.00	26.00
硫酸铝	$Al_2(SO_4)_3$	342.15	57.03
合水硫酸铝	$Al_2(SO_4)_3 \cdot 18H_2O$	666.42	111.07
氢氧化铁	$Fe(OH)_3$	106.87	35.62
氢氧化亚铁	$Fe(OH)_2$	89.86	44.93
硫酸亚铁	$FeSO_4$	151.91	75.96
氯化铁	$FeCl_3$	162.21	54.07
含水氯化铁	$FeCl_3 \cdot 6H_2O$	270.30	90.10
重碳酸钙	$Ca(OH)_2$	162.118	81.059
氢氧化钙	$Ca(OH)_2$	162.118	81.059
氧化钙	CaO	56.08	25.04
硫酸钙	$CaSO_4$	136.14	68.07
含水硫酸钙(石膏)	$CaSO_4 \cdot 2H_2O$	172.144	86.072
碳酸钙(大理石)	$CaCO_3$	100.09	51.70
磷酸钙(磷灰石)	$Ca_3(PO_4)_2$	310.19	155.09
氯化钙	$CaCl_2$	110.99	55.49
二氧化硅	SiO_2	60.068	30.043
硅酸根	$SiO_3{}^{2-}$	76.086	38.043
重碳酸镁	$Mg(HOC_3)_2$	146.34	73.17
氢氧化镁	$Mg(OH)_2$	58.33	29.16
氧化镁	MgO	40.31	20.16
硫酸镁	$MgSO_4$	120.37	60.19
碳酸镁(菱镁矿)	$MgCO_3$	84.32	42.16
氯化镁	$MgCl_2$	95.22	47.61
碳酸氢钠	$NaHCO_3$	84.00	84.00
氢氧化钠(火碱)	$NaOH$	40.00	40.00
硫酸钠	Na_2SO_4	142.04	71.02
含水磷酸钠	$NaPO_4 \cdot 12H_2O$	380.12	126.71
氯化钠	$NaCl$	58.44	58.44
硫酸根	$SO_4{}^{2-}$	96.06	48.03
硫酸	H_2SO_4	98.08	49.04
二氧化碳	CO_2	44.00	22.00
碳酸根	$CO_3{}^{2-}$	60.00	30.00
重碳酸根	HCO_3^-	61.00	61.00
磷酸根	$PO_4{}^{2-}$	95.02	31.60
盐酸	HCl	36.46	36.46
六偏磷酸钠	$(NaPO_4)_6$	611.80	50.98
硅酸钠	$Na_3SiO_3 \cdot 9H_2O$	284.20	142.10
硝酸	HNO_3	63.01	63.01

注:① 表里所列的摩尔质量是其相对分子质量与化合价的比值,即以一价为基元单位。

附表4　常用药剂的性能

序号	名　称	性　质	主　要　规　格
1	硫酸铝 $[Al_2(SO_4)_3 \cdot 18H_2O]$	白色六角形鳞片或针状结晶或粉末,易溶于水,极难溶于酒精,水溶液呈酸性,相对密度为1.62,粉末状的视密度为$0.6 \sim 0.7 \, g/cm^3$	精制含 Al_2O_3 的质量分数为14% ~17% 粗制含 Al_2O_3 的质量分数9%
2	明矾 $[K_2SO_4 \cdot Al_2(SO)_3 \cdot 24H_2O]$	白色或无色结晶,溶于水,水溶液呈酸性反应,视密度为$1.0 \sim 1.1 \, g/cm^3$	Al_2O_3 的质量分数约为11%
3	碱式氯化铝 $[Al_n(OH)_m Cl_{3n-m}]$	液态产品可为无色、淡黄褐色、灰褐色或灰白色,相对密度在1.2以上,pH值为3.5 ~ 4.5	Al_2O_3 的质量分数为10%以上,碱化度50% ~ 80%
4	硫酸铁 $[Fe_2(SO_4)_3]$	白色或浅黄色粉末,在空气中能溶解而变成棕色液体,能制成极浓的水溶液,但溶解作用很慢,水溶液由于水解而变为红褐色	—
5	硫酸亚铁 $(FeSO_4 \cdot 7H_2O)$	块状结晶,不含 Fe^{3+} 的产品呈天蓝色,在干空气中风化成白色粉末,受水作用则又重新变为天蓝色,如含FeO则呈绿色,此时能自空气中吸收水分而变成黄色碱式盐。无臭,相对密度为1.89,视密度为$1.0 \sim 1.1 \, g/cm^3$	$Fe_3O_4 \cdot 7H_2O$ 的质量分数为95% ~ 96%,$FeSO_4$ 的质量分数为52.5%
6	氯化铁 $(FeCl_3$ 和 $FeCl_3 \cdot 6H_2O)$	棕黑色结晶或大的六角形薄片,在空气中极易吸收水分而潮解,甚至易溶于水而放出大量的热,有结晶水的为橙黄色结晶,水溶液是酸性	无水的含 $FeCl_3$ 的质量分数为90% 有水的含 $FeCl_3$ 的质量分数为60% 重庆产品为深褐色稠厚液体,$FeCl_2$ 的质量分数为45%
7	石灰 (CaO)	白色粉末或细小透明的正方体,在空气中易吸收水分及 CO_2 转变为 $Ca(OH)_2$ 及 $CaCO_3$,此时体积增大	$w(CaO) \geq 70\%$
8	消石灰 $[Ca(OH)_2]$	细腻白色粉末,在空气中吸收 CO_2 而转变为 $CaCO_3$。在水中溶解度小。其未溶物在水中形成白色乳状液,称为石灰乳。$Ca(OH)_2$ 的水溶液为无色无臭的透明液,呈碱性反应。视密度为$0.4 \sim 0.89 \, g/cm^3$	CaO 的质量分数为60% ~ 80%
9	液氯 (Cl_2)	氯气为浅绿色的有毒气体,带有强烈臭味,在0℃及0.59 MPa下即液化成黄色的液体,能溶于水	Cl_2 的质量分数为99.5%
10	漂白粉 $[CaOCl_2]$	白色粉末,具有极强的氯臭,有毒。在空气或水中即水解生成次氯酸	Cl_2 的质量分数为 32%、30%、28%
11	磷酸三钠 $[Na_3PO_4 \cdot 12H_2O]$	无色或白色结晶,在干空气中风化,在水溶液中几乎全部水解为 Na_2HPO_4 及 NaOH,故溶液具有强碱性反应	$Na_3PO_4 \cdot 12H_2O$ 的质量分数为95% ~ 98%
12	磷酸氢二钠 $[Na_2HPO_4 \cdot 12H_2O]$	无色透明晶体,在空气中迅速风化,能溶于水,其水溶液呈碱性反应	$Na_2HPO_4 \cdot 12H_2O$ 的质量分数为96%
13	六偏磷酸钠 $[(NaPO_3)_6]$	白色粉末或无色透明片状,能溶于水,其水溶液呈酸性反应,在温水或酸碱溶液中易变为正磷酸盐	$(NaPO_3)_6$ 的质量分数为85%及80%
14	三聚磷酸钠 $[Na_5P_3O_{10}]$	白色粒状结晶,不易潮解,溶于水呈碱性反应	P_2O_5 的质量分数为53% ~ 57%
15	EDTMP [乙二胺四甲叉磷酸钠]	黄棕色液体,易溶于水,呈碱性反应	EDTMP 的质量分数为20% ~ 30%

附表5　mg/L 与 mgN/L 换算系数表

离子名称	将 mgN/L 换算成 mg/L 的系数	将 mg/L 换算成 mgN/L 的系数
H^+	1.008	0.992 06
K^+	39.100	0.025 58
Na^+	22.997	0.043 48
NH_4^+	18.040	0.055 40
Li^+	6.940	0.144 09
Ca^{2+}	20.040	0.049 90
Mg^{2+}	12.160	0.082 24
Mn^{2+}	27.465	0.036 41
Fe^{2+}	27.925	0.085 31
Fe^{3+}	18.617	0.053 71
Al^{3+}	8.993	0.111 24
Cl^-	35.457	0.028 20
Br^-	79.916	0.012 51
I^-	126.91	0.007 88
NO_3^-	62.008	0.016 13
NO_2^-	46.008	0.021 74
SO_4^{2-}	48.033	0.020 82
HCO_3^-	61.018	0.016 39
CO_3^{2-}	30.005	0.033 33
PO_4^{2-}	31.658	0.031 55
HPO_4^{2-}	47.994	0.020 84
$H_2PO_4^-$	96.996	0.010 31
S^{2-}	16.033	0.062 37

注:此表是为方便读者阅读不同参考书而进行单位换算的系数表。

附表6　水质监测所需仪器

序号	名　称	规　格	单位	数量	用　途
1	下口瓶	5 000 ~ 10 000 mL	个	1	储存蒸馏水
2	细口塑料瓶	500 mL	个	若干	采集水样
3	自动滴定管或酸式滴定管	25 mL	个	4	储存 0.05 mol/L H_2SO_4、0.01 mol/L HCl、0.1 mol/L EDTA 及氨缓冲液
4	棕色自动滴定管或棕色酸式滴定管	25 mL	个	1	储存 $T=1$ 的 $AgNO_3$ 溶液
5	棕色酸式滴定管	25 mL	个	1	储存浅色基氨靛胭脂溶液
6	微量滴定管	2 mL	个	1	储存 0.002 mol/L EDTA、0.01 mol/L H_2SO_4 溶液
7	胶帽滴瓶	30 mL	个	2	储存酚酞、甲基橙、K_2CrO_4、甲基红 – 亚甲基蓝混合指示剂等
8	棕色胶帽滴瓶	30 mL	个	4	储存铬黑 T、酸性铬蓝 K 指示剂
9	滴定台		个	3 ~ 5	夹滴定管(包括浅色基靛胭脂)
10	滴定夹	铝蝶式	个	3 ~ 5	夹滴定管
11	量液瓶	100 mL	个	3	量取水样
12	量液瓶	50 mL	个	1	量取水样
13	量液瓶	25 mL	个	1	量取水样
14	胶帽移液管	10 mL	个	1	量取水样
15	锥形瓶	250	个	3 ~ 5	水质分析
16	瓷柄皿	250	个	1 ~ 3	水质分析
17	量杯(筒)	100	个	1	水样稀释
18	量杯(筒)	50	个	1	配制溶液
19	具塞量筒	25 ~ 50 mL	个	1	配制浅色基及 KH_2PO_4 甘油溶液
20	玻璃棒	$\phi 4 ~ 6$ mm	支	若干	使用柄皿时,搅拌用
21	细口瓶	250 mL	个	4 ~ 6	储存酚酞、甲基橙、K_2CrO_4、洗液、混合指示剂等
22	棕色细口瓶	250 mL	个	3 ~ 5	储存铬黑 T、酸性铬蓝 K 等
23	细口瓶	1 000 ~ 2 500 mL	个	5 ~ 7	储存 0.01 mol/L H_2SO_4、0.1 mol/L EDTA、0.05 mol/L H_2SO_4 氨缓冲液、0.01 mol/L HCl 等
24	细口瓶	500 mL	个	3 ~ 5	储存 0.002 mol/L EDTA 及氨溶液
25	棕色细口瓶	2 500 ~ 3 000 mL	个	1	储存 $T=1$ 的 $AgNO_3$ 溶液
26	棕色细口瓶	500 mL	个	1	储存酸性靛胭脂
27	棕色细口瓶	250 ~ 500 mL	个	1	储存 Na_2S 溶液
28	乳胶管	$\phi 6 ~ 8$ mm	个	若干	连接玻璃管及给水取样
29	长颈漏斗	$\phi 100$ mm	个	1	过滤
30	定性滤纸	$\phi 90$ mm	盒	1	过滤
31	漏斗架	2孔或4孔	个	1	过滤
32	烧杯	50 mL	个	若干	微量滴定管盖
33	烧杯	250 mL	个	1	过滤
34	移液管架		个	1	放置移液管
35	玻璃管	$\phi 4 ~ 6$ mm	个	1	测温
36	温度计	0 ~ 100 ℃	支	若干	测溶液浓度
37	比重计	1.0 ~ 1.2	支	若干	测 pH
38	pH 计	自选	台	1	洗涤滴定管
39	滴定管刷	pH = 1 ~ 14	把	若干	洗涤移液管

续附表6

序号	名　　称	规　格	单位	数量	用　　途
40	移液管刷	弹簧和螺旋	把	若干	洗涤试管
41	试管刷	25 mL	把	6个	洗涤试管
42	细口瓶	250 mL	个	10 ~ 12	配制标准色阶及给水溶解氧采集水样
43	广泛试纸	pH = 1 ~ 14	本	2	测水样 pH
44	水止	弹簧和螺旋	个	若干	夹胶管
45	具塞比色管	25 mL	组	6个	测定炉水 PO_4^{3-}

参 考 文 献

[1] 杨荣和.工业锅炉水处理技术教程[M].北京:气象出版社,2015.

[2] 张栓成.张兆杰.锅炉水处理技术[M].3 版.南京:黄河水利出版社,2019.

[3] 李瑞扬,吕薇.锅炉水处理原理与设备[M].哈尔滨:哈尔滨工业大学出版社,2003.

[4] 王方.锅炉水处理[M].北京:中国建筑工业出版社,1993.

[5] 解鲁生.锅炉水处理原理与实践[M].北京:中国建筑工业出版社,1997.

[6] 梁建勋.低压锅炉水处理基本知识[M].北京:中国建筑工业出版社,1994.

[7] 王方.离子交换应用技术[M].北京:北京科学技术出版社,1990.

[8] 王业俊.水处理手册[M].北京:中国建筑工业出版社,1990.

[9] 姜丹.EDTA 清洗分散剂及工艺研究[D].西安:西安理工大学,2018.

[10] 周本省.工业水处理技术[M].2 版.北京:化学工业出版社,2003.

[11] 魏浩鹏,刘家春.一起锅炉爆管原因及预防措施分析[J].中国石油和化工标准与质量,2020(4):71-73.

[12] 张风丽.反渗透技术在锅炉补给水预处理中的应用[J].科技与企业,2012(9):344-346.

[13] 申德峰,商海智,田民格,等.75t/h 循环流化床锅炉爆管事故原因分析及处理[J].清洗世界,2010,26(6):42-44.

[14] 亓海峰.一起蒸汽锅炉腐蚀事故的分析与应对[J].中国质量技术监督,2018,(1):71-73.

[15] 唐晓辉,张洪江,刘玉鹏,等.某机组供热改造后锅炉爆管原因分析[J].化学工程与装备,2020,285(10):119-120.

[16] 戴兰英.一起因锅水氯根含量过高而引起的管壁腐蚀爆管事故分析[J].工业锅炉,2000,(1):39-40.

[17] 郭新茹,石雪延.火电厂运行锅炉化学清洗质量事故调查与分析[J].清洗世界,2018,34(4):5-9.

[18] 徐志俊.因水处理方式改变引起锅炉爆管事故[J].中国锅炉压力容器安全,2000,16(2):50-50.

[19] 陈勤华.从两起余热发电锅炉事故谈加强水质管理的重要性[J].质量技术监督研究,2018,(5):41-44.

[20] 朱新立.从注汽锅炉爆管看热采注汽站水处理工艺设计的重要性[J].石油规划设计,2018,29(1):24-25.

[21] 国家市场监督总局.锅炉安全技术规程:TSG 11—2020[S].北京:新华出版社,2020.

[22] 中华人民共和国国家质量监督检验检疫总局特种设备安全监察局.锅炉节能技术监

督管理规程:TSG G0002—2010[S].北京:新华出版社,2010.

[23] 中华人民共和国国家质量监督检验检疫总局特种设备安全监察局.锅炉水(介)质处理检测人员考核规则:TSG G8001—2011[S].北京:中国计量出版社,2011.

[24] 全国锅炉压力容器标准化技术委员会.工业锅炉水质:GB/T 1576—2018[S].北京:中国标准出版社,2018.

[25] 中国电力企业联合会.火力发电机组及蒸汽动力设备水汽质量标准:GB/T 12145—2016[S].北京:中国标准出版社,2016.

[26] 中国电力企业联合会,工业用水软化除盐设计规范:GB/T 50109—2014[S].北京:中国计划出版社,2015.

[27] 电力规划设计总院,能源行业发电设计标准化技术委员会.发电厂化学设计规范:DL/T 5068—2014[S].北京:中国计划出版社,2014.

[28] 中国电力企业联合会,电力行业电厂化学标准化技术委员会.火电厂汽水化学导则第1部分:锅炉给水加氧处理导则:DL/T 805.1—2011[S].北京:中国电力出版社,2011.

[29] 中国电力企业联合会,电力行业电厂化学标准化技术委员会.火电厂汽水化学导则第2部分:锅炉炉水磷酸盐处理:DL/T 805.2—2016[S].北京:中国电力出版社,2016.

[30] 中国电力企业联合会,电力行业电厂化学标准化技术委员会.火电厂汽水化学导则第3部分:汽包锅炉炉水氢氧化钠处理:DL/T 805.3—2013[S].北京:中国电力出版社,2013.

[31] 中国电力企业联合会,电力行业电厂化学标准化技术委员会.火电厂汽水化学导则第4部分:锅炉给水处理:DL/T 805.4—2016[S].北京:中国电力出版社,2016.

[32] 中国电力企业联合会,电力行业电厂化学标准化技术委员会.火电厂汽水化学导则第5部分:汽包锅炉炉水全挥发处理:DL/T 805.5—2013[S].北京:中国电力出版社,2014.

[33] 全国锅炉压力容器标准化技术委员会.蒸汽和热水锅炉化学清洗规则 GB/T 34355—2017[S].北京:中国标准出版社,2017.

[34] 孟卿君,刘汉斌,李志健,等.水处理剂-配方、工艺及设备[M].北京:化学工业出版社,2020.

[35] 中国石油和化学工业协会,全国塑料标准化技术委员会通用方法和产品分会.离子交换树脂命名系统和基本规范:GB/T 1631—2008[S].北京:中国标准出版社,2008.

[36] 中国电力企业联合会,电力行业电厂化学标准化技术委员会.发电厂水处理用离子交换树脂验收标准:DL/T 519—2014[S].北京:中国电力出版社,2014.

[37] 中国石油和化学工业协会,化学工业机械设备标准化技术委员会.流动床离子交换水处理设备技术条件:HG/T3134—2007[S].北京:化学工业出版社,2008.